KB121792

산책자를 위한 자연수업

The Walker's Guide to Outdoor Clues and Signs

산책자를 위한 자연수업

우리 주변에 널린 자연의 신호와 단서들을 알아보는 법

트리스탄 굴리 지음 | **김지원** 옮김

이케이북

들어가는 글

10년 전 아내와 나는 고단한 여행을 마치고 브르타뉴의 해변을 편안히 걷고 있었다. 젊은 연인 한 쌍이 고급 호텔에서 나와 우리 앞을 지나쳤다. 수영복과 머리 모양, 몸짓으로 보아 유럽에서 온 사람들 같았다. 대화를 살짝 엿들어보니 이탈리아 사람임을 알아차릴 수 있었다.

이 커플은 첫 번째 파도가 발치를 적시자 잠깐 멈춘 뒤 이럴 때 많은 사람이 할 법한 일을 했다. 무의식적으로 값비싼 장신구들을 확인한 것이다. 두 사람 모두 오른손으로 왼손 손가락을 더듬었고, 그에 따라 내 시선은 곧장 결혼반지로 향했다. 반지와 그들의 나이, 그들이 묵는 호화스러운 호텔을 보건대 신혼여행을 왔다는 결론을 내리기란 딱히 어려운 일이 아니었다.

관찰력과 논리적 사고를 바탕으로 하는 수많은 탐정소설 덕분에 누구나 이와 같은 기본 추측 기술을 잘 알고 있을 것이다. 이런 추측 기술을 활용하여 나는 10초도 걸리지 않아 이 커플을 대충 파악했다. 이 기술은 같은 방식으로 낯선 사람을 분석하는 일에 대가였던 소설 속 탐정의 이름을 따 홈지언Homesian 혹은 셜로키언Sherlockian 사고법이라 불린다.

그날 저녁 무렵 우리는 그 커플을 다시 만났다. 그들은 해변에서 모닥불을 피우고 있었다. 그런데 나는 새의 움직임, 바위 위의 이끼, 벌레, 구름, 해와 달 등 해변에서 본 단서들을 통해 40분 후에 해가 지고, 곧바로 구름이 끼고 비가 내릴 것이며, 해가 진 후 30분 안에 조수가 밀려들어 그들이 피운 조그만 모닥불을 꺼버릴 거라 예상할 수 있었다.

아마 커플은 불 옆에 앉아 별을 바라볼 생각이었겠지만 바다와 하늘은 다른 계획을 세웠던 셈이다. 그들이 천문학자 커플이었다면 별수 없이 일찍 호텔로 돌아가 밤을 보내야 하는 데 실망했을지 모르지만, 신혼여행 중이니 그리 비극적인 상황이 아닐뿐더러 오히려 더 좋을지도 모를 일이다.

우리 부부는 해변을 지나쳤기 때문에 그날 밤 모래밭에서 무슨 일이 벌어졌는지 잘 모른다. 내 추측의 힘에도 한계가 있으니까. 그 한계는 우리가 상상하는 것보다 훨씬 더 먼 곳에 있다. 우리는 평소 자연계에 대한 추론과 예측 능력에 거의 관심을 두지 않는다. 하지만 곧 상황은 바뀔 것이다.

20대 중반 일자리를 옮기는 사이에 나는 잠시 쉬게 되었고, 그때 진지한 산책이라는 취미에 빠졌다. 당시 알게 된 친구 샘은 나처럼 한시도 가만히 있지 못하는 성격이었는데, 두 번째 만남에서 우리는 스코틀랜드에서 런던까지 도보로 여행하는 일이 꽤 괜찮을 것 같다는 이야기를 나누었다. 세 번째 만남에서는 글래스고Glasgow부터 런던까지(약 662킬로미터) 걸어가는 계획을 잡았다.

우리는 하루 평균 12킬로미터씩 걸었고, 출발한 지 다섯 주 만에 런던에 도착했다. 여행하는 동안 우리는 영국의 꽤 많은 지역을 둘러보았고, 아름다운 것과 보기 싫은 것을 골고루 만끽했다.

여행 중 유난히 유쾌했던 어느 날이 유독 기억에 남는다. 여행 세 주째 우리는 피크디스트릭트Peak District 국립공원의 언덕을 막 올라가기 시작했는데 지평선 저쪽에서 그림자 한 쌍이 나타났다. 몇 분 후 우리는 그들도 진지한 도보여행자라는 사실을 알게 되었다. 어쩌면 진지하게 돈을 들인 여행자라고 하는 게 좀 더 정확할지 모르겠다. 그들은 나는 살 능력도 없고 무엇인지도 모르는 장비를 번쩍거리는 각반 위까지 늘어뜨리고 있었다. 그들이 짚은 등산지팡이는 우리가 맨 배낭과 그 안의 내용물을 다 합친 것보다 비싸 보였다. 이 부유한 여행자 두 명이 맞은편에 멈춰 서서 우리의 티셔츠와 반바지, 19파운드짜리 운동화를 내려다보면서 말했다.

"그렇게 입고 저 위로 올라가면 곤란할 걸요!"

그런 말을 할 만도 했을 것이다. 그들 눈에 우리는 앞뒤 분간도 못하는 얼간이처럼 보였을 것이다. 그들은 인심 쓰는 듯한 미소를 지으며 이렇게 물었다.

"어디서 오는 길이에요?"

“글래스고요.”

샘과 내가 동시에 대답했다. 그러자 그들은 입을 다물었고, 우리는 계속해서 언덕을 올랐다.

지난 수년 동안 내가 읽은 도보여행 책들은 대부분 안전과 장비에 관해서만 강박적으로 강조하고 있었다. 이런 책들에 별로 재미를 느끼지 못한 까닭은, 도보여행은 완벽하게 안전하고 편안한 세상에 머무르기 위해 하는 것이 아니기 때문이다. 개인적으로는 어떻게 하면 안전하게 여행할 수 있는지에 대한 내용을 읽다가 지루해 죽는 것보다 차라리 걷다 죽는 편이 더 낫다고 생각한다. 곧 보겠지만, 이것은 내가 오랫동안 시험한 나만의 철학이다.

나는 당신이 안전하게 다닐 줄 알고, 걷기에 적당한 양말을 신을 줄도 안다는 가정 아래 이야기를 시작할 것이다. 만일 당신이 잠옷을 입고 빙벽을 오르려는 사람이라면 도보여행에 관한 책을 별로 읽지 않았을 것이고, 더 솔직하게는 책으로 그런 행동을 고칠 수 있을지도 의문이다. 몇 가지 예외가 있지만 안전에 관한 나의 조언은 한 문장으로 요약할 수 있다. ‘절대 바보짓은 하지 마라.’

당연한 말이지만, 어떤 일을 할 때에는 그에 적합한 도구가 필요하다. 그래서 이 책의 부록에 거리, 높이, 각도 등을 알아내는 방법을 함께 실었다. 이 방법들은 굉장히 유용할 뿐 아니라 굳이 도구를 사거나 들고 다닐 필요도 없다.

또한 도보여행자를 위한 안내서가 대부분 특정 장소에 대한 정보를 상세히 제공한다. 하지만 이 책에는 그런 것이 없다. 대신에 도보여행을 할 때 거의 모든 장소에서 활용할 수 있는 기법을 알려주고, 이런 기술들 덕에 당신이 생각하는 것보다 여행이 훨씬 더 흥미진진해진다는 사실을 보여줄 것이다. 다만 이 기술들은 영국을 비롯한 대부분의 유럽, 미국을 포함하는 북반구 온대 지역에서 사용할 수 있다는 사실을 미리 밝혀둔다.

즉 이 책은 야외에서 어떤 단서와 표지를 알아보고 그것을 통해 상황을 예측하거나 추론하는 기술을 알려준다. 이를 활용하여 길든 짧든 당신의 여행을 훨씬 더 근사하게 만들어주는 것이 바로 이 책의 목표다. 부디 이 책을 즐겁게 읽어주기를 바란다.

트리스탄 굴리

• 차례

들어가는 글 5

시작하기 _고독한 산책자를 위한 안내서 13

땅 _어디에나 흔적이 있다 21

나무 _숲속의 이정표 65

식물 _풀과 꽃이 건네는 이야기 107

이끼와 버섯 _작고 불쌍한 자연의 소작농 139

바위와 야생화 _이름 없는 것들의 가르침 153

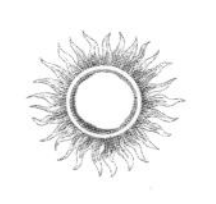

하늘 _바람과 구름과 무지개 163

별 _밤하늘에 새겨진 별들의 문양 207

해 _달력이자 나침반이자 시계 243

달 _깊은 밤에 기댈 든든한 친구 259

야간 산책 _예리한 감각에 기대는 법 275

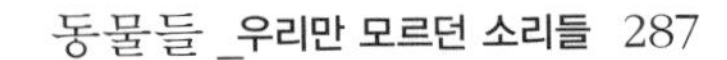

동물들 _우리만 모르던 소리들 287

다약 족과의 산책 1 _'현명한 늙은 염소'를 찾아서 325

도시와 마을 _왜 카페들은 한쪽에 몰려 있을까? 349

바다, 강, 호수 _물에도 흔적이 남는다 385

눈과 모래 _바람이 지난 길 405

다약 족과의 산책 2 _롱라유는 존재하지 않는다 415

드물고 특별한 것들 _산책이 주는 작고 은밀한 즐거움 445

나가는 글 463

부록 1 거리, 높이, 각도 계산하기 467

부록 2 별이나 달을 이용하여 남쪽을 찾는 방법 483

참고문헌 485

찾아보기 492

시작하기

Getting Started

고독한 산책자를 위한 안내서

사소한 정보 하나가 주변에 대한 생각을 완전히 바꾸어놓을 수도 있다. 쌀쌀한 아침에 산책을 하고 있다고 상상해보자. 어디선가 희미하고 텁텁한 연기 냄새가 난다. 하지만 불을 피운 흔적은 보이지 않는다. 이럴 때 어떤 추론이나 추측을 할 수 있을지 한번 생각해보자. 잠깐 생각해본 뒤에 다음 내용을 읽자.

쌀쌀한 아침의 연기 냄새 쌀쌀한 아침에 연기 냄새가 난다면 그것은 따뜻한 공기층이 지표면 위에서 차가운 공기층을 아래에 가두는 기온역전현상temperature inversion 때문일 가능성이 높다. 공장이나 가정의 난방기에서 나온 연기가 지표면 근처에서 꼼짝 못하게 가두면서 따스한 공기층 아래로 퍼져 공기 중에 텁텁한 연기 냄새를 퍼뜨리는 것이다.

기온역전현상이 일어나면 '샌드위치 효과sandwich effect'가 발생한다. 이는 소리와 빛, 라디오 주파수가 차가운 공기층의 꼭대기와 지표면 사이에서 계속 되튀는 것이다. 소리는 이런 상황에서 더 멀리까지 전파되어 더 크게 들린다. 그래서 평소에는 들을 수 없는 공항이나 도로의 소음, 열차 소리까지 들을 수 있게 된다. 근처에서 시끄러운 소리가 나면 이 현상은 더욱 또렷하게 느껴지는데, 지난 세기 중반에 이 샌드위치 효과가 아주 극명하게 나타난 바 있다.

무언가가 폭발하면 충격파라는 극단적인 형태의 소리가 생성된다. 1955년 옛 소련에서 핵실험을 진행했을 때, 핵무기 하나가 충격파를 발생시켰고 이 파동이 역전된 공기층 사이에서 되튀어 세미팔라틴스크Semipalatinsk(현재 카자흐스탄 북동부 시기스카작스탄 주의 도시 세메이)에 있는 건물을 무너뜨려 주민 세 명이 사망했다.

빛은 역전된 공기층 안에서 굴절되고, 이 특이한 굴절 광선은 착시현상을 일으킨다. 보통의 대기 조건에서 아주 멀리 있는 물체는 작고 납작하게 보이게 마련이다. 그래서 해가 질 때는 해가 납작하고 뚱뚱하게 보인다. 그런데 역전된 공기층에서는 정반대 현상이 일어나 물체가 더 길어 보인다. 그래서 '파타 모르가나Fata Morgana(모르가나 요정이라는 뜻으로, 기묘한 신기루 따위를 이르는 이탈리아어)'라는 착시 현상이 일어나는 것이다. 파타 모르가나는 멀리 있는 물체가 붕 뜬 것처럼 보이게 하는 것으로 유명하다. 가령 물 위에 다리나 배가 떠 있는 것처럼 보이는 것이다. 이런 종류의 역전층 굴절 덕에 해가 지는 순간 아주 잠깐 번쩍이는 초록색 빛인 '녹섬광green flash'이라는 극히 드문 현상을 목격할 가능성이 높아진다.

라디오 주파수, 특히 FM 라디오로 우리에게 익숙한 VHF(초단파)는 소리와 똑같은 방식으로 되튀고 소리보다 훨씬 멀리까지 간다. 초단파는 대기 중으로 탈출하는 대신 샌드위치 공기층 안에서 계속 되튀며 전진하기 때문에, 평소의 가청 범위에서 수백 킬로미터 벗어난 곳에서도 잡힌다. 이런 기술은 아마추어 무선사들에게 '대류권 덕트tropospheric ducting'라고 알려졌다. 인터넷을 통해 간단하게 주파수를 잡기 전까지 멀리 있는 방송을 잡는 데 광범위하게 사용되던 방법이다.

냉전 시기에는 겨울 공기 속에 섞인 연기 냄새 덕에 철의 장막 뒤에서 나누는 대화를 엿들을 수도 있었다. 또한 이 때문에 해안가에서 평소라면 들리지 않을 정도로 멀리 떨어진 방송국 전파가 서로 간섭하기도 한다. 이와 같은 간섭은 라디오 소리를 뒤섞어놓는다.

기온이 역전된 상태에서는 아침저녁으로 안개가 낄 가능성이 아주 높다. 공기층 아래 갇힌 연기나 안개가 짙어지면 스모그가 될 수도 있다. 1952년 기온역전현상으로 런던에서 끔찍한 스모그가 발생했고, 그로 인한 호흡기 질환으로 1만 1,000명이 넘는 사람이 사망했다.

기온역전현상은 기상학적으로 흥미로운 현상이지만 건강에는 그다지 좋지 않기 때문에, 이 현상이 일반적으로 오래 지속되지 않는다는 사실은 다행이다.

단순히 냄새 하나로 우리는 특별한 여행을 경험할 수도 있다. 감각과 생각, 관찰과 추론이라는 간단한 두 과정이 멍하니 시간을 때우는 산책을 오감을 자극하는 경험으로 바꾸어준다. 상호보완적인 과정을 통해 뇌는 우리의 머릿속에 환상적인 건축물을 지을 수 있다. 이를 위해서는 감각이 제공하는 재료들이 필요하다. 이것은 마치 공생관계 같다. 감각이 없으면 뇌는 아무런 작동도 하지 못하고, 뇌가 빠릿빠릿하게 돌아가지 않으면 감각은 게을러진다. 다행스럽게도 여기서 뇌가 할 일은 여러 가지 재미난 질문들을 던지는 것뿐이다. 내가 지금 어느 방향을 보고 있는 거지? 날씨는 어떻게 변할까? 거리는 얼마나 되지? 기온은 얼마일까? 이것은 얼마나 오래됐을까? 다음번엔 무엇을 보게 될까?

이런 질문들에 대한 답은 멍청하고 복잡한 도구를 쓰지 않고도 냄새와 그림자, 색깔과 모양 같은 정보를 통해 찾을 수 있다. 더 나아가 답을 찾는 동안 감각과 정신이 함께 작용하여 산책자의 머릿속에 번뜩이는 불을 지펴줄 것이다.

그러나 여기서 미리 경고를 하나 하겠다. 이 과정이 모든 사람에게 잘 맞는 것은 아니다. 영감이 번뜩이는 불길을 즐기지 않는 사람들도 있다. 산책자도 그 부류가 다양하다. 잠시 생각을 멈추고 쉬려는 목적으로 걷는 사람도 있다. 절대 잘못된 것이 아니다. 반면 걸으면서 사고가 유연해지는 과정을 느끼고 싶어 하는 사람도 많다. 이 책은 그런 사람들을 위한 것이다. 잠자는 동안, 또는 죽은 후에 영혼이 얼마든지 쉴 수 있다고 생각하는 사람들에게는 산책이 새로운 통찰력을 시험하는 시간일 수 있다.

이 두 부류의 사람이 함께 산책을 할 수 있으며, 심지어는 그 시간을 즐기기도 한다는 연구 결과도 있다. 그러나 '생각하는 산책자'들이 걱정스럽게 바라보는 것을 견디지 못해 다른 곳으로 가버리는 '생각하지 않는 산책자'도 많다. 일반적으로 이 두 그룹은 함께 걷지 않는 것이 좋다. 가능하다면 서로 언덕 하나쯤 떨어져서 산책을 즐기길 바란다.

이제 본론으로 들어가 신선한 공기를 마시며 정신세계를 넓히는 방법에 관해서 이야기하겠다. 구석구석에서 산책자가 마주치는 여러 요소를 통해 갖가지 실마리를 얻을 수 있다. 땅, 하늘, 식물과 동물 들이 제각기 자신의 특성을 드러내면 산책자는 각각의 카테고리에 담겨 있는 정보를 찾아낼 수 있을 것이다. 나무뿌리의 곡선이 나침반 역할을 할 수도 있고, 바위의 색깔이 야간 산책을 하기에 가장 좋은 시간을 알려주기도 한다. 하지만 자연은 간단하게 분류할 수 있는 것이 아니며, 전혀 달라 보이는 요소들을 한데 모아 새로운 추론을 하는 데서 진짜 즐거움을 맛볼 수도 있다는 점을 명심하자.

이 모든 요소와 친숙해지면 야외에서의 경험을 진정으로 즐길 수 있고, 모든 것을 알게 될 때까지의 한 걸음 한 걸음이 주는 짜릿한 감각을 소중히 여기게 될 것이다. 먼저 기초 작업부터 해보자.

The Walker's Guide to Outdoor Clues and Signs

땅

Ground

어디에나 흔적이 있다

산책을 시작할 때는 우선 높은 지대와 골짜기, 언덕과 평지를 살펴보고 그 형태와 패턴을 알아보는 것이 좋다. 이스트앵글리아East Anglia(영국 잉글랜드 동부의 두 주를 이르는 지명)의 완만한 구릉을 지나든 히말라야를 오르든 방법은 똑같다. 주변 환경을 아주 자세히 살펴보지 않으면 길잡이를 찾기가 매우 어렵다. 많은 사람이 처음에는 지도에 의존하여 주변을 살피는 것이 가장 쉬운 방법이라 여기지만, 이 책을 끝까지 읽다 보면 지도라는 게 지형을 만드는 것이 아니라 지형을 보기 좋게 표시해놓은 것뿐임을 알 수 있다. 수백만 년 동안 인류는 지도 없이도 지구상에서 잘 걸어 다녔다.

산책법을 가르칠 때 나는 간단한 실습을 통해 주변 환경을 제대로 관찰하는 것이 대단히 중요하다는 사실을 알려준다. 사람들과 함께 언덕 꼭대기에 오른 뒤 우리가 앞으로 산책을 하면서 겪게 될 가장 급격한 변화가 무엇일지 묻는다. 몇몇은 날씨가 갑자기 변하는 게 아닐까 하고 걱정스러운 표정으로 하늘을 쳐다보지만, 아무런 징후를 발견하지 못하면 의아한 표정으로 돌아본다. 그다음으로 나는 그들에게 사방을 둘러보고 특징적인 풍경을 이야기하게 한다.

"농장 건물, 숲의 경계선, 첨탑 두 개, 해안선, 멀리 있는 전파수신탑, 세 개의 오솔길, 하늘로 올라가는 연기, 도심지 경계, 길, 벽……."

사람들은 이것저것 이야기한다. 그런다음 10분 동안 함께 걷는다. 굉장히 완만한 골짜기에 있는 숲으로 들어서면 나는 또다시 주변을 둘러보고 특징을 이야기하게 한다.

"양쪽 모두 오르막이고, 나무들이 있고…… 어, 그뿐이네요."

우리는 겨우 10분 만에 볼 것이 풍부한 곳에서 황무지로 굴러떨어졌다. 사실 황무지까지는 아니다. 보르네오 제도의 다약 부족을 만난 이야기를 하는 부분에서 배우겠지만 이렇게 별것 아닌 풍경 속에도 수많은 가능성이 있다. 다만 지금 깨달아야 할 핵심은, 주변을 자세히 살피면 아름다움을 느낄 수 있을 뿐 아니라 많은 정보를 얻을 수 있다는 것이다.

높은 곳에 서면 시야가 풍부해지는데, 이것은 굉장히 중요한 정보이다. 측량사들은 항상 이 점을 이해하고 있다. 만약 당신이 주변이 훤히 잘 보이는 삼각기둥의 한 점, 즉 '삼각점' 옆에 있다면 멀리 있을 다른 두 개의 고점高點을 찾아야 한다.

어떤 전망을 볼 때마다 가장 먼저 해야 할 일은 주요한 특징을 찾는 것이다. 특히 눈에 띄거나 특이한 지형지물이 있으면 자동으로 그쪽으로 눈길이 간다. 이런 지형지물은 기억에도 잘 남고 그 형태를 묘사해 주는 이름도 있게 마련이다. 몬머스셔Monmouthshire(영국 웨일스 남동부의 옛 주)에 있는 슈가로프Sugarloaf 산은 리우데자네이루의 슈가로프 산만큼이나 그 동네 산책자들에게 유명한 지형지물이다.

눈에 잘 띄는 지형지물에 집중하다 보면 불행히도 사소한 실마리들을 놓칠 수도 있다. 그러므로 잘 아는 경관을 떠올린 다음, 머릿속에 떠오르는 지형지물이 몇 개나 되는지 세어보자. 다음에 다른 사람과 그곳에 가게 되면 각자 눈에 띄는 것의 목록을 만드는 시합을 해보라. 무너진 벽이며 나무, 바위, 산마루 등이 점차 눈에 들어올 것이다.

눈에 덜 띄는 지형지물의 특징을 적는 것은 시간과 노력을 기울여 연마해야 하는 습관이다. 내가 함께 다녀본 사람 중에서 이미 이런 습관을 들인 이들은 딱 세 부류, 화가와 경험 많은 군인 그리고 원주민이었다. 아무래도 주변 환경의 복잡한 특성을 연구하는 일이란 현대인에게 굉장히 어렵고 부자연스러운 일인 모양이다.

이를 연습하는 방법은 크게 두 가지가 있다. 어떤 기술이나 지도, 나침반 없이 외딴 지역에서 오랫동안 살거나 풍경화를 여러 번 그려보는 것이다. 둘 중에 실용적인 방법은 하나뿐임을 당신은 이미 알아챘을 것이다. 중요한 것은 잠재된 예술적 자질이 아니라 사물을 보고 알아차리는 기술을 연습하는 것이다.

원근과 빛, 빛이 풍경에 미치는 영향에 대해 더 많이 알면 풍경을 더욱 세밀하게 보는 방법을 쉽게 익힐 수 있다. 올록볼록하게 늘어선 언덕을 다시 볼 일이 생기면, 이전까지 수천 번쯤 봤지만 한 번도 눈치 채지 못했던 것을 찾아보자.

언덕이 멀면 멀수록 더 옅은 색으로 보인다는 점에 주목해야 한다. 가까이에 있는 언덕은 그 뒤에 있는 것보다 훨씬 더 진하고, 그 뒤에 있는 언덕은 점점 옅어지다가 지평선까지 계속해서 옅어지는 현상을 발견할 수 있다. 이 현상은 '레일리 산란Rayleigh scattering'이라는 대기의 광학적 효과 때문에 발생한다. 이러한 산란 작용 때문에 하늘이 파랗게 보이고, 구름이 없는 날에도 지평선은 언제나 흰색과 유사하게 보인다.

빛과 명암 대비에 대한 이해는 추측할 때 도움이 된다. 하루가 시작하거나 끝날 때 언덕을 바라본 적이 있는가? 그 화사하면서도 풍부한 색채에 감탄한 적이 있는가? 이 광경은 해가 저물고 언덕 뒤로 어두운 하늘이 드리울 때면 언제나 볼 수 있다. 일몰 직전의 마지막 한 시간, 해가 구름 사이로 빛을 뿜을 때 해를 등진 채 전망을 바라보라. 눈앞에 펼쳐진 풍경이 다채로운 색으로 물들고 스스로 빛을 내는 것처럼 보인다. 날씨가 좋지 않은 날에 하루를 마무리하기에 내가 가장 좋아하는 방법이다.

실용적인 측면에서 알고 있으면 좋을 만한 원근법이 있다. 경사면에 서면 우리의 뇌는 경미한 혼란을 느낀다. 그래서 오르막이나 내리막을 걸을 때 뇌는 사물을 정상적으로 보기 위해서 모든 것을 원래보다 더 가까워 보이도록 조정한다.

이것은 다른 경사면에 대한 우리의 시각을 약간 비틀어놓는 결과를 가져온다. 내리막을 걸을 때에는 가파른 내리막이 실제보다 더 완만하게 보인다. 내리막 경사에서 우리 앞에 있는 편평한 땅은 약간 오르막처럼 보이고, 완만한 오르막은 가파른 오르막으로 보인다. 산책자들은 걸어가는 동안 재조정을 할 만한 여유가 충분하므로 이들에게 이 현상은 그다지 큰 문제가 되지 않는다. 하지만 오토바이나 자전거를 탄 사람들에게는 종종 문제가 되어 갑자기 브레이크를 잡아야 할 일이 생긴다.

이러한 경사면 착시 현상은 산책자들이 으레 과소평가하는 것 중 하나다. 우리가 당장 느끼는 원근감은 다른 모든 감각에 영향을 미친다. 그러므로 균형 감각이 위태로울 때는 움직이는 것을 보면 안 된다. 좁은 곳을 지나야 할 때, 예를 들어 시내나 강에 걸쳐 있는 쓰러진 나무를 밟고 건너갈 때는 절대로 흐르는 물을 봐서는 안 된다. 균형을 제대로 잡을 수가 없다.

관찰하는 기술을 어느 정도 익힌 뒤에는 추측 게임을 즐길 수 있다. 이는 광범위한 관찰에서 시작한다. 언덕의 북쪽 면과 남쪽 면은 햇빛을 받는 양이 굉장히 다르기 때문에 각기 다른 생물군이 산다. 바람과 강수량이 이런 상황을 뒤바꾸어놓지 않는 한, 남쪽 경사면에는 식물이 더 많이 자라고, 북쪽 사면에는 빙하의 흔적이 더 많이 남은 모습을 볼 수 있다. 남쪽 사면에서 설선雪線과 수목한계선, 생물거주선이 좀 더 높을 것이다. 이쪽의 식물군은 북쪽 사면의 비슷한 식물군보다 일반적으로 나흘 정도 더 빨리 발아한다.

바람을 마주하는 경사면, 영국의 경우 남서사면은 흙이 더 성기고, 바람이 불지 않는 쪽보다 나무가 더 작다. 상황에 따라 주변 환경이 어떻게 달라지는지 정확하게 예측하는 일이 어렵다 하더라도(탐정들은 여기서부터 추리를 시작한다), 무언가가 다를 거라는 사실만은 분명하다. 그리고 비대칭적인 것을 찾아낼 때마다 실마리를 하나하나 풀어가는 셈이다.

사물을 인지하는 습관을 키우면 더 세세한 것들에 집중하게 된다. 훈련받지 않은 눈으로도 들판 가장자리의 벽이나 울타리는 알아챌 수 있겠지만, 관찰력 있는 산책자는 들판 구석에 문이 있는 것까지 알아볼 수 있다. 이 관찰 결과에 담긴 이중의 실마리는 무엇일까? 다음을 계속 읽어보자.

분류하기 풍경 그리기는 주변 환경을 효율적으로 읽어내는 일반적인 방법 중 하나지만, 여기서는 좀 더 상세한 접근법에 대해 이야기하고자 한다. 나는 이 기술을 '분류하기SORTED'라고 부르는데 각 기술의 머리글자를 따서 만든 용어이다.

S 형태Shape
O 전반적인 특징Overall character
R 경로Routes
T 자취Tracks
E 경계Edges
D 세부사항Detail

이 여섯 단계를 거치면 모든 것을 한꺼번에 받아들이려고 할 때보다 훨씬 더 유용하게 길잡이를 찾을 수 있을 것이다. 각 단계를 설명하는

데 책 한 권쯤을 할애할 수도 있지만, 이 책의 목표는 각 단계를 유용하면서도 재미있는 사례를 들어 설명하는 것이므로 간략하게 하겠다. 이 단계에서 즐거움을 찾는 방법을 배우지 못하면 이 습관을 오래 유지할 수 없다.

이 단계는 크게 둘로 나눌 수 있다. 첫 단계 SOR는 주변 환경을 전체적으로 살펴보는 것이고, 두 번째 단계 TED는 그 안에 있는 길잡이들을 찾는 것이다. 진짜 재미는 여기에서 시작된다.

형태 열네 살이 되던 해 여름에 나는 친구들과 함께 브레콘비콘스Brecon Beacons(영국 웨일즈 남동쪽에 있는 국립공원)에 올라가 캠핑을 할 계획이라고 아버지께 말씀드렸다. 내 결심이 얼마나 확고한지 확인하기 위해 아버지는 내게 여러 가지 질문을 하셨다. 내가 반드시 해낼 생각이라는 걸 깨달은 아버지는 이 경험이 성공할 수 있도록 뒤에서 도와주기로 하셨다.

나는 웨일스에 위치한 브레콘비콘스 중심부의 지도를 펼쳐놓고 우리가 어느 경로로 걸어 올라갈 것인지 아버지께 보여드렸다. 그 등산로를 떠올리면 지금도 웃음이 나온다. 첫 번째 캠프에서 브리튼 섬 남부에서 가장 높은 펜이판Pen-Y-Fan까지, 우리는 보행로를 완전히 무시한 채 거의 수직에 가까운 남쪽 경사면을 똑바로 올라가는 직선 경로를 택했다. 좋게 말한다 해도 멍청하고 불가능한 경로였다. (편을 좀 들자면, 말도 안 되는 경로이긴 했지만 위치는 꽤 노련한 선택이었다.)

SAS(영국 공군의 대테러 특수부대) 장교 출신인 아버지는 이 무모하기 짝이 없는 계획을 보고 끼어들고 싶은 유혹을 억누르기가 굉장히 힘드셨을 것이다. 아버지는 인내심을 갖고 나에게 지도의 등고선을 보는 방법을 가르치셨고, 그런 다음 흙을 떠와서 우리가 오르려는 산의 모형을 만들어보게 하셨다.

몇 주 뒤, 열네 살 소년 넷은 펜이판의 정상에서 안전하게 내려왔고, 몇 킬로미터 떨어진 곳에서 우리를 기다리던 아버지의 차에 오를 수 있었다. 형태에 대한 아버지의 세심한 가르침 덕에 우리는 구조 헬리콥터를 타고 뉴스에 대서특필되는 대신, 따뜻한 차와 초코바를 먹으며 여행을 마칠 수 있었다. 당시에는 몰랐지만 아버지는 특수부대원이나 유목민 등 시골을 걸어본 사람이라면 누구나 아는 기본적인 주변 환경 인지법을 가르쳐주셨던 것이다.

이 도보여행 이전까지 나는 학교 지리 수업에서 배운 대로 지도의 등고선이 어떤 의미인지 이론적으로만 이해하고 있었다. 하지만 이 닷새짜리 하이킹이 끝난 후 산의 형태에 실제로 익숙해지는 일이 얼마나 중요한지를 알게 되었다. 그럼에도 언덕의 형태 등 좀 더 상세한 실마리를 알아차리는 법은 그 후로도 10년은 족히 지나고 난 뒤에야 익히기 시작했다. 이제 나는 아무런 도구도 없이 그저 지형에 관한 자료만 있다면 짙은 안개 속에서도 몇 킬로미터쯤은 안전하게 걸을 수 있다.

형태라는 지그소 퍼즐의 첫째 조각은 아주 중요하다. 먼저 고지와 정상, 산마루, 강이나 해안가를 찾고 전체적인 배치와 방향을 눈에 익혀야 한다. 그런 다음 눈에 보이는 형태를 만들어낸 힘과 이 힘이 작용

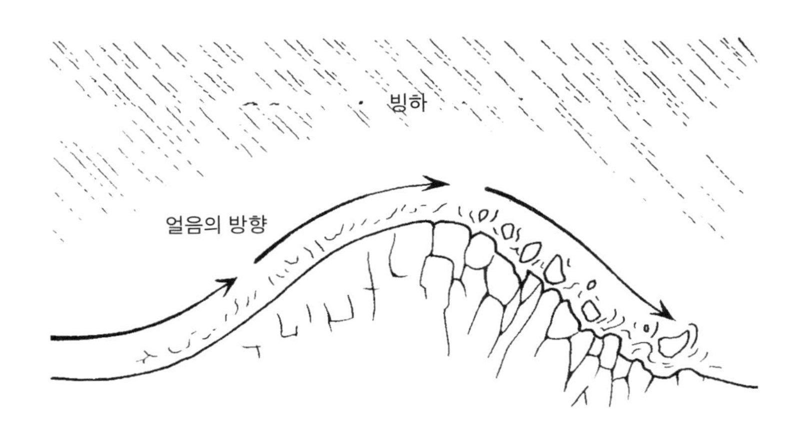

● 양군암

한 방향을 생각하라. 넓게 보면 자연환경의 대부분은 바다나 강, 빙하 등 물에 의해 침식된 지각 형태를 보여준다. 그다음으로 영향을 미친 것은 바람이다.

이런 방식으로 땅을 조사하는 일은 굉장히 모호한 과정처럼 느껴질지 모르겠지만, 실제로는 전혀 그렇지 않다. 남쪽에서 북쪽으로 흐른 빙하 때문에 골짜기가 생겨났다는 사실을 파악하면 골짜기의 U자 형태를 이해할 수 있을 뿐 아니라 골짜기 안에 있는 모든 융기와 침강, 긁힌 흔적까지 찾을 수 있다.

양군암Roche moutonnee, 羊群巖은 빙하가 흘러간 자리를 따라갈 때만 그 특성을 찾아낼 수 있는, 독특하게 배열된 암석이다. 빙하가 흘러온 방향은 매끄럽고 흘러간 방향으로는 훨씬 거친 모양을 띤다.

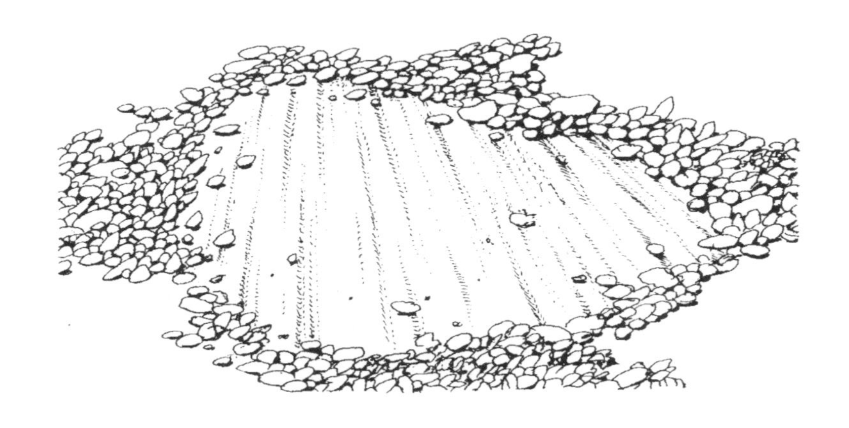

● **찰흔**

좀 더 작은 규모로 살펴보자. '찰흔擦痕'은 빙하가 암석을 다른 암석 위로 끌고 지나가면서 긁힌 자국이다. 이런 찰흔 하나하나가 나침반 역할을 할 수 있다. 각 지역에서 일어난 빙하의 흐름을 이해하면 역사적 사실을 바탕으로 언덕과 바위들을 읽어낼 수 있다.

강 유역에 있다면 가장 기본적으로 해야 할 일은 강의 전체적인 모양새와 강물이 흐르는 방향을 파악하는 것이다. 동남아시아부터 남아메리카에 이르기까지 세상의 수많은 지역에서 방향을 탐색할 때 주로 강의 방향과 강물의 흐름을 이용한다.

집 근처에서도 이런 단서들에 집중하면 도움이 된다. 강물은 언제나 아래쪽으로 흐르니까 가끔은 크게 도움이 되지 않을 때도 있지만, 대개는 유용하다. 다트무어Dartmoor(잉글랜드 데번셔 주에 있는 고원)는 위로 솟은 화강암 지대이고, 여기에는 다섯 개의 큰 강줄기가 흐른다. 각각의 물줄기는 고원의 가장자리 방향을 향한다.

강이 한쪽으로만 흐르는지 아니면 주기적으로 변하는지도 미리 알아둬야 한다. 예전에 어느 커플이 서식스Sussex의 강물을 따라 걸어와 음식점에 들른 것을 본 적이 있다. 그들은 느긋하게 점심을 먹고 다리를 건너 '강물을 따라' 계속 걸어갔다. 그들은 눈앞에 펼쳐진 경치가 어디서 본 것 같다는 사실에 반쯤은 당황했겠지만 그것을 아마 점심 때 먹은 와인 탓으로 여겼을 것이다. 사실은 물의 흐름이 바뀐 것이다.

조수가 있는지 알아볼 수 있는 가장 확실한 방법은 해안에 얼마나 가까이 있는지를 확인하는 것이다. 또는 정박된 배들이 전부 똑같은 방향을 향하고 있다면 강이 한쪽 방향으로만 흐른다는 뜻이다. 현명한 뱃사람이라면 배가 상류 쪽을 향하도록 묶어둘 것이다.

많은 사람이 평평하고 아무런 특징도 없는 지역을 걷고 있다고 생각하곤 한다. 하지만 그렇지 않다. 지구상 그 어떤 곳도 완벽하게 평평한 곳은 없고, 특징이 없는 곳도 없다. 당구대가 비싼 데는 다 이유가 있다. 평평하고 변화 없는 공간은 대단히 드물기 때문이다. 사하라 사막의 넓은 평원을 걸을 때, 처음에 나는 아무 특징도 없는 곳이라 생각했다. 그러나 나와 함께 걸었던 투아레그 유목민들에게 그곳은 굉장히 다채로운 곳이었다. 투아레그 족은 내가 찾지도 못하는 지형지물 몇 개를 기준 삼아 상당히 먼 곳까지 도보로 쉽게 이동했다. 그들이 가르쳐줄 때까지 나는 그런 것이 있는 줄도 몰랐다. 이윽고 나는 그들이 풍경의 형태를 인지해서 A에서 B까지 가는 방법을 사용한다는 사실을 깨달았다. 언덕과 산의 형태, 와디wadi(비가 오면 강줄기로 변하는 마른 골짜기)의 형태, 사구의 형태, 바위의 형태 등이 바로 그런 지형지물이다.

특징을 파악할 수 없다면 높은 곳으로 올라가는 방법으로도 문제를 해결할 수 있다. 가장 읽기 어려웠던 풍경은 사막과 정글이었다. 사막은 사구 위쪽에서 내려다보면 읽기가 아주 조금은 쉬워진다. 낙타 위에만 올라타도 제법 쉬워진다. 정글의 언덕 꼭대기에서 내려다보는 전경은 대단히 귀중하다. 열대우림 골짜기 안에서는 시야가 굉장히 좁아지기 때문이다. 집 근처에서도 똑같은 원칙을 적용할 수 있다. 필요하다면 높은 곳으로 올라가라.

BBC의 사극 시트콤 〈블랙애더Blackadder〉에서 스티븐 프라이가 연기한 멜체트 장군은 제1차 세계대전 전장 지도를 펼치고 이렇게 소리친다. "맙소사, 여긴 특징이라고는 하나 없는 메마른 사막뿐이로군. 안 그런가?"

그러자 부관인 달링 대위가 텅 빈 종이를 쳐다보면서 대답한다. "뒤집으십시오, 장군님."

종종 대부분 하얗게 된 지도나 아주 약간 파란색 부분이 있는 차트를 보게 된다. 이것은 지구 표면의 균일함을 보여주는 것이 아니라 지리학의 한계를 보여주는 것이다. 최고의 지도라 할지라도 자연환경에 관한 상세한 설명은 상당 부분 고의적으로 생략한다. 형태를 알아보는 단계에서 지도란 그림에서 두꺼운 붓질을 한 번 하는 정도이지, 주변의 모든 것을 알려준다고 생각하는 것은 실수이다. 나는 아직 산등성이의 형태를 명확하게 그려낸 지도를 본 적이 없다.

주변의 땅 형태를 살펴본 다음에 할 일은 머릿속으로 그곳을 걷는 상상을 하는 것이다. 지형지물과 지세, 경사도의 변화를 고려해서 상상해보자. 이 단계를 잘 이해하려면 19세기에 미국 원주민과 함께 33년 동안 일한 리처드 어빙 도지Richard Irving Dodge 대령에 관해 알아볼 필요가 있다. 그는 코만치Comanche 족(현재 미국 뉴멕시코 주 동부, 콜로라도 남부, 캔자스 남부, 오클라호마 전역, 텍사스의 북부와 남부의 대부분 지역을 이르는 코만체리아 지역에 살던 아메리카 원주민 부족)의 나이 든 안내자 에스피노사Espinosa가 젊은이들에게 모르는 지역을 습격하는 방법을 어떻게 가르치는지 듣고 기록으로 남겨두었다.

출발 날짜가 정해지면 출발 전 며칠 동안 나이 많은 사람들이 아이들을 모아 가르치는 것이 관례이다.

둥글게 둘러앉아 날짜를 표시하는 금이 그어진 막대기 한 뭉치를 놔둔다. 눈금이 하나 있는 막대기를 들고서 나이 많은 어른이 첫날 이동할 지역의 지도를 손가락으로 대강 그린다. 강줄기, 언덕, 골짜기, 협곡, 숨겨진 샘 같은 모든 것들이 눈에 띄는 길잡이로 언급되며 이러한 지형지물을 세세하게 설명한다.

이것을 철저하게 이해시킨 후에 이튿날 경로를 의미하는 막대기를 들고서 같은 방식으로 설명한다. 그렇게 하루하루 마지막 날까지 설명한다. 그는 멕시코에 가본 적이 없는 열아홉 살 이하의 소년들이 텍사스의 브래디스크리크Brady's Creek에 거점을 두고 이 막대기로 외운 정보만 가지고서 멕시코의 몬테레이Monterey까지 습격한 적이 있다는 이야기도 했다. 말도 안 되는 일처럼 보인다 해도 이런 대단한 여정을 달리 설명할 방법은 없다는 점을 인정해야 할 것이다.

전반적인 특징 '그 사람은 어때?'라는 말은 흔히 누군가의 성격에 관해 이야기할 때 나오는 질문이다. 풍경에 대해서도 같은 질문을 할 수 있다. 우리가 걸어가면서 만나는 바위와 토양이 앞으로 보게 될 대부분의 것들을 이해하고 추측하는 데 필요한 열쇠이다. 처음 이 단계를 가르칠 때 나는 이 단계가 지질학geology과 토양학pedology에 관한 것이었기 때문에 '지토학Ologies'이라고 불렀다. 하지만 곧 많은 사람들이 용어를 쉽게 외우지 못한다는 사실을 깨닫고 '전반적인 특징'이라고 이름을 바꾸었다. 어느 쪽이든 편하게 부르면 된다.

2013년 3월 어느 날 밤, 미국 플로리다 탬파Tampa에서 끔찍한 일이 일어났다. 제러미 부시는 옆방에 있던 동생 제프의 비명을 들었다. 제러미는 곧장 제프에게 달려갔다가 동생과 침대, 그 아래 콘크리트 바닥까지 모두 깊은 구멍 아래로 떨어진 것을 발견했다. 그는 구멍으로 뛰어들어 동생을 구하려고 했지만 손이 닿지 않았고, 결국 자신도 경찰에게 구조되었다. 동생의 시신을 찾는 작업도 중단된 채 부시의 주택마저 해체되었다. 제프 부시는 '싱크홀sinkhole'에 희생된 것이었다. 이 비극적인 사건의 충격에서 벗어난 뒤 암석에 대해 조금이라도 지식이 있는 사람들은 대개 같은 생각을 떠올렸다. '석회암이로군!'

그 지역의 주된 암석 종류를 알아냈다면 다른 점들도 예측할 수 있다. 석회암이 있는 곳에는 석회공과 동굴, 석주도 있다. 석회암이 없었다면 체더Cheddar 협곡의 동굴도, 그 유명한 안다만Andaman 해의 석주도 존재할 수 없을 것이다. 석회암이 많은 곳에서는 습지와 산맥, 토탄, 늪도 발견할 수 있다. 모두 걷기가 힘들고 발이 쉽게 젖는 곳이다.

바닥에 있거나 튀어나온 바위의 종류가 완전히 변하면 기록할 필요가 있다. 그것은 우리가 걷는 지역의 다른 부분들, 사람들의 활동까지도 전부 변할 거라는 점을 암시하기 때문이다. 넓은 습지에서 빠져나온 후 발밑의 암석 종류가 변했다면, 멀지 않은 곳에 마을이 있을 거라고 생각해도 좋다.

암석의 표면이 노출된 곳을 발견하면 암석층의 각도는 어떤지도 한번 살펴보라. 지질학적 힘이 바위를 비뚜름하게 밀어올리는 경우가 많고, 이런 힘은 꽤 넓은 영역에 지속적으로 작용할 수 있다. 지질학자들이 '침강'이라고 부르는 비뚜름한 단층을 찾은 덕에 나는 북부 웨일스의 어두침침한 골짜기에서 자연물로 방향을 찾는 힘든 임무에 성공할 수 있었다. 침강된 암석들의 남쪽 면이 모두 위로 향한 것을 알아차리고 이를 믿을 만한 나침반으로 삼아 나는 깊은 산속에서 움직일 수 있었다. 이것은 지하에서 길을 찾을 때 사용하는 '자연 내비게이션' 기술 중 하나이다. 폐쇄된 점판암 광산 안에서 이 기술을 사용해본 적도 있다.

작은 돌을 자세히 살펴보면 이것이 강물 속에 있었는지 빙하 속에 있었는지 알아낼 수도 있다. 매끄럽고 둥근 자갈은 강물이든 빙하든 물이 계속해서 돌을 침식시켰다는 것을 의미한다. 물 자체는 오래전에 사라졌을 수도 있지만, 물이 넘치던 지역에 있을 때 골짜기 바닥의 돌

형태를 보면 비가 오기 직전에 당신이 위험 지역에 있는지 어떤지를 파악할 수 있다.

완전히 침식된 돌이 죽은 식물이나 동물의 사체와 뒤섞이면 우리에게 친숙하지만 거의 무시당하는 물질, 바로 토양이 된다. 2년 전에 나는 레이크디스트릭트Lake District(영국 잉글랜드 북서부의 국립공원) 남쪽 가장자리에 있는 해버리그Haverigg 근처를 걷다가 발아래 흙이 짙은 갈색에서 새빨간 색으로 변했다는 점을 깨달았다. 조금 더 깊이 조사를 하고서 내가 세운 가설에 확신하게 됐다. 그곳은 옛 철광석 광산 위였던 것이다.

토양은 여러 가지 색깔을 띨 수 있다. 20세기 초반에 앨버트 먼셀Albert Munsell이라는 미국인이 색깔을 분류하는 독특한 체계를 발명했다. 오늘날의 토양학자들도 이 먼셀 색체계Munsell Colour System를 사용할 정도로 이는 여러 색을 분류하는 데 굉장히 효과적이다. 우리가 집에 어떤 색 페인트를 칠할지 고민하며 넘겨보는 색깔 견본집도 바로 이 먼셀 색체계 덕에 만들어진 것이다.

우리가 발 디디는 토양과 진흙의 색깔도 길잡이를 제공한다. 토양의 색깔이 진할수록 유기물이 더 많이 들어 있고 영양분이 더 많다. 즉 이 지역에서는 풍부하고 다양한 식물과 동물군을 볼 수 있다고 추측할 수 있다.

토양이 눈에 띄게 붉거나 노랗거나 회색이면 대체로 철분이 많이 함유되어 있다는 의미이다. 색이 다양한 이유는 토양 속 수분의 양 때문인데, 철분이 계속해서 화학반응을 일으키고 있음을 보여준다. 회색 흙은 빨간 흙이나 노란 흙보다 수분이 더 많고, 이 때문에 양분이 씻겨나갔을 가능성이 높다. 다시 말해 영양분과 무기물이 물에 쓸려나간 흙이고, 이 지역에서는 식물과 동물이 훨씬 적을 것으로 추측할 수 있다.

토양 속 철분의 농도는 일반적으로 자연적인 반응의 결과지만 짧은 거리 안에서 흙 색깔이 급격하게 변한다면 인위적인 무언가가 영향을 미쳤을 가능성도 크다. 철광석 채굴이나 철제 구조물의 부식 등으로 철분의 농도가 달라지고 그에 따라 색깔이 갑자기 바뀐 것이다.

또 하나 예를 들어보자. 경작된 밭이랑 윗부분이 바람 불 때 파도가 치는 것처럼 하얗게 되어 있다면 이는 토양의 소금 수치가 높다는 증거이자 바다가 가깝다는 뜻이다.

토양의 특징은 색깔에만 있는 것이 아니다. 질감 역시 중요하다. 덩어리로 뭉칠 수 있는 진흙은 부서져서 가루를 떨어뜨리는 마른 흙과는 완전히 다른 물질로 이루어져 있다. 뭉쳐서 길게 뱀 모양으로 늘일 수 있는 흙에는 점토가 일부 함유되어 있다.

산책을 할 때마다 흙을 만져볼 필요는 없지만, 흙 위에 발자국이 어떤 식으로 생기는지 주의해서 보라. 토양의 종류가 다르면 밟는 느낌도 다르고 이런 변화를 알아챈다면 식물과 동물, 인간의 활동까지도 달라진다는 사실을 예측하고 파악하는 일이 훨씬 쉬워질 것이다. 이는 매우 가치 있는 일이다. 모래가 섞인 토양은 대체로 건조하고 점토성 토양은 물을 잘 흡수하기 때문에 하룻밤을 밖에서 지내야 한다면 모래성 토양이 점토성 토양보다 훨씬 나은 장소가 될 것이다.

토양에서 알아둬야 할 마지막 특성은 안정성이다. 땅에서 균열을 발견하거나 최근에 무너진 것 같은 제방을 발견한다면, 당신이 지금 걷고 있는 지역의 암석과 토양은 불안정한 상태이니 가장자리 쪽으로 지나가라. 도심이나 마을의 보도블록이나 길바닥에서도 균열을 찾아볼 수 있는데, 이것 역시 같은 의미이다. 또한 이런 땅은 아무리 값이 싸도 별로 좋은 구매 대상이 아니라는 의미이기도 하다.

경로 어떤 지역의 형태와 특징에 대해서 어느 정도 이해했다면 이제 도로와 철로, 보도 등의 형태로 인간이 자연 속에 만들어놓은 선을 찾아볼 차례이다.

도로와 철로를 만드는 데는 돈이 굉장히 많이 들기 때문에 이런 길은 낡았든 새것이든 굉장히 논리적으로 배치되어 있다. 당연하게도 이 길들은 두 장소를 연결하는 것이니, 제일 처음 해야 할 질문은 '어디와 어디를 연결하는 것이냐'이다. 그다음에는 이 길들이 걷는 방향과 관계가 있는지 살펴야 한다. 땅의 형태를 파악하고 언제 길을 건너가야 하는지를 파악하면 다음과 같은 상황에서 꼼짝달싹 못하게 되는 상황을 피할 수 있다.

위에 나온 길을 보면 많은 산책자들이 본능적으로 B 지점쯤에서 길을 잘못 들었다고 생각한다. 물론 A 지점에서 제대로 '분류'를 했다면 이야기가 다르지만 말이다. 걸어가는 동안에는 이 길이 대체로 잘 보이지 않기 때문에 이런 착각을 하게 된다. 조금 전까지는 명확하게 드러나던 지형지물을 하나도 발견하지 못한 채 한 시간쯤 걷게 되면 누구

● A 지점에서는 길이 뻥 뚫려 있지만 B 지점에 도착하면 많은 여행자들이 길을 잘못 든 게 아닐까 생각하게 된다.

나 불편한 기분이 들게 마련이다. 이렇게 되면 50미터마다 연신 지도를 들여다보게 된다. 재미도 없을뿐더러 감각만 낭비할 뿐이다.

어떤 길들은 완전히 마모되었을 수도 있고, 어떤 길들은 조금만 마모되었을 수도 있다. 집에서 경로를 계획할 때 길의 상태는 고려하지 않았을 수도 있다. 내가 자주 산책하는 웨스트서식스의 앰버리브룩스Amberley Brooks라는 지역에서 경로는 수면의 높이에 따라 이쪽저쪽으로 달라진다. 경로를 정할 때 물이 부츠를 적실 때까지 그냥 걷는 것보다는 언덕 위로 올라가서 가늠하는 것이 좋다. 높은 곳에서 물이 얼마나 올라왔는지를 확인하려면, 걸어가는 방향뿐 아니라 하늘이 가장 밝은 쪽의 땅을 보아야 한다. 이렇게 하면 홍수가 난 평원에서는 물에 빛이 반사되어 밝게 보일 테고, 한 평원에 물이 넘쳤다면 그 지역의 다른 범람원들 역시 모두 그럴 가능성이 높다. 높은 곳에서 내려온 다음에는 식물들을 길잡이로 삼을 수 있는데, 이는 나중에 이야기하기로 하자.

큰 도로와 만나게 될 시골의 소로를 따라 걷고 있다면 가장 가까운 도시가 어느 쪽에 있는지를 어떻게 알까? 교차로를 자세히 보라. 차나 오토바이, 사람들이 더 많이 돌아간 방향이 있을 것이다. 그쪽이 바로 도시 방향이다. 땅 위에 타이어 자국이 더 많이 남아 있거나 길의 한쪽이 더 닳아 보이거나 혹은 더 반짝일 것이다. 소로와 주도로가 만나는 곳이라면 어디든 사람들이 더 많이 지나는 길에 대한 실마리가 있게 마련이다.

자취 2009년, 나는 투아레그Tuareg 유목민 두 명과 리비아의 사하라 사막 횡단에 나섰다. 그전에 나는 두 가지 위험 상황을 가정하고 어떻게 대처해야 할지 물어보았다. 첫째는 내가 암가르Amgar와 카디로Khadiro 두 사람과 떨어졌을 때 어떻게 해야 하는지, 둘째는 사막에서 주의해야 할 위험이 무엇인지에 관한 것이었다. 두 질문에 대한 답을 나도 대강은 알고 있지만 투아레그 족의 세부적인 지식이 훨씬 더 가치가 있을 터였다.

연장자였던 암가르는 자신의 발자국을 가리키며 그의 신발이 남긴 독특한 모양새를 프랑스어와 아랍어가 섞인 말로 설명했다. "자, 이제 날 잃어버리지 않을 거예요." 그날 오후에 그는 뱀이 만든 독특한 곡선형 자국을 가리키며 말했다. "이제는 깜짝 놀랄 만한 일도 없을 거예요."

암가르는 그 주 내내 바위 틈새로 사라진 다음 자신의 자취를 좇아오게 만드는 방식으로 나를 시험했다. 이런 행동 덕에 나는 그의 자취를 더욱 주의 깊게 살펴보았고, 나중에는 모래 위에서 굉장히 기묘한 흔적을 발견하게 되었다. 모래 위에 난 그 형태는 제2차 세계대전 때 탱크가 남긴 자국이었다. 물이 거의 닿지 않는 곳에서는 자취가 아주 오랫동안 남을 수 있다. 시간만 투자하면 아직 사막에 남아 있는 자취를 통해서 탱크전을 꽤 쉽게 재현할 수 있을 것이다.

땅에서 흔적을 찾아 남아 있는 이야기를 읽어내는 '추적하기tracking'는 오래된 자취까지 다룰 수 있는 몇 안 되는 야외 추론 기술이다. 세계 각지에 이 분야의 수많은 전문가와 아마추어가 있으며, 이는 조그만 동물을 찾는 어린아이부터 극악무도한 범죄자를 쫓는 무장경찰까지 널리 사용하는 과학적인 기술이기도 하다.

이 책은 아직 이 기술에 별로 관심이 없는 사람들에게 설명하기 위한 책이다. 또한 추적 기술을 보강해줄 만한 법칙을 이야기하고 자신의 지식을 더 넓히고 싶은 사람에게 미끼가 될 만한, 좀 더 세련된 기술도 조금은 언급하려고 한다.

내가 처음으로 '추적 및 땅 위의 단서들'이라는 세계를 제대로 맛보게 된 것은 10대 후반이었다. 이 책의 서문에서 나는 안전에 대해 간단히 조언한 바 있다. "바보짓은 하지 마라." 나도 바보짓을 한 적이 있고 실제로도 그 일은 굉장히 유쾌하지 못한 경험이었다.

1993년 열아홉 살이던 나는 참을성 많은 친구 샘Sam과 함께 인도네시아의 구눙린자니Gunung Rinjani라는 산을 오르기로 했다. 3,726미터 높이의 이 산은 인도네시아에서 두 번째로 높은 화산이자 활화산이다. 1994년 화산성 이류泥流로 인해 서른 명의 마을 사람이 목숨을 잃었고, 2010년 어느 날은 하루 동안 세 번이나 폭발하기도 했다.

우리는 가이드도, 지도도, 나침반도, 당연히 GPS도 없고 추운 날씨에 대비한 여분의 옷도, 라디오도, 생존에 필요한 도구도, 구급약도 없는데다 그나마 얼마 되지도 않는 음식을 데울 조리 도구도 하나 챙기지 않은 채 출발했다. 『론리 플래닛 가이드Lonely Planet Guide』에서 찢은 안내문 몇 장과 동네 산장에서 빌린 텐트를 챙겨왔지만 물이 줄줄 샌다는 사실을 금세 깨달았다. 원정을 떠나기에는 참으로 형편없는 준비였다는 걸 부인할 수가 없다. 나 때문에 우리 둘 다 여러 차례 죽을 뻔했다.

정상에서 수십 미터 아래에서 샘은 한밤중에 갑자기 저체온 증상을 보이기 시작했다. 더 따뜻한 고도를 찾아 급하게 내려가다가 나는 완전히 길을 잃고 말았다. 곧 음식도 모두 떨어졌고, 얼마 지나지 않아 물까지 똑 떨어졌다. 사흘 후에 우리는 비틀거리며 간신히 정글을 빠져나왔고, 외딴 마을을 발견했을 무렵에는 샘의 발이 완전히 엉망진창이라서 당나귀가 끄는 수레에 실려 가야 했을 정도였다.

원정이 이렇게까지 멍청하기 짝이 없었던 이유는 우선 우리가 짐을 너무 가볍게 꾸렸기 때문이고, 둘째는 추적 기술이 완전히 밑바닥 수준이었기 때문이다. 우리는 온종일 열대우림의 우거진 덤불 속에서 '길'을 찾느라 진을 다 뺐다. 길들이 어느 순간 전부 다 사라져버렸기 때문이다. 이것이 동물들이 지나다니는 길이라는 사실을 빨리 깨달았어야 했는데, 무지와 낙관주의 때문에 당시에는 사람이 만든 길처럼 보였다. 물이 흐르는 방향으로 가보려고도 했지만 끝내 도착한 곳은 커다란 폭포였고, 우리에게는 절벽을 내려갈 장비가 없었다. 내려갈 길도 없었다. 결국 우리는 다시 언덕 위쪽으로 돌아와야 했다. 이처럼 당시 나의 자연 내비게이션 기술은 엉망진창이었다.

이내 절망에 빠진 우리는 여기에서 벗어나지 못할 경우를 대비해 짐을 가볍게 할 목적으로 배낭을 내던지기도 했고, 사랑하는 사람들에게 남길 편지를 쓴다는 둥 바보 같은 계획을 세우고 말다툼을 벌이기도 했다. 지금은 말도 안 되는 소리 같지만 우리는 진심으로 살아서 나갈 가능성이 조금도 없다고 믿었다. 경험이 없을 때는 정신이 혼란스러워지기 십상이다.

언덕 옆쪽으로 50미터쯤 떨어진 곳에서 또 다른 '길'을 발견한 것은 바로 이렇게 의욕을 잃고 있던 때였다. 그 길도 별 쓸모가 없을 거라 지레짐작하다 문득 우리가 '두 개의 길'을 보고 있다는 사실을 깨달았다. 게다가 우리의 눈길이 닿는 곳까지 두 길은 평행하게 이어져 있었다. 동물들이 다니는 길에도 여러 이상한 특징이 있지만, 완벽한 평행을 그리며 한참 이어지는 법은 없다. 우리는 반신반의하며 걸음을 옮겼고, 곧 진흙 위에 남은 흔적을 통해 우리가 차도 끄트머리에 서 있다는 사실을 깨달았다. 그리고 한 시간쯤 더 걸어가 외딴 마을에 다다랐고 그곳에서 우리를 흥미롭게 바라보는 마을 사람들을 만날 수 있었다.

추적 기술을 처음 접하는 사람들이 도중에 실망하고 낙담해서 원래 자리로 돌아가는 대신 재미를 느껴 끈기 있게 시도할 수 있는 중요한 규칙 세 가지가 있다.

첫째, 쉽게 자취를 찾을 기회에 도전해야 한다. 모래나 갓 내린 눈 위에서 자취를 찾는 것만큼 쉬운 일도 없다. 내 아내는 첫눈이 내리면 한 밤중이라도 벌떡 일어나는 나를 이제는 그러려니 받아들일 정도이다. 갓 내린 눈과 차가운 공기 덕에 누구든 눈에 쉽게 띄는 흔적을 남길 수밖에 없기 때문이다(따뜻한 공기는 눈을 부드럽게 만들지만 아주 섬세한 작업을 하는 것이 아니라면 추적하기 좋은 환경이 된다). 초보자도 눈 속에서는 새가 내려앉았다 날아간 자리 같은 것을 쉽게 찾을 수 있다. 새의 흔적은 평소 단단한 표면에서는 발견하기 힘들다.

앞으로 몇 달간 눈이 내릴 예정이 없다 해도 절망하기엔 이르다. 추적 작업을 쉽게 만들어주는 다른 표면도 있기 때문이다. 지나치게 축축하거나 건조하지 않다면 진흙과 모래에서도 동물이나 사람이 지나간 흔적을 찾기가 쉽다. 압력에 따른 자국이 생기려면 진흙이든 모래든 어느 정도 습기를 머금고 있어야 하고, 그 형태가 유지되려면 어느 정도 단단해야 한다. 습기와 단단함 사이의 비율은 범위가 굉장히 넓기 때문에 산책을 할 때는 늘 이런 지역을 조금은 지나게 마련이다.

둘째로 어디를 봐야 하는지 알아두면 자취를 찾을 가능성이 훨씬 높아진다. 사람은 복잡하게 지나다닌 자취를 남기고 동물 역시 그렇다. 풍경을 연구하느라 들인 시간이 동물의 자취를 찾을 때 도움이 될 것이다. 왜냐하면 동물들은 여기저기 무작위로 흔적을 남기지 않고 특정 지역에 몰리기 때문이다. 자원은 부족하고 경쟁은 치열하다. 이런 모든 것들이 동물들이 어디에 흔적을 남겼는지 예측하도록 도와준다. 가령 저쪽에 숲과 조그만 들판이 있고 그 옆에는 호수가 있다면, 이미 동물들의 흔적을 찾기에 가장 좋은 위치를 발견한 셈이다. 음식과 물, 은신처가 있어야 하는 동물들이 이 사이를 '오락가락'하는 모습을 발견할 수 있을 것이다.

셋째, 빛의 수위와 각도를 항상 유념하라. 우리가 보는 각도와 빛이 들어오는 각도에 따라 흔적들은 나타났다 사라질 수 있다. 빛의 각도가 낮을수록 흔적의 형태가 더 뚜렷해지기 때문에 아침과 저녁은 추적하기에 가장 좋은 타이밍이다. 이것이 얼마나 중요한 사실인지 반드시 기억할 수 있도록 다음의 실험으로 증명해보자.

어두운 방에서 빛을 조절할 수 있는 램프를 켜고 하얀 종이에 빛이 수직으로 비추도록 위치를 조절한다. 그다음 위에서 이 종이를 보라. 종이에 대한 정보를 아무것도 알아볼 수 없을 것이다. 이제 빛이 수평 각도에서 종이를 비출 수 있게 램프의 위치를 조절한 다음에 시선이 종이의 표면을 스치도록 빛과 같은 방향에서 종이를 보라. 이제 종이를 만드는 데 사용된 펄프 섬유 하나하나뿐 아니라 어제 쇼핑 목록의 흔적까지도 찾을 수 있을 것이다.

두 번째 실험은 야외에서 할 것이다. 모래나 진흙을 발로 아주 살짝 밟아서 희미한 발자국을 만들어보라. 그런 다음 그 주변을 빙 돌며 어떤 각도에서는 발자국이 쉽게 보이지만 어떤 각도에서는 거의 보이지 않는다는 사실을 확인해보라. 몇 시간 뒤에 같은 자리로 가서 다시 한 번 빙 둘러보는 것도 좋다. 흐린 날에도 빛의 각도와 당신이 내려다보는 각도가 발자국을 얼마나 명확하게 볼 수 있는지를 결정한다. 빛의 각도와 보는 각도의 중요성은 열정적인 추적자들의 얼굴에서도 찾을 수 있다. 이들은 최적의 각도를 찾기 위해 바닥에 얼굴을 대고 연신 엎드리느라 숲 바닥의 나뭇가지와 이파리 자국을 항상 뺨에 달고 다닌다.

이 세 가지 주요 규칙을 유념하면 수많은 흔적을 찾을 수 있을 것이다. 그다음 단계는 부정행위를 사용하는 것이다. 해변에서 개를 뒤따라 걸으면 30분 만에 그곳에 대해 많은 것을 알게 된다. 평범하게 걸을 때 개의 발자국과 당신이 남긴 것을 살펴보라. 그런 다음 개가 뭔가 냄새를 맡았을 때 남긴 발자국과 비교해보라. 발자국이 바람이 부는 쪽으로 향했다가 다시 똑바로 돌아오는 것을 확인할 수 있다. 공을 던졌을 때는 발자국이 어떻게 바뀌는지도 한번 보라. 모래 위에 남은 당신의 발자국도 살펴보라. 개를 따라잡기 위해서 걸을 때, 가볍게 뛸 때, 전속력으로 뛸 때, 그리고 개의 주인이 당신을 의아하게 쳐다보는 바람에 홱 돌아섰을 때의 발자국을 하나하나 살펴보라.

이렇게 찾아낸 흔적들을 바탕으로 추측하는 것이 다음에 이어질 단계이고, 이를 위해서는 기본 원칙을 이해해야 한다. 처음에 나는 수천 가지나 되는 자취의 형태를 외우려고 했지만, 사실은 산책하러 나갈 때마다 발견하는 가장 흔한 흔적들을 구분하는 것이 더 중요하다. 우선은 사람, 말, 자전거, 자동차의 흔적을 알아볼 수 있어야 한다. 대부분의 사람들이 개 발자국 정도는 알아볼 줄 안다. 또한 개와 다르게 고양이는 발톱 자국을 남기지 않는다는 사실을 고려하면 이미 당신에겐 추론을 시작할 정보가 충분한 셈이다. 그다음으로는 뒷다리가 앞다리 안쪽으로 앞질러 착지하는 독특한 자국을 남기는 토끼 정도면 괜찮을 것이다.

추적하기에 관한 몇 가지 원칙을 이해했다면, 설령 당신의 지식이 기

초적이라 해도 연역법을 사용해서 놀라운 이야기들을 밝혀낼 수 있다.

대부분의 사람들은 수백 개의 이미지보다 논리적인 원칙을 더 쉽게 외운다. 우리가 마주치는 모든 새들의 흔적을 정확하게 기억하려면 거의 평생이 걸리지만, 새 발자국 형태의 기본적인 원리는 몇 분이면 충분히 외울 수 있다. 울새 같은 명금류는 나뭇가지에 앉기 위해 앞으로 향하는 발가락뿐 아니라 뒤로 향하는 발가락도 있다. 반면 닭처럼 땅에서 지내는 새들은 이런 뒤로 난 발가락이 필요치 않다. 먹이를 낚아채야 하는 맹금류의 발톱은 크고 위압적이다. 바닷새를 비롯해 오리처럼 물 위에서 움직여야 하는 새들은 발에 물갈퀴가 있다. 그러니까 바닥에서 새의 자국을 발견했을 때 물갈퀴가 달린 발자국이라면 근처에 물새가 있는 거고, 즉 물이 가까이 있을 거라는 사실을 추측할 수 있다.

추적 기술은 이런 간단하고 논리적인 원칙 위에 쌓인 것이다. 모든 네발짐승은 발을 순서대로 들어 올렸다가 내리며 리듬에 맞춰 움직인다. 이것은 그들이 진화사에서 물려받은 것을 반영한다. 두꺼비부터 코끼리에 이르기까지 다들 각자의 패턴을 갖고 있다. 심지어 인간의 아기들도 지극히 표준적인 방식으로 긴다.

네발 달린 육식동물은 속도가 빨라야 하고, 먹이를 계속 주시하려면 눈이 얼굴의 전면에 있어야 한다. 그래서 이들은 몸통 아래 다리가 달린 모양으로 진화했다. 이것은 더 빨라지기 위한 '디자인'이지만 이들은 뒷다리가 어디에 닿는지를 확인할 수 없다. 그렇기 때문에 이 육식동물들은 두 쌍의 다리를 모두 쳐다볼 필요가 없도록 앞다리가 있었던 자리에 자연히 뒷다리가 닿게 되었다. 나무를 오르는 짐승은 다리가 짧기 때문에 땅 위에서 달릴 때는 펄쩍펄쩍 뛰는 경우가 많다.

머지않아 당신도 어떤 식으로든 분명히 관계가 있는 흔적 두 쌍을 발견하게 될 것이다. 두 종류의 자취, 각각의 특징, 둘 사이의 거리, 환경, 계절, 그리고 다른 상황 증거 등을 보면 이 동물들이 서로를 사냥하고 있는지, 한쪽이 놀라게 한 건지, 서로 놀고 있었는지 아니면 짝짓기를 하려고 했던 건지 알 수 있을 것이다. 이런 식으로 흔적을 찾는 것은 이야기를 읽어내는 것이다.

부드러운 흙 위를 걷다 보면 금세 모든 것들을 다른 방식으로 보게 될 것이다. 인간의 평평한 발은 흙을 누르는 반면 동물들의 발굽은 흙을 휘저어놓는다. 땅에 난 길에 대한 당신의 관심과 추적자가 지녀야 할 호기심이 합쳐지면 인간이 여러 가지 상황에서 각기 다르게 행동한다는 사실을 알게 될 것이다. 평평한 지역에서는 넓던 길이 언덕배기에서는 좁아져서 하나가 된다는 사실에 주목하라. 사람들은 평평한 길에서는 나란히 걷기를 좋아하지만 오르막이 나와서 힘을 들여야 하거나 집중을 해야 하면 앞뒤로 줄지어 가곤 한다. 사람들이 대화를 멈추고 일렬로 간 흔적을 찾기는 굉장히 쉽다. 꼭 깔때기 같은 모양이다.

이제 자전거 자국을 찾고서 세 가지 일을 해보기를 바란다. 먼저 타이어 자국 위에 발자국을 남겨보라. 당신의 발자국과 자전거 바퀴 자국을 잘 보면 어느 것이 먼저 생겼는지 쉽게 알 수 있을 것이다. 이런 간단한 원칙 덕에 사건이 발생한 시간의 순서를 세울 수 있다. 물론 자전거가 먼저 지나갔다는 걸 이미 알고 있지만, 이 간단한 예가 보여주는 것처럼 추적 기술에서도 거의 비슷한 원칙을 적용해서 시간 순서를 찾는다.

발자국에 빗방울이 떨어져 있다면, 그리고 그 발자국이 자전거 자국 위에 있다면 순서가 명확하게 보일 것이다. 며칠 동안 날이 맑다가 간밤에 폭우가 쏟아졌고 아침 8시쯤에는 비가 가볍게 뿌렸다면, 간밤에 자전거가 지나갔고 발자국의 주인공은 그 뒤에, 하지만 아침 8시 이전에 지나갔다는 것을 논리적으로 추측할 수 있다.

자전거 바퀴 자국으로 할 두 번째 일은 길이 휘어지는 곳까지 따라가는 것이다. 바퀴 자국이 완벽하게 한 줄을 남기지 않는다는 점을 잘 살펴보라. 두 번째 바퀴는 항상 첫 번째 바퀴의 안쪽에 자국을 남긴다. 사실 모든 이동수단이 그렇다. 뒤쪽 바퀴 자국이 앞쪽 바퀴 자국의 안쪽으로 들어가고 그래서 도로의 경우라면 커브 쪽에 더 가깝게 자국을 남긴다. 뒷바퀴가 항상 앞바퀴 자국 위로 지나가기 때문에 가는 방향을 더욱 파악하기 쉽다.

바퀴 자국을 보고 속도의 변화가 있는지 살피는 것이 세 번째로 확인해야 할 요소이다. 내리막을 달리는 자전거는 중간중간 브레이크를 잡아야 한다. 선명하던 바퀴 자국이 푹신한 흙으로 덮인 언덕의 급경사나 울퉁불퉁한 부분 직전에 뭉개지는 것을 보면 이 사실을 확인할 수 있다. 이것은 제어를 못해서 미끄러진 것이 아니라 바퀴가 굴러가며 살짝 미끄러진 자국일 뿐이다.

사람과 동물의 경우에도 똑같이 뭉개진 흔적의 규칙을 적용할 수 있다. 우리 모두가 움직이는 방식은 우리의 발자국에 고스란히 남는다. 이것은 뉴턴 법칙의 기본 논증(모든 작용에는 그와 똑같고 반대로 향하는 반작용이 있다)이다. 달릴 때면 우리는 앞으로 나아가게 되고 땅은 반대 방향으로 밀려난다. 그래서 각각의 발자국에 그것을 증명하는 모양이 남는 것이다.

부드러운 흙이나 모래 위에서 달리다 갑자기 멈춰보자. 그러면 발자국이 전혀 뚜렷하게 남지 않는다는 것을 알아차릴 수 있다. 발자국이 남은 부분의 땅이 앞으로 나아가는 힘 때문에 뒤로 밀려났다가 갑자기 멈추면서 다시 앞으로 밀려나오기 때문이다.

발자국을 찾는 게 추적 기술의 전부는 아니다. 동물들은 여러 방식으로 자신들의 습관이나 행방을 드러낸다. 그중에서 가장 많은 걸 알려주는 것이 바로 그들의 배설물, 즉 '똥'이다. 인도네시아 화산 지대에서 길을 잃었을 때 우리는 속도를 늦추고 주변을 좀 더 신중히 살펴보았다. 그러다가 우리의 '길'을 따라 짐승의 똥이 흩어져 있음을 알게 되었다. 이것은 짐승이 다니는 길과 사람의 길을 구분하는 가장 쉬운 방법이다. 영국에서 토끼들이 지나간 길은 꼭 사람이 낸 길처럼 보이지만, 사람들은 규칙적으로 길에 조그만 똥 덩어리를 떨어뜨리지 않는다.

똥을 더 정교하게 읽는 작업은 그렇지 않아도 전문적인 영역인 추적의 세계에서도 특히 더 전문 영역이다. 다른 분야와 마찬가지로 논리적인 원칙을 바탕으로 만들어진 분야라는 점을 아는 것으로도 충분하다. 예를 들어 육식동물의 배설물은 냄새가 강하지만 초식동물의 똥에서는 그렇게까지 코를 찌르는 냄새가 나지 않는다. 이 차이는 꽤 극명해서 집에서 개와 토끼를 키워본 사람이라면 누구든지 쉽게 말할 수 있을 것이다.

똥을 관찰한 결과와 세력권 안에서 동물이 어떻게 행동하는지에 관한 지식을 결합하면 그 지역의 지도를 쉽게 그려낼 수도 있다. 토끼는 자신의 굴에서 그리 멀리 흩어지지 않는다. 그러니까 토끼가 지나간 자취나 배설물을 발견했다면 근처에 토끼굴이 있을 가능성이 높다. 길들인 동물을 포함해서 다른 대부분의 동물에도 똑같은 논리를 적용할 수 있다.

누구나 '개똥이 가득한 골목'을 지나본 불운한 경험이 있을 것이다. 이런 곳은 개들이 배변을 하도록 내보내고 싶지만 멀리 가고 싶지는 않은 동네 사람들이 모이는 골목이다. 도시 가장자리 지역이나 시골 마을에서도 똑같은 원칙을 적용할 수 있다. 개똥이 늘어나면 사람 사는 동네가 가까이 있다는 것을 알 수 있다. 실제로 시골을 지나 도시나 큰 마을로 향할 때에는 건물이 나오기 전에 으레 개똥을 먼저 발견하게 마련이다. 이런 교외의 사례가 딱히 매력적인 것은 아니지만 변경 지역에서도 통하는 법칙이다.

세계에서 가장 뛰어난 방향 찾기 전문가 대다수는 서양에서 '목표물 확장Target Enlargement'이라고 부르는 기술을 사용한다. 근처에 있는 실마리들을 알아볼 수 있다면 목표물을 명확하게 알지 못해도 괜찮다는 이론이다.

태평양 모험가들은 해와 별, 바람과 파도를 이용해서 섬을 찾고 목표물 근처까지 다가간 후 구름과 새, 해양생물 등 섬의 위치를 알려주는 명백한 실마리를 인지해서 위치를 '확장'한다. 육지에서도 같은 전략을 사용할 수 있는데, 이누이트Inuit 같은 북극 사람들은 안개 낀 날에는 마을 근처까지 가서 개와 사람의 자취를 이용해 집을 찾아간다.

외곽에서 도시나 마을을 찾아갈 때는 정기적으로 지나간 사람이나 동물의 자취를 찾는 것이 도움이 된다. 도시나 마을과 가까울수록 나뭇가지가 더 많이 부러진 것을 볼 수 있을 것이다. 식물에서 읽을 수 있는 누적 효과도 흥미롭다. 사람은 습관의 동물이라서 종종 비슷한 장소에서 멈추곤 한다. 풍경이 좋거나 개를 풀어놓기 좋은 곳일 수도 있고, 흡연자라면 담배를 피울 시간이 되었기 때문일 수도 있다. 여기에 더 많은 흔적이 남을 가능성이 높고, 식물들이 점점 짓눌려서 그다음에 지나가는 사람이 더 넓어진 길을 이용하고 관목 옆에서 쉬기도 좋다. 이런 장소들에 대해 배우고 그곳에 오는 사람들의 행동을 예측할 수 있게 된다는 건 묘하게도 기분 좋은 일이다. '저 사람은 다섯 걸음을 와서 개 목줄을 풀어줄 거야.' 이런 예측은 고대부터 전쟁에서 사용되었고, 특히 매복에서 유용했다.

나는 5년 동안 검은색 랜드로버 디펜더를 몰았다. 멋진 차였지만 내 고향인 웨스트서식스에서는 제법 흔한 차라서 누구도 차에 대해 이야기를 하지 않았다. 대형 차종임에도 사람들의 눈에 거의 띄지 않고 다른 차들 사이에 섞일 수 있었다. 하지만 4년 전 꽁꽁 얼어붙은 언덕길에서 차가 거의 망가질 뻔한 일을 계기로 나는 차를 밝은 주황색 랜드로버로 바꾸었다. 이 이야기가 추적 기술과 무슨 관계가 있느냐고? 이 화려한 차를 사고 얼마 지나지 않아 사람들이 이런 말을 건네기 시작했다.

"아까 슈퍼마켓 앞에서 자넬 봤어……."

"오늘 아침에 치체스터에 있지 않았어? 오다가 자네를 본 것 같아."

가장 특이했던 이야기는 이 말이었다.

"그런 차를 타고 다니면 절대로 바람은 못 피울 걸."

이 마지막 말에 문득 칼라하리의 부시먼San bushmen에 관한 이야기가 떠올랐다. 부시먼 족과 함께 지냈던 인류학자 웨이드 데이비스Wade Davis는 부시먼들이 어떤 자취도 놓치지 않는다는 이야기를 하면서 이렇게 말했다. "부시먼 족 사이에서 바람을 피우는 건 굉장히 어려운 일이다. 그들은 모든 사람의 발자국을 구분할 수 있기 때문이다."

핵심은 차나 바람을 피우는 이야기가 아니라 우리가 알아채는 것들에 관한 것이다. 야외에서 성공적으로 관찰하기 위해 뛰어난 기술을 갖춰야 한다는 뜻은 아니다. 다른 사람이 알아채지 못하는 특정한 것들을 발견하기 위해 노력해야 한다.

예를 들어 사람이나 동물이 길을 지나가며 돌을 걷어찬 모양새에 주목할 수도 있고, 돌의 아래쪽이 아직 검고 젖은 것을 보고서 며칠 전에 비가 왔는지를 알아낼 수도 있다. 오스트레일리아의 원주민 추적자들은 이런 것들을 마치 밝은 주황색 랜드로버처럼 곧장 알아본다. 그들은 이런 단서를 놓치는 것을 어이없는 일로 여긴다.

앞에서 좀 더 특별한 추적 기술을 사용하는 법에 대해 이야기하겠다고 말한 바 있다. 운명을 좌우할 수 있는 종류의 추적 기술은 많이 있고, 그중 몇 가지는 법 집행관들이 사용하기도 한다. 미국 국경 순찰대에 소속된 경관들은 미국 땅에 '불법 외국인'이 들어오지 못하도록 이런 추적 기술을 광범위하게 사용한다. 그들은 정기적으로 밤에 사람들을 추적하고, 심지어 가끔은 도심에서도 추적 기술을 활용한다.

한번은 이들의 기술이 살인사건을 해결하는 데 사용되기도 했다. 외딴 비포장도로에서 아름다운 여자가 칼에 찔려 죽은 채 발견됐다. 여자의 차에서 얼마 떨어지지 않은 지점이었다. 엘 케이존 국경 순찰대의 추적 담당자들이 범죄 현장으로 소집되었다. 이 사건에서 주목할 점은 추적자들이 밝혀낸 흔적이 살인범을 쫓는 과정이 아니라 법정에서 증거로 사용되었다는 것이다.

피고는 여자를 죽였다는 사실을 부인하지는 않았지만, 계획적인 게 아니라 비극적인 사고였다고 주장했다. 법률상 계획적인 살인은 우발적인 것보다 훨씬 심각한 죄이고 사형까지 선고받을 수 있다.

추적자들은 추론 기술을 통해 먼저 여자가 운전 중이었다는 사실을 밝혀냈다. 여자는 차에서 내려 남자를 따라 언덕으로 올라갔다. 그들 사이의 거리를 보니 여자가 강제로 끌려간 게 아니었다. 그리고 내려올 때 그들이 두 번 멈추었고, 거기서 말다툼이 벌어졌으며 여자가 두 번째 멈추었던 장소와 얼마 떨어지지 않은 곳에서 살해되었음이 밝혀졌다. 말다툼 끝에 격앙된 나머지 화가 나서 일을 저질렀다는 피고의 주장과 길에 남은 흔적이 일치했던 것이다.

세계의 어느 곳에서는 기본적인 추적 기술 덕에 훨씬 편한 삶을 누리기도 한다. 현명한 동네 주민에게 배우지 않는 이상 이런 지식을 얻기란 어렵다. 나는 오만의 사막에서 자연 내비게이션 지도자 코스를 연 적이 있다. 두 시간쯤 별을 공부한 후 우리는 그날 밤을 모래 위에서 보내기로 했다. 침낭에 막 들어가려는데 바로 옆 사람이 고통스럽게 비명을 질렀다. 전갈에 쏘인 것이다. 괜찮은지 확인한 다음 우리는 헤드랜턴을 쓰고서 주변을 조사했다. 전갈의 흔적이 뚜렷했고, 우리는 그들의 통행로에서 이동한 후에야 평화롭게 잠을 잘 수 있었다.

추적 기술이 먼 나라에서 더 유용해 보이지만, 내가 기억하는 즐거운 경험은 오히려 집 근처에서 일어난 것들이다. 어린 두 아들이 동네 뒷산에서 검은딸기 덤불까지 이어진 흔적을 따라가서 토끼굴을 처음 발견했을 때만큼 즐거웠던 적은 없다. 눈 더미 아래 검은 굴을 발견했을 때 아이들의 흥분한 표정이 내 기억에 선명하게 남아 있다. 아이들은 토끼 아저씨가 나타날 때까지 거기서 기다릴 거라고 자랑스럽게 말했다. 기다리는 시간은 길지 않았다. 그동안 우리는 우리보다 인내심이 부족한 토끼가 갑자기 나타날 때까지 잠복을 잘하는 것에 관해 즐겁게 이야기를 나누었다.

몸을 데우느라 토끼 굴 앞에 지저분한 발자국을 남기면서 나는 추적에 관한 격언을 떠올렸다. 19세기 초 캐나다 북부를 탐험한 토머스 맥그래스Thomas McGrath가 1832년에 쓴 편지에 있는 말이다. 그는 그 지역 주민이 사슴 추적에 성공한 것을 보고 불현듯 자신이 저지른 단순한 실수를 깨달았다.

> 동행인이 걸어가는 모습을 보고서 전날 우리가 실수한 진짜 원인을 즉시 깨달았다. 그는 조용함 그 자체였지만 우리는 부산스럽기 짝이 없었다.

상황을 파악하기 위해 시간을 약간 들인다면 아마도 꽤 큰 보상을 얻을 수 있을 것이다. 바다표범의 앞발이 해변에 남긴 흔적은 특히 재미있다. 이런 자료는 굉장히 다양하고 풍부하므로 모두 나름의 추적 경험을 쌓을 수 있을 것이다.

경계 들판, 숲, 도로와 길의 경계에는 그 부분을 뚜렷하게 표시하기 위한 울타리나 관목, 벽처럼 수많은 길잡이가 있다.

앞서 모퉁이의 문 근처에 어떤 흔적이 있는지 물었던 것이 생각나는

가? 모퉁이 문은 가축들을 풀어놓은 들판에서 무척 흔히 볼 수 있다. 경계선 한가운데 문을 만들어놓는 것보다 자연스러운 깔때기 모양을 한 모퉁이로 가축들을 모는 게 훨씬 더 쉽기 때문이다.

두 번째 길잡이는 상황에 따라 조금 다르다. 이런 문들은 농장 쪽을 가리키거나 혹은 농장 반대편을 가리킨다. 농부들은 건물이 어디 있느냐에 따라서 동물들을 농장 가운데로 몰거나 가장자리로 몰려고 하기 때문에, 문의 방향은 건물 위치와 반대편으로 향한다. 농장 건물을 아직 지나치지 않았는데 모퉁이 문을 여러 개 지나치게 되었다면 곧 건물이 나타날 거라고 생각해도 좋다.

최근에 나는 웨일스의 조용한 들판을 걸으며 여러 가지 흥미로운 장면을 관찰하다가 우연히 분홍색 제라늄을 발견했다. 워낙 흔한 꽃이라 우리 동네에도 많이 피어 있지만 웨일스에서는 며칠 동안 한 번도 못 본 터였다. 분홍 제라늄은 강산성 토양보다 중성이나 알칼리성 토양을 좋아하는데, 내가 걸어온 지역은 대체로 산성이었다. 조금 높은 곳을 살펴보다가 나는 옅은 색 돌담을 발견하고 해답을 찾을 수 있었다.

돌담은 지하의 지질 구조를 알려주는 실마리이다. 합리적인 사람이라면 돌을 그리 멀리서 날라 올 리 없기 때문이다. '보로데일 화산암통Borrowdale Volcanic Group' 같은 장황한 표현을 쓰지 않고도 지질 구조를 파악하는 데 도움이 되는 간단한 규칙이 있다. 돌담이 짙은 색이면 대체로 산성암이고 색이 밝으면 알칼리성인 석회암이다. 여러 색이 섞여 있다면 식물이나 동물, 풍경의 특징에서 정보를 알아낼 수도 있다.

부싯돌처럼 울퉁불퉁한 돌로 만들어진 담을 보면 만든 사람이 오른

손잡이인지 왼손잡이인지, 가끔은 어떤 사람이 작업하다 그만둬서 다른 사람이 이어받은 부분까지도 파악할 수 있다. 담 하나하나가 만든 사람의 독특한 특징을 드러낸다. 오래된 벽돌담을 보고 이 벽돌을 만든 사람의 이름을 말할 수 있는 전문가가 오늘날에도 동네에 몇 명씩 있게 마련이다.

돌담을 찾아 주위를 둘러보라. 특히 한쪽 면이 열려 있는 돌담을 찾아보자. 이런 돌담은 일반적으로 동물을 보호하기 위해 만들어진 것이다. 열린 부분은 주로 바람이 불어가는 방향이다. 카나리아 제도(북아프리카의 서쪽 대서양에 있는 스페인령 군도)에서 농부들은 강한 바닷바람으로부터 작물을 보호하기 위해 반원형 돌담을 세운다. 나도 예전에 란사로테Lanzarote의 황량한 평야를 지나가다가 이런 돌담을 은신처로 사용한 적이 있다.

흉측한 가시철사 울타리에도 여러 가지 실마리가 있다. 철사는 일반적으로 가축이 있는 방향으로 감겨 있다. 동물들이 종종 철사 쪽으로 달려들기 때문에 철사가 울타리 기둥에서 뜯겨나가지 않고 더 깊이 박히게 한 것이다. 다만 여기에는 예외가 있다. 일반적으로 말 목장에서는 가시철사를 기둥 바깥쪽에 감는다. 이는 말은 울타리보다 더 소중하지만, 다른 동물들은 그렇지 못하다는 사실을 보여준다.

해와 바람은 숲과 관목, 벽, 도로, 길에 각기 다른 방식으로 영향을 미친다. 내 첫 책 『자연의 내비게이터The Natural Navigator』에서 동서로 이어진 길의 경우 남쪽 부분에 진창이 더 많다고 이야기한 바 있다. 그 이유는 햇빛이 그늘진 남쪽 지역까지 닿기가 어렵기 때문이다. 관목의 경우에도 같은 원리가 적용되기 때문에 북쪽 지역(들판의 남쪽 끝)의 식물들이 덜 자란다. 더 크게 보면 삼림의 북쪽 지역에도 같은 원리가 적용된다. 남쪽의 숲이 드리운 짙은 그림자 때문에 상당량의 들판이 휴경지로 남아 있는 것을 종종 발견할 수 있을 것이다.

많은 농부들이 환경 보조금을 사용해서 소위 '완충지대'를 만들곤 한다. 이것은 숲가장자리를 그냥 경작하기보다는 들판에 사용하는 기계와 화학물질로부터 숲을 보호하기 위해서 사이에 좁은 땅을 확보하는 것이다. 즉 농부들은 '완충지대'라는 약간의 자유 지역을 만들어둔다. 신중한 사람들은 숲의 북쪽 지역에는 땅을 넓게 남겨두고 남쪽 지역에는 좁게 남겨둔다. 이 땅은 들판에서 자라는 작물들과 항상 다른 색을 띠기 때문에 알아보기가 쉽다.

벽과 관목, 도로는 종종 바람의 흐름을 방해한다. 땅의 한쪽 편에 반대편보다 더 많이 나뭇잎과 가지들이 쌓여 있는 것을 볼 수 있을 것이다. 이런 특징은 더 넓은 지역에서도 동일하다.

관목은 모든 식물이 그러듯이 환경을 반영한다. 뒤에서 더 자세하게 살펴보겠지만 여기서도 고도에 따른 관목의 특징 변화 정도는 알아두는 게 좋다. 당신이 오르막을 오르며 마주치는 관목들이 넓은 이파리를 가진 종류에서 비쩍 마른 가시금작화나 산사나무 종류로 바뀐다면 곧 옷을 한 겹 더 걸쳐야 할 것이다. 관목이든 혼자 서 있는 덤불이든 바람에 날아간 풀들이 바람을 받는 쪽 수풀에 떨어져 있다는 것도 볼 수 있을 것이다.

만약에 시골길의 관목들이 키가 같은 조그만 나무들로 이루어져 있다면 여우 사냥지에 들어왔을 가능성이 높다. 여우 사냥에 대해 당신이 어떻게 생각하든 이 동네에는 분명히 근사한 술집도 많을 것이다.

세부사항 땅을 제대로 보는 습관을 익혔다면 이것을 지도에서 본 것과 맞춰보는 것도 좋은 방법이다. 풍경만 봐서는 알 수 없는 실마리들을 지도에서 발견할 때도 있다. 특히 지도에 이름과 문화적 배경까지 포함되어 있다면 더더욱 그렇다.

한번은 3월에 레이크디스트릭트의 야성적이고 거친 환경 속에서 네 시간 동안 산책을 하며 사계절을 모두 경험한 적이 있다. 이때 그곳의 거친 환경에 걸맞지 않은, 기묘한 이름이 붙은 길을 따라 걸었다. '높은 길High Street'이라는 길이었는데 '높다'는 지리적으로 고도가 높다는 의미였고 '길'은 로마 시대에 기원을 두고 있었다. 이런 이름이 평야에 붙어 있을 때에는 대체로 옛날 로마 시대 길이 있다는 뜻이다.

지도의 이름과 기호는 주변의 땅에 다채로운 색을 더해줄 수 있다. 모든 산책자들이 경험을 쌓으며 몇 가지 역사적인 이름 규칙에 익숙해질 것이다. '-ness'로 끝나는 이름은 곶을 의미하고, 'pen'은 언덕 꼭대기를 뜻한다. 이름이 '-hurst'로 끝난다면 근처에 나무가 우거진 언덕이 있었다는 뜻이고, 아마 지금도 있을 것이다. 여기 몇 가지 유용한 이름을 언급해두겠다.

Pant 골짜기나 분지

Tre 농장

Afon 강

Coed 숲

Combe 건조한 석회석 골짜기

Weald / wold 높은 삼림지대

Bourne 석회석 언덕 아래쪽의 개울

육지 탐험 전문가는 지도의 세부사항과 주변의 사물을 결합해 주변 환경의 배치를 더욱 정확하게 알아내는 기술을 사용한다. 다음에 전경을 가로질러 전파송신탑이 줄줄이 서 있는 것을 발견하면 탑 하나하나를 자세히 살펴보라. 이 철탑들은 계속해서 직선으로 뻗어 있는 것이 아니고, 방향을 바꿔야 할 때는 다른 종류의 철탑이 사용된다. 왜냐하면 전선을 그냥 매달고 있는 게 아니라 고정시켜 다른 방향으로 뻗어 나가게 만들어야 하기 때문이다. 이런 '개 뒷다리 모양'으로 구부러진 철탑은 멀리서 보면 다르게 보인다. 지도를 보면 당신은 이 직선이 구부러져 다른 방향으로 나아가게 되는 지점을 찾을 수 있을 것이다. 그 정확한 지점이 바로 당신이 다르게 생긴 철탑을 발견하는 곳이다. 이것은 눈으로 세부사항을 찾아 모호하던 풍경의 특징을 명확하게 파악하는 기술이다.

세부사항을 찾아 '분류하는' 이 마지막의 중대한 단계가 가장 재미있는 부분이다. 이 마지막 단계는 이 책에서 앞으로 다룰 수백 가지의 길잡이와 흔적들을 당신 자신도 놀랄 만큼 찾아내는 단계라 할 수 있다. 머리 위 구름의 모양부터 옆에 있는 나뭇잎의 색깔에 이르기까지 모든 조각들을 한데 맞춘다면, 풍부하고 유용한 이 길잡이가 전부 당신 차지가 될 것이다.

나무

Trees

The Walker's Guide to Outdoor Clues and Signs

숲속의 이정표

몇 년 전 1월에 나는 친구 한 명과 차를 놔두고 걸어서 다트무어 지역을 횡단했다. 출발하고 얼마 지나지 않아 가벼운 안개가 우리를 둘러쌌고, 곧 우리는 어디서도 본 적 없는 숲으로 들어섰다. 우리를 둘러싼 나무들은 키가 작고 이끼와 지의류로 완전히 뒤덮여서 굉장히 오래된 것처럼 보였다. 이곳은 악마와 그의 개들의 보금자리로 유명한 '위스트맨 숲Wistman's Wood'이었다. 위스트맨 숲은 발육이 부진한 참나무 군락으로 이루어진 낮고 기묘한 숲인데, 최소한 400년 이상 주변 사람들을 불안하게 했다.

이 장에서는 각각의 숲에 어떤 식으로 접근하고 각각의 나무를 어떻게 분석할 것이며, 이것이 우리만의 경험담을 좀 더 실용적으로 만드는 데 어떤 식으로 도움이 되는지를 보여줄 것이다. 나무뿌리를 보고 집으로 가는 방향을 찾는 것을 알아두면 큰 도움이 될 것이다. 특히 지옥의 개가 우리 뒤를 쫓아온다면 말이다.

숲 걷다가 사방이 숲으로 둘러싸인 넓은 공터에 도착했다면, 잠깐 멈춰서 주변의 숲 가장자리를 살펴보라. 당신 앞에 있는 나무들은 제각기 필요로 하는 광량이 다를 것이다. 소나무, 참나무, 자작나무, 버드나무, 노간주나무, 낙엽송과 가문비나무는 모두 풍부한 빛을 받을 수 있는 곳에서 잘 자란다. 주목, 너도밤나무, 개암나무, 야생벚나무와 단풍나무는 약간 그늘진 환경을 더 좋아한다. 주변을 둘러보는 방향에 따라 숲 가장자리에 있는 나무들의 종류가 달라짐을 알 수 있을 것이다.

북쪽을 바라보면 숲의 남쪽 가장자리를 보는 셈이 된다. 이쪽 면이 빛을 가장 잘 받는 자리이다. 토양의 종류에 따라서 위에 언급한 햇빛을 사랑하는 나무 몇 가지를 볼 수 있을 것이다. 돌아서면 두 번째 목록에 있는 나무 몇 개를 볼 수 있다. 낙엽송은 가끔 방화선 용도로 숲 가장자리에 심기도 한다. 이들은 빛을 받으면 쑥쑥 자라지만 불길에 잘 타지 않는 편이다.

대부분의 사람들이 숲을 보고 자신도 모르는 새 첫눈에 이런저런 판단을 내린다. 짙은 색의 동일한 나무들이 고른 간격으로 나란히 정렬된 것을 보면 사람의 손길이 닿았음을 알 수 있다. 소나무류 식물 농원은 고대의 삼림지와는 완전히 다르기 때문에 혼동할 염려가 전혀 없다.

사람이 아무리 노력해도 '자연스러워' 보이는 방법으로는 나무를 심지 못하기 때문에, 무리를 진 나무나 주변의 다른 것과 비교했을 때 안쓰러울 만큼 조그만 숲을 본다면 '왜 이것들이 여기 있는 걸까?'라는 질문을 던져보는 것이 좋다. 가장 처량한 이유는 의회나 기업들이 무언가를 숨기기 위해서 그렇게 심었다는 것이다. 그처럼 작고 어설픈 숲을 살펴보면 염증 위에 그저 반창고를 발라놓은 것처럼 서툴게 가린 오수 처리 시설을 발견할 수 있다.

작은 숲이 오래되고 자연스러워 보인다면 대단히 실용적인 이유에서 거기 있는 것일 수도 있다. 수천 년 동안 농부들은 나무를 키울 가망이 없는 지역을 떠났다. 이 작은 숲들은 대체로 비옥하지 않을뿐더러 가파른 언덕배기여서 특히 나무는 북쪽 사면에서 자란다. 이 숲이 얼마나 오래되었는지 잘 모르겠다면 가장자리를 다시 한 번 살펴보라. 가장자리가 매끄러운 숲은 들쭉날쭉한 숲보다 더 어릴 가능성이 높다.

나무에서 단서를 찾는 가장 좋은 방법은 특정한 선과 형태를 찾아보는 것이다. 언덕이 많은 지역이라면 특정한 고도 이상에서 나무들이 더 이상 자라지 않음을 알아차릴 수 있다. 바람과 기온이 너무 가혹해서 나무들이 더 이상 자라지 못하는 선을 '수목한계선'이라고 한다. 이것은 대체로 명확하고 뚜렷하게 나타나므로 높은 곳에서 쉽게 확인할 수 있고 지도에서도 볼 수 있다.

수목한계선은 고도를 알려주는 기본적인 길잡이이다. 더 낮은 고도로 눈을 돌리면 어느 정도 높이에서 낙엽수종이 침엽수종에 밀려나고 그 후 수목한계선까지 침엽수종이 주로 있는 것을 알아챌 수 있을 것이다. 더 자세히 들여다보면 고도가 높아질수록 나무들의 키가 더 작다는 것도 알 수 있다.

노련한 도보여행자들은 수목한계선 주변에서 환경이 갑자기 바뀌는 걸 보고 주변 사람들에게 옷을 더 걸치라고 충고하곤 한다. 가파른 언덕을 올라가고 있다면 아마도 낙엽수종 지역을 지나게 될 것이다. 이 지역은 대체로 경로 중에서 경사가 완만한 지역이다. 빙하 골짜기를 오를 때 특히 그렇다. 낮은 고도에서 바람막이 역할을 하는 이 나무 덕에 날씨가 나빠도 하루 정도는 충분히 견딜 수 있다.

좀 더 올라가면 침엽수종 지역을 지나게 될 것이다. 공기는 더 차가워지지만 경사가 높아져서 추위를 느끼지 못할지도 모른다. 마침내 수목한계선을 넘어서면 모두들 전망에 감탄하는 한편, 가파른 길에 지쳐서 의자 대용으로 삼을 만한 평평한 돌부터 찾으려 할 것이다.

갑자기 눈앞에 전망이 훤히 보이는 이유는 불행하게도 이 고도에서는 나무들이 제대로 자라기 힘들기 때문이다. 한여름을 제외하면 이곳은 너무 춥고 바람이 많이 분다. 침엽수림을 거쳐 올 때는 옷 한 겹만으로도 충분했지만 소나무조차 자라지 못하는 이 노출된 언덕배기에서는 무리이다. 옷을 여러 겹 껴입어야 한다. 불안해 보이는 날씨 속에 가파른 언덕을 계속 올라갈지 어떻게 할지 결정하는 데는 나무가 큰 도움이 된다. 낙엽수림을 지나갈 때 바람이 느껴진다면 조심하라. 침엽수림을 지나갈 때 바람이 세게 불어온다면 수목한계선 위에서는 아마 몸이 날아갈 것처럼 느껴질 것이다.

어느 정도 높이까지 올라오면 이제 주변의 풍경과 나무들을 둘러볼 차례이다. 자세히 살펴보면 길잡이가 될 만한 것을 하나씩 찾을 수 있다. 나무가 받는 바람이 세면 셀수록 나무의 키는 더 작아지고 몸통은 더 두툼해진다. 이것은 모든 나무에 적용되는 굉장히 논리적인 성장 방식이다. 키가 큰 나무들이 대부분 내륙에 있는 이유도 이 때문이다. 또한 조경사들이 어린 묘목의 키를 비교적 작게 유지하는 이유도 바로 이것이다. 나무들은 자라는 지역의 바람에 반응하면서 커야 한다. 어릴 때 사람의 손이 너무 많이 닿으면 바람에 맞서기에 너무 크거나 허약해질 수가 있다.

내 경험상 대부분의 사람들이 자연의 이런 논리적인 반응을 쉽게 기억한다. 이런 현상을 설명하는 '접촉형태형성thigmomorphogenesis'이라는 과학 용어는 그럴듯해 보이지만, 바람이 많이 부는 지역에 키가 작고 땅딸막한 참나무와 키가 크고 마른 나무 중 어느 것이 있어야 하는지를 기억하는 데는 별로 도움이 되지 않는다. 모든 나무는 제각기 바람에 반응하지만 결국에는 모두 비슷한 결과를 나타내기 때문에 무엇을 찾아야 하는지만 안다면 쉽게 발견할 수 있을뿐더러 굉장히 도움이 되는 수목림을 형성한다.

바람을 받는 방향에 있는 나무들, 즉 바람받이 나무들은 강한 바람을 견뎌야 하기 때문에 숲에 있는 같은 종의 나무들 중에서 가장 키가 작다. 가장 작은 나무들의 바로 뒤에 있는 나무들은 이 첫 번째 '방풍림'의 보호를 조금이나마 받은 덕분에 조금 더 크게 자란다. 그 뒤에 있는 나무들은 좀 더 보호를 받아 좀 더 크게 자랄 수 있다. 나무 하나하나를 보면 이런 미묘한 효과를 눈치 채지 못할 수도 있지만, 종합적인 효과는 내가 '쐐기 효과wedge effect'라고 부르는 형태로 나타난다. 전

● 쐐기 효과. 어떤 숲에서든 바람받이 나무들은 안쪽에 있는 나무들보다 키가 더 작게 마련이다. 이 사진에서 영국의 주된 바람인 남서풍이 오른쪽에서 불어오기 때문에 쐐기 모양이 남서쪽인 오른쪽부터 나타나게 된다.

에 이런 걸 본 적이 없다면 나가서 적극적으로 한번 찾아보라. 이런 걸 찾는 연습을 조금만 하고 나면 나중에는 쉽게 할 수 있겠지만, 처음 몇 번 정도는 어떻게 찾는지 미리 알아보는 편이 도움이 된다.

사방이 잘 보이는 곳에 올라간 다음 남동쪽이나 북서쪽의 숲을 찾아보라. 영국에서는 이 방향에서 바람의 영향을 가장 쉽게 파악할 수 있다. 바람이 불어가는 방향이나 오는 방향을 똑바로 보는 게 아니라 옆에서 보는 셈이기 때문이다. 가능하다면 하늘을 배경으로 '쐐기 효과'가 더 뚜렷하게 드러나는 산등성이 부분의 숲을 찾아라.

이제 양 끄트머리에 있는 나무들의 키를 숲 가운데 있는 나무들의 키와 비교해보라. 남동쪽으로 보고 있다면 오른쪽 끄트머리 나무들의 키가 아마 좀 더 작을 것이고, 북서쪽으로 보고 있다면 왼쪽 끄트머리의 나무들의 키가 좀 더 작을 것이다. 그 이유는 이 두 가장자리가 남서풍을 가장 강하게 받는 곳이기 때문이다.

산책하러 나갈 때마다 이런 효과를 찾아보면 풍경을 조망할 능력을 얻게 된다. 몇 번 하다 보면 곧 자동으로 이것을 찾게 될 것이고, 그러면 이런 현상이 얼마나 흔한 일인지 깨닫게 될 것이다. 그리고 생각지도 못한 곳에서 이런 현상을 찾게 되기도 한다.

생태지표 나무는 우리가 걷고 있는 지역에 대해 많은 것을 알려준다. 다른 식물들과 마찬가지로 나무 하나하나는 특정한 환경 변수 속에서 생존하고 번성한다. 나무는 특히 수위, 토양의 종류, 바람, 빛, 공기의 질과 동물(인간도 포함해서)의 존재에 민감하다. 이런 변수 중 하나 정도는 꽤 잘 견딘다 해도 다른 요소에는 굉장히 민감할 수 있다. 참나무는 석회암층의 얇은 토양에서는 잘 자라지 못하지만 습하거나 건조한 토양에서는 잘 버틴다. 약점도 있지만 강점도 있는 것이다.

이처럼 강점과 약점이 조화를 이루는 덕에 그 지역을 특정 짓는 나무가 결정되고, 우리가 지도를 읽듯 나무를 읽을 수 있다. 예를 들어 강 골짜기를 내려가다가 단풍나무와 서양물푸레나무를 여러 그루 지나친다면 범람원에 도달했다는 것을 거의 확신할 수 있다. 단풍나무와 서양물푸레나무는 대단히 비옥한 토양이 필요하지만 습도에는 강한 편이기 때문에 물과 양분이 함께 풍부하게 존재하는 이런 강바닥에서 번성한다.

이 골짜기 바닥에서 강줄기를 따라 바다 쪽으로 가다 보면 더 이상 물푸레나무와 단풍나무가 자라지 않는 곳에 도착할 것이다. 많은 나무가 소금의 탈수 효과를 전혀 견디지 못한다. 이와 비슷하게 버드나무와 낙엽송은 이산화황(SO_2)을 거의 견디지 못하기 때문에 이 나무들이 울창한 지역에 있다면 산업폐기물에 오염되지 않은 공기를 마실 수 있다고 생각해도 좋다.

너도밤나무는 석회석 위에서 잘 자라고 정기적으로 침수되는 토양에서는 금세 죽는다. 그래서 너도밤나무 숲을 지나갈 때에는 발이 거의 젖을 일이 없다. 반대로 오리나무와 버드나무는 젖은 토양에서 번성하기 때문에 개울이나 강 혹은 지하수가 있는 지역에서 잘 자란다.

몇몇 종의 나무는 다른 종과 섞여서 잘 자라고 함께 숲을 이루기도 한다. 서양물푸레나무, 개암나무, 단풍나무는 같은 숲에서 흔히 찾아볼 수 있다. 이들은 같은 종이 아니기 때문에 선호 조건이 비슷하긴 해도 똑같지는 않다. 서양물푸레나무는 개암나무보다 수분을 더 많이 견딜 수 있고, 개암나무는 단풍나무보다 더 축축한 곳에서 살 수 있다.

이런 정보를 하나하나 모아보면 나무들이 우리 주변 환경에 대한 정보를 어떤 식으로 드러내고 있는지를 깨달을 수 있다. 근처의 높은 곳으로 올라가서 두 개의 길을 찾았다고 할 때 너도밤나무가 더 많은 길로 내려오면 훨씬 건조한 땅을 걸을 수 있다. 해가 저물 무렵 강가에 숙영지를 만들기로 했다면 너도밤나무를 지나쳐 단풍나무와 개암나무,

물푸레나무를 지나 오리나무와 버드나무가 나타날 때까지 걸어가야 한다. 그렇게 가면 저 앞에서 강줄기를 발견하게 될 것이다.

호랑가시나무는 숲을 지날 때 종종 마주치는 관목이다. 모든 사람들이 호랑가시나무의 뾰족한 가시에 익숙하지만, 이것을 실마리로 알아채는 사람은 극히 드물다. 호랑가시나무는 짐승에게 먹히지 않기 위한 대응으로 가시를 만든다. 우리는 호랑가시나무가 땅에 거의 붙어 있는 것만 보아왔기 때문에 이 관목이 2미터 이상 자라면 대체로 가시 대신 더 둥글고 부드러운 이파리를 피운다는 사실을 잘 모른다.

이러한 점으로 미루어 호랑가시나무의 가시는 사람과 동물의 활동을 표시하는 지표가 된다. 도로나 길옆에 있는 호랑가시나무 관목은 종종 잘리거나 상처를 입어서 굉장히 날카롭게 다시 자라곤 하지만, 이런 길에서 벗어나 사슴처럼 잎을 뜯어먹는 짐승이 없는 곳에서 자라는 호랑가시나무는 훨씬 더 부드러운 형태를 띤다. 가끔은 사슴이 방어용 가시를 피해 이파리를 뜯어먹기도 하는데 이런 것은 새싹의 독특한 형태로 알 수 있다. 아래쪽 가지 숫자가 훨씬 적은 모양새로 관목이 자라기 때문이다.

이파리의 가시와 호랑가시나무 관목의 형태를 보면 이 지역의 상황을 알 수 있다. 호랑가시나무를 장기적인 자취 추적 대상이라고 생각하자. 지난 며칠 동안 무슨 일이 있었는지는 알 수 없지만, 이 관목은 동물과 사람들이 정기적으로 지나가는 장소를 알려준다. 우리 동네 숲에는 주도로에서 빠져나와 호랑가시나무 관목을 지나가는 지름길이 있다. 이곳의 호랑가시나무는 주도로 반대편에 있는 관목에 비해 훨씬 더 가시가 많이 돋아 있다.

나무는 토양의 산도에 예민하다. 너도밤나무, 주목, 서양물푸레나무는 알칼리성 토양을 좋아하는 반면 참나무, 단풍나무, 자작나무, 참피나무는 산성 토양에 좀 더 강하다. 스코틀랜드소나무와 철쭉은 산성 토양을 알려주는 강력한 지표이다.

겉보기에는 지나치게 학구적인 내용처럼 보일 수도 있지만, 토양의 pH는 주변 환경에서 찾을 수 있는 다른 모든 것들을 알려주는 주요 지표 중 하나이다. 다시 말해 토양의 산도는 이 지역 육상과 수중에서 동식물들의 생활을 알려주기 때문에, 토양의 pH를 알려주는 실마리는 굉장히 중요하고, 우리가 주변 환경을 예측할 수 있게 도와준다. 예를 들어 스코틀랜드소나무가 많은 지역을 걷고 있다면 토양이 산성임을 금방 추측할 수 있을 테고, 그러면 다른 종류의 식물과 오늘 볼 수 있는 동물의 종류에 대해서도 추측할 수 있을 것이다. 하지만 이건 좀 앞서가는 이야기인 것 같다.

우리가 보는 나무 하나하나는 다른 나무를 보게 될 가능성을 알려주는 실마리이다. 어느 나무 하나에 적합한 환경이라면 그 나무종 여럿이 잘 자랄 수 있는 환경이라는 의미이다. 이런 식으로 주된 수종을 찾을 수 있지만 사실은 이보다 더 복잡하다. 모든 나무가 다 군집성을 띠는 것은 아니기 때문이다. 어떤 나무는 삼림전문가들이 군생이라고 부르는 종류이고, 어떤 것들은 반군생이다. 너도밤나무와 서어나무는 외로움을 타서 동료들과 함께 자라는 걸 좋아하지만, 야생사과나무는 다른 야생사과나무의 존재를 견디지 못해서 혼자 떨어져 자라는 편을 선호한다.

나무는 또한 토양의 비옥도를 나타내는 지표이기도 하다. 느릅나무와 서양물푸레나무, 단풍나무가 있는 곳이라면 어디든 토양이 비옥하다고 할 수 있기 때문에 여러 종의 다른 식물도 찾을 수 있을 것이다. 소나무와 너도밤나무는 별로 비옥하지 않은 땅에서도 자랄 수 있어서 다른 식물을 거의 볼 수 없는 지역에서도 종종 발견된다.

낙엽송은 굉장히 흥미로운 나무이다. 이 나무는 다른 나무가 거의 살기 어려운 대단히 척박한 땅에서도 자랄 수 있지만, 그 반대급부로 햇빛을 대단히 많이 필요로 하기 때문에 그늘이 드리우지 않는 지역을 선호한다.

온대기후대에서 상록수는 척박한 모래 토양 위에 자리를 잡았다. 세계의 다른 지역에서는 상록수가 각기 다른 양태를 보인다. 뜨거운 지중해 지역에서 상록수는 대부분의 낙엽성 식물보다 훨씬 건조한 지역에서 번성하고, 열대기후에서는 또 다른 모습을 보인다.

나무의 형태 이제 나무를 하나하나 좀 더 자세히 들여다볼 차례이다. 나무의 형태는 바람, 햇빛, 토양, 물, 동물과 인간의 영향을 받으며 살아온 과정을 보여준다.

앞서 '접촉형태형성'이라는 멋진 현상을 통해서 바람이 쑥쑥 자랄 수 있는 나무의 키를 어떻게 작게 한정시키는지를 보았다. 이 외에도 나무의 키를 결정하는 또 하나의 주요 요소는 물이다. 물의 유무와 나무가 자랄 수 있는 키에는 강력한 상관관계가 있다. 건조한 토양에서는 나무가 작게 자란다. 토양이 건조하고 바람이 많이 부는 지역에서 나무는 굉장히 작다.

햇빛은 나무의 형태에 세 가지 방식으로 영향을 미친다. 첫째로 그 지역에서 자라는 나무의 종류를 결정한다. 고위도 지역에서 해는 하늘 높이 있지 않기 때문에 햇빛이 대부분 나무의 옆쪽으로 들어온다. 그래서 위도가 높은 지역에서는 키가 크고 마른 나무가 많은 것이다. 저위도에서는 햇빛이 머리 위에서 내리비치기 때문에 나무의 형태가 더 둥글어진다. 예를 들어 참나무와 가문비나무의 형태를 비교해보면 알 수 있다.

나무의 형태는 또한 생존 전략에 크게 영향을 받는다. 모든 생물체가 그러듯이 나무도 번식해야 하는데, 이때 크게 두 가지 전략을 사용한다. 하나는 천천히 자라지만 튼튼해서 오랫동안 살아남아 다시 번식할 수 있는 가능성이 높은 생존력 강한 자손을 몇 개만 만드는 것이다. 다른 하나는 빨리 자라지만 연약해서 개체 하나하나는 자손을 만들 가능성이 낮지만 집단으로는 살 가능성이 높은 자손을 다수 생산해내는 것이다. 빨리 자라는 개체는 약하고 비쩍 말라 보인다. 튼튼한 주목과 연약한 너도밤나무를 비교해보라. 하나는 큰 활을 만드는 데 사용되고 다른 하나는 합판이 된다. 이처럼 다양한 주거 환경과 전략 속에서 더욱 흥미진진한 일이 일어나곤 한다.

지구상의 나무 중에서 좌우가 대칭인 것은 하나도 없다. 이는 대개 해 때문이다. 유럽과 미국 같은 북부 온대 지역에서는 해가 남쪽 하늘에 있는 정오에 빛과 열이 가장 강하다. 모든 식물이 햇빛에서 에너지를 얻는 만큼 나무의 남쪽 면이 더 활발하게 자란다. 당연한 일이다. 남쪽 면의 이파리는 햇빛을 충분히 받기 때문에 나무는 이쪽 가지에 더 많은 자원을 몰아주고, 그 결과 나무의 남쪽 면이 더 두툼하게 자란다. 나뭇잎이 빛을 충분히 받지 못하면 나무는 잎들, 다음에는 그쪽 가지로 가는 양분을 차단하고, 결국 가지는 말라서 죽게 된다.

나무에 영향을 미치는 요소가 전부 다 조화를 이루는 것은 아니기 때문에 언제나 변칙적인 상황이 일어날 수 있다는 사실을 염두에 둘 필요가 있다. 날이 더운 미국 중서부에서는 햇빛이 아니라 물이 제한 요소가 되어, 나무들은 바싹 마른 남쪽 면 대신 북쪽 면이 좀 더 크고 두툼해진다.

한번은 내 강의를 들은 사람에게 이메일을 받은 적이 있다. 그는 마요르카Mallorca에 휴가를 갔다가 길가의 나무가 뚜렷하게 북쪽을 향해서 자라는 것을 보고 의아했다고 한다. 그러다가 며칠 후에 해답을 얻었다. 햇빛이 북쪽에 있는 건물의 유리에 반사된 것이었다. 이상한 현상에는 대체로 그럴 만한 이유가 있는 법이다. 무작위라는 것은 그다지 좋은 생존 전략이 아니어서 자연계에서는 거의 찾아볼 수가 없다.

온실에 씨앗을 심고 관찰해보면 그 줄기가 수직으로 똑바로 자라지 않는다는 것을 알게 될 것이다. 대체로 줄기는 남쪽을 향해서 휜다. 그 이유는 빛을 향해서 자라나는 '굴광성phototropism' 때문이다. 녹색 식물에는 옥신이라는 호르몬이 있는데, 이 화학물질은 빛의 반대편으로 이동하기 때문에 북반구에서 옥신은 식물의 북쪽 면에 집중된다. 이

호르몬은 세포의 성장을 강화하는 효과가 있어서 결국 식물의 북쪽 면이 남쪽 면보다 좀 더 빨리 자라 식물이 빛 쪽으로 휘어지게 된다.

이와 똑같은 현상이 나뭇가지가 성장할 때도 일어난다. 이 현상이 나무의 형태를 결정하는 것을 이해하려면, 나무를 수직 기둥이라고 생각하고 북쪽과 남쪽에서 조그만 가지가 여럿 뻗어 있다고 상상해보자. 양쪽 모두 옥신의 효과 때문에 빛을 향해 구부러지지만 아래쪽을 잘 보면 이 효과가 남쪽 면과 북쪽 면에서도 각기 다르다는 것을 알 수 있을 것이다. 북쪽 면에서 가지들은 수직으로 자라지만 남쪽 면에서는 대체로 수평으로 자란다. 나는 이것을 '틱 효과tick effect'라고 부른다.

바람은 숲의 형태를 만들듯이 나무 하나하나의 형태에도 영향을 미

● 대부분의 나뭇가지는 나무 남쪽 면에서 자란다. 남쪽 면의 가지들은 수평으로 자라는 경향이 있고 북쪽 면의 가지들은 좀 더 수직으로 자라려고 한다. 이것을 '틱 효과'라고 한다.

친다. 제일 처음 찾아봐야 하는 곳은 바람에 가장 많이 노출된 꼭대기의 가지이다. 이 가지들이 남서쪽에서 북동쪽으로 기울어져 있는 것에 주목하라. 나무가 바람에 많이 노출되어 있을수록 이 현상은 더욱 뚜렷하다. 조금 더 연습하면 주변이 가려져 있는 나무에서도 찾아낼 수 있을 것이다. 나는 심지어 하이드파크에서도 이런 형태를 찾아냈다.

바람에 노출된 나무, 특히 주목과 산사나무의 경우에는 바람이 형태에 미치는 영향이 각기 다르게 나타난다. 나무들은 유선형으로 발달하여 내가 '바람 터널 효과wind tunnel effect'라고 부르는 현상을 보인다. 바람을 맞는 남서쪽 면은 계속해서 강한 바람을 견디며 자동차 보닛처럼 유선형으로 발달하지만, 바람이 불어가는 방향의 나무는 평퍼짐하

● '바람 터널 효과.' 탁월풍이 그림의 오른쪽에서 불어오고 있다. 나무의 형태에 주목하는 동시에 바람이 불어가는 방향과 '외로운 낙오자'들 사이로 빛이 더 많이 들어오는 것을 보라.

고 수직 형태를 보이는 현상이다. 바람이 미치는 영향이 모두 그렇듯이 현상도 바람의 방향과 수직으로 볼 때 가장 잘 드러나기 때문에 북서쪽이나 남동쪽으로 보는 것이 좋다.

나무에서 이런 형태를 포착하면 가지의 밀도가 어떻게 다른지도 살펴보는 것이 좋다. 이런 나무의 남서쪽 면에는 가지가 빽빽하게 밀집해 있지만, 주목처럼 조밀하게 자라는 나무의 경우에는 이쪽 면으로 빛이 거의 들지 않기 때문에 가지가 훨씬 드문드문 돋아 있다. 바람이 불어가는 면에는 가지가 훨씬 듬성듬성 돋아 있고 이파리 사이로 구멍이 많아 빛도 많이 들어온다.

노출된 땅에 서 있는 키 큰 상록수의 경우 가끔 나무 가장자리에 혼자 돋아 있는 가지라는 멋진 단서를 볼 수 있다. 이런 가지들은 수없이 불어가는 바람 속에서 계속해서 북동쪽으로 당겨지기 때문에 거의 항상 그쪽을 가리키고 있다. 이런 '외로운 낙오자lone straggler'는 남서쪽 면에서는 그리 오래 버티지 못한다.

해변이나 좀 더 고지대로 갈수록 바람이 더 거세기 마련이고, 그러면 가끔은 나무의 한쪽 면 가지가 전부 죽어버린 것도 볼 수 있다. 이런 일이 일어나는 이유는 두 가지이다. 첫째로 나뭇가지가 견딜 수 있는 마찰이나 얼음장 같은 바람에는 한계가 있는데, 바람을 맞는 면은 언제나 이런 공격을 당하는 셈이기 때문이다.

둘째로는 나무의 구조상 나뭇가지가 위로 향하는 압력보다 아래로 향하는 압력을 훨씬 잘 받을 수 있기 때문이다. 똑같은 힘을 가할 때 나뭇가지를 위로 부러뜨리는 것이 아래로 당겨 부러뜨리기보다 훨씬

● 깃발 현상. 노출된 장소에서 바람은 나무의 한쪽 면을 완전히 발가벗길 수 있다. 남아 있는 가지들은 탁월풍과 반대 방향을 가리키게 된다.

쉽다. 나무는 중력에 대항하여 무게를 떠받치고 자라나기 때문이다. 그래서 바람이 강하게 불 때 가지를 위로 들어올리는 바람맞이 방향이 아래로 밀어내는 내리받이 방향보다 훨씬 큰 영향을 미친다.

이 두 효과는 혹독한 환경에서 '깃발 모양'(바람을 맞는 방향의 가지는 전부 다 죽어서 없어졌으나 내리받이 방향에는 많이 남아 있는 형태)의 나무를 많이 찾아볼 수 있음을 의미한다. 영국에서 깃발형 나무들은 대체로 북동쪽을 가리키고 있으나 다른 나라에서는 각기 탁월풍의 반대 방향을 가리키게 된다.

바람이 나무 한쪽 편의 가지를 전부 다 죽일 만큼 강하지 않다고 해도 어느 정도는 손상을 입힐 수 있고, 그렇게 되면 나무가 바람을 맞는 방향의 이파리들이 대부분 죽어서 병에 걸린 듯한 모양새가 된다. 이것을 '연소burning'라고 하는데, 해변 지역에서 특히 자주 볼 수 있다. 아일랜드 북서부에서는 이런 모습의 나무 수백 그루를 볼 수 있다.

내가 가장 자주 받는 질문 하나가 있다. '방향을 가늠하기 위해서 나무의 형태를 관찰할 때 해와 바람이 미친 영향을 어떤 식으로 구분할 수 있는가?' 이를 쉽게 설명하는 완벽한 이론이나 체험 같은 건 없지만, 조언은 해줄 수 있다. 만약 강한 바람이 영향을 미친 흔적을 뚜렷하게 볼 수 있다면 햇빛의 영향은 무시해도 좋다. 강한 바람이 미치는 영향이 햇빛의 영향력보다 더 우세하고 그 반대의 경우는 거의 없기 때문이다.

하지만 어느 쪽이 우세한지 불분명할 때 햇빛은 나무의 바깥쪽 가지보다 중심부의 모양에 더 많은 영향을 미친다는 점을 유념하라. 바람은 바깥쪽으로 드러나 있는 가지에, 특히 나무 꼭대기 쪽에 가장 크게 영향을 미친다.

이런 현상을 처음 찾는 사람이라면 혼자 있는 낙엽성 나무를 찾아보는 것이 좋다. 이런 나무들은 옆에 있는 나무와 햇빛을 놓고 경쟁하지도 않고 바람의 보호를 받지도 못하기 때문이다. 침엽수가 사방에서 빛을 흡수하고 가지를 통해서도 소량의 빛을 흡수할 수 있도록 진화한다. 그러나 낙엽성 나무들은 넓은 이파리를 지니고 있어서 한쪽 편의 이파리들이 반대편보다 햇빛을 훨씬 더 잘 흡수한다. 이런 비대칭적인 효과는 혼자 있는 낙엽성 나무들에서 더 확실하게 눈에 띈다. 들판 한가운데 당당하게 서 있는 참나무를 보면 거의 항상 해와 바람의 효과를 둘 다 어느 정도 드러내고 있다. 침엽수의 경우에는 스코틀랜드소나무가 이런 현상을 가장 잘 보여주지만, 혼자 있는 나무들의 경우에는 다른 것들도 확인해볼 필요가 있다. 자연은 우리가 지나치게 모든 것을 아는 척하는 걸 좋아하지 않기 때문이다.

독특한 방식으로 자라난 나무에는 대체로 그럴 만한 이유가 있다. 몸통이 휘어진 나무는 땅이 계속해서 아래쪽으로 무너지고 있다는 의미일 수 있다. 좀 더 흔하게는 사람이 영향력을 미치는 바람에 비정상적인 모양으로 변하는 경우인데, 이것이 항상 나쁜 것만은 아니다.

대부분의 침엽수를 포함해서, 나무들은 둥치가 잘리면 살아남을 수 없지만 몇몇은 이런 충격적인 상황에서도 대처할 방법을 마련한다. 느릅나무는 곁눈을 틔운다. 새 생명을 다시 탄생시키지만 위치가 달라지는 것이다. 그들은 원래의 자리 대신 뿌리에서 옛날 그루터기 옆으로 다시 싹을 틔운다.

나무를 보게 된다면, 아니 같은 장소에서 여러 줄기가 자라난 여러 그루의 나무들을 보게 된다면 이것이 인류와 숲 사이의 가장 성공적이면서 지속 가능한 시너지 효과를 보여주는 강력한 사례임을 기억하라. 사람은 목재를 얻기 위해 개암나무나 서양물푸레나무 같은 나무를 정기적이고 계획적으로 벌채하고, 잘린 나무에서는 앞서 언급한 식으로 다시 줄기가 돋아난다. 아직도 벌채가 계속되는 지역이라면 가느다란 줄기가 여럿 돋아난 어린나무를 많이 볼 수 있을 것이다. 또한 벌채가 중단된 많은 곳에서는 두꺼운 줄기가 여럿 있는 크고 성숙한 나무를 발견할 수 있다. 벌채가 나무에게 잔인한 일처럼 보이겠지만, 사실 이것은 나무들이 더 오래 살 수 있게 만들어주는 일이다.

가지치기도 벌채와 비슷한 관례지만 목재를 얻기 위해서는 나무가 땅에서 2미터 이상 올라와야 한다. 특히 동물들이 다시 자라나는 어린나무를 먹어치울 수도 있는 지역에서 이런 방식이 선호된다. 이런 나무들은 몸통 부분이 머리 높이까지는 평범해 보이지만 그 위에는 훨씬 많은 가지가 뻗어 나온 것을 볼 수 있다.

폭풍 일상적인 바람과는 달리 폭풍은 나무나 숲과 독특한 관계를 맺는다. 폭풍이 휩쓸고 지나가면 나무가 부러지기도 하지만 바람이 잦아들고 한참 후에 지나갈 산책자에게 그 결과가 도움이 될 수도 있다.

나무는 폭풍이 불어가는 방향으로 쓰러지기 때문에, 숲에서 나무가 쓰러진 방향이 첫 번째 길잡이가 된다. 방향성을 찾게 되면 더 넓은 지역에서도 같은 방향으로 바람이 불었을 것으로 추정할 수 있다. 1987년 영국에 불어온 대형 폭풍은 숲 전반에 흔적을 남겼다. 나무들은 대부분 북동쪽으로 쓰러져 있었다.

경사도와 지역의 토양도 각각의 나무에 영향을 미치지만, 개별적인 예를 지나치게 신뢰하지 말고 전체적인 패턴을 구분할 수 있어야 한다. (가령 미국 같은 곳에서는 폭풍이 불었음에도 나무들이 제각기 다른 방향으로 쓰러지는 경우가 있다. 이는 토네이도나 얼음 폭풍 혹은 눈보라 같은 특정한 종류의 강력한 폭풍이 지나갔음을 암시한다.)

폭풍으로 나무가 쓰러진 다음에 눈여겨볼 것들이 몇 가지 있다. 대개 나무들은 설령 땅바닥으로 완전히 쓰러졌다 해도 살아남을 수 있다. 침엽수들이 끄트머리에서 새로 자라나는 모습이나 살아남은 나무 밑동에서 낙엽수가 다시 자라는 것을 보라.

폭풍에 쓰러진 나무 중 몇 그루는 잘라서 실어내고 그루터기와 뿌리만 남겨두는 경우도 있다. 이런 그루터기 역시 여전히 북동쪽을 가리키기 때문에 방향을 가늠하는 데 사용할 수 있다. 수년이 흘러서 그루터기가 썩는다 해도 나무는 여전히 땅에 흔적을 남겨놓았을지 모른다.

나무가 잘려나가거나 몸통 중간에서 부러진 게 아니라 아랫부분이 비틀려서 쓰러졌다면, 뿌리가 위쪽으로 강제로 당겨 올라갔을 것이다. 이런 급격한 뒤틀림은 나무를 그루터기 및 뿌리 부분과 한때 뿌리가 있었던 공동空洞이라는 두 개의 부분으로 나눈다. 수십 년 후에 그루터기가 완전히 썩어도 여전히 이 형태를 읽어낼 수 있을 것이다.

삼림지대 토양 위에 있는 이 커다란 잔해를 마주치면서도 그것이 무엇을 의미하는지 생각해보는 사람은 거의 없다. 푹 파인 웅덩이 옆에 있는 둔덕, 혹은 더 확실하게 여러 개의 둔덕과 웅덩이로 가득한 지역을 발견했다면 아주 오래전에 지나간 폭풍이 남긴 잔해와 더불어 귀중한 두 개의 길잡이를 발견한 것이다.

첫째 길잡이는 방향이다. 둔덕 위에 서서 웅덩이나 공동 쪽을 바라본다면, 폭풍 바람이 불어온 방향을 보고 있는 것이다. 영국에서는 이것이 대체로 남서쪽이다. 둘째 길잡이는 땅이 사용된 방식이다. 가축들이 발굽으로 땅을 휘저어놓지 않았기 때문에, 그리고 경작을 하지 않았기 때문에 이 둔덕과 웅덩이들이 남아 있는 것이다. 그러므로 이런 형태는 폭풍이 지나간 이래로 아무도 숲을 건드리지 않았다는 훌륭한 지표이고, 그만큼 굉장히 오랫동안 보존될 수 있기 때문에 땅의 역사를 알아보는 데도 쓰일 수 있다. 미국의 어느 숲전문가는 뉴잉글랜드에서 이런 흔적을 찾았는데, 이 폭풍이 불어온 시점이 무려 1,000년 전까지 거슬러 올라간다는 증거를 발견했다고 주장했다.

이미 지나간 폭풍의 흔적을 찾기보다는 앞으로 불어올 폭풍이 어떤 영향을 미칠지 예측하고 싶은 경우도 있을 것이다. 다음번에 강한 폭풍이 불어올 때 가장 쓰러지기 쉬운 나무가 무엇일지 논리적으로 추측해볼 수 있지만, 놀라운 사실이 있다. 대부분의 사람들은 노출된 나무가 가장 쓰러지기 쉬울 거라고 생각한다. 그러나 대체로는 그 반대이다. 혼자 떨어져 있는 나무나 숲의 가장자리에 선 나무들은 바람에 매일 반응하기 때문에 튼튼할뿐더러 바람에 유연하게 대응한다. 강한 바람이 불어도 이 나무들은 구조적으로 훌륭하게 방어하는 편이다. 반면 숲 한가운데 있는 나무들은 평범한 바람도 거의 맞지 않았기 때문에 강한 바람이 조금만 안쪽까지 불어 들어와도 큰 영향을 받는다.

몇 가지 예외도 있다. 영국 숲의 북동쪽에 있는 나무들은 이쪽에서 불어오는 강한 바람에 상당히 취약하다. 북동풍이 대단히 드물기 때문에 거의 방어해본 적이 없기 때문이다.

또한 한때는 다른 나무들에 둘러싸여 보호를 받았지만 최근에 자신을 가려주던 나무들이 쓰러지는 바람에 노출된 나무는 모든 면에서 대단히 약할 수밖에 없다. 이제는 바람의 강한 힘에 고스란히 노출되어 있기 때문이다. 우리 집 근처에 그런 물푸레나무가 있는데, 바람이 좀 강하게 불 때마다 걱정스럽게 그 나무를 보곤 한다. 엎친 데 덮친 격으로 담쟁이덩굴이 나무를 두껍게 칭칭 감고 있어서 바람이 거세지면 돛 같은 역할을 하고 있다.

크고 어린나무들이 오래된 나무들보다 더 취약하고, 이국적인 수종이 토종 나무보다 훨씬 더 위태롭다. 야생 나무가 농원의 나무들보다 더 바람을 잘 견디고, 가문비나무는 특히 약한 수종 중 하나이다. 폭풍이 불 때 가문비나무 농원 한가운데 있는 것은 생각하는 것만큼 안전하지 않다.

폭풍은 자연 순환의 일부이고 많은 생물 종에 꼭 필요한 청소 과정이다. 큰 폭풍이 지나고 나면 가볍고 허공으로 잘 날아가는 씨를 가진

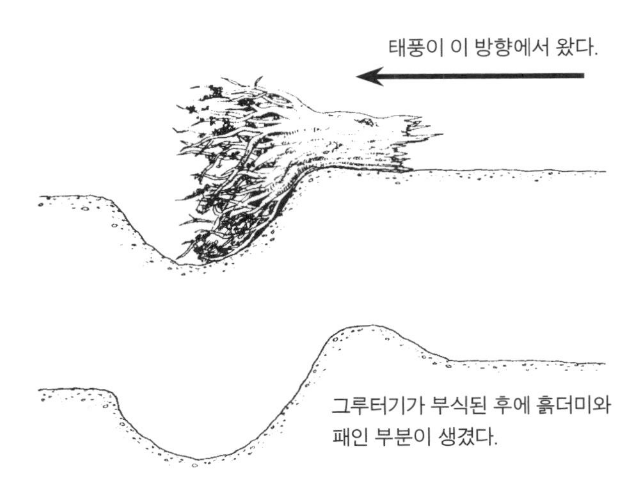

● 폭풍이 지나고 나면 나무 그루터기(나중에 둔덕)와 웅덩이로 방향을 읽을 수 있다.

자작나무 같은 나무들이 이전에는 닿을 수 없었던 지역까지 자손을 퍼뜨릴 수 있게 된다. 이것이 지나간 폭풍의 시기를 추정하는 또 다른 방법이다. 자작나무와 영토를 노리는 다른 나무들은 큰 폭풍이 지나간 직후에 뿌리를 내린다. 이 나무들의 수령이 폭풍이 지나가고 얼마나 시간이 흘렀는지를 알려준다.

뿌리 이제 나무 세계의 빙산, 즉 뿌리에 대해서 생각해볼 차례이다. 성숙한 커다란 나무를 상상해보라. 그리고 이제 지표 아래 있는 뿌리를 떠올려보자.

머릿속에 그린 나무에서 뿌리가 나무 위쪽에 있는 가지들처럼 크고 둥글게 뻗어 나갔는가? 이게 흔히들 생각하는 형태이지만, 실은 틀렸다. 나무의 지상 부분과 지하 부분의 모양새는 와인 잔을 다리 부분까지 땅에 묻어놓은 모양처럼 생각하는 것이 더 낫다. 크고 둥근 줄기 부분이 가느다란 몸통 부분으로 이어졌다가 땅속의 널찍하고 얕은 기단부까지 이어지는 것이다.

뿌리는 위쪽의 줄기 부분보다 두세 배 넓거나 혹은 한 배에서 한 배 반 정도 깊게 자라날 수 있다. 물푸레나무는 더 깊게, 너도밤나무는 더 얕게 자라나지만 다른 나무들은 대충 그 정도 너비와 깊이이다. 하지만 자라날 수 있는 최대 깊이의 4분의 1 정도에 도달하는 경우도 드물다. 너도밤나무는 흔히 뿌리가 2미터 정도까지 자란다.

가장 널리 퍼져 있고 오랫동안 전해 내려온 나무에 관한 착각은 나무에 주된 뿌리주근主根가 있다는 것이다. 튼튼한 중심 뿌리가 수직으로 깊게 박혀 있어서 위쪽 부분을 지탱하고 있다고들 생각한다. 소나무, 참나무, 호두나무, 히코리나무는 어린 묘목일 때 주근이 있지만, 이것이 나무 전체를 붙들어주는 핵심 구조는 절대로 아니고 금세 사방으로 뿌리를 뻗어 힘을 분산한다. 다음번에 강한 바람에 쓰러진 어른 나무를 발견하면 잘 살펴보라. 그 강력한 주근이 어디에 있을까? 전혀 보이지 않는데도 이 착각은 계속해서 이어지고 있다.

나무에 뿌리가 필요한 이유는 크게 세 가지이다. 첫째로 물을 흡수하고, 둘째로 무기물을 흡수하고, 셋째로는 안정적으로 서 있기 위해서이다. 우리가 가장 흥미로운 정보를 얻을 수 있는 것은 바로 이 마지막 요소이다. 물과 무기물의 존재 여부는 뿌리가 뻗는 경로에 중대한 영향을 미치지만, 산책자가 그 방향을 파악하거나 이용하기는 그다지 쉽지 않다.

나무를 안정적으로 세우는 힘은 자연 탐험가에게 굉장히 귀중한 정보이다. 나무에 작용하는 힘은 대칭적이지 않기 때문이다. 과학자들은 뿌리와 바람의 관계를 상세히 연구한 바 있다. 심지어 스페인 마녀재판에서도 통할 만큼 복잡다단한 실험까지 했다. 노르웨이가문비나무, 은색전나무, 스코틀랜드소나무 성체 총 여든네 그루에 끈을 감고 오랜 시간을 들여 점진적으로 나무를 윈치로 당겨보았다. 그리고 이 힘이 뿌리의 성장에 미친 영향을 상세하게 연구했다.

그중에서 특히 논리적이고 도움이 되는 사실이 하나 발견되었다. 나무는 뿌리를 닻처럼 사용하기 때문에 바람맞이 방향, 영국에서는 주로 남서쪽 면이 더 두툼하고 길게 자란다는 것이다. 내리받이 방향, 영국에서는 북동쪽의 뿌리도 조금 더 자란다. 정리하자면 뿌리는 바람의 축을 따라서 더 많이 자라고, 특히 바람이 불어오는 방향으로 훨씬 많이 자란다는 것이다.

살아 있는 나무의 뿌리를 볼 일은 극히 드문 일이므로 이런 지식을 어디에 써먹을지 의문스러울 것이다. 하지만 이런 지식을 쓸 곳은 아주 많다! 나무를 뿌리, 몸통, 가지로 크게 셋으로 나눈 다음 뿌리와 몸통이 이어지는 부분을 자세히 살펴보면 흥미로운 사실을 알게 될 것이다. 나무의 몸통이 땅에서 갑자기 끝나는 게 아니고 거기서부터 갑자기 뿌리가 시작되는 것도 아니다. 두 부분이 아래쪽에서 합쳐지며 땅 바로 위에 드러나 있다. 이 부분을 '경령root collar, 頸領'이라고 한다. 당신도 아마 수차례 경령을 보았을 테고, 어두울 때 그곳에 걸려 넘어질 뻔했던 적도 있을 것이다. 이 대목에서, 어둠 속에서 우리의 발이 걸릴 만한 또 다른 것에 대해 생각해보자.

텐트 고정용 줄을 매려고 땅에 말뚝을 박아본 적이 있는가? 단단한 땅에서는 말뚝을 박기도 어렵지만 뽑기도 역시 어렵다. 그래서 이 고정용 줄에 팽팽하게 장력이 걸려 텐트가 대단히 안정적으로 서 있게 된다. (나는 시속 110킬로미터의 바람이 부는 곳에서 커다란 텐트를 설치해본 적도 있다. 텐트는 멀쩡했지만 캠핑에 대한 아내의 열정은 그날 이후로 조금 사그라졌다.)

이 원리는 나무에도 적용된다. 나무는 땅에 닻을 내리고서 그 장력으로 바람을 견딘다. 여러 나무의 경령부를 살펴보면 이 '고정용 줄'이 대칭이 아니라는 것을 알게 될 것이다. 바람이 불어오는 방향, 즉 남서

● 나무의 뿌리는 강한 바람을 상대로 나무를 고정해주며 방향을 찾는 데도 이용된다.

쪽 부분이 대체로 더 길고 두껍다.

하지만 땅이 대단히 부드럽고 축축하거나 혹은 마른 모래로 이루어진, 더 좋지 않은 상황에서는 뿌리를 고정시킬 방법이 없어서 나무가 바람에 대단히 취약해질 것이다. 나는 사하라 사막에서는 텐트 말뚝이 제대로 고정되지 않는다는 사실을 굉장히 힘든 경험을 통해서 배웠다.

이런 상황에서 나무는 다른 전략을 세운다. 모래로 된 토양에서는 더 많은 뿌리를 내려 평소보다 더 넓게 뻗는다. 축축한 땅에서 나무는 일반적인 뿌리의 장력에 의지하는 대신에 '버팀 뿌리'를 만들어 몸을 지탱한다. 열대지방의 습한 토양에서는 특히 눈에 띄는 버팀 뿌리를 찾아볼 수 있다. 열대의 버팀 뿌리는 종종 매우 커서 그것만으로 카누를 만들 수도 있다.

그러나 이런 버팀 뿌리를 보기 위해 열대지방까지 갈 필요는 없다. 참나무나 느릅나무, 참피나무는 그보다 규모가 작긴 하지만 이런 현상을 잘 보여준다. 롬바르디포플러 역시 지하수면이 높은 지역에서 이런 현상을 보인다.

경령을 찾을 때는 가능한 한 평평하고 주위가 뚫린 평원에서, 바람에 노출된 나무를 고르는 것이 좋다. 경사면에서 뿌리는 오르막 쪽으로 고정용 줄을 만들고 내리막으로는 버팀대를 만드는 또 다른 멋진 전략을 보여준다. 다만 이는 당신의 머릿속을 조금 혼란스럽게 할 수도 있다.

나무껍질 18세기 선교사 조제프-프랑수아 라피토 신부는 북아메리카 이로쿼이Iroquoi 족과 5년을 함께 지낸 후 1724년에 이런 글을 남겼다.

> 이 야만인들은 숲과 아메리카 대륙의 넓은 대초원, 경로를 잘 아는 강에서도 '별' 나침반에 대단히 주의를 기울인다. 하지만 해나 별이 보이지 않을 때도 그들은 숲의 나무가 드러내는, 거의 틀림없는 길잡이를 천연 나침반으로 삼아 북쪽을 파악한다.
>
> 첫째 길잡이는 나무의 끄트머리이다. 나무가 해에 끌리기 때문에 항상 남쪽으로 기울어져 있기 때문이다. 둘째는 나무껍질이다. 북쪽 면의 껍질이 더 시들고 어둡다. 좀 더 확실하게 하고 싶을 때는 도끼로 나무를 몇

번 찍어보면 된다. 나무 몸통에 형성되는 여러 개의 나이테는 북쪽을 바라보고 있는 쪽이 더 두껍고 남쪽이 더 가늘기 때문이다.

선교사의 기록에 나오는 여러 길잡이는 이 장이나 다른 부분에서 또 언급하겠지만, 우선은 나무껍질에 주목해보자. 나무껍질은 대체로 북쪽 부분이 남쪽 부분보다 눈에 띄게 더 어둡다. 이런 색깔 차이를 극명하게 보여주는 본보기는 북아메리카의 추운 지역에서 자라는 미국사시나무이다. 이 나무의 남쪽 부위는 하얀색이지만 북쪽 부위는 회색이다. 이 노골적인 차이는 햇빛을 더 많이 받는 남쪽 면에서 나무가 '자외선 차단제'를 분비하기 때문에 발생한다. 사람들은 이것을 긁어내서 천연 자외선 차단제로 사용하기도 한다. 하지만 일반적으로 북쪽 껍질과 남쪽 껍질에서 가장 눈에 띄는 차이는 각 부분에서 자라는 조류와 지의류에서 찾아볼 수 있다.

각 나무의 껍질은 pH가 모두 다르다. 어떤 나무껍질은 산성을 띤다. 낙엽송과 소나무가 특히 강한 산성이다. 자작나무, 산사나무, 참나무 역시 산성이지만 산도는 조금 약하다. 마가목, 오리나무, 너도밤나무, 참피나무, 서양물푸레나무는 그보다 좀 덜한 산성이고 버드나무와 호랑가시나무, 느릅나무는 거의 중성에 가깝다. 단풍나무, 호두나무, 양딱총나무는 알칼리성이다. 나무껍질의 산도가 약할수록 기생식물이나 지의류가 더 많이 자라는 것을 볼 수 있다. 소나무 껍질에는 대체로 거의 아무것도 없지만 단풍나무에는 껍질에 화려한 색채를 한 손님들이 줄줄이 매달려 있는 경우가 많다. 나무껍질에서 자라는 식물종이

의미하는 바는 이 장 후반에 다시 다루겠다.

나무껍질의 일반적인 외형이 나무의 전략에 관한 정보를 주기도 한다. 빨리 자라는 나무들은 나무껍질이 길게 늘어나서 매끄러운 모양을 하고 있다. 두껍게 홈이 파이고 두툼하고 거친 껍질은 나무가 자라는 데 시간이 상당히 걸렸다는 것을 보여준다.

다음에 깨끗하게 잘려나간 나무 밑동을 볼 일이 생긴다면 그 절단면을 자세히 보라. 톱으로 잘려서 완전히 드러난 나무껍질 테두리를 보면 북쪽 면의 껍질이 조금 더 두껍다는 것을 알 수 있을 것이다. 같은 나무에서 나이테와 나무 중심부도 한번 보자. 사람들은 대부분 나무의 중심부가 언제나 한가운데 위치할 거라고 생각하지만, 그런 경우는 거의 없다. 대개 나무의 중심부는 한가운데보다 남쪽이나 남서쪽에 치우쳐서 위치한다. 이것은 바람을 맞으며 생긴 비대칭적인 장력 때문이기도 하고, 또한 햇빛으로 인해 성장 정도가 달라서이기도 하다.

여러 나무들의 껍질을 많이 보았다면, 곧 나선형으로 자란 것처럼 나무껍질이 빙빙 꼬여 있는 듯한 나무도 발견하게 될 것이다. 내가 종종 지나치는 자작나무 한 그루의 껍질에 나선형으로 자국이 나 있는데, 이는 마치 상체에 울룩불룩한 근육이 있는 것 같은 독특한 모양이다.

나무가 이렇게 나선형으로 자라는 데에는 두 가지 이유가 있다. 어떤 나무들은 유전적으로 이런 식으로 자란다. 스페인 밤나무가 그 좋은 예이다. 하지만 자작나무 같은 나무 대부분은 꼭대기 부분이 나선형으로 계속 비틀려서 이렇게 된다. 나무가 한쪽으로 부는 바람에 계속 노출되어 있으면 바람이 불 때마다 나무에 비트는 힘이 가해진다.

이런 현상은 보호막에 둘러싸여 있던 나무가 한쪽 면만 트여서 바람에 노출되고, 다른 쪽은 계속 보호를 받고 있을 때에 흔히 생긴다. 또한 자연적으로든 나무를 수술했기 때문이든 간에 꼭대기 부분이 한쪽으로 심하게 치우쳐 있는 나무에서도 볼 수 있다.

이런 비틀린 나무에서는 비슷하게 비틀어진 '이랑rib'도 흔히 볼 수 있다. 이것은 나무의 몸통을 둘러 위쪽까지 돋아 있는 단단하고 가느다란 결절 같은 것이다. 이는 나무에 과도한 압력이 가해져서 안쪽이 갈라졌을 때 나타나는 증상이다. 결절이 매끄럽고 둥근 모양이면 나무가 이 내상을 잘 치료했다는 의미이지만, 결절이 날카로우면 내부의 갈라진 부분이 치료되지 않았고 나무가 이 문제를 해결하지 못해 취약한 상태라는 뜻이다.

나무에 압력이 가해진다는 또 다른 증거는 나무껍질의 울퉁불퉁한 부분이다. 이 사마귀 같은 혹들은 참나무에서 흔히 볼 수 있고 굉장히 커지기도 한다. 이것은 곤충의 공격에 대항한 나무의 방어 수단이다. 장수말벌과 파리, 진드기의 독이 이런 방어 기제를 유발할 수 있다.

나무 아랫부분, 땅에서 1미터 정도 높이에서는 오소리가 발톱을 간 흔적을 찾을 수 있다. 나무껍질이 나무에서 떨어져나간 삼각형 상처도 볼 수 있을 것이다. 이런 상처가 생긴 원인은 도로 옆에서라면 명확하지만(이것은 예전에 차가 여기서 미끄러졌다는 흔적이기 때문에 이곳을 걸어서 지나갈 때는 특히 조심하는 것이 좋다), 숲에서는 확실치 않다. 나무 아랫부분의 삼각형 상처가 맞은편의 나무들에도 있다면 아마도 여기서 벌목을 했다는 증거일 가능성이 높다. 통나무는 자르거나 차에 실을 수 있는 곳까지 끌고 가야 하기 때문에 이렇게 끌고 가는 동안 근처의 나무 아랫부분에 상처가 남게 마련이다. 이 추론을 확인하려면 깨끗하게 잘려나갔고 근처에 몸통이 쓰러져 있지 않은 나무 그루터기를 찾아보라.

나뭇잎 자연의 수많은 것들과 마찬가지로 나뭇잎은 배경에 섞인 채 우리의 눈에 들어오지 않는 경우가 많다. 하지만 잠시 멈춰서 이들을 제대로 살펴볼 필요가 있다.

제일 먼저 주목해야 하는 것은 우리 눈에 보이는 나뭇잎의 색깔이 우리가 보는 방향과 빛이 들어오는 방향에 따라서 굉장히 달라진다는 사실이다. 우리가 보는 것과 같은 방향에서 빛이 나뭇잎을 비춘다면 이파리는 밝은 초록색에 약간 회색빛과 파란빛이 돌 것이다. 하지만 이파리 뒤쪽에서 빛이 들어온다면 짙은 초록색에 노란빛이 돈다.

다른 나무들을 배경으로 하고 있다면 이파리는 선명한 초록색으로 보이고, 밝은 하늘이 배경이라면 짙은 그림자처럼 보인다. 다른 나무의 짙은 빛깔을 배경으로 빛이 우리 뒤쪽의 하늘에서 비치고 숲 동쪽으로 어스름이 내리고 있는 밝은 날에 나무는 가장 근사한 모습을 하고 있다. 이런 조건에서 나뭇잎은 스스로 빛을 내는 초록색으로 보인다.

빛의 효과에 익숙해지고 나면, 이제 빛이 언제 어떤 식으로 비치든 나뭇잎 하나하나가 다 다르다는 사실을 차츰 깨닫게 될 것이다. 나무에는 주로 두 종류의 잎이 있다. 하나는 양엽sun leaf이고, 다른 하나는 음엽shade leaf이다. 음엽은 더 크고 얇고 짙은 초록색을 띠고 있으며, 양엽보다 돌출부가 적다. 음엽은 그림자 진 나무의 북쪽 면과 줄기의 안쪽 부분에서 더 많이 찾아볼 수 있다. 나무가 아직 어리면 모든 이파리가 음엽일 가능성이 높고, 양엽은 나무가 충분히 자란 다음에 나타날 것이다. 양엽이 갑자기 짙은 그림자에 들어가면 무게가 가벼워지다가 결국 시들어 죽는다. 하지만 점진적으로 그림자에 들어갈 경우에는 이에 맞추어 점점 잎이 넓어지고 얇아진다.

봄가을에 사람들은 잎이 돋고 지는 시기를 가장 궁금해한다. 이 시기는 종마다 다 다르지만 몇 가지 보편적이고 유용한 규칙이 있다. 나무의 키가 클수록 이파리가 늦게 돋는다. 마가목처럼 예외가 있긴 하지만, 낙엽송은 철이 아주 길거나 짧다. 즉 이파리가 일찍 돋으면 떨어지는 때는 늦을 가능성이 높고, 이파리가 늦게 돋으면 오히려 빨리 진다는 것이다. 서양물푸레나무의 잎은 가장 늦게 돋고 가을에 가장 먼저 진다. 참나무와 물푸레나무의 잎은 누가 먼저 나오나 오랫동안 경쟁해왔고, 이것으로 날씨를 점치기도 한다.

참나무 잎이 먼저 나면 해일이 오고,
물푸레나무 잎이 먼저 나면 홍수가 나지.

이 옛말이 딱 들어맞는 사실은 아니지만, 온도가 1도 올라갈 때마다 참나무의 잎이 돋는 시기는 여드레 빨라지는데, 물푸레나무는 겨우 나흘 빨라진다. 그래서 각기 다른 경사면이나 고도에 있는 나무들이 제각기 다른 시기에 잎을 틔우는 것이다. 남쪽을 마주보는 낮은 언덕에 있는 나무는 높은 북쪽 사면 언덕에 있는 같은 종의 나무보다 더 빨리 잎을 틔운다.

각각의 나무에서 잎이 돋고 지는 데 가장 크게 영향을 주는 요소는 낮의 길이와 기온, 토양의 습도이다. 이것은 가을에 잎이 지는 과정을 자극하는 변수이지만, 잎이 지는 정확한 시기는 사실 바람에 결정된다. 바람은 나뭇잎에 가을이 왔다는 것을 마지막으로 다시 한 번 알리는 전령이고, 나무의 남서쪽 면이 대체로 이 메시지를 가장 먼저 받는다. 나는 가을에 나무들이 남서쪽 면은 잎이 몽땅 진 반면 북동쪽에는 이파리가 아직 수북하게 달린 모습을 여러 번 보았다.

몇몇 나무는 이 바람을 예측하고 반영하기도 한다. 단풍나무와 포플러의 이파리가 이런 조건에서 확연하게 반응을 보인다. 바람이 강해지면 잎이 더 부드러워져서 접히는 식으로 바람에 노출되는 정도를 줄인다. 그래서 옛날 사람들은 이 나뭇잎의 뒷면을 보게 되면 곧 비가 올 거라 했다.

침엽수가 보이는 반응에 익숙해지기 전까지 꽤 헷갈리는 것이 하나 있다. 소나무는 갈색무늬병과 소나무류잎떨림병에 걸리는 경우가 있는데, 이 곰팡이성 질병은 소나무의 잎을 죽이고 가끔은 나무의 상당 부분을 흉측한 모습으로 만든다. 병은 위로 퍼지고 나무의 북쪽 면을 특히 적극적으로 공격하는 것처럼 보인다. 안쪽의 이파리들이 바깥쪽 이파리보다 더 심하게 해를 입고, 심한 경우에는 새로 돋아나는 잎을 제외한 소나무의 북쪽 면 전체가 잎을 다 잃기도 한다.

나무에서 나뭇잎 사이의 차이를 찾다 보면 또 다른 흥미로운 현상을 발견할 수 있다. 바로 나무 열매가 대칭으로 열리는 경우가 거의 없다는 사실이다. 산사나무에서 이런 현상을 가장 자주 목격한다. 특히 산사열매가 나무의 한쪽 면만 뒤덮고 반대편에는 거의 열리지 않은 모습을 자주 보곤 한다. 어느 날 오후에 나는 모든 산사나무에서 남서쪽과 남쪽 면에는 열매가 하나도 달리지 않았지만, 그 반대편에는 수백 개의 열매가 열린 것을 본 적이 있다. 새와 곤충의 습관이나 바람이 온도에 미치는 영향 등 이것을 설명할 이론이 수십 가지쯤 있지만, 사실 지금까지 명확한 이유는 밝혀지지 않았다. 이런 현상을 보면 방향을 찾을 때 유용할 것이다.

시간과 나무 사람들에게 많이 알려진 몇 안 되는 야외 정보 중 하나는 나이테를 세면 나무가 얼마나 오래 살았는지를 계산할 수 있다는 것이다. 이를 통해 특정한 연도를 찾는 일도 상당히 쉽다는 걸 혹시 아는가? 특별한 테두리를 찾아내기만 하면 연도를 파악하는 것도 가능하다.

나무 몸통에 생기는 각각의 테두리는 한 해 한 해와 관련이 있지만 그 해에 나무가 지낸 상황에 대한 정보도 준다. 나이테는 매년 조금씩 더 좁게 생기지만 정확한 폭은 그 해의 상황에 따라 결정된다. 이것을 사용해서 시간을 되짚어나갈 수 있다. 1975년은 나무가 생장하는 데 좋지 않은 해였고, 그 이듬해 역시 가뭄이 들어 영 좋지 못했다. 그 뒤로 12년 동안 평범한 해가 지나갔고, 1989년부터 2년간 다시 상황이 좋지 않았다. 나는 이것을 '12년 샌드위치'라고 외우는데, 깨끗하게 잘려나간 나무 그루터기에서 상당히 쉽게 찾을 수 있다. 이것을 찾으면 좋고 나빴던 다른 해를 파악하는 것은 금방이고, 수십 년을 거슬러 올라갈 수도 있다. 실내에서도 마찬가지이다. 이 기술을 사용하면 건물에 사용된 목재에서도 '12년 샌드위치'를 찾아볼 수 있다.

모든 사람들이 나무의 크기가 대략 나이를 말해준다는 정도는 안다. 더 명확하게 이야기하자면 참나무, 서양물푸레나무, 너도밤나무처럼 넓은 곳에서 자라는 활엽수들은 몸통 지름이 나이의 2.5배쯤 된다. 이를 미루어 생각하면 성인 두 명이 나무 몸통을 팔로 감쌌을 때 서로의 손가락이 간신히 닿을 정도라면 나무는 아마 거의 150세 정도 되었을 것이다. 숲에서는 지름이 그 절반 정도의 속도로 자라기 때문에 대략 300세 정도 된 나무라 추정할 수 있다.

나무의 나이를 짐작하는 가장 간단한 방법에는 어린 침엽수를 사용하는 것도 있다. 침엽수에는 매년 몸통을 한 바퀴 둘러 가지들이 돋는다. 첫눈에 보기에는 침엽수의 가지들이 아무렇게나 나 있는 것처럼 보이겠지만, 잘 들여다보면 어린 묘목이나 소나무에 층층이 돋은 가지를 볼 수 있다. 그 한 층 한 층이 한 해의 성장과 관련이 있다. 나무를 타고 놀던 어릴 때는 이것이 꼭 계단처럼 보여서 밟고 올라가기도 했지만, 나이를 먹으면서는 나무에 올라가는 일을 더 이상 즐기지 않게 됐다.

칠레삼나무나 브리스틀콘소나무 같은 몇몇 상록수의 잎은 15년을 살 수 있다. 그래서 각 잎이 일 년에 얼마나 자랐는지를 보고 나이를 추측할 수도 있다. 정기적으로 이렇게 하면 상록수가 고도가 높을수록 또는 토양이 척박할수록 잎이 더 길게 자란다는 것을 알 수 있을 것이다.

잔가지의 둘레에는 가끔 원형 홈이 있기도 하다. 매년 생기는 이런 '아린흔bud scale scar'은 연간 성장률을 보여주고, 살아 있는 나무에서 최근 몇 년간 얼마만큼 자랐는지 파악하는 데 사용할 수 있다.

나무는 우리에게 토지 그 자체의 역사에 관한 실마리를 주기도 한다. 탁 트인 평원에서 자라는 나무들은 숲에서보다 가지를 더 넓게 뻗는다. 이런 사실을 적용해서 숲에서 가지를 넓게 뻗은 커다란 나무를

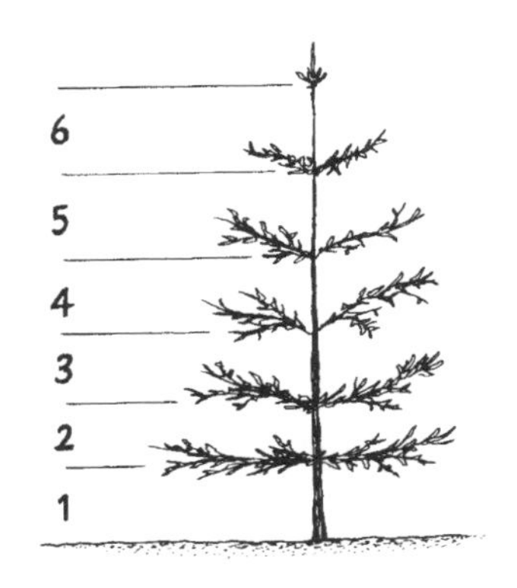

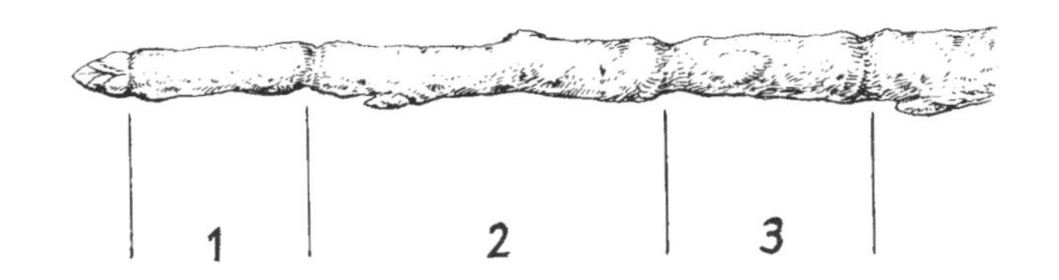

● 침엽수와 아린흔은 해마다 나무가 얼마나 성장했는지 보여준다.

보면 이것이 제일 먼저 있어서 한때는 화려하게 홀로 자라다가 점차 주변에 다른 나무들이 생기며 숲을 이뤘음을 알 수 있다. 이런 나무가 숲에서 햇빛의 효과를 가장 뚜렷하게 보여주어 방향을 찾는 데 제일 좋은 자료로 사용할 수 있다.

숲을 지나다가 나무 사이에 위치한 오래된 도랑이나 울타리, 돌담 같은 것을 보면 그 양옆의 나무들을 조금 살펴볼 필요가 있다. 이 방벽은 과거에 이 경계의 한쪽 편이 분명히 벌판이었음을 의미한다. 돌담이나 울타리 양옆에 있는 나무를 보면 어느 쪽이 더 오래된 숲인지 아주 쉽게 파악할 수 있다. 자작나무나 서양물푸레나무, 산사나무 같은 나무들은 굉장히 빨리 번식한다. 이 나무들의 씨앗은 날아다니며(산사나무 씨는 새에 실려 퍼진다) 탁 트인 벌판과 갈지 않은 땅 위에 재빨리 정착해 싹을 틔운다. 다른 나무들은 자라나는 데 훨씬 오랜 시간이 걸리고, 그중에서도 잎이 작은 참피나무류는 그 숲이 오래되었음을 보여주는 거의 확실한 증거이다. 우리 동네 숲을 너도밤나무가 있는 쪽과 자작나무가 있는 쪽으로 나누는 도랑이 있는데, 이 도랑을 건너면 완전히 다른 숲으로 들어서게 된다.

산불 영국 땅은 일반적으로 너무 축축해서 활엽수림에서는 산불을 경험할 일이 거의 없다. 침엽수림과 마른 풀밭, 고사리 숲이 영국에서 산불을 경험할 수 있는 유일한 땅이다. 그러나 대부분의 나라에서 산불은 숲의 생태에서 빠뜨릴 수 없는 부분이기 때문에 알아둘 만하다.

언덕이 많은 지역의 오르막 초입에서 나무껍질이 삼각형 모양으로 벗겨져 있다면 이전에 산불이 났다는 증거일 가능성이 높다. 이파리, 잔가지, 다른 마른 식물의 잔해들이 숲 바닥을 뒹굴다가 언덕에서 굴러 떨어져, 오르막 초입에 있는 나무 몸통 근처에 쌓인다. 숲에 불이 나면 이런 잡동사니들은 기름단지 역할을 해 불길을 일으켜 오르막 초입에 있는 나무들을 태운다.

산불이 났다는 또 다른 실마리는 중간 나이대의 나무들이 없는 것이다. 산불은 어린나무들이나 중간 나이대의 수많은 나무를 태우고 크고 완전히 정착된 나무들만을 남겨둔다. 곧 번식력이 강한 나무들이 숲에 새로운 생명을 퍼뜨리며 어리고 나이 많은 나무들만 있고 중간대가 없는 기묘한 지역을 이루게 된다.

뉴포레스트New Forest(잉글랜드 남부 햄프셔 남서부의 삼림 지대)를 걷다가 나는 고의로 불을 지른 듯한 자국이 남은 땅을 발견한 적이 있다. 이는 숲의 재생과 관리를 위해 계획적으로 불을 낸 장소인데, 자주 발견할 수 있다.

고사리는 거의 흔적을 남기지 않고 재가 되어버리지만 다른 성숙한 식물들은 실마리를 남긴다. 내가 확실하게 발견한 하나는 타버린 식물의 잔해에 남은 탄 흔적이 대칭이 아니라는 점이다. 남쪽 면의 이파리는 살짝 그을리기만 했을 뿐 그대로 남아 있었지만, 북쪽 면의 잎들은 전부 다 타버렸다. 내 추측으로는 남풍이 불어서 남쪽 면 이파리의 불길까지 북쪽 면에 있는 가지들 쪽으로 기울어져서 결국에 북쪽 면은 남쪽의 불길이 제 몸에 붙은 불까지 더해져 해를 입었다는 것이다.

나무에 관한 이야기를 마치기 전에 위와 아래를 한번 보자. 나무에서 겨우살이를 발견했다면 잠깐 멈춰서 이 나무가 어떤 종인지 알아보자. 겨우살이는 재배종 사과나 잡종 참피나무, 잡종 포플러처럼 외래종이나 조금이라도 특이한 나무임을 알려주는 실마리이다.

혼자 떨어져 있는 나무 아래의 땅을 보면 아주 작은 생태계를 발견할 수 있을 것이다. 나무들은 제각기 비를 막아주거나 수분을 빨아들여서 주변 다른 곳보다 더 습하거나 건조한 환경을 만든다. 나는 숲을 걷다가 옷깃이 스치는 소리도 나지 않게 꼼짝 않고 멈춰 서서 소리에 귀를 기울인 적이 있다. 주변에 있는 수백 가지 조그만 동물들이 돌아다니는 소리를 들을 수 있을 것으로 생각했다. 하지만 내 귀에 들린 소리는 나무에서 응축된 안개가 마른 너도밤나무 이파리 더미 위로 떨어지는 소리뿐이었다.

양 같은 어떤 동물은 나무가 드리운 그늘이나 나무가 보호해주는 곳을 즐기는데, 그러다 보니 나무 아래 땅은 동물들의 배설물로 자연스럽게 비옥해진다. 오리나무 아래는 언제나 살펴볼 만한 가치가 있다. 이들은 균류를 이용해서 질소를 고정시키고 이파리는 이 질소를 아래 있는 땅속으로 돌려보내 토양을 기름지게 만든다. 나무는 또한 낮의 열기를 모아두어 냉기로부터 자신들의 영역을 보호한다. 이런 작은 차이가 산책하는 동안 다른 곳에서는 볼 수 없었던 것들을 나무 아래서 보고 들을 가능성을 더 높이는 것이다.

식물

Plants

The Walker's Guide to Outdoor Clues and Signs

풀과 꽃이 건네는 이야기

우리가 산책하는 동안 발견하는 모든 식물은 살아남는 데 성공한 셈이다. 살아남기 위해서는 특정한 조건들이 딱 맞아야만 한다. 식물의 아래서, 위에서, 주변에서, 안에서 벌어지는 일들이 선을 넘게 되면 살아남기 어렵다. 식물이 살아 있다는 사실 자체만으로 여러 가지 실용적인 추측을 해볼 수 있다.

사실 이것은 굉장히 조악한 추론법이다. 식물의 내성이 대단히 클 경우에는 알 수 있는 것이 거의 없지만, 굉장히 예민하고 약한 종이라면 알아낼 수 있는 것이 놀랄 만큼 많을 것이다. 만약 당신이 내게 전화를 해서 지금 건강한 가래(가래속의 수초로 연못이나 잔잔한 물에서 자생한다) 군집을 보고 있다고 말한다면, 나는 그저 당신이 지금 연못이나 굉장히 느리게 흐르는 개울가에 있을 거라고 말할 수 있을 뿐이다. 가래는 수초이기 때문에 물이 있어야 생존할 수 있는데 그것을 제외하면 가리는 것이 거의 없다. 북반구 대부분의 지역에서 찾아볼 수 있다.

그러나 당신이 중의무릇(백합과의 여러해살이풀)을 본 적이 있는데 이를 어떻게 생각하느냐고 묻는다면, 나는 이렇게 말할 것이다. "2월 아침 추운 날에 래드노셔에 있었군요. 당신은 최소한 따뜻하고 건조한 남쪽 언덕에 있었고 해가 당신을 비추고 있었겠죠."

우리의 목적을 고려할 때 이런 극단적인 범주에 속하는 식물에는 그다지 관심을 두지 않을 것이다. 지나치게 까다롭거나 지나치게 무던한 식물은 우리의 여행에 별로 많은 정보를 제공해주지 않기 때문이다. 한쪽은 너무 드물고, 반대쪽은 정보를 거의 주지 않는다. 더 흥미로운 사항을 알려주는 식물 대다수는 우리가 찾기 쉽고 금방 알아볼 수 있는 것들이다. 그중에서 몇 가지 비밀스러운 정보를 알려주는 것들이 가장 좋다.

사람의 흔적 쐐기풀은 흔하고 알아보기도 쉬운 식물이다. 물론 굉장히 흔하다고 해서 아무 데서나 자란다는 뜻은 아니다. 쐐기풀은 인산염이 풍부한 곳에서만 잘 자라고, 사람에겐 인산염이 풍부한 땅을 만드는 재능이 있다. 사람이 살고 죽는 모든 행위가 토양에 풍부한 인산염을 제공하기 때문에, 쐐기풀은 사람의 활동이 있거나 사람이 살고 있음을 의미하는 강력한 실마리이다. 이들은 특히 비료를 뿌린 들판 옆에서 잘 자라고 이외의 곳에서는 더 흥미로운 정보를 제공한다.

한동안 쐐기풀을 전혀 보지 못한 채 걷다가 갑자기 커다란 쐐기풀 무리를 마주쳤다면 잠깐 멈춰 조사를 해볼 만하다. 찔리지 않을 만큼만 가까이 가서 땅을 살펴보라. 건물의 폐허가 있거나 과거에 무덤 터였거나 아직 마을이 언덕에 가려 보이지 않는 등 쐐기풀이 많은 이유를 알아낼 수 있을 것이다. 산성으로 덮인 녹색 가시 뭉치를 헤치면 분명 그 아래에 답이 있을 것이다.

내가 사는 동네 근처 숲에서 쐐기풀 군집을 발견한 적이 있다. 쐐기풀이 있는 이유를 좀처럼 찾을 수 없던 굉장히 이상한 장소였다. 한 군데는 깊은 숲속이었고, 다른 한 곳은 들판 가장자리 바로 앞이었다. 분명 각각의 군집에는 이유가 있을 터였다. 나는 동네 숲전문가를 찾아가 마침내 답을 얻었다. 한 곳에는 예전에 꿩을 키우던 우리가 있었고, 또 다른 곳은 농부가 들판에 뿌릴 비료 더미를 쌓아놓았던 장소였다.

양딱총나무와 금전초(광대수염과의 야생화)는 보통의 쐐기풀처럼 인산염을 좋아하지만, 우리가 먼저 발견하는 것은 애기쐐기풀이다. 내가 가끔 지나는 호튼브리지Houghton Bridge라는 작은 마을에는 오래된 마을들이 그렇듯 한쪽이 무너진 담들이 있다. 이 마을을 향해 걷는 동안 거의 1킬로미터 가까이 쐐기풀을 하나도 보지 못하다가 갑자기 도로 끄트머리가 나타나면서 쐐기풀과 딱총나무 꽃들이 우르르 나타났다. 이 두 식물은 마을 사람들이 물러난 땅을 기꺼이 차지하고서, 한때 헛간이었던 폐허 사이에서 자신들의 정복을 축하하듯 자리 잡고 있다.

만약 길을 걷는 도중에 파인애플 냄새 같은 게 희미하게 코를 스친다면 잠시 멈춰 발치에 있는 식물을 잘 보라. 족제비쑥에는 작은 원뿔

형의 연두색 통꽃이 달려 있어 알아보기가 아주 쉽다. 이 꽃은 발이나 손으로 짓누를 때 강한 파인애플 향을 내므로 족제비쑥은 사람들이 많이 다닌다는 확실한 지표이다. 또한 족제비쑥은 잘 다져진 땅 가장자리에서 잘 자라는 몇 안 되는 식물이기도 하다. 질경이 역시 길가에서 잘 자라기 때문에 다른 식물들이 잘 자라지 못하는 통행로에서 이들의 크고 평평한 이파리를 발견할 수 있을 것이다.

클로버도 사람이나 동물이 자주 지나다니는 풀밭에서 잘 자라는 식물이다. 잔디밭을 잘 살펴보면 사람이 정기적으로 지나다니는 자리에 클로버가 많이 자란 것을 발견할 수 있다. 당신이 정원에서 축구공을 차고 놀았던 곳이 어디인지 찾기란 대단히 쉽다. 축구장 양쪽 가장자리에는 잔디가 패여 흙이 드러나 있겠지만, 양쪽 골대 사이에는 넓은 클로버 밭이 펼쳐져 있을 것이다. 닭장으로 가는 길을 표시하는 클로버 선도 있을 것이다.

디기탈리스와 엉겅퀴, 양귀비는 사람들이 많이 지나다니며 땅을 건드렸다는, 특히 흙을 갈아엎었다는 또 다른 신호이다. 이 식물들의 씨는 땅 위에 얌전히 내려앉아 누군가가 어떤 식으로든 흙을 섞어주기만을 기다린다. 이러한 특성 때문에 양귀비는 전쟁과 관련지어 생각된다. 포탄이 참호의 흙을 격렬하게 뒤집어엎으면 그 후 양귀비가 상처 입은 대지를 뒤덮는다.

디기탈리스(현삼과의 여러해살이풀)는 많은 숲에서 자란다. 숲의 어느 지역을 개간하거나 자동차나 사람들이 지나가 흙이 뒤집힌 축축한 길의 가장자리에서 특히 많이 볼 수 있다. 디기탈리스 꽃은 특히 빛이 가장 많은 쪽을 가리킨다.

식물은 우리와 땅의 관계에 대한 역사를 말해주고, 몇몇 식물은 특히 오랜 역사를 품고 있다. 선갈퀴는 초록색 별처럼 가늘고 뾰족한 여덟 개의 이파리가 달린 로제트rosette 위로 쭉 뻗은 줄기가 있고, 그 끝에 작고 하얀 야생화가 피는 식물이다. 이 꽃은 건초 향을 풍긴다. 숲에서 선갈퀴 밭을 마주치면 상당히 오래된 숲이라고 생각해도 좋다. 선갈퀴는 번식을 잘하지 못하는 편이기 때문이다. 바람을 타고 여기저기 날아가 뿌리를 내리는 엉겅퀴와는 다르게 새로운 영역으로 퍼지는 속도가 굉장히 느리다. 반대로 담쟁이덩굴, 전호나 아룸마쿨라툼은 최근에 생긴 숲에 있다는 증거이다. 우리 동네 숲은 식물의 생태를 바탕으로 확실하게 나눌 수 있다. 오래된 지역과 새로운 지역이 있고 가끔 오래된 도랑이 옛날 숲과 최근의 숲, 선갈퀴와 전호를 나누어놓는다.

내륙 한가운데에서 해양 용어가 들어간 이름이 붙은 식물을 만난다면 이 지역에 바다 산물인 소금을 실어 날랐다는 의미이다. 덴마크양고추냉이Danish scurvygrass(Cochlearia danica), 바다질경이나 갯개미자리sea-spurrey는 화물차의 소금에 섞여 내륙의 도로 가장자리까지 오게 되는 해안성 식물이다. 덴마크양고추냉이는 네 개의 작은 하얀색 꽃잎을 가진 앉은뱅이 야생화이다. 이 꽃을 길가에서 발견한다면 좀 더 조사를 해봐도 괜찮다. 그러면 아마 꽤 흥미로운 사실들을 발견할 수 있을 것이다.

길가의 덴마크양고추냉이는 길에 소금기가 있음을 알려주는 확실한 실마리지만, 이것은 많은 빛이 필요한 식물이기 때문에 이 길의 남쪽 면에서 더 많이 발견할 수 있다. 하지만 굽은 길에서는 조심하라. 여기는 차들이 회전하면서 원심분리기처럼 도로 가장자리로 더 많은 소금을 흩뿌리고 지나가기 때문이다. 그러므로 덴마크양고추냉이는 쭉 뻗은 길에서 더 확실한 나침반 노릇을 할 수 있다.

옥스퍼드개쑥갓oxford ragwort은 산업화 덕에 번식에 성공한 또 다른 식물이다. 이것은 멀리서 보면 다른 개쑥갓처럼 매년 삼사분기마다 줄기 끝에 밝은 노란색 꽃을 피우는 기다란 잡초 모양을 하고 있다.

옥스퍼드개쑥갓은 열차 선로 옆에 인공적으로 조성된 자갈밭에서 잘 자란다. 또한 햇빛을 많이 받아야 해서 남쪽 언덕에서 더 많이 볼 수 있다. 동서로 지나가는 자동차나 열차에서 창문을 바라보면 그 차이는 놀라울 정도이다. 이것은 다른 식물이 별로 잘 자라지 않는 틈새 환경을 찾아낸 영리한 식물이고, 훌륭한 산업가처럼 여기서 더 많은 이익을 창출했다. 이들은 선로 옆 자갈밭이라는 가혹한 환경에서 잘 자랄 뿐 아니라 씨를 퍼뜨리는 도구로 열차를 이용한다.

이제 약간 까다로운 정보를 찾아볼 차례이다. 주변의 풀보다 더 크고 당당하게 솟은 밝은 노란색 꽃이 가득한 들판을 발견한다면, 절대로 이 꽃을 먹어선 안 된다. 먹어보고 싶은 충동이 아무리 강하다 해도 점심식사 거리로는 좋지 않다. 이들이 당당하게 솟아 있다는 사실 자체가 그 증거이다. 다른 풀들은 양이나 초식동물들이 뜯어먹어서 작아졌는데, 이 기다랗고 어여쁜 꽃만 그냥 있지 않은가! 그 이유는 명확하다. 독초이기 때문이다. 유독하지는 않다고 해도 이 식물들은 최소한 양이 먹기엔 너무 쓰다. 양에게 쓴 식물은 사람도 먹기 어렵다.

뭔가 이상한 방식으로 자란 식물은 그 자체로 정보를 준다. 네잎클로버 하나는 행운을 상징하지만, 여러 개가 한군데 모여 있으면 제초제를 뿌렸다는 징후이다. 제초제는 가운데가 네모난 데이지나 뒤틀린 엉겅퀴처럼 식물을 비정상적으로 자라게 한다.

식물은 인간종의 습성만을 드러내는 것이 아니라 다른 모든 동물의 습성도 보여준다. 이 책의 후반부에서 각각의 동물에 대해서도 살펴보겠지만, 우리가 가는 곳 어디에나 적용할 수 있는 보편적인 원칙이 있다. 식물이 놀랄 만큼 풍부한 들판은 토양이 굉장히 기름지다는 의미이고, 만일 이것이 동네에서 아주 가까운 곳에 있다면 사람이나 동물이 어떤 식으로든 그곳을 비옥하게 만들었다는 뜻이다. 이 원칙은 뒤뜰이든 저 멀리 다른 나라든 어디에나 적용된다. 동물의 삶, 배설과 죽음이 식물의 삶에 영향을 미치고 우리는 식물을 통해서 동물들(호모 사피엔스를 포함해서)이 사는 곳을 추론할 수 있다.

바람과 기온이 주는 정보 풀은 나무와 마찬가지로 바람과 그에 대한 노출 정도에 관한 정보를 준다. 사람들은 대개 매우 높은 지대가 텅 비어 있을 것으로 생각한다. 나는 킬리만자로 평원의 모습을 잊을 수가 없다. 몇 킬로미터나 계속되는 평평한 땅은 너무나도 황량해서 꼭 달 풍경을 보는 것 같았다. 하지만 식물들은 한꺼번에 싹 죽지 않는다. 고도에 따라 식물종의 다양성이 점진적으로, 가끔은 극적으로 감소한다. 예를 들어 300피트 높이를 오르는 사이에 현화식물

서른 종이 차례차례 사라져 아무것도 남지 않을 수도 있다. 또한 고도는 식물의 삶과 생애 주기에도 영향을 미친다. 고도가 높아지면 꽃이 늦게 피곤 한다. 가끔 나는 꽃이 피는 속도로 언덕을 올라가는 상상을 해본다. 아마 달팽이가 나를 앞질러갈지도 모른다.

고사리는 산책자들에게 친숙하면서도 대부분 배경 정도로, 가끔은 방해물로 여겨지는 식물 중 하나이다. 고사리에는 바람과 기온에 대한 나름의 정보가 있고, 원한다면 우리는 얼마든지 이를 공유할 수 있다. 어떤 사람들은 고사리가 서리가 내리지 않을 거라는 지표이므로 야영하기 좋은 곳이라는 의미로 여긴다. 하지만 또 어떤 사람들은 벌레가 많기 때문에 야영하기 좋지 않은 곳이라는 경고로 여긴다. 서리와 벌레 중 무엇이 더 싫은지 생각해보고 고사리를 그 지표로 삼으면 되겠다.

고사리에서 얻을 수 있는 가장 도움이 되는 정보는 고사리가 수위와 바람의 세기에 예민하므로 이 지역의 습도와 바람의 정도를 파악하는 지표로 삼는 것이다. 자연연구가인 크리스토퍼 미첼Christopher Mitchell은 여기서 더 나아가 프랜시스 보퍼트Francis Beaufort 경(파도를 이용한 풍력분류표를 만든 사람)의 업적을 이용하여 자신만의 '고사리 풍력표'를 만들기도 했다.

무풍	시속 1마일(mph) 이하	2미터 높이의 빽빽한 고사리
미풍	시속 1-3마일	1미터 높이의 빽빽한 고사리
경풍	시속 4-7마일	0.5미터 정도 높이의 발육이 부진한 고사리
연풍	시속 8-12마일	고사리 대신 히스와 잔디가 자람

장식용 온도계를 보자. 유리 안에 투명한 액체와 색색의 유리구슬이 떠 있는 그런 것 말이다. 각기 다른 색깔의 구슬로 온도를 알 수 있는데, 놀랍게도 우리가 지나치는 꽃들도 똑같은 일을 한다. 쌀쌀한 아침 일찍 산책을 나서면 활짝 핀 꽃을 거의 볼 수 없지만, 계속 걷는 동안 기온이 점차 올라가면 주변의 꽃들을 통해 그 사실을 알 수 있다. 당아욱 등 많은 꽃은 온도가 섭씨 5도 이상이어야 봉우리를 피우지만, 튤립은 섭씨 1도만 넘어서도 피고, 크로커스는 겨우 섭씨 0.2도만 달라져도 꽃을 피운다. 이런 현상은 크고 잘 가꾸어진 공원에서 가장 잘 볼 수 있으므로 아침 일찍 이런 곳에 나왔다면 자연의 온도계 사이를 걸으며 즐거움을 누려보자.

철쭉의 이파리는 온도가 내려가면 점점 더 아래로 처지는 식으로 기온에 반응한다. 이것은 유럽 자생종에서는 확인하기가 몹시 어렵지만 미국이나 아시아에 있는 종에서는 굉장히 뚜렷하게 나타나서, 겨울이 오면 잎이 거의 수직이 될 정도로 처진다.

자연 내비게이션 2년쯤 전에 나는 삼림 감시원, BBC 방송사 프로듀서와 함께 아일랜드 마요카운티Mayo County에 위치한 발리크로이 국립공원Ballycroy National Park을 걸은 적이 있다. 우리는 침엽수림에서 빠져나와 풀밭으로 가려고 오르막을 걷고 있었다. 오래된 숲의 배수로 옆을 따라가는 경로였다. 숲에서 빠져나오자마자 나는 배수로의 왼편 색깔이 바뀌었다는 것을 깨달았다. 배수로 왼편은 눈길이 닿는 곳까지 히스로 가득 덮여 있었다. 히스는 햇빛을 많이 받아야 하기 때문에, 이런 극명한 차이는 한쪽 편이 남쪽을 향하고 있다는 의미여야 했다. 즉 우리가 동쪽으로 걷고 있다는 분명한 신호였다. 나는 경비원에게 이런 비대칭적인 풍경을 이야기했고, 그는 전에는 이런 걸 눈여겨본 적이 없다고 말했다. 그 사람은 10년 넘게 이 숲에서 일했고 자신의 영역에 대해서 나보다 훨씬 잘 알지만, 가끔 낯선 사람의 눈을 통해서 언제나 새로운 것을 더 발견할 수 있다고 말했다. 이 경비원이 우리 동네 숲에서 나에게 또 다른 새로운 것을 많이 가르쳐줄 수도 있을 것이다.

우리는 모든 식물에는 빛이 필요하지만 그 양이 각기 다르다는 점을 잘 안다. 그런데 이 간단한 사실에는 굉장히 심오한 이론이 숨어 있어서 식물의 비밀스러운 암호를 읽는 법을 배우면 엄청나게 많은 정보를 얻을 수 있다.

천천히, 집에서 가까운 곳부터 시작해보자. 봄이나 여름에 공원으로 잠시 산책하러 나가서 데이지를 찾아보라. 들판, 특히 남쪽으로 완만하게 내리막인 풀밭에 많이 피어 있음을 알 수 있다. 그러면 이제 건물과 울타리의 북쪽으로 가서 데이지가 얼마나 적은지를 살펴보자. 데이지는 햇빛을 좋아하고, 햇빛은 대체로 남쪽에 비친다.

이런 효과를 의식하기 시작했으면 어디를 보든 꽃을 찾을 수 있을 것이다. 최근에 나는 덴먼스가든Denman's garden이라는 곳의 공원으로 산책을 갔다. 그날 아침에 어떤 식물이 최고의 나침반 노릇을 해줄 수 있을지 잘 몰랐지만, 도착하고 몇 분 지나지 않아 조그만 물망초가 그

답이라는 점을 깨달았다. 이 작고 파랗고 노란 꽃들이 꽃밭 남쪽 면에 빽빽하게 군집을 이루고 있었다. 이 꽃밭에서 좀 더 키가 큰 식물들이 북쪽 면으로 그늘을 드리우고 있어서 그쪽 편에서는 물망초가 하나도 피어 있지 않았다.

이처럼 광량에 민감한 야생화를 즐기는 가장 멋진 방법은 보통 낮은 곳에서 위로 올려다보는 것이다. 다음번에 숲을 지나다가 블루벨이 마술처럼 가득 피어 있는 곳에 다다르면 근사한 풍경을 잠깐 즐긴 다음 위를 쳐다보라. 블루벨은 완전한 응달이나 완전한 양달을 별로 좋아하지 않는 수많은 꽃 중 하나이다. 그러니까 시선을 들어 보면 나무줄기가 하늘을 가려서 그늘 사이로 햇살이 드문드문 들어오는 모습을 볼 가능성이 높다.

다음으로 찾아봐야 하는 것은 꽃들의 방향이 장소만큼이나 의도적이라는 것이다. 꽃들에는 해야 할 일이 있고 그것은 눈으로 빤히 보인다. 꽃들은 벌이나 날아다니는 곤충들에게 매력적으로 보여서 꽃가루를 퍼뜨리게 해야 한다. 물론 인간에게 매력적으로 보이는 것도 많은 종에게 도움이 되긴 하지만, 그건 부차적인 문제이다. 빛은 이 과정에서 중요한 역할을 맡고, 꽃이 해를 더 똑바로 마주볼수록 꽃송이가 더욱 두드러진다. 꽃들은 제각기 햇빛과 복잡다단한 관계를 맺고 있다.

다시 데이지로 돌아가자. 얼핏 보기엔 이들이 똑바로 서 있는 것 같지만 키가 큰 그루를 자세히 살펴보면 줄기 대다수가 남쪽 하늘을 향해 살짝 휘어져 있는 모습을 확인할 수 있을 것이다. 아침 햇살을 즐긴다면 살짝 남동쪽으로, 오후의 햇살을 좋아한다면 남서쪽으로 조금 더 휘어 있을 수도 있다.

일반적으로 꽃들은 남동쪽과 남쪽 사이쯤을 바라보지만, 이들이 따라가는 것이 빛이라는 점을 잊지 말아야 한다. 이들은 정확한 방향에는 별로 관심이 없다. 숲 가장자리의 디기탈리스는 방향과 관계없이 나무의 반대편으로 꽃을 피운다. 이 방향으로 빛이 가장 많이 들어오기 때문이다. 이런 습관을 지닌 꽃은 이들만이 아니다.

이 모든 것이 간단하긴 하지만, 꽃과 빛의 관계를 좀 더 명확하게 이해하려면 꽃들의 서식지 선호도에 대해서 좀 더 알아야 한다. 여기서부터 내용이 조금 어려워진다. 미나리아재빗과에는 수십 종의 야생화가 포함되는데, 이들은 제각기 선호하는 서식지가 다르다.

웨스트서식스의 월드앤다운랜드 박물관Weald and Downland Museum 주변을 걷다가 미나리아재비가 주변을 둘러싸고 있는 조그만 울타리를 본 적이 있다. 처음에 이 미나리아재비들은 아무렇게나 핀 것처럼 보였지만 좀 더 자세히 살펴보니 털이 달린 것과 덩굴형인 것, 두 종류의 미나리아재비 종이 있음을 알 수 있었다. 털 달린 미나리아재비는 덩굴형보다 더 햇빛을 많이 필요로 하기 때문에 울타리의 남쪽 면 대부분을 차지하고 있었다. 제비꽃과의 꽃들에서도 비슷한 습성을 본 바 있다.

문제는 어떤 꽃 혹은 어떤 과의 꽃은 굉장히 헷갈리는 선호도를 갖고 있다는 것이다. 이는 야생화 무리가 항상 빛을 좇으므로 여기가 남쪽 면이라고 생각해서는 안 된다는 뜻이다. 대신에 몇 가지 간단한 규칙을 따르자.

첫 번째 보편 법칙은 반대편을 바라보고 있는 두 제방이 있는데, 그

중 한쪽에는 '각기 다른' 야생화가 가득 피어 있고 반대편에는 별로 없다고 하면, 꽃이 많은 쪽이 남쪽이라는 확실한 증거이다. 유용한 힌트를 하나 더 말하자면, 부엌에서 본 적이 있는 식물이 거기에 있다면 그것은 빛을 좋아하는 식물일 것이고, 따라서 거기가 남쪽이라는 믿을 만한 지표이다. 야생 타임, 마조람, 라벤더, 로즈메리, 파슬리, 다닥냉이, 겨자 및 여러 종류의 야생 박하는 빛을 굉장히 좋아하는 습성이 있다. 딸기나 나무딸기, 들딸기 같은 야생 과일 다수도 그러하다. 이 규칙을 재배종 과일에까지 확장시킬 때에는 한 가지 간단한 규칙을 더 외워두면 좋다. 단 것은 남쪽에서 자란다는 것이다.

과일의 당도는 당분에서 나오고 당분을 만드는 데는 에너지가 많이 필요한데, 이 에너지가 오는 곳은 딱 한 군데 바로 햇빛이다. 영국 북부 경사지에서는 포도를 별로 찾을 수 없겠지만 만약 그런 포도밭을 발견한다면, 주인이 아마 어지간히 돈이 없는 모양이라고 생각해도 좋을 것이다.

우리가 경작하는 작물은 대부분 우리에게 어떤 식으로든 에너지를 주는 것들이므로 농부들은 선택권이 있다면 남쪽 사면에 보리나 밀처럼 고열량 곡식을 키우려 한다. 이것은 노란 유채밭처럼 기름을 생산하는 작물 대다수의 경우에도 마찬가지이다.

작년에 나는 24시간짜리 자연 내비게이션 집중 코스를 열고서 여섯 차례의 연습용 산책 끝에, 지친 사람들을 놓고 마지막 과제를 주었다. 지도나 나침반, GPS 없이 남쪽으로 3킬로미터 정도 떨어져 있는 돌 아치문을 찾는 것이었다. 이것은 생각보다 꽤 어려운 일이고 흐린 날에는 더 그렇다. 대부분의 사람들은 자신만만하게 출발했지만, 중간쯤에 방향을 잃고 헤매기 시작했다. 기쁘게도 그중 한 명이 위의 간단한 규칙을 기억해내고 환한 얼굴로 외쳤다. "우린 경사면에 있어요. 사방에 환금성 작물이 자라고 있고요. 그러니까 내리막 쪽이 분명히 남쪽이에요!" 사람들은 아치문을 무사히 찾아냈다.

경작지 가장자리에 서서 들판을 보고 있다면, 잡초가 있는지 찾아보라. 경작지의 잡초는 그늘에 반응해서 더 길게 자라기 때문에 가끔 잡초를 보고서 가장 빛이 적게 드는 장소를 찾을 수도 있다. 키가 큰 잡초부터 작은 잡초로 거슬러 오게 되면 남북으로 이어지는 선이 생긴다.

내가 개발한 또 다른 약간 기묘한 규칙은 이름이 'wort'로 끝나는 야생화들은 대부분 햇빛을 좋아한다는 것이다. 통발bladderwort, 등포풀mudwort, 개미자리pearlwort, 수송나물saltwort, 퉁퉁마디glasswort, 개쑥갓ragwort, 서양톱풀woundwort, 그리고 가장 유명한 망종화St.John's wort 모두 손쉽게 방향을 알려준다. 이것은 보편적인 규칙이 아니어서 몇 가지 예외가 있지만, 알아두면 도움이 된다.

또 다른 훌륭한 보편 규칙은 대부분의 해안성 야생화들 역시 빛을 좋아하기 때문에 이름에 '바다sea'나 '모래sand'처럼 해안성을 암시하는 단어가 들어 있는 식물을 만나면 소금기에 강하고 남쪽 면을 좋아할 거라고 예측해도 좋다.

당연한 일이지만 빛을 싫어하는 식물은 많지 않다. 우리가 나중에 볼 이끼와 지의류를 제외하면 알아둘 만한 식물은 큰 것 몇 개 정도이다.

모든 양치식물은 수분이 많은 곳에서 자라며, 축축하고 특히 그늘진 곳이나 돌 틈에 싹을 틔운다. 그다음에는 빛에 좀 더 관심을 두고 그쪽으로 기울어지는 경향을 보이지만 말이다. 앞에서 보았던 오래된 숲의 지표인 선갈퀴 역시 그늘에서 잘 자라고 쪽풀과 털이슬 역시 이 목록에 포함된다. 우리 동네 숲 바닥에는 이 식물들이 온통 자라고 있는데, 햇빛이 들어오는 곳으로 가니 이들이 마치 흡혈귀처럼 자리를 싹 비키고 사라진 것을 본 적이 있다. 야생화 중에는 더 많은 지표들이 있으니 관심을 둘 만하다.

2010년 2월에 나는 유럽 카나리아 제도의 라팔마 섬에서 지도나 다른 방향 표시 도구 없이 거의 손이 닿지 않은 야생의 숲을 가로질러가는 도전을 했다. 연구를 목적으로 한 이런 도전에서는 언제나 배울 점이 많지만, 어떤 귀중한 교훈을 배우게 될지는 실제로 해보기 전까지는 알 수 없다. 이 경우 나는 어느 마을 앞에 멈추어 물을 마시며 커다란 주황색 꽃들이 가득한 버려진 들판을 바라보다가 중대한 사실을 깨닫는 놀랍고 근사한 경험을 했다.

들판에는 한 가지 꽃이 가득했고, 나는 목이 말라서 물을 마시며 평소보다 오래 그 들판을 보고 있었다. 그러다가 우연히 굉장한 것을 발견했다. 수백 송이나 되는 주황색 프로테아 꽃 중에서 몇몇 송이의 한쪽 면이 먼저 만개해 있던 것이다. 바로 해가 잘 비치는 남쪽 면이었다. 주위를 둘러보니 내 주위에 이런 자연 나침반이 수천 송이 있는 것을 확인할 수 있었다. 그 이후로 나는 다른 꽃에서도 이런 습성을 수두룩하게 발견했다. 시간을 들여 관찰하면 이런 비대칭적인 모습이 우리에게 길잡이를 던져주고 가끔은 간과하기 쉬운 명확한 나침반이 되어주기도 한다.

담쟁이덩굴의 여섯 가지 비밀 영국에는 반연식물攀緣植物류가 여럿 있다. 미국 같은 다른 나라에서는 이를 덩굴이라고 부른다. 우리가 가장 잘 아는 것에는 담쟁이덩굴, 인동덩굴, 야생장미, 노박덩굴, 클레머티스 등이 있다.

반연식물은 독특하고 흥미로운 성장 특성을 보이는데, 이것을 길잡이로도 이용할 수 있다. 모든 반연식물에는 타고 올라갈 수 있는 기주식물이 필요하고, 이런 기둥을 찾기 위해 이들은 배광성背光性이라는 특징을 보인다. 즉 나무에서 볼 수 있듯이 굴광성은 광량에 의해 식물의 성장이 통제되는 것이고, 배광성은 몇몇 식물들이 빛의 반대편으로 자라는 경향을 의미한다.

일반적으로 식물은 빛을 향해 자라지만, 기주식물을 찾는 식물에서는 배광성이라는 논리적인 특성이 있다. 반연식물은 나무를 필요로 하고, 나무는 그림자를 드리우기 때문에 나무를 찾는 반연식물류는 빛의 반대 방향으로 자라야 나무를 찾기가 더 쉬울 것이다.

빛과 그림자가 적절하게 섞여 있는 곳, 즉 나무가 드문드문 자라는 숲이나 숲 가장자리 같은 데서 반연식물을 많이 찾아볼 수 있고, 나무의 남쪽 편, 햇빛을 직접 받는 부분에서 자라기 시작한 반연식물에서 이런 현상을 더 뚜렷하게 볼 수 있을 것이다. 이 반연식물이 처음 자라날 때를 보면 이들이 자신들의 북쪽에 있는 나무를 향해 가기 위해 애쓰는 것을 확인할 수 있지만, 그 후에는 나무 몸통을 빙 돌아 어두운 북쪽 부분을 향해 자란다. 이런 특징을 확인하다 보면 인동덩굴이 기주식물을 시계 방향으로 감고 올라가는 것도 볼 수 있을 것이다.

자연 내비게이션 수업 초반에 담쟁이덩굴도 방향을 찾는 데 이용할 수 있는지에 관한 질문을 받곤 했다. 나는 거기에 솔직하게 답해야 했다. "담쟁이덩굴도 뭔가를 알려주려고 애를 쓰고 있다는 걸 알지만, 그들을 이해해보려고 갖은 노력을 해봐도 지금까지는 알아낸 게 없습니다."

지금은 담쟁이덩굴이 여섯 가지 비밀을 갖고 있으며 이걸 알아내는 데 몇 년이나 걸린 이유도 안다. 지금껏 내가 산책길에서 발견한 것 중에서도 담쟁이덩굴은 가장 흥미진진한 식물이고, 이렇게까지 오래 걸려 알아낸 실마리들을 다시금 찾아보기란 굉장히 즐거운 일이다.

담쟁이덩굴은 생애 주기 동안에 자라는 방식이 놀랄 만큼 크게 변하기 때문에 까다롭다. 담쟁이덩굴의 생애 주기는 크게 둘로 나눌 수 있는데, 두 단계에서 서로 굉장히 다르게 행동한다. 우리가 전형적인 담쟁이 잎이라고 생각하는 끝이 뾰족뾰족한 이파리는 어린 담쟁이이다. 담쟁이덩굴이 어리면 기주 나무를 찾아야 하기 때문에 배광성에 따라 빛의 반대편으로 움직여 나무를 찾아낸다.

이제 찾아낸 나무를 타고 올라가다가 어느 시점에, 일반적으로는 빛이 많이 비치는 높이에 이르는 열 살 정도에 두 번째 삶의 단계로 들어선다. 이파리 모양이 완전히 변해서 여러 개의 뾰족한 끄트머리 대신 하나가 되고, 무엇보다 처음으로 완전히 굴광성으로 행동하게 된다.

담쟁이덩굴의 이런 두 단계를 찾는 방법은 상당히 쉽다. 담쟁이덩굴이 완전히 타고 올라간 적당한 크기의 나무를 찾아보라. 몸통에서 좀 떨어진 곳에 담쟁이덩굴 뿌리 부분이 덥수룩하게 관목처럼 자라 있을 것이다. 나무 몸통 아래쪽과 몸통에 가까운 부분의 담쟁이 잎을 살펴보자. 여기서는 끝이 여러 개로 뾰족하게 갈라져 있는 첫 단계의 담쟁이 잎을 볼 수 있을 것이다. 이제 좀 더 위로 올라가면 곧 잎의 모양이 훨씬 단순해져서 끝이 하나밖에 없는 것을 찾을 수 있다. 사실 잎의 모양이 완전히 달라서 잎만 따서 보여주면 대부분의 사람들이 이것이 담쟁이 잎이라고 알아보지 못할 것이다. 초록색에서 보라색이나 더 짙은 색에 후추 같은 모양의 꽃 덩어리를 보게 되면 확실하게 두 번째 단계의 담쟁이덩굴이다. 담쟁이덩굴은 첫 단계에서는 꽃을 피우지 않기 때문이다.

이제 당신은 처음 두 가지 정보를 알아낼 준비가 되었다. 어린 담쟁이덩굴이 빛의 반대편으로 자라는 것을 확인했는가? 이것은 빛을 많이 받는 나무 아랫부분에서 특히 확인하기가 쉽다. 대체로 알아보기가 좀 어렵지만, 가끔은 눈에 확 띄게 대여섯 개의 담쟁이덩굴 줄기가 나무 몸통 아래를 감고 남쪽에서 북쪽을 가리키며 빛의 반대편으로 가

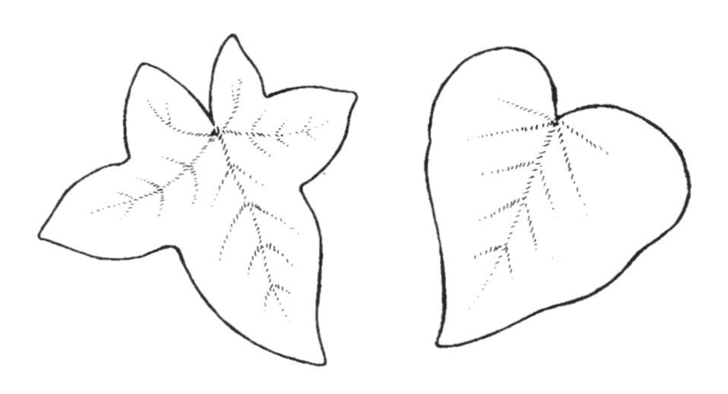

● 끝이 여러 개로 갈라진 어린 담쟁이 잎(왼쪽)과 끝이 하나로 된 어른 담쟁이 잎(오른쪽)

려고 애를 쓰는 모습을 목격할 수 있다.

이제 나무의 위쪽에 있는 좀 더 풍성한 두 번째 단계의 담쟁이덩굴을 보자. 이 담쟁이덩굴은 빛을 좋아해서 빛을 더 많이 받는 쪽, 일반적으로는 남쪽 면을 향해 자라려는 모습을 보이는 식으로 대부분의 다른 식물과 비슷하게 행동한다.

이 두 가지 사실을 2년 정도 즐긴 끝에 나는 운 좋게도 수년 동안 감추어졌으나 지금은 볼 때마다 감탄하는 세 번째 사실을 알게 되었다. 담쟁이덩굴은 나무를 감고 올라가지만 또한 나무에 달라붙어 있다는 것이다. 이것은 빳빳하고 조그만 뿌리 덕택이다. 기주나무에서 담쟁이덩굴을 떼어보려고 했던 적이 있다면 아마 내가 무엇을 말하려는지 정확하게 알 것이다. 담쟁이덩굴을 잡아 뜯은 나무의 매끄러운 몸통을 살펴보면 담쟁이가 이전에 있었던 자리에 자국을 남겨놓은 것을 발견할 수 있다. 이 자국을 잘 들여다보면 꼭 노래기 같은 모양새이다. 담쟁이 줄기가 자란 부분이 몸통 자국처럼 남아 있고, 그 양옆으로 뿌리가 나무에 달라붙어 있던 자리가 꼭 발자국처럼 남아 있다.

이 조그만 뿌리의 매력적인 면은 빛의 반대편으로만 자란다는 것이다. 나무는 항상 그 주변에 비해 어둡기 때문에 뿌리는 언제나 나무를 향해서만 자란다. 이것은 굉장히 영리하면서 효율적인 시스템이지만 완벽하지는 않고, 이 불완전함 덕택에 우리가 길잡이를 찾을 수 있다.

나무가 햇빛이 닿는 곳에서 자라고 있다면 이 담쟁이덩굴 뿌리는 나무 그 자체의 그늘 속으로 자라려고 할 테지만, 대다수는 빛이 거의 들지 않거나 아예 닿지 않는 면을 향해 자라려 할 것이다. 나무의 북쪽 면에는 그늘이 많이 드리워 있기 때문에 이 뿌리들이 혼란을 일으켜 나무 바깥쪽으로 자라는 경우도 있다. 담쟁이 줄기 남쪽 면보다 북쪽 면에서 나무의 동쪽이나 서쪽으로 자라는 이런 잔뿌리를 더 많이 찾을 수 있다. 간단하게 정리하자면, 이 잔뿌리들이 빛의 반대편으로 자라고 대체로 빛은 남쪽에서 더 많이 들어온다는 것만 기억하라.

담쟁이덩굴에 관한 넷째와 다섯째 정보는 널리 알려져 있다. 수령이 오래된 숲에서 담쟁이덩굴은 숲 중심부보다 가장자리에서 더 흔하다. 실용적인 면에서 말하자면, 나무가 빽빽하게 있는 오래된 숲에서 밖으로 나가려고 할 때 갑자기 수많은 담쟁이덩굴과 마주친다면 제대로 길을 가고 있는 것이고 숲 가장자리가 머지않다는 뜻이다. 담쟁이덩굴은 남쪽 사면보다 북쪽 사면에서 좀 더 흔하다.

방향을 찾기 위한 여섯째이자 마지막 실마리는 나무를 비롯하여 많은 식물에서 써먹을 수 있는 기술이지만, 나는 담쟁이덩굴에서 처음 발견했기 때문에 이들에게 공을 돌리고자 한다.

이파리의 주된 목적은 빛을 모으고 식물이 숨 쉬게 하는 것이다. 잎의 방향은 기체를 교환하는 데는 중요하지 않기 때문에 잎의 방향성에 가장 주요하게 영향을 미치는 것은 빛이라 할 수 있다. 풍성한 담쟁이덩굴의 두 번째 단계 잎을 다시 한 번 살펴보면 나무의 북쪽 면과 남쪽 면이 묘하게 다른 것을 알아챌 수 있을 것이다. 나무의 남쪽 면은 햇빛이 굉장히 많이 들기 때문에 잎이 아래로 늘어져 있다. 잎이 햇빛을 정면으로 마주하면 빛을 더 많이 모을 수 있기 때문이다.

하지만 나무의 북쪽 면에는 수평으로 들어오는 빛이 거의 없고 대

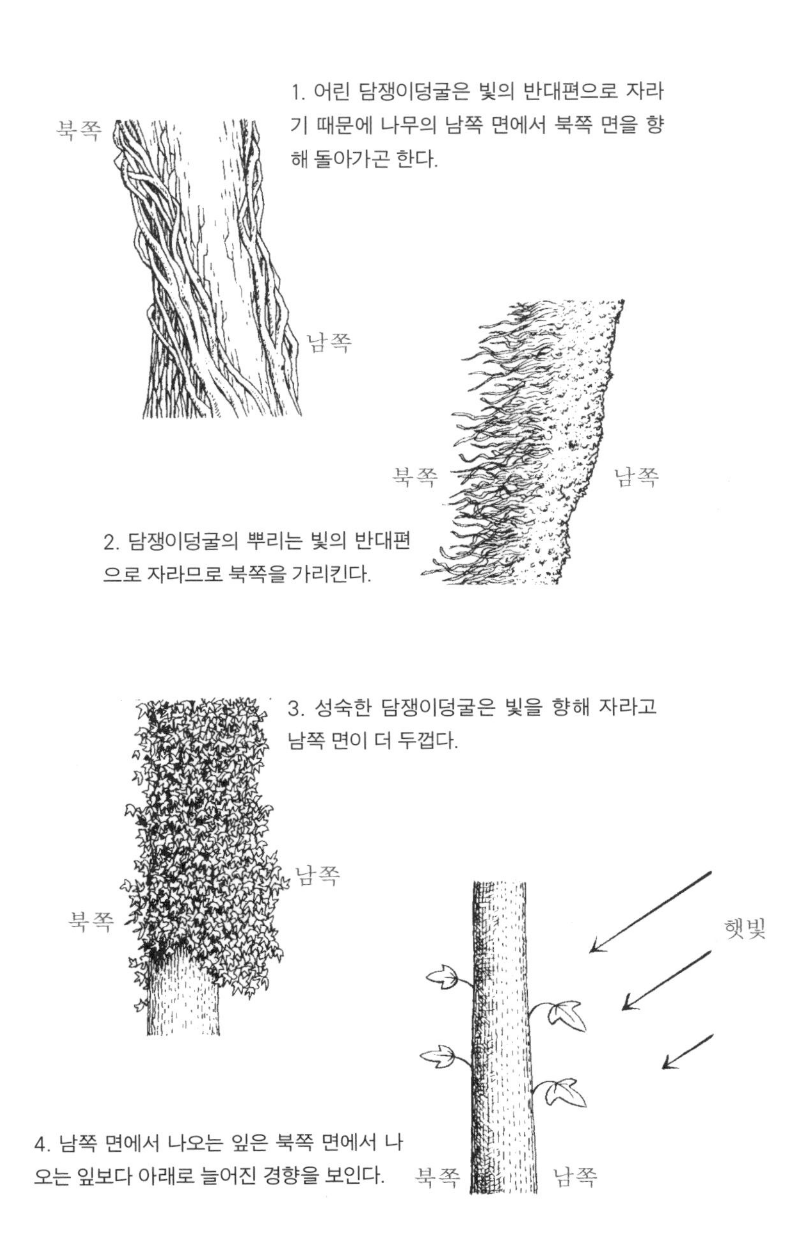

1. 어린 담쟁이덩굴은 빛의 반대편으로 자라기 때문에 나무의 남쪽 면에서 북쪽 면을 향해 돌아가곤 한다.

2. 담쟁이덩굴의 뿌리는 빛의 반대편으로 자라므로 북쪽을 가리킨다.

3. 성숙한 담쟁이덩굴은 빛을 향해 자라고 남쪽 면이 더 두껍다.

4. 남쪽 면에서 나오는 잎은 북쪽 면에서 나오는 잎보다 아래로 늘어진 경향을 보인다.

부분이 하늘에서 수직으로 내려온다. 이런 빛의 각도 차이 때문에 남쪽 면의 잎은 흔히 아래로 기울어져 끝이 땅을 가리키고 있는 반면에 북쪽 면의 잎들은 좀 더 수평에 가깝게 평평하게 나 있다.

이것은 포착하기 힘든 현상이지만 찾아볼 만하다. 나무에 빛이 더 많이 비칠수록 담쟁이덩굴에서 이런 현상은 더 뚜렷하게 나타난다. 이후에는 다른 어떤 활엽수에서든 찾을 수 있을 것이다. 이 현상은 때로는 미묘하지만, 가끔은 굉장히 드라마틱하다.

담쟁이덩굴에서 굴광성의 효과를 배웠다면 이제 좀 드물지만 굉장히 매혹적인 종을 찾아볼 차례이다. 바로 가시상추이다. 가시상추는 야생종이고 우리가 자주 먹는 상추의 야생 친척쯤 된다. 이들은 빛을 굉장히 좋아해서 빛에 매우 흥미로운 반응을 보인다. 빛을 받으려고 잎이 남북으로 정렬하기 때문에 '나침반 식물'이라는 별명까지 붙었다. 가시상추는 늦여름에 흔히 영국 남부의 선로 옆이나 길과 들판의 가장자리 공터 같은 곳에서 자라는 것을 볼 수 있다.

식물과 빛의 복잡한 관계를 파악하기 위한 마지막 단계는 덩굴해란초에서 찾아볼 수 있다. 이 예쁘지만 그냥 보아 넘기기 쉬운 야생화는 샛노란 중심부에 보라색 잎이 돋는 조그만 꽃을 통해 알아볼 수 있다. 덩굴해란초는 브리튼 섬 대부분의 지역에서 찾아볼 수 있으며, 돌과 벽에서 자라고, 꽃은 4월에서 11월까지 핀다.

이 꽃의 놀라운 점은 씨를 맺을 때까지는 빛을 향해서 피다가 씨를 도로 벽이나 바위 위에 떨어뜨려야 한다는 것을 '깨달으면' 빛 반대편으로 돌아선다는 것이다. 내가 사는 곳 근처에 덩굴해란초가 많이 자라는 벽이 있는데, 나는 한 해 사이에 빛을 향해 자라나다가 돌아서는 이 과정을 보러 종종 거기에 가곤 한다.

겨울의 색채 겨울철에는 산울타리의 말채나무도 한 번쯤 살펴볼 가치가 있다. 제철이 아닐 때도 정원을 탐방하는 일을 좋아한다면, 낮이 짧은 시기에도 다채로운 분위기를 내고 싶어 하는 정원사들이 심는 상귀네아흰말채나무cornus sanguinea를 찾아보자. 흰말채나무는 새빨간 잔가지 때문에 겨울에 많은 사람이 좋아하지만, 이 빨간색은 고르게 퍼져 있지 않다. 빛이 더 많이 드는 남쪽 면의 잔가지가 좀 더 선명하다. 이 식물은 겨울 낮에 내가 아주 선호하는 길잡이이다.

도망자 산책을 나서면 대체로 잘 가꾼 정원이나 완전한 야생 숲을 지나는 것이 아니라 그 둘의 중간쯤 되는 지역을 걷게 마련이다. 따라서 이런 곳에서는 '정원의 도망자'들을 발견할 수 있다. 스노드롭처럼 얌전한 정원 식물에서 탈출해 야생화로 진화하고 있는 식물이 많이 있다. 이런 식물들을 보고서 마을로 다가가고 있다는 길잡이로 삼을 수 있다. 스노드롭은 종종 어느 집 뒷마당이나 교회까지 쭉 이어져 있기도 하다. 초여름에 내가 좋아하는 도망자는 루나리아이다. 이 보라색 꽃은 돌아오는 여러 갈래의 길 여기저기에서 내가 동네로 들어선 것을 환영해준다.

식물의 건강 상태 괴혈병이 비타민 C가 부족해서 생기는 병임을 선원들이 깨닫기까지는 꽤 오랜 시간이 걸렸다. 식물도 주요 영양분이 부족하면 여러 증상을 보인다. 잎 끄트머리부터 주맥까지 노래지는 것은 질소가 부족하다는 징후이고, 끝과 가장자리가 노래지는 것은 칼륨이 부족하다는 신호이다. 잎맥 사이에 수직으로 선이 생기면 마그네슘 부족일 가능성이 높고 어린 이파리가 노래지면 황이 더 필요하다는 뜻이다.

숨겨진 것을 알려주는 실마리 모든 식물에는 생존에 맞는 토양의 조건이 있는데, 그 조건에는 pH 값이 포함된다. 클레머티스 같은 몇몇 식물은 알칼리성 토양을 알려주는 확고한 지표이다. 그래서 석회암층에 있는 산울타리에서는 하얗고 텁수룩한 털을 늘어뜨린 수염틸란드시아를 볼 수 있지만 화강암이 지표 위로 울퉁불퉁 드러난 지역처럼 산성층에서는 그것을 볼 수 없다.

산성 토양에서는 고사리가 흔하고 가시금작화가 대단히 번성한다. 이것이 황무지를 떠올렸을 때 양과 가시금작화가 함께 떠오르는 이유이다. 황무지는 황량한 산성 암석 위에 많이 위치하기 때문이다. 나는 BBC 2에서 방영한 시리즈 〈모든 길은 집으로 통한다All roads lead home〉에서 보드민 황야에 유명인사 세 사람을 데려다 놓고 자연 내비게이션으로 길을 찾게 시켜본 적이 있다. 주변의 황량함 때문에 세 사람은 몇 안 되는 길잡이로 바람에 시달린 가시금작화를 이용해야 했다.

수국은 산성과 알칼리성 조건 모두에서 자랄 수 있는 원예 식물이지만 이들은 화려한 색깔로 실마리를 준다. 수국은 산성 조건에서는 선명한 파란색이었다가 중성에서는 옅은 자주색을 띠고 알칼리성 토양에서는 약간 분홍색으로 변한다.

내가 늦여름에 진행하는 수업에서 종종 사용하는 간단한 훈련 게임이 있다. 식물을 이용해서 주변 지리를 파악하는 데 가장 도움이 되는 방법이다. 사람들을 데리고 간단히 산책을 하면서, 일부러 강가를 지나 좀 더 높고 건조한 지역으로 갔다가 다른 지역에 있는 범람원으로 되돌아오는 것이다.

강가를 지나갈 때는 사람들에게 길가에 있는 식물과 나무를 잘 살펴보라고 얘기한다. 일반적으로는 버드나무가 많고 보라색 까치수염과 히말라야발삼의 꽃들이 피어 있다. 이 야생화들은 독특한 분홍빛이 도는 보라색을 띠고 있어서 물가의 초록색과 갈색에 근사하게 대비된다.

그러다가 강에서 떨어져 위로 올라가면 버드나무와 보라색 꽃들이 눈앞에서 사라지고 너도밤나무나 클레머티스처럼 더 건조한 환경을 좋아하는 식물들이 그 자리를 채운다. 이쯤에서 나는 사람들에게 강이 어디 있는지 다시 알게 되면 언제든 말해달라고 이야기한다.

물을 직접 볼 필요는 없다. 꽃들이 보라색 네온사인처럼 멀리서도 물가라는 것을 알려주기 때문이다. 이 기술은 세계 전역에서 써먹을 수 있고, 목마른 탐험가는 이미 잘 쓰고 있다. 식물의 종은 매우 다양하지만 원리는 변하지 않는다. 따라서 이 기술이 지닌 매력은 식물의 이름을 알 필요가 없다는 것이다. 그저 주변을 둘러보다가 식물이 어떻게 바뀌는지만 알아채면 된다.

많은 식물이 그 이름에서부터 물을 좋아하는 성향을 드러낸다. 이름에 붙은 'marsh'라는 말이 그 힌트이다. 'bog' 역시 물을 좋아하는 식물에 자주 붙는 말로, 파르나서스풀이라고도 불리는 물매화풀bog star은 습지가 있음을 알려주는 강력한 실마리이다.

아스포델bog asphodel은 축축한 곳을 좋아하는 식물이고, 학명에도 힌트가 있다. 아스포델의 학명인 *narthecium ossifraguum*은 '뼈를 부러뜨리는 식물'이라는 뜻이다. 농부들은 이 식물이 양의 뼈를 쉽게 부러질 정도로 약하게 만든다고 믿었다. 사실 이 야생화는 양분, 특히 칼슘이 적은 토양에서 자라서 양이 계속 먹으면 무기물이 부족해져 뼈가 부러질 수도 있지만, 이 식물 자체를 씹는 것만으로 뼈가 부러지지는 않는다.

축축한 고지를 걸을 때는 어떤 풀이 발을 적시지 않고 걸을 수 있는 길을 알려주는지 알아두는 것이 도움이 된다. 커다란 사초와 골풀은 습한 환경에서 잘 자라는 반면 마트그라스는 좀 더 건조한 지역에서만 잘 자란다. 풀을 구분하는 데 아직 익숙하지 않다면 손가락으로 줄기를 비벼보라. 사초 속에 속하는 식물은 모서리가 있고 대체로 단면이 삼각형이지만 다른 풀들은 매끄럽게 비벼진다. 이런 특징을 바탕으로 '사초는 삼각형'이라고 외워도 된다. 또한 보통 풀들은 줄기에 마디가 있지만 등심초와 사초는 마디가 없다.

이런 기술을 사용하기 위해서 풀의 이름을 모두 외워야 할 필요는 없다. 철벅 소리가 나면 아래를 보고 발치의 풀을 잘 살펴라. 그리고 마른 땅에 가면 발밑의 풀들이 어떤 모양인지 살펴라. 이렇게 몇 분만 하면 앞에 있는 습지와 건조 지대의 위치를 파악할 수 있을 것이다. (몇몇 사람들은 자신이 뭘 하는지도 모른 채 무의식적으로 이런 기술을 사용하기도 한다. 하지만 기술을 인지하고 있어야 더 재미있고 효과적이다.)

예전에 미국인 기자가 구경하는 가운데 다트무어 중부까지 8킬로미터 정도를 자연 내비게이션을 이용해 간 적이 있다. 지도나 나침반, GPS도 없이 거의 안개 속에서 보도를 벗어나서 걸어야 했다. 꽤 힘든 일이었다. 이런 조건에서 습지에 빠지지 않고 황무지를 건너려면 어떤 길을 걷느냐가 굉장히 중요하다. 풀이 앞길을 암시해주는 유일한 존재였고, 안개가 걷힐 때마다 적절한 길과 피해야 할 지역에 관한 실마리를 찾기 위해서 주변을 샅샅이 둘러보았다.

이곳을 지날 때 사용한 또 다른 기술은 불어오는 바람을 예민하게 의식하고, 특히 바람이 무엇을 하는지에 주의를 기울이는 것이었다. 풀들은 지리를 가르쳐줄 뿐 아니라 나침반 역할도 해주었다. 이틀 동안 바람이 동쪽에서 불어오고 있다는 것을 이미 알고 있었기 때문이다. 일반적으로 영국에서 바람은 남서쪽에서 불어온다. 이것은 풀들이 이 두 가지 바람으로 휘어졌겠지만, 모두가 같은 형태로 휘어진 것은 아니라는 의미이다. 키가 크고 불쑥 솟은 풀들은 최근에 분 바람 탓에 동쪽에서 서쪽으로 기울어졌겠지만, 짧고 바닥에 깔린 풀들과 바람에 감추어져 있는 풀들은 탁월풍인 남서풍에 기울어진 상태 그대로일 것이다. 이것은 아주 기본적인 기술이다. 필요한 준비물은 그저 바람과 풀의 관계에 대한 약간의 호기심뿐이다.

나는 심지어 도심의 공원에서도 시선을 발목 근처로 내리고 이런 방식으로 풀들을 살피는 것을 좋아한다. (기묘하게도 나는 서로 겹치는 파도의 높이를 파악하고 이것으로 바람을 읽어 방향을 찾아내는 태평양 연안 원주민 여행자들의 오랜 전통에서 이 기술을 개발했다.) 그냥 지나치기 십상이지만 풀에는 대단히 많은 정보가 있다. 대부분의 산책이 거친 잔디밭 앞에서 끝난다. 이것은 아기쐐기풀처럼 비옥한 토양을 좋아하고 사람들이 땅을 인산화시키는 곳에서 잘 자라는 식물이다.

산책을 하다가 물가에 다다랐을 때는 식물로 물의 깊이를 가늠할 수 있으면 대단히 좋을 것이다. 꽃과 나무의 경고를 알아채지 못했다면 빽빽하게 줄지어 선 큰고랭이 군집이 이제 그만 다가오라고 충고해준다. 이 식물들은 금세 눈에 들어오고 여름에는 믿을 수 없을 정도로 구분하기 쉽다. 큰고랭이는 핫도그처럼 눈에 띄는 갈색으로 길게 자라고, '막대' 끝에는 짙은 갈색 꽃이 피기 때문이다.

큰고랭이는 육지와 민물의 경계를 흐리게 만드는 임무에 아주 뛰어나다. 몇몇은 임무를 지나치게 잘해내서 육상의 단단한 땅에 뿌리를 박고 있지만 물이 들어오면 완전히 물속으로 잠기기도 한다. 골풀 사이에 핫도그 모양의 풀이 함께 돋아 있는 것을 보면 공, 모자, 프리스비가 아무리 소중하다 해도 그걸 주우러 괜히 더 들어가선 안 된다.

대체로 허리 깊이의 물에 돋아 있는 큰고랭이를 넘어가면 물 위로 잎이 널찍한 가래가 초록색 카펫처럼 수면을 뒤덮고 있는 모습을 흔히 볼 수 있다. 더 깊이 가면 수련이 있다. 하얀 수련은 2미터 깊이의 물에서 가장 번성하지만 노란색 수련은 5미터 깊이의 물에서도 잘 자란다.

식물은 물의 깊이와 흐름을 표시해줄 수 있다. 좀개구리밥과 수련은 연못이나 호수의 잔잔한 민물에서 자라지만 물미나리아재비는 봄부터 여름까지 천천히 흐르는 물에서 하얀 꽃을 가득 피운다.

개화 시기 태양 주위로 지구가 공전하면서 매년 피어나는 식물이 바뀐다. 6월 말이면 하지에 도달하고 낮은 점점 짧아진다. 망종화 같은 많은 식물은 이것을 감지하고 꽃을 피운다. 식물의 행동이 계절에 달려 있다는 사실을 잘 알고 있음에도 우리는 식물과 계절의 더 넓고 깊은 관계는 상당 부분 놓치고 있다. 많은 식물이 한여름에 꽃을 피우는 것은 기묘한 일이 아니지만, 일출이 남쪽으로 옮겨가는 것이라든지 정오의 해가 여섯 달 만에 처음으로 낮아졌다든지 하는 사실은 현대의 달력 체계 뒤에 숨어 있다.

야외에서 시간을 보내면 보낼수록 우리는 야외에서의 시간을 읽는데 익숙해진다. 이른 앵초와 아네모네의 모습을 처음 보았을 때는 놀라고 기뻤겠지만, 곧 숲의 생태계 주기의 일환으로 여기게 될 것이다. 줄기에 움이 트기도 전에, 차가운 한 해 초에 피어나는 꽃들이 서두른 탓에 욕심쟁이 이파리의 방해 없이 탁 트인 하늘을 바라볼 수 있다는 것을 잘 알고 있다.

한 곳에서 시간을 보내보면 계절의 순환이 어떻게 한 식물 집단에서 다음 집단으로, 혹은 식물학자들이 이야기하듯 다음 '식물군'으로 넘어가게 되는지를 잘 알게 된다. 앵초와 아네모네가 많은 지역에서는 곧

이어 블루벨과 제비꽃을 가득 보게 될 것이다.

모든 순환주기는 연결되어 있고, 이런 시간과 일정 중 한 부분에 익숙해지면 곧 다른 부분을 읽는 데 적용할 수 있게 된다. 이것은 아직도 야외에서의 기술에 의존하고 있는 문화권에서는 흔한 상식이다. 이누이트는 보라색 범의귀가 꽃을 피우면 순록이 새끼를 낳는다는 사실을 알고 있다. 이 책 뒤에서 별과 꽃이 어떻게 이 위대한 달력의 일부를 이루고 있는지를 살펴보겠다.

많은 식물이 하루의 시간을, 그리고 매년 피고 지는 시기를 놀랄 만큼 정확하게 맞춘다. 나팔꽃은 낮의 길이가 열다섯 시간 이하일 때에만, 금잔화는 낮이 여섯 시간 반 이상일 때에만 꽃을 피운다. 포인세티아와 딸기, 콩은 낮의 길이가 특정 시간 이하로 떨어질 때까지 꽃을 피우지 않는다. 범의귀와 초롱꽃, 이질풀은 낮이 길어지기만을 기다린다.

내가 이걸 쓰는 동안 내 앞의 들판에 있는 아마 꽃이 빛이 사라지면 곧 꽃잎을 다무는 것과 마찬가지로 '낮의 눈'이라고도 부르는 데이지 역시 광량에 따라서 꽃을 열고 닫는다. 담자리꽃나무 같은 몇몇 야생화는 시계바늘처럼 움직이는 해를 따라간다.

우리가 매분 매초 변하는 주변의 모습을 감상하는 법을 배우는 것처럼 숲에 있는 옥슬립나 들판의 일본할미꽃은 전혀 다른 스케일로 시간에 대해서 이야기를 해줄 수 있다. 이 두 종의 꽃 모두 변화에 굉장히 예민하기 때문에 이들이 피어 있다면 그 장소가 100년 이상 달라지지 않았다는 사실을 우리에게 조용히 이야기하고 있는 것이다.

이끼와 버섯

The Walker's Guide to Outdoor Clues and Signs

Algae, Mosses, Fungi and Lichen

작고 불쌍한 자연의 소작농

본 적 없는 건물을 보면 새것인지 낡은 것인지 쉽게 말할 수 있다. 재질과 구조에 뚜렷한 실마리가 있기 때문이다. 하지만 좀 더 은밀한 실마리는 겉면에 있다. 오랫동안 자연에 노출된 것은 거의 모두 조그만 유기체의 숙주가 된다. 즉 이끼와 조류藻類, 버섯과 지의류는 지독하게 유독한 곳을 제외하면 어디에나 자리를 잡으려 한다.

대부분은 성공하지 못하지만 몇몇은 성공한다. 번성하는 유기체들은 특별한 조건을 요구하는데 이런 사항을 파악하면 이 유기체 하나하나가 드러내는 정보를 알아낼 수 있다.

이끼 우선은 가장 기본적인 조건부터 시작해서 좀 더 복잡한 것으로 넘어가도록 하겠다. 출발점으로 제일 완벽한 것은 이끼이다. 이끼가 번식하려면 물이 필요하다. 그러므로 이끼는 수분이 있는 장소를 나타내는 믿을 만한 지표이다.

여기서부터 우리는 다른 추측을 할 수 있다. 우선은 그늘진 곳이 화창한 곳보다 습할 거라고 생각할 수 있다. 이런 곳은 대체로 북쪽을 바라보는 표면일 것이고, 수분을 공급하는 다른 원인이 없는 한 이끼는 북쪽이 어디인지 가르쳐줄 것이다.

조류 나는 수업을 할 때 학생들에게 '로마 빌라 Roman Villa'라는 글자와 화살표가 있는 간판을 보여준다. 그리고 이 간판에 두 가지 확실한 길잡이가 있다고 말한다. 첫째는 빌라가 있는 방향을 알려주고, 둘째는 실마리가 무엇일지 질문한다. 학생들이 고민하면, 간판을 모든 면에서 바라보라고 조언한다. 남쪽 면은 하얗고 깨끗하지만 북쪽 면은 여기저기 조류로 덮여 있어 지저분하다.

나는 이 간판이 생명의 균형을 대변한다고 설명한다. 간판은 금속으로 만들어졌고 생명체가 살아남기 힘든 야외용 페인트로 덮여 있으므로, 자연계에서 살기 힘든 환경이다.

그러나 간판의 양면이 똑같은 환경은 아니다. 한쪽 면(북쪽)에는 한낮의 햇빛이 직접적으로 닿지 않기 때문에 남쪽 면만큼 정기적으로 바싹 마르지 않는다. 핵심 변수인 물로 인해서 한쪽 면은 녹조류의 집이 되는 반면 다른 한쪽은 싹싹 닦은 듯이 말끔해 보인다. 사실 물의 여부가 제한 요소인 굉장히 가혹한 환경에서는 조류와 이끼가 완전히 없어질 때까지 해가 말끔하게 청소를 하는 거라고 생각해도 크게 다르지 않을 것이다.

조류에는 수백 종이 있지만 대체로 우리는 이들을 그저 수분을 암시하는 초록색 막으로, 그래서 방향을 가르쳐주는 실마리로만 곧잘 생각한다. 하지만 산책을 나갈 때 봐둘 만한 예외가 한 가지 있다. 많은 나무의 껍질 위에서 발견되며 조건에 따라 밝은 주황색에서 녹슨 금속색을 띠는 트렌테포리아trentepohila다. 다른 조류들처럼 트렌테포리아도 습도에 굉장히 예민해서, 해가 질 무렵 아주 적은 빛 정도만 받는 나무의 북쪽 면 껍질에 형성되는 경향을 보인다. 가끔 이들은 숲에 있는 나무 전체의 북쪽 면에 자리를 잡는다. 영국에서는 북쪽보다 남쪽에 흔하지만 북쪽으로 점점 퍼지는 중이다.

조류가 피어 있으면, 즉 표면에 독특한 색의 층이 덮여 있다면 이는 대체로 환경이 인공적으로 비옥해졌다는 뜻이다. 농지에서 흘러나온 거름이 나무와 연못, 진창에 밝은 조류층을 형성할 수 있다.

버섯 버섯은 이끼나 조류보다 취향이 좀 더 세련되다. 그래서 읽기가 좀 더 복잡하지만, 대신 더욱 흥미로운 이야기를 들려준다. 일반적으로 버섯은 양분이 충분하면서 그늘지고 습한 환경에서 잘 자란다.

버섯은 찾기부터 어렵다. 이들은 생애 대부분을 지하에 숨어서 보내기 때문이다. 설령 이들이 지상으로 나온다 하더라도 대부분의 산책자들은 어떤 종의 버섯인지 파악하는 데 애를 먹는다. 이런 두 가지 문제 때문에 버섯은 굉장히 특수한 분야이다. 그럼에도 기본 원리를 습득하면 몇 가지 종류 정도는 구분할 수 있다. 버섯을 보면 그들이 선호하는 거주지를 찾을 수 있다. 야생 걸상버섯(독버섯의 일종)을 상상해보라고 하면, 아마도 동화 속에 흔히 나오는 빨간 갓에 흰 점이 있는 광대버섯 같은 것을 떠올릴 것이다. 광대버섯은 산성인 숲에서 주로 발견되는데 이는 근처에 자작나무가 있음을 알리는 강력한 지표이다. 버섯을 찾는 사람들은 대개 나무를 찾은 후에 버섯을 찾아내지만, 무엇을 먼저 찾든 이 방법을 활용할 수 있다.

특정 버섯이 유용한 정보를 제공하는 공급원으로 어떻게 사용되는지 잠시 설명을 하고 넘어가는 편이 좋겠다. 숲을 걷던 중에 갑자기 광대버섯 무리와 마주쳤다고 가정해보자. 보통의 산책자라면 근사하다고 생각하고 말 것이다. 그러나 이 책을 읽는 당신은 부디 '아, 자작나무는 어디에 있지? 저기에 있구나. 자작나무는 군집형이니까 아마도 나는 오래된 숲의 가장자리에 도착해서 좀 더 어린 나무 지역으로 들어선 거겠지? 숲의 끝까지 거의 다 왔고 이제 곧 벌판이 나올 거야'라고 생각하기를 바란다.

비슷한 방식으로 라일락밀크캡lilac milkcap은 오리나무를 알려주고 두 종류 다 물가에서 찾을 수 있다. 으뜸껄껄이그물버섯ghost bolete과 밀졸각버섯twisted deceiver처럼 습한 지역을 알려주는 것들도 있다. 타르스폿

버섯tar spot은 단풍나무 잎에 있는 검은 반점으로 쉽게 찾을 수 있다. 이 버섯은 이산화황에 굉장히 예민해서 신선한 공기의 지표로 이용된다. 반점이 많으면 많을수록 공기가 더 깨끗한 것이다. 이처럼 주변 풍경에 대한 세부사항을 알려주는 나무를 찾는 실마리로 활용할 수 있는 버섯은 수백 종에 이른다.

먹물버섯은 이름만으로 쉽게 구분할 수 있는 또 하나의 선택된 그룹이다. 이 버섯은 밝은 회색의 곡선형 갓을 지녔고 포자가 비에 씻겨 내려가면 마치 먹물을 떨어뜨린 것처럼 보인다. 이 먹물버섯은 사람들이 토양을 건드렸다는 증거이다.

많은 버섯이 동물이 활동했다는 증거가 되고 대략의 시간대도 알려준다. 손톱버섯은 말똥에서 자란다. 좀 더 낯선 종류인 아스코볼루스 푸르푸라세우스*ascobolus furfuraceus*는 쇠똥에서 자란다. 사람이나 짐승을 추적하는 데 버섯을 이용한다면 가장 적당한 것은 참무당버섯일 것이다. 이 버섯은 잘리거나 상처를 입은 후 13분이 지나면 빨갛게 변하고 그 후 15분이 더 지나면 까맣게 된다.

불이 지나갔다는 흔적을 알려주는 버섯도 있다. 파상땅해파리버섯pine fire fungus과 본파이어스칼리스캡bonfire scalyscap은 아예 이름에서 도움이 된다. 그리고 잎새버섯Hen of the wood은 벼락을 맞은 참나무 밑동에서 번성한다.

버섯을 읽는 방법을 배우면 그들의 근사한 이름에서 기묘한 특성을 알 수 있다는 점이 우리가 얻을 수 있는 가장 큰 보너스이다. 뿌리자갈버섯Rooting poisonpie은 지하 동물이 배설한 자리 위나 썩어가는 작은 동물의 사체에서 자란다.

지의류 버섯이나 조류가 홀로 번성할 수 없는 곳에서는 '아름다운 파트너십'이라는 진화가 일어나 지의류라고 부르는 존재가 살게 되었다. 지의류는 산책길에서 발견할 수 있는 가장 약한 유기 생명체로 몇 세기 동안 무시당했다. 위대한 식물학자 카를 폰 린네Carl von Linné도 이들을 '작고 불쌍한 자연의 소작농ustici pauperrimi'이라고 불렀다. 지의류lichen라는 단어 자체가 발진, 사마귀, 부패 등을 뜻하는 그리스어이다.

지의류는 칙칙하고 황량하기 짝이 없는 환경에 색채를 더해준다. 그만큼 아름답다. 이들은 대부분의 식물보다 100도쯤 낮은 기온에서도 살아남을 수 있고, 어떤 생물체도 살아남을 수 없는 고도에서도 번성한다.

또한 음식, 독, 방부제와 염색약 등으로 사용할 만큼 실용적이기도 하다. 지의류가 없다면 해리스 트위드Harris Tweed(스코틀랜드에서 전통적으로 제조하는 수제 모직물)는 그 질을 유지할 수 없을 것이다. 무엇보다 이들의 최대 장점은 계절이 변해도 사라지지 않기 때문에 일 년 내내 찾아볼 수 있다는 것이다.

나는 지의류의 생물학적 원리를 이런 식으로 생각하곤 한다. 버섯이 집을 지으면 파트너인 조류가 생활비를 벌어온다. 버섯이 안전한 구조물을 제공하지 못하면 조류는 가혹한 환경에서 피신처를 구하지 못해

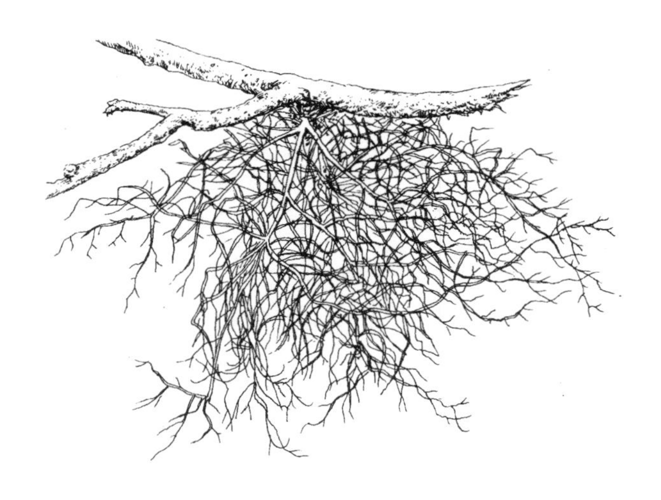

● 신선한 공기의 징표인 송라속usnea 지의류

죽고 말 것이다. 조류에게 햇빛을 당분으로 전환하는 능력이 없다면 버섯은 핵심 영양소가 없어 굶어 죽고 말 것이다. 그러므로 이 둘의 파트너십은 완벽하다. 햇빛과의 관계는 지의류에게 굉장히 중요하다(그래서 지의류는 동굴 깊은 곳에서는 찾을 수가 없다). 이러한 점 덕택에 지의류를 길잡이로 사용할 때 도움이 된다.

지의류에는 여러 형태가 있다. 고착형(딱지형) 지의류는 겉이 두껍고 딱딱하고, 엽상형(잎새형)은 나뭇잎 같으며, 수상형(나뭇가지형)은 무성하고, 사상형은 머리카락 같다. 수천 종에 이르는 지의류를 모두 외우려고 하지 말고, 몇 가지만 익히고 경향을 파악하는 편이 더 낫다.

지의류는 햇빛, 수분, pH, 무기물, 공기의 질 등 여러 가지에 민감하다. 이것은 멋진 뉴스이다. 각각의 요소에 대해서 이들이 정보를 알려줄 거라는 의미이기 때문이다. 가장 보편적인 특징은 지의류가 공기가 신선하고 광량이 적당하며 수분이 약간 있는 곳에서 가장 잘 자란다는 것이다. 지의류는 특히 공기의 질에 굉장히 예민해서 정기적으로 신선한 공기를 찾는 지침으로 사용된다. 런던의 오염이 최악이었던 시기에, 일흔두 종이던 큐가든Kew Garden의 지의류가 여섯 종이라는 최저 수치로 줄어든 적이 있었다. 걷다가 지의류를 많이 발견한다면 공기를 깊게 들이켜라. 오염되지 않은 순수한 공기라는 뜻이다.

지의류는 저마다 선호하는 조건이 있다. 나뭇가지에 매달려 사는 머리카락 같은 지의류는 특히 공기가 신선하다는 좋은 지침이고, 젤라틴 형태의 지의류는 습하고 그늘진 지역에서만 찾을 수 있다. 파란 빛을 띤 지의류에는 아마 노스톡 조류가 포함되어 있을 테고, 습하고 그늘지고 대체로 북쪽을 향한 환경에서 찾을 수 있을 것이다.

아주 기본적으로, 수많은 나무나 바위에서 지의류를 전혀 알아채지 못한 채 지나가다가 갑자기 사방에서 지의류가 보인다면 이것은 최소한 한 가지 이상의 핵심 변수가 크게 바뀌었다는 확실한 징조이다. 숲에서 길을 잃었는데 갑자기 지의류가 다량으로 보인다면 기운을 내라는 계시이다. 어두운 숲의 중심부보다 숲 가장자리에 지의류가 훨씬 많기 때문이다. 빛의 양이 증가하면 지의류는 더 많아진다.

나란히 서 있는 나무라고 해도 종이 다르면 그곳에서 발견할 수 있는 지의류의 수도 다를 것이다. 나무껍질마다 pH가 다르기 때문이다. 대개는 낙엽수에서보다 산성인 소나무에 지의류가 훨씬 적게 산다. 참나무는 지의류가 선호하는 거주지이다.

지의류는 마을로 다가갈수록, 공기의 질이 나빠질수록 줄어든다. 다만 한 가지 예외는 도시에 강한 레카노라 무랄리스*lecanora muralis*이다. 이들은 건물 벽이나 보도블록에 회색 반점처럼 자리 잡고 있어서 사람들이 껌 자국으로 착각하기도 한다.

지의류는 환경이 가혹할수록 줄어들지만 그렇다고 해도 다른 종보다는 더 오래 산다. 남극에서 남위 78도에서는 지의류 스물여덟 종이 살지만 남위 84도에서는 그 숫자가 여덟 종으로 줄어든다. 남위 86도에서는 두 종으로 떨어진다. 남극에서 견딜 수 있는 생물체는 그리 많지 않다.

지붕이나 벽, 나무 한편에 자리 잡은 지의류의 농도를 잘 살펴보면 동물들이 정기적으로 배변을 하고 가는 지점을 찾을 수 있다. 새들이 지붕 어느 부분에 앉는지도 쉽게 알 수 있다. 영양이 풍부한 새들의 배설물을 따라 지의류가 선을 그리듯 자라 있기 때문이다.

지의류를 좀 더 잘 알기 위해 중요한 두 가지 경향과 세 가지 핵심 요소에 대해 알아보자. 지의류의 색깔이 밝으면 밝을수록 직사광선을 더 많이 받을 가능성이 높다. 몇몇 지의류는 주황색이나 노란색, 초록색으로 놀랄 만큼 밝은 색깔을 띠는데, 거의 발광하는 것처럼 보일 정도이다. 이런 선명한 색의 지의류를 발견하면 그곳이 정기적으로 햇빛이 드는 곳이며 남쪽을 바라보는 표면이라고 생각해도 좋다. 이것을 가르칠 때 나는 지의류가 햇빛을 모았다가 일부를 발산한다고 얘기한다. 지의류가 햇빛을 더 많이 받을수록 더 선명한 색깔로 발산한다는 것이다.

잔토리아 파리에티나*xanthoria parietina*는 금색을 띠는 지의류의 한 종이다('잔토스xanthos'는 그리스어로 '금발'이라는 뜻이다). 당신은 이 종을 수천 번쯤 봤을 테지만 지금까지 별로 알아볼 기회는 없었을 것이다. 이것은 내가 세상에서 가장 좋아하는 지의류인데, 예쁘게 생겨서만은 아니다. 이들은 지붕과 벽, 나무껍질에서 자라고 새똥이 많은 곳, 특히 해변 지역에서 더 번성한다. 콘월의 세인트이베스St. Ives에는 지붕마다 이들이 가득하다.

모든 지의류와 마찬가지로 잔토리아는 광량에 예민하기 때문에 남쪽을 바라보는 표면을 선호하지만, 내가 이들을 좋아하는 이유는 좀 더 미묘하다. 잔토리아는 광량에 따라 색깔이 바뀐다. 직사광선을 많이 받으면 밝은 주황색을 띠고, 그늘진 곳에서는 색이 좀 칙칙해져서 흐린 노란색과 초록색, 회색이 섞인 빛깔이 된다. 즉 이들은 지붕이나 벽 전체에서 여러 가지 색깔을 나타내 당신에게 색깔 나침반 역할을 해줄 수 있다는 뜻이다.

수업을 할 때 나는 해가 잘 드는 벽에 있는 잔토리아를 보여주곤 한다. 이들은 대체로 환한 금색을 띠지만 나뭇가지 뒤에 있는 것은 초록빛이 도는 흐린 주황색을 띤다. 가까이 들여다보면 이 지의류가 빛을 향해서 자신들의 조그만 '컵'을 들어올리고 있는 걸 확인할 수 있다. 이것 역시 방향을 알려주는 조그만 실마리이다.

두 번째로 중요한 경향은 고착형 지의류가 굉장히 느리게 자란다는 사실이다. 다시 말해 특정 고착 지의류를 사용해서 시간을 가늠할 수 있다는 뜻이다. 이것은 전문가들이 '지의계측법lichenometry'이라고 부르는 기술이다. 간단히 말하면 고착 지의류가 더 넓게 퍼져 있을수록 더 오래 거기 있었다는 뜻인데, 우리는 그보다 좀 더 잘할 수 있다. 이제 두 번째 중요 지의류를 만나볼 차례이다. 이 녀석의 공식적인 이름은 리조카폰 지오그라피쿰*rhizocarpon geographicum*이지만 흔히 '지도이끼'라고도 알려져 있다. 밝은 초록색 판상형 부분 끝에 가늘게 검은 선이 있어서 지도 위의 나라처럼 보이기 때문이다.

지도이끼는 시간과 방향을 가늠하는 데 굉장히 유용하게 사용된다. 이들의 성장 속도는 습도에 영향을 받지만(서쪽 지역과 바위의 북쪽 면에서 더 빨리 자란다) 일 년에 1밀리미터 이상은 자라지 않는 편이다. 즉 반지름 40센티미터의 커다란 지도이끼를 발견했다면 최소한 400년간 아무도 건드리지 않은 이끼를 보고 있는 것이다. 이 기술은 빙하의 퇴각 시기나 건물의 나이, 이스터 석상의 나이를 측정할 때 사용되었다. 심지어 지진의 진동을 측정할 때도 사용된다.

다른 많은 지의류처럼 지도이끼의 선명한 초록색은 그들이 받는 직사광선의 양을 반영한다. 가끔 이 지의류는 바위의 남쪽 면에서만 번성하기도 하는데, 나는 이것을 이용해서 북부 웨일스를 수차례 여행했다. 이들이 바위의 양쪽 면 모두에서 자라고 있다 해도 대체로 남쪽 면에 있는 것들이 더 밝고 가끔 노란색을 띠고 있고, 북쪽 면은 좀 더 침침한 색이다.

일찌감치 알아두면 좋은 마지막 지의류는 그라피스graphis, 또는 글자이끼라고 부르는 종이다. 이들은 회색 표면 위에서 조그맣게 흘려 쓴 글자처럼 보이기 때문에 구분하기가 쉽다. 글자이끼는 공기가 신선하다는 신호이고 습하고 그늘진 장소에서 찾을 수 있기 때문에 햇빛에 노출된 나무, 특히 서양물푸레나무와 개암나무의 북쪽 면에 흔하다. 이들이 그늘을 좋아하는 이유는 이 집단에 앞에서 보았던 그늘을 사랑하는 조류 트렌테포리아가 포함되어 있기 때문이다. 이 지의류를 긁어보면 트렌테포리아의 독특한 주황-녹슨 금속 빛깔을 확인할 수 있다.

지의류는 그야말로 어디에나 존재하기 때문에 때로는 무시무시할 정도이지만, 그렇다고 포기하지는 마라. 이 장에서 기억해야 할 가장 중요한 교훈은 산책을 하면서 어떤 경향성을 알아볼 수 있는지 시도해보라는 것이다. 이름이나 학명 같은 것은 몰라도 된다. 그저 호기심만 있으면 된다.

카나리아 제도 라팔마의 황량한 풍경 속에서 여러 가지 까다로운 자연 내비게이션 기술을 연습하던 중에 나는 정기적으로 점심 때 화산에서 밀려 내려오는 안개 때문에 방향을 찾기가 더 어렵다는 사실을 깨달았다. 정오까지는 시야가 좋다가 구름이 낮아지면서 바로 앞에 있는 것조차 보기가 힘들어졌다. 오늘날까지도 나는 그 힘든 상황에서 나를 도와주었던 한 종의 지의류에게 고마워하고 있다. 운 좋게 그날 오전에, 울퉁불퉁하고 짙은 용암석의 북서쪽에서 굉장히 좋아하는 회녹색 지의류를 발견했던 것이다. 이들이 있으니 산을 내려가는 것이 전혀 어렵지 않았다. 하지만 그것의 이름이 뭔지는 지금까지도 모른다.

이후 해변과 교회를 다루는 부분에서 다시 한 번 지의류 천국으로 발을 들이게 될 것이다.

바위와 야생화

A Walk with Rocks and Wildflowers

The Walker's Guide to Outdoor Clues and Signs

이름 없는 것들의 가르침

랜드로버가 힘겹게 달릴 수밖에 없던 이유는 순전히 바위 때문이었다. 엔진이나 내 다리에 힘이 들어갈 때마다 양옆으로는 흥미진진한 지질 구조가 펼쳐졌다. 나는 웨일스 북서쪽에 있는 빙하호인 린옥웬Llyn Ogwen 옆에 차를 세웠다.

이 지역 사람이자 친구인 자연전문가 짐 랭리Jim Langley와 악수를 한 다음 우리는 바위 조사에 나섰다. '깡통길'이라고도 불리는 오래된 채석장에는 화산재 더께가 앉아 있었고, 우리는 곧 이 차가운 돌무더기를 집으로 여기는 용감한 생물체를 발견했다. 독특한 이웃도 있었다. 그늘지고 축축한 아래쪽에 양치식물과 별이끼가 무성했다. 그들은 바위 틈새 어두운 곳을 가득 채우고 있었다. 이것은 식물계의 격리 구역이라 할 수 있다. 이렇게 그늘지고 지극히 얇은 산성 토양층으로 옮겨오는 식물은 아주 드물다.

조금 더 위쪽으로 올라가니 히스가 훨씬 건조한 환경이라는 것을 보여주었고, 더 올라가다가 우리는 훨씬 마음에 드는 지역을 발견했다. 이곳이 햇빛이 정기적으로 드는 남쪽 사면이라는 것을 꿩의비름과 야생 타임이 알려주고 있었다.

우리는 바위 지대에서 빠져나와 초원을 살펴보다가 장식이 화려한 철제문으로 이어지는 좁은 길을 따라갔다. 나는 한 걸음 물러나서 문 사진을 찍다가 흙이 밟히는 걸 느끼고 아래를 보았다. 이런 풍경에서 사진을 찍고 싶은 충동을 우리만 느끼는 게 아닐 것이다. 그 예로 주변의 부드러운 진흙 위에 발자국들이 혼란스럽게 남아 있었다. 보통 걸어가는 길보다 한참 옆쪽에 발자국이 있는 걸로 미루어, 수많은 사람들이 바로 여기 서서 문을 보고 감탄하거나 사진을 찍으며 흙 위에 자국을 남겨놓은 게 아닌가 하는 생각이 들었다.

앞쪽으로는 짙은 색 골풀이 습지임을 알리고 있었다. 밝은 색에 가느다란 마트그라스가 건조한 지역임을 알려주고 있었다. 둘 다 읽기 쉬운 징표였다. 남서풍이 골풀을 기울여 멀리서도 잘 보이는 패턴을 만들어 놓았으나 우리의 발치에 있는 마트그라스는 좀 더 복잡한 암호를 품고 있었다. 오늘 분 북서풍이 풀줄기의 제일 위쪽을 기울여놓았지만 아래쪽이 비틀린 것으로 보아서 지난 며칠 동안은 북동풍이 불었다는 걸 알 수 있었다. 그리고 땅에서 가장 가까운 부분은 탁월풍인 남서풍이 식물에 장기적인 패턴을 남겨놓았다.

주변에는 여러 개의 길이 나 있었다. 몇 개는 눈에 확 띄고, 몇 개는 희미했다. 그중 가장 뚜렷한 길은 돌로 된 길로, 땅을 보호하기 위해서 헬리콥터들이 돌을 대량으로 날라 설치해놓은 것이었다. 몇 년 전에 헬리콥터 한 대가 레이크디스트릭트를 산책하던 내 머리 위를 커다란 짐을 매단 채로 지나가는 바람에 소스라치게 놀랐던 적이 있다.

돌길에서 벗어나자 풀밭 양쪽으로 좀 더 재미있어 보이는 길이 나 있었다. 눈에 잘 띄는 길을 찾기는 쉬웠지만, 이들이 달라 보이는 이유를 알고 나니 눈에 덜 띄는 길을 찾는 일도 간단했다. 방문객들이 길을 따라갈 때마다 여러 식물들을 망가뜨리면 더 강인한 종이 그 자리를 차지한다. 사초는 이런 강인한 종의 하나로, 산성 토양에서는 길가에 작고 발로 밟힌 덤불 같은 형태를 이룬다. 초여름에 끝부분이 짙은 갈색인 납작한 덤불이 길가에 있다면 그게 바로 사초이다.

험한 길가의 식물종 이름을 하나하나 알아야 할 필요는 없다. 다만 왜 이 길이 주변과 다르게 보이는지 이해하고 이것을 이용해 동네 사람들이 다니는 감추어진 우회로를 찾을 수만 있으면 된다. 이것이 관심 있는 장소에 관한 정보를 알아내는 방법 중 하나이다. 식물들이 현지인들의 비밀을 폭로한다. 우리는 그런 은밀한 길을 따라서 언덕을 올라갔다.

완만한 언덕을 오르자 낮은 정상이 나왔다. 모든 돌산의 정상에는 크고 작은 정보가 깃들어 있다. 이들이 긴 세월 침식을 견딘 데는 이유가 있고, 그동안 여러 가지 정보를 남겨놓게 마련이다. 우리가 선 이 매끄러운 바위는 방향에 관한 정보를 가득 담은 '정보 은행'이었다. 우리는 비대칭으로 생긴 커다란 바위인 양배암 위에 서 있었다. 가파른 부분은 빙산을 향한 방향, 옆의 조금 완만한 경사는 얼음이 지나온 방향이었다. 이 방향은 돌에 남은 평행한 선, 찰흔을 통해 확인할 수 있었다. 이 골짜기의 빙하는 북쪽으로 향했고 우리는 그 후 몇 시간 동안 이런 종류의 바위 나침반을 수십 개 찾았다.

넓고 풍요로운 아래쪽 골짜기를 보며 우리는 고사리로 골짜기 가장자리 지역을 측량할 수 있었다. 고사리는 햇빛에 노출되거나 지나치게 습한 지역에서는 살지 못한다. 이 높다란 꼭대기에 선 채 언덕배기에 있는 고사리만으로 걷기 좋은 경로와 야영지 지도를 얼마든 만들 수 있을 것이다. 나무 무리 역시 고도를 명확하게 보여주었다. 아래쪽으로 침엽수림이 낙엽수로 바뀌고 낙엽수들이 범람원까지 쭉 이어졌다.

반대편으로 짐 랭리가 양들이 풀을 먹는 지역과 그들이 풀을 뜯지 못하게 막혀 있는 지역을 가리켰다. 멀리 떨어진 돌담 한편으로는 히스가 땅을 가득 뒤덮고 있고, 그 반대편으로는 양들이 히스를 다 뜯어먹어 거의 보이지도 않았다.

우리는 아름다운 걸린곡(하천의 지류가 본류와 합류하는 지점에서, 비탈이 급하여 폭포나 급류를 이루는 골짜기) 쿰이드월Cwm Idwal의 중심부에 있는 호수를 빙 둘러가서 완만한 오르막을 오르기 시작했다. 약간 올라가니 호수 가장자리의 땅을 차지하려 하는 골풀들이 잘 보였다. 좀 더 높이 올라가자 커다란 바위 아래서 처음으로 아기쐐기풀 군집을 발견할 수 있었다.

"근처에 동물이나 사람들이 다녔다는 증거가 있을 거예요."

나는 이렇게 말했고, 곧 양의 똥과 오래된 배낭에서 떨어져 나온 녹슨 금속 테두리, 망가진 보온병이 나타났다. 모든 조각이 딱 들어맞았다. 우리는 완전히 노출된 지역의 커다란 바위 북동편에 있었다. 여기는 바람이 불어올 때 양과 여행자들이 쉬어가기 딱 좋은 곳이었다.

우리는 축축한 지역에 자라 있는 굶주린 벌레잡이제비꽃들을 지나쳤다. 커다란 바위를 지나갈 때마다 제각기 선호하는 지역이 있는 야생화가 우리를 위해 남쪽과 북쪽을 표시해주고 있었다. 고개를 들자 가장 엄폐된 곳에 있는 북쪽을 바라보는 암붕에 마지막 겨울눈이 매달려 있는 게 보였다.

아스포델은 여기가 양분이 부족한 토양이고 농부들이 양의 먹이에 칼슘을 첨가해야 할 것임을 알려주었다. 괭이밥은 북쪽을 가리키고 우리가 한때 삼림이었던 지역을 지나가는 중임을 가르쳐주었다. 근처 개울의 깨끗한 물속에 죽은 나무뿌리가 그 사실을 증명했다.

쿰이드월 골짜기가 영국에서 가장 아름다운 곳으로 꼽힌다는 것 말고도 흥미로운 이유가 있다면 여러 종류의 바위가 있기 때문일 것이다. 몇몇 바위는 산성이고 몇몇은 그렇지 않다. 이 말은 몇백 미터마다 새로운 식물 세계로 들어선다는 뜻이다. 이런 다양성을 즐기기 위해 지질학자가 될 필요는 없다. 몇몇 바위는 지의류로 뒤덮여 있는데 몇몇은 깨끗하다는 걸 알아챈다면 이미 바위와 생명체 사이에 중대한 관계가 있다는 것을 아는 셈이다.

현무암은 주위에서 살아가려 하는 지의류에게 훨씬 더 상냥하다. 밝은 녹색을 띤 지도이끼(리조카폰 지오그라피쿰*rhizocarpon geographicum*)가 그들의 단골손님이다. 나는 짐에게 지도이끼가 햇빛이 더 많이 비치는 남쪽 면에서 훨씬 더 밝고 선명하다는 사실을 보여주었다. 이 바위들에는 지도이끼의 훌륭한 집이 될 만한 지점이 몇 군데 있었지만 근처의 다른 바위들보다 더 매끄럽고 지의류도 없었다. 그래서 우리는 여기가 여행자들이 정기적으로 앉아서 쉬는 장소임을 알게 되었다.

우리는 커다란 바위 사이를 지나 좀 더 위로 올라갔다. 식물과 바위는 훌륭한 나침반이자 가이드, 마른 땅 표식이자 습지 경고판 노릇을 해주었고, 얼마 후 우리는 풀밭에서 점심을 먹었다. 내려가기 전에 나는 식물과 관련해 해야 할 일이 두 가지 더 있었고, 짐이 적절한 목표물을 찾는 걸 도와줄 수 있을 것 같았다.

점심을 먹고 우리는 덩굴월귤crowberries을 지나쳤다. 이들은 우리가 목표에 가까이 왔음을 알려주는 존재였다. 덩굴월귤은 높은 경사지에서 자라기 때문이다. 우리는 그 길을 따라 산 중턱으로 올라갔고, 조금 지나가자 작은 폭포가 나왔다. 그리고 모스캠피온moss campion이 있었다. 이것은 북웨일스를 비롯한 북부 지역에서만 자라고, 여기는 그 생육 범위의 최남단이었다. 이들은 위도뿐 아니라 방향도 가르쳐주는 열쇠였다. 서식지 한계선에서 식물은 서식지 쪽을 바라보는 언덕배기에서 자란다. 남쪽 한계선에서 이들은 북쪽을 바라보는 언덕배기에서 자랄 테고 북쪽 한계선에서는 남쪽을 바라보는 언덕에서 자랄 것이다.

점점 가팔라지는 경사는 빙하 골짜기의 전형적인 모습이다. 곧 우리는 짧고 평행한 찰흔이 있는 바위를 지나갔다. 이 독특한 사람의 흔적은 이 길이 지난겨울 등산객들이 지난 곳이라는 의미이다. 사람들의 아이젠이 얇은 눈 아래로 바위에 흔적을 남긴 것이다.

"좋았어!"

짐의 외침에 나는 우리가 힘들게 산 중턱까지 오른 것이 가치가 있었음을 확신했다. 그가 커다란 현무암의 북쪽을 바라보는 면에 나란히 자라고 있는 보라색 고산성 범의귀 꽃들을 가리켰다.

"이건 굉장히 드문 고산성 꽃이라서 600미터 아래에서는 찾을 수가 없죠."

짐이 말했고 나는 씩 웃으며 그 작고 아름다운 자연 고도계를 감상했다. 예쁜 보라색 범의귀는 이누이트 족이 순록의 수명 주기를 가늠할 때 사용하는 꽃이기도 하다. 그리고 필요에 따라서 고도계나 달력으로 사용할 수도 있다.

꽃과 지의류, 바위는 내가 랜드로버로 영국의 절반을 달려오고 내 두 발로 산을 올라서 북쪽이 보이는 이런 고산지대에 도착했다는 사실을 새삼 상기시켜주었다. 리버풀에서 그리 멀지 않은 이 야생의 아름다운 세계에 말이다.

하늘

Sky

The Walker's Guide to Outdoor Clues and Signs

바람과 구름과 무지개

우주비행사들이 달에서 찍은 사진을 보면서 햇빛이 아무리 환해도 하늘은 언제나 검다는 사실을 알아챈 적이 있는가? 지구에 대기가 없으면 하늘은 낮에도 까맣고 별만 가득할 것이다. 하늘을 읽는 법을 배우려면 햇빛과 대기, 색깔 스펙트럼의 관계를 알아두는 것이 도움이 된다.

우리가 매시간 보는 하늘의 색깔은 햇빛이 대기에서 부딪쳐 산란한 결과이다. 각 색깔은 각각의 파장을 갖고 있고 나름의 방식으로 산란한다. 다음에 구름이 거의 없는 근사한 파란 하늘을 보게 되거든 몇 가지 흥미로운 현상을 찾아보라.

구름이 없는 날 하늘의 색은 절대로 균일하지 않다. 대체로 파란색과 하얀색 사이의 여러 색이 섞여 있다. 이것을 알아차리기 가장 좋은 시간은 해가 뜬 지 한 시간쯤 지난 아침이다. 모든 방향을 관찰하다 보면 어떤 부분은 새파랗고 어떤 부분은 흰 것을 알 수 있다. 또한 해가 있는 쪽 하늘은 당연히 환하고 그 반대편 하늘도 밝음을 확인할 수 있다. 이는 공기가 햇빛 일부를 당신 쪽으로 반사하기 때문이다.

고개를 들어 머리 위로 똑바로 바라보는 하늘은 굉장히 파랗다. 그러나 시선을 내리면 파란색이 점점 옅어져서 지평선에서는 파란색이 전부 다 흰색으로 변한 것을 목격할 수 있다. 화창한 날에는 머리 위 북쪽에서 남쪽으로 짙은 파란색의 넓은 띠 같은 것이 펼쳐져 있는데, 그 외의 다른 부분은 전부 그보다 색이 옅고 더 하얗다.

날씨가 아무리 좋아도 지평선은 절대 파랗지 않다. 지평선 쪽 하늘에는 언제나 하얀색이 섞여 있다. 앞으로 날씨를 예측하기 위해 하늘을 읽으려면 이를 반드시 알아두어야 한다. 이런 현상은 대기 중에 산란된 빛 때문에 일어나는데, 대기층이 얇을수록 빛은 덜 흩어지고 눈에 보이는 색깔은 더 짙어진다. 그러므로 높은 산꼭대기에서 보는 하늘은 짙은 파란색이고 지평선은 하얀색에서 하늘색으로 변한다. (멀리 있는 언덕의 색이 더 옅은 이유도 산란 효과 때문이다. 멀리 있는 언덕은 언제나 가까이 있는 것보다 더 옅은 색으로 보인다.)

'파란 하늘'이라고 부르는 텅 빈 캔버스에 대해서 이해했다면, 이 패턴에 들어맞지 않는 색깔들을 이해할 차례이다. 우리가 할 수 있는 첫 번째 테스트는 주변의 공기가 얼마나 순수한지 파악하는 것이다. 흔히들 말하는 '신선한 공기'이다. 우리는 기체만 있고 큰 입자가 없는 상태의 공기를 더 순수하다고 여긴다. 공기 속에 섞여 있는 큰 입자인 '연무질aerosol'은 빛이 산란되는 방식에 영향을 미쳐 결국 우리가 보는 색깔에까지 영향을 준다. 이것을 테스트하는 한 가지 방법은 해 근처의 하늘을 보는 것이다. 손가락을 내밀어 해를 가리고(해를 정면으로 보지 않으려면 손가락 두 개로 시작하는 것이 좋다) 해의 양옆 하늘 색깔을 다른 쪽 하늘의 파란 부분과 비교해보라. 해 옆의 하늘이 파라면 파랄수록 공기가 더 순수한 것이다. 대기에 연무질이 있으면 해 주변으로 밝고 투명한 '햇무리'가 생기기 때문이다.

지평선 부근의 하얀색이 얼마나 깨끗한지 확인하는 것도 공기의 맑음을 알아보는 또 다른 방법이다. 공기 중에 어떠한 입자도 없다면 하늘의 높은 곳부터 시선을 아래로 내렸을 때 보이는 색깔이 파란색에서 옅은 파란색, 지평선 근처는 순수한 흰색을 띤다. 그러나 지평선 쪽 하늘이 회색에 가까우면(이것이 일반적이다) 공기가 깨끗하지 않다는 의미로 먼지, 매연, 소금기 또는 산성 물방울이 섞인 공기를 통해 보고 있다는 뜻이다.

연기는 가까이서 보면 금방 알아차릴 수 있지만, 멀리서 보면 연기와 빛의 각도에 따라 조금 다르게 보인다. 연기 입자는 빛을 많이 흡수할 수 있어서 밝은 배경 속에서 갈색이나 검은색, 또는 담색 등으로 어둡게 보인다. 어두운 배경에서 연기가 빛을 받으면 입자의 크기에 따라서 하얀색이나 심지어는 파란색으로도 보인다. 담배 연기를 통해 이 효과를 시험해도 좋다. 담배 연기가 밝은 빛 속에 있고 배경이 어두우면 가끔 담배 끄트머리에서 올라오는 부분이 파랗게 보일 때가 있다. 하지만 내뿜은 연기는 절대로 파란색이 아니고 언제나 하얀색이다. 내뿜은 연기 속의 입자는 서로 달라붙고 수분 입자가 함께 응축되어 담배에서 올라오는 것보다 더 크기 때문이다. 우리가 하늘에서 보는 각각의 색깔은 입자 크기와 이들과 빛의 관계를 알려주는 실마리이다.

우리는 종종 한낮에 불그스름한 하늘을 볼 수 있다. 이것은 하늘에서 찾을 수 있는 가장 큰 입자, 바로 먼지나 미세한 모래 들이 떠 있다는 증거이다. 나는 서아프리카 해안에서 배를 타던 중에 이런 모습을 본 적이 있다. 그 직후에 돛의 아랫부분에 미세한 모래가 쌓여 있는 것을 발견했다.

며칠 전, 내가 이 책의 원고를 쓰는 동안 아내와 두 아들이 정원에서 햇살을 즐기고 있었다. 아내가 작은 아들에게 호스를 가지고 놀면서 물을 튀기지 말라고 했고, 잠시 후 아들의 목소리가 들렸다.

“엄마, 엄마도 이 무지개 보이세요?”

“그럼, 아주 예쁘구나.”

아내의 착한 거짓말이었다. 아들은 제 엄마를 향해 물을 뿌리고 있었고, 해는 아이의 뒤쪽에 있었다. 내 집필실 창문으로 해가 보였으니 아내가 앉아 있는 자리에서는 무지개가 안 보였을 것이다. 하지만 나 역시 이런 별 쓸모없는 추측을 입 밖으로 내지 않았다.

무지개는 우리에게 대기 중 물의 성질과 해의 방향에 대해 알려주기 때문에 훨씬 유용하게 사용할 수 있다. 무지개를 보려면 몇 가지 조건이 맞아야 한다. 우선 비가 조금 와야 한다. 그다음으로는 비가 오는 와중에 햇빛이 조금 나야 한다. 마지막으로 둘 사이에서 해를 등지고 바라보아야 한다. 무지개는 보는 사람이 없이는 존재할 수 없다. 조건이 맞으면 무지개는 보는 사람의 수만큼 많이 생길 수 있지만 제각기 조금씩 다르다. 그 이유는 무지개가 관찰자의 위치에 따라 정확한 자리에 명확한 모양으로 생기기 때문이다. 그래서 열차를 타면 무지개가 열차와 같은 속도로 쫓아오는 것처럼 보이지만 열차 플랫폼에 서 있는 사람에게는 무지개가 멈춰 있는 것처럼 보이는 것이다. 낭만적인 꿈을 꾸는 독자를 실망시키고 싶지는 않지만, 만약 무지개 끝에 파랑새가 있다면 이 새들이 엄청나게 빠른 속도로 날아야 할 거라는 사실 정도는 다들 이미 알고 있을 것이다.

무지개는 원의 일부로 이 원의 중심은(그게 보인다면) 바라보는 사람의 위치에서 해와 정확히 반대일 것이다. 해와 반대편에 있는 이 중심은 공식적으로는 대일점antisolar point이라 불리며 자연계의 많은 광학 효과 중에서도 굉장히 중요하다. 무지개의 중심이 어디 있는지는 예측할 수 있고, 무지개의 크기도 대체로 비슷하다. 반경 42도 정도이다. 즉 무지개는 주먹 네 개 정도 너비의 반지름을 가진 원의 일부라고 생각하면 된다.

이런 사실을 통해 유용한 추측을 할 수 있다. 첫째로 해가 높으면 높을수록 대일점은 더 낮아질 테고 그러면 무지개는 더 낮은 곳에 작게 만들어질 것이다. 무지개가 너무 낮아서 땅 아래로 사라져 보이지 않을 때가 있는데 해가 하늘 높이, 정확히 42도 이상 떠 있을 경우에 이런 일이 생긴다.

부록에 실린 기술을 사용해서 해의 높이를 측정할 수 있겠지만, 굳이 잴 필요는 없다. 그림자가 사람의 키보다 작아지면 해가 45도 이상 높아졌다는 뜻이기 때문이다. 그러므로 그림자가 키보다 작을 때에는

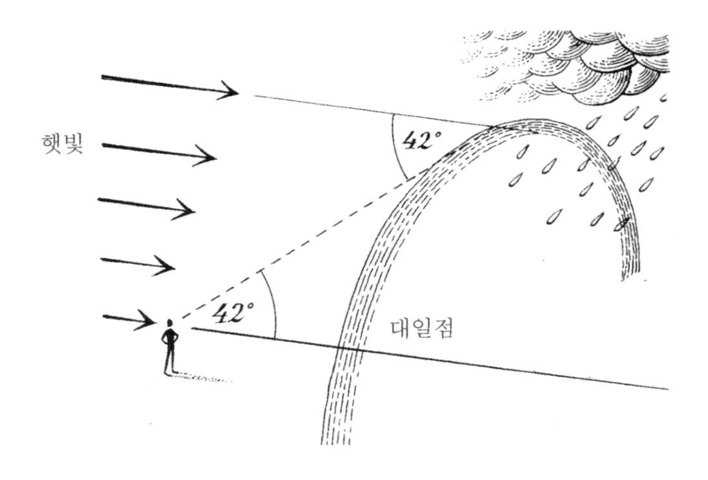

무지개를 절대로 볼 수 없다. 그래서 여름날 한낮에는 무지개를 보기가 특히 어렵다.

반대로 아침이나 저녁이 가까워질 때에는 해가 낮아서 무지개를 볼 가능성도 크고 그 무지개가 클 확률이 높다. 거의 반원형으로 보일 만큼 아주 커다란 무지개는 대부분 일출이나 일몰 때 생긴다.

무지개의 중심이 태양과 반대에 위치하기 때문에, 설령 해를 볼 수 없다 해도 무지개는 해의 위치를 확실하게 알려주는 증거가 된다. 예를 들어 무지개가 떠 있지만 해가 나무나 건물 뒤에 있어서 보지 못하는 일은 놀랄 만큼 흔하다.

이제 무지개를 사용하여 해가 있는 위치를 파악하는 법을 알게 되었으니, 해와 관련하여 배우게 될 모든 기술에 무지개를 이용할 수도 있을 것이다. 나는 방향을 찾기 위해 몇 번 정도 무지개를 사용했고, 또

한번은 어두워지기까지 시간이 얼마나 남았는지 계산하는 데 무지개를 이용하기도 했다. 당신도 이 부분과 해에 관한 부분을 다 읽고 나면 그렇게 할 수 있을 것이다.

무지개는 비가 오는 곳의 몇 백 미터 이내에서 형성될 가능성이 높다. 그러므로 무지개가 있다는 것은 저쪽 어딘가에 비가 오고 있음을 알려주는 확실한 징조이다. 바람이 어느 쪽으로 부는지만 확인하면 이것으로 아주 간단한 추측을 할 수 있다.

날씨는 점점 좋아지거나 점점 나빠지거나 둘 중 하나이다. 또한 일반적으로 날씨는 동쪽보다는 서쪽에서 이동해오기 때문에 우리가 아침에 보는 무지개는 조만간 비가 올 거라는 징조이고, 저녁에 보는 무지개는 날씨가 곧 개서 맑은 일몰을 볼 수 있을 거라는 뜻이다.

무지개가 뜬다면 그 색깔을 신중하게 관찰해보라. 안쪽부터 바깥쪽으로 빨강, 주황, 노랑, 초록, 파랑, 남색, 보라색 띠가 고르게 분포된 것을 볼 수 있을 것이다 물론 가끔은 아닐 수도 있다. 흰 햇빛이 입자 때문에 구부러지거나 반사되거나 산란되어 하늘에 생긴 색깔을 볼 때마다 우리는 이 입자들에 대한 정보를 알 기회를 얻은 것이다. 이 경우에 이 입자들은 빗방울이고 우리 눈에 보이는 색깔은 빗방울의 크기를 알려준다. 무지개의 색깔이 희미할수록 빗방울이 더 작지만, 원한다면 좀 더 과학적으로 설명할 수도 있다. 만약에 무지개에 아주 밝은 보라색과 초록색 띠에 분명한 빨간색 띠가 보이지만 파란색은 거의 안 보이거나 무지개의 호 제일 위쪽이 덜 밝게 보인다면, 빗방울이 지름 1밀리미터 이상으로 크다.

색깔 중에서 빨간색이 눈에 띄게 흐리지만 어쨌든 보인다면 중간 크기 빗방울이다.

호가 옅고 보라색만 밝게 보이며 흰 줄이 있거나 빨간색이 아예 안 보인다면 빗방울이 작다.

이런 세세한 사항은 기억하기가 어렵기 때문에 간단하게 빨간색이 잘 보일수록 빗방울이 크다고 기억하면 된다.

빗방울이 가장 작은 크기가 되면 부유 상태로 떠 있고, 색깔은 전부 사라진다. 이렇게 되면 '흰 무지개'라고 부르는 하얀 호가 나타난다. 무지개는 기온에 대해서도 대충 알려준다. 무지개는 작은 안개 입자가 아니라 빗방울이 있을 때만 형성되기 때문에 무지개가 떴다는 것은 공기의 온도가 0도 이상이라는 의미지만, 흰 무지개는 어는점 밑에서 형성된다. 브라이튼 해안에서 작은 배를 타다 흰 무지개를 본 적이 있는데, 꽤나 섬뜩한 경험이었다. 마치 물 위에 뜬 돔처럼 흐릿하고 하얀 호가 나타난 것이다. 그 덕에 해가 무지개와 함께 내 뒤쪽에 있다는 걸 알게 된 건 도움이 되었다.

종종 달무지개도 볼 수 있다. 이것은 일반적인 무지개와 똑같은 방식으로 만들어지지만 그 근원이 달빛이다. 달무지개는 달이 어디에 있는지 가르쳐주지만 그 빛이 너무 약해서 색깔을 만들지 못하기 때문에 그저 하얀 호로만 보인다.

멋진 무지개가 떴으면 밖으로 나가보라. 첫 번째 무지개에서 주먹 너비만큼 바깥쪽에 있는 두 번째 무지개를 볼 수도 있다. 아주 드물게는 가끔 세 번째 무지개까지 생기기도 한다. 두 번째 무지개는 빗방울의

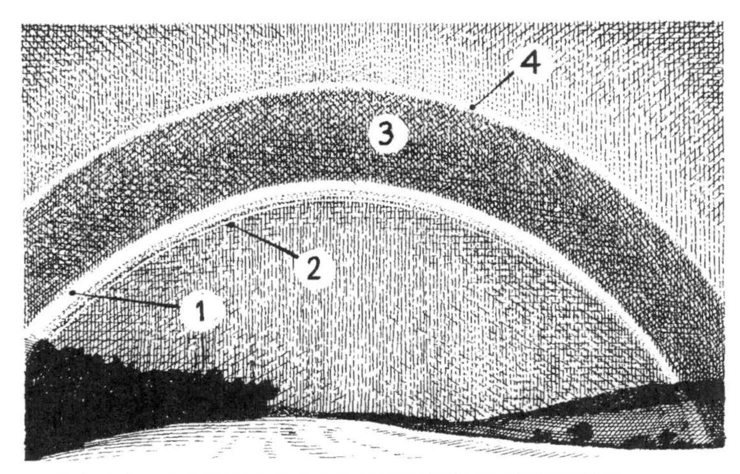

● ①첫 번째 무지개 ②두 번째 무지개 ③알렉산더의 띠 ④과잉무지개

종류를 알려주는 또 다른 실마리이다. 일반적으로 두 번째 무지개가 더 뚜렷하고 명확할수록 빗방울의 크기가 더 크다.

두 번째 무지개의 색깔이 반전되어 안쪽부터 빨간색인 것도 확인해 보라. 첫 번째와 두 번째 무지개 사이에서 하늘은 더 어둡게 보인다. 이것은 하늘의 각기 다른 영역에서 우리의 눈으로 빛이 다르게 반사되는 방식 때문에 발생한다. 어두운 하늘에 있는 호를 '알렉산더의 검은 띠 Alexander's dark band'라고 부르는데, 기독교 시대에 처음 이것을 기록했던 아프로디시아의 알렉산드로스Alexander of Aphrodisias의 이름에서 따온 명칭이다.

무지개 바로 안쪽에는 '과잉무지개supernumerary bows'라고 부르는 것이 종종 생긴다. 이 좁은 호는 옅은 분홍색부터 옅은 초록색까지 번갈아 있어서 원래 무지개의 흐린 메아리처럼 보인다. 과잉무지개는 빗방울이 아주 작다는 증거이다. 빗방울이 작을수록 이 무지개의 각 띠가 넓어지지만, 이들은 굉장히 예민해서 빗방울의 크기가 변할 때마다 순간순간 눈앞에서 바뀔 수 있다. 때로는 호의 이쪽에서 저쪽으로 넘어가는 것도 눈앞에서 볼 수 있다.

열은 무지개가 예상보다 더 커서 반원 이상을 그리는 경우는 뭔가가 이상하다는 의미이다. 반원 이상으로 큰 무지개는 대일점이 땅 위에 있다는 뜻이고, 다시 말해 해가 이미 졌다는 것이다. 하지만 해가 벌써 땅 아래에 있을 리 없으니까 뭔가 확실하게 잘못되었다. 어떻게 된 것일까?

알고 보면 답은 꽤나 근사하다. 이런 현상은 햇빛이 크고 잔잔한 물에 반사되어 마치 빛이 아래서 나오는 것 같은 효과를 준 것이다. 이런 무지개는 근처에 호수나 다른 잔잔한 물이 있다는 실마리가 된다.

아름답다는 것 외에 무지개가 인기 있는 광학 현상인 이유는, 우리가 일부러 고개를 들고 하늘을 보아야 생기는 현상이기 때문이다. 우리는 습관적으로 위의 하늘보다 아랫부분을 더 자주 본다. 이 습관을 깨고 더 자주 고개를 들면 대부분의 산책자들이 놓치는 온갖 환상적인 현상들을 볼 수 있다. 잠깐 그냥 시간을 보내야 할 때는 언제나 '하늘 관찰'을 하면 좋다. 종종 놀랍고 즐거운 것들을 발견할 수 있을 것이다. 어디를 봐야 하는지 알면 좀 더 도움이 될 텐데, 이 부분에서는 17세기 폴란드-리투아니아의 천문학자였던 요하네스 헤벨리우스Johannes Hevelius가 도움을 준다.

1661년 2월 20일 오전 늦게 요하네스 헤벨리우스는 머리 위 하늘에서 뭔가 굉장한 것을 보았다. 그는 이것을 친구에게 이렇게 설명했다.

> 1661년 2월 20일, 사순절 두 주 전 일요일 11시부터 12시가 조금 넘을 때까지 하늘에 태양이 일곱 배가 되는 기적, 또는 일곱 개의 무리해 sun dogs(공기 속에 뜬 결정에 의해 태양 빛이 반사, 굴절되어 일어나는 현상. 태양이 두 개 또는 그 이상으로 보인다. 환일이라고도 한다)가 나타났다네.

헤벨리우스는 그날 자신이 본 것을 그림으로 그려놓았다.

헤벨리우스는 대단히 감동했겠지만 사실 그가 본 것은 그리 특이한 것은 아니었다. 그가 본 것은 비교적 일반적인 광학 현상의 집합이었다. 물론 그와 같은 현상이 한꺼번에 나타나는 것은 굉장히 드문 일이기 때문에 특이하다고 할 수 있겠다. 우리가 이런 현상들을 한꺼번에 못 볼 이유도 없고 때로 이 중 몇 가지는 같이 일어난다. 그럼에도 이 모든 걸 한꺼번에 보기란 굉장히 어렵다. 헤벨리우스가 본 완벽한 집합 본 중 한두 개만 본다 해도 나름 장관일 거고, 또한 하늘에 있는 구름의 종류를 구분하는 데도 도움이 될 것이다.

해나 달 주위에 생기는 햇무리나 달무리는 대단히 흔한 현상이다. 이 무리는 빛이 적당한 종류의 얼음 결정을 통과할 때 생긴다. 무리의 가장 흔한 형태는 22도 무리라는 것으로, 확인하기가 상당히 쉽다. 해부터 햇무리까지 약 두 주먹 너비 정도 된다. 이 햇무리는 권층운의 강력한 징조이고, 곧 보겠지만 비가 다가오고 있다는 경고이기도 하다.

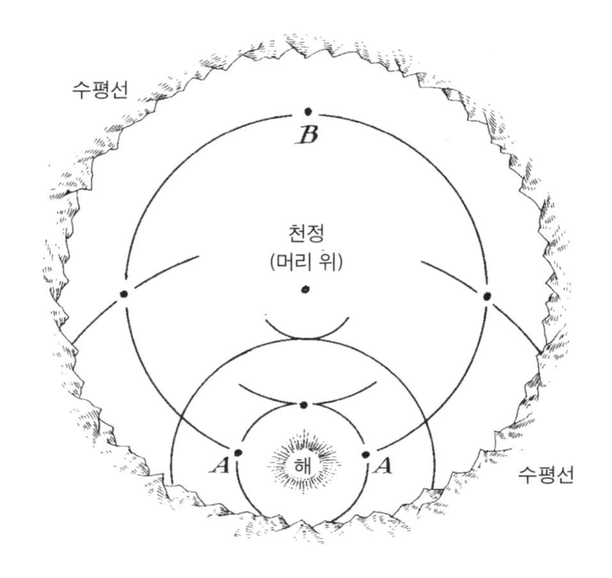

● 헤벨리우스의 일곱 개의 해. A 무리해, B 반대환일

해와 같은 높이이고 햇무리가 있는 영역의 바로 바깥쪽에서 '환일mock suns'이라고 부르는 '무리해'를 가장 자주 볼 수 있다. 무리해는 이런 하늘에 나타나는 현상 중에서 가장 쉽게 형성되고, 밝은 빛번짐 얼룩처럼 나타난다. 굉장히 밝은 편이고 가끔은 무지개 색깔로 나타날 때도 있다. 무리해를 눈으로 보기 어렵다 하더라도 이는 새털구름(권운卷雲)이 있다는 단서이고 비가 다가오고 있다는 초기 경고로 이용할 수도 있다.

무리해를 보았다면 하늘의 나머지 부분도 잘 살펴보는 것이 좋다. 해의 높낮이에 따라서 천정호天頂弧라는 환상적이고 밝은 호를 목격할 수도 있기 때문이다. 천정호는 무리해와 마찬가지로 하늘 높은 곳에 새털구름이 있음을 의미하지만 이들은 색깔까지 있으며 종종 보이지 않게 타오르기도 한다.

아마 규칙적으로 '코로나corona'라는 현상도 볼 수 있을 것이다. 코로나는 해나 달 주위의 작고 종종 색깔이 있는 고리 모양이다. 이것은 22도 햇무리보다 훨씬 작아서 두 가지를 헷갈릴 염려는 없다. 해를 똑바로 쳐다보는 일은 피해야 하므로 달을 보거나 해를 간접적으로 보거나 보호용 렌즈를 써야 한다. 뉴턴은 잔잔한 물에 비친 그림자를 통해 해를 보고 이 현상을 확인했다. 또한 가끔은 대리석처럼 매끄럽고 검은 표면에 비친 영상으로 확인할 수도 있다.

코로나의 크기는 빛이 통과하는 입자의 크기에 따라 결정된다. 이 입자는 물방울이나 얼음 결정이다. 물방울이 작을수록 코로나는 더 커진다. 가끔은 구름 안에서 이런 현상을 볼 수도 있다. 구름 가장자리 쪽으로 갈수록 물 입자가 더 작아지면 코로나는 그쪽으로 더 넓게 늘어나고, 구름의 중심부 쪽으로 가면 코로나가 더 작아진다. 그 결과 코로나가 구름의 가장자리 쪽으로 당겨져 원형이 아니라 일그러진 모양새가 되는 것이다. 코로나는 종종 어린 양떼구름(고적운)이나 비교적 최근에 발생한 비늘구름(권적운)의 암시이기도 하다.

하늘에서 찾을 수 있는 가장 작은 정보는 아마 반짝임일 것이다. 우주의 빛이 대기에 도달하면 이쪽저쪽으로 충돌하다가 힘겹게 우리에게 도달한다. 이 말은 별처럼 우리에게 아주 조그맣게 보이는 빛의 원천들이 꾸준히 빛을 내는 것이 아니라 파동치거나 반짝인다는 것이다. (해, 달, 행성 역시 반짝이지만 크게 보이기 때문에 반짝임이 적고, 따라서 포착하기가 어렵다.)

별이 더 많이 반짝일수록 대기를 뚫고 오는 길이 더 거칠었다는 의미이고, 우리는 이를 통해 몇 가지 추론을 할 수 있다. 빛이 오염되거나 지저분한 공기를 지나쳐오면 더 많이 반짝이게 되지만, 또한 습도가 높고 기압이 낮고 대기 중에 기압의 변화가 클 때 더 반짝거리기도 한다.

별의 반짝임은 대기가 불안정함을 보이는 지표이지만 그것만으로 추측을 하려면 범위가 지나치게 넓을 수도 있다. 하지만 다른 기술과 함께 사용할 때는 도움이 된다. 며칠 동안 하늘이 맑고 별들이 흔들림 없이 빛을 내다가 어느 날 갑자기 눈에 띄게 반짝거리기 시작했다면, 이것은 변화가 생길 거라는 징조이고 다른 징후들을 빨리 찾아보는 편이 좋다.

빛이 더 많은 대기를 뚫고 올수록 반짝임은 더 강해지므로 낮은 하늘에서 더 반짝이는 별을 볼 수 있다. 심지어 지평선 부근에서는 행성도 발견할 수 있다. 높은 하늘이든 낮은 하늘이든 계속해서 끈기 있게 같은 곳을 보고 있으면 상태의 변화를 쉽게 알아챌 수 있을 것이다.

반짝이는 현상을 좀 더 자세히 보고 싶다면 눈을 살짝 사시로 만들어보라. 그렇게 하면 상이 두 개로 보여서 별도 두 개로 보인다. 이 '두 개의' 별은 같은 방식으로 반짝이지 않는다. 왜냐하면 빛이 각 눈에 약간 다른 경로를 통해 도달하기 때문이다. 대부분의 경우 우리는 두 눈을 통해 하나의 이미지를 보지만 이처럼 의도적으로 눈에 두 개의 상을 맺히게 하면 도움이 된다.

날씨 하지가 가까워지는 6월 말에는 그 어느 때보다 많은 태양에너지를 빛과 열의 형태로 받는다. 12월 말인 동지 부근에는 그 반대이다. 그러나 6월은 가장 더운 달이 아니고 12월이 가장 추운 달도 아니다. 그 이유는 물에 빠져보면 바로 알 수 있다.

해수 온도의 변화는 계절의 변화에 비해 조금 늦다. 이것은 공기에 굉장히 큰 영향을 미친다. 북대서양이 따뜻해지고 차가워지기까지는 오랜 시간이 걸린다. 매년 가장 처음과 마지막으로 야외에서 수영을 할 때 이 사실을 깨달을 수 있다. 10월의 흐린 날 바다에 뛰어들면 유쾌한 기분을 즐길 수 있지만 5월의 화창한 날에 물에 뛰어들었다가는 절로 욕설이 튀어나올 수 있다. 똑같은 시간차가 공기의 온도에도 적용되기 때문에 늦봄의 한파와 초가을의 짧은 혹서가 별로 놀라운 일은 아니다.

영국의 서쪽은 동쪽보다 훨씬 습하다. 산맥의 서쪽은 동쪽보다 비가 더 많이 오고 고도가 높아질수록 평균적으로 바람이 더 많이 분다. 목적지까지 걸어갈 동안의 날씨를 대략적으로 추측하는 데 도움이 될 만한 규칙들이 있다. 하지만 좀 더 정확하게, 하루하루의 날씨뿐 아니라 한 시간 한 시간의 변화를 알고 싶다면 두 가지 요소를 이해해야 한다. 첫째는 바람이고 둘째는 구름이라는 형태의 수분이다.

바람 수업 중 나는 사람들에게 산책할 때에는 위에서 아래로 살펴보라고 충고한다. 나 역시 매일 이런 식으로 하루를 시작한다. 우선 눈으로 볼 수 있는 가장 높은 곳을 먼저 확인한다. 해, 달, 별이나 행성 등이다. 그다음에는 좀 아래로 내려와서 대기 중에서 어떤 일이 벌어지고 있는지, 바람과 구름을 확인한다. 다음에는 땅에서 가까운 곳에서 일어나는 일에 집중한다. 이런 순서를 권유하는 이유는 땅은 어디로 가지 않지만 날씨는 유동적이기 때문이다. 즉 높이 있는 것들이 구름에 가려 온종일 안 보일 수도 있다. 볼 수 있을 때 봐둬라.

하늘에 있는 친구들을 확인하고 나면 그다음에는 바람을 느껴보라. 매일 바람의 특성을 알아보는 습관을 길러라. 바람의 강도는 어떤지, 방향은 어느 쪽인지, 느낌은 어떤지 알아보라. 이렇게 하면 하루의 날씨를 미리 짐작하는 데 도움이 된다.

바람이 그리 세게 불지는 않지만 얼굴에 굉장히 차갑게 닿을 때가 있다. 이것은 이 바람이 북풍이거나 아주 건조하다는 징후이다. 건조한 바람은 우리의 피부처럼 사물의 표면에서 더 많은 수분을 증발시키고, 수분이 증발하면 차가워지는 효과가 강해진다. 그래서 너무 더우면 땀을 흘리고, 습한 날에는 더 더운 것처럼 느껴지는 것이다.

바람의 강도와 방향, 느낌을 계속해서 알아두면 날씨의 변화에 놀라거나 당황할 일이 별로 없다. 모든 중요한 날씨 변화는 바람의 변화와 함께 오거나 뒤이어 일어나기 때문이다.

기상학 강의를 길게 늘어놓을 만한 여유는 없지만 날씨의 변화를 효과적으로 예측할 수 있는 핵심 원리 몇 가지 정도는 이야기할 수 있다. 날씨를 예측하기 위해서는 두 종류의 바람에 집중해야 한다. 첫 번째이자 가장 크고 중요한 것은 대기 중의 바람이다. 이것은 일기예보에 나오는 바람이기 때문에 그냥 '날씨 바람'이라고 생각해도 된다. 이것을 좀 더 상세하게 살펴보겠지만, 우선은 좀 더 작은 그룹부터 살펴보자.

지역풍 지역풍은 우리 주변 환경을 이루는 요소이다. 모든 바람은 육지의 모양과 특징에 어느 정도 영향을 받기 때문에 노출된 언덕 중턱의 커다란 바위 뒤에서 사람들이 점심을 먹은 흔적을 찾을 수 있는 것이다. 물론 모든 피크닉 장소의 조건이 다 똑같지는 않다.

바람은 육지의 영향만 받지는 않는다. 모든 지역풍은 태양과 근처 육지의 관계에 영향을 받는다. 이런 효과 중에서 가장 잘 알려진 것이 바닷바람이다. 아침 해가 육지를 바다보다 빨리 데우기 때문에 육지의 공기가 상승하고 순환이 일어나 차가운 공기가 바람의 형태로 바다에서 육지로 불어온다. 밤에는 이것이 반대로 되어 육지가 바다보다 빨리 식는다. 그래서 육지에서 바다 쪽으로 바람이 분다. 터키 같은 지중해 지역에서는 이 바람이 굉장히 중요하고, 모든 요트 업체들이 이 바람에 의존한다. 먼 바다에 나가면 제대로 바람이 불지 않을 수도 있고, 내륙에도 역시나 바람이 별로 불지 않지만, 해안가에서는 여름 내내 낮에는 바람이 한쪽으로 불다가 밤에는 반대편으로 분다. 지역풍에 대해 알고 나면 그 결점에 대해서도 서서히 알게 될 것이다. 바닷바람은 내륙으로 불지만 시간이 흘러 온도가 변하면 방향도 조금 바뀌어서 해안과 좀 더 평행해지고, 가끔 한쪽으로 휘몰아친다.

또 다른 지역풍으로 하강류katabatic wind가 있다. 높은 산의 경사면에 있는 공기는 그 옆에 있는 따뜻한 공기보다 더 차갑고 밀도가 높아진다. 이 차갑고 무거운 공기가 산의 경사를 타고 내려와서 내리막 바닥까지 싸늘하게 쓸고 지나간다. 대부분의 사람들이 산꼭대기보다 바닥 근처에 살기 때문에 이 하강하는 찬바람은 이들의 사촌인 상승류보다 훨씬 잘 알려져 있다. 상승류는 오후 무렵 따뜻한 공기가 경사면을 타고 올라가는 것이다. 언덕을 오르는 사람들은 두 종류의 바람을 다 알 것이다.

산을 오른다면 날씨가 똑같다 해도 바람의 방향이 점진적으로 바뀌는 것을 알 것이다. 이것은 일반적인 일이다. 바람은 '역행한다'. 즉 바람이 땅에 닿으면 시계 반대 방향으로 움직인다는 뜻이다. 이것을 왼쪽으로 미끄러지는 것이라고 생각해보자. 산을 더 높이 올라갈수록 바람과 마찰하는 것이 줄어들고 역행도 점점 덜해진다. 영국에서는 바람이 해수면에서 남서쪽에서 불어오지만 동시에 근처의 산꼭대기에서는 서쪽에서 불어오는 것이 별로 드물지 않은 일이다.

기억해야 할 마지막 지역풍은 '층류laminar flow'이다. 밤중에는 지면에서 열이 방출되고 지면 근처의 공기도 열을 잃는다. 매일 하루가 시작될 때 지면에는 차가운 공기층이 투명한 수프처럼 수십 미터 두께로 두껍게 깔려 있다. 곧 해가 지면을 데우면 수프를 섞는 것 같은 효과가 나타나지만, 그때까지 우리는 이 차고 무거운 공기로 인한 바람 속에 갇히게 된다. 이런 아침의 공기층 때문에 굉장히 조용한 날이라고 착각하기가 쉬우니 이른 아침의 바람을 평가할 때에는 특히 주의를 기울여야 한다. 구름을 보거나 나무 꼭대기 혹은 높은 물체를 통해서 아직 느낄 수 없는 바람을 파악해야 한다.

지형은 바람에 영향을 미치기 때문에 이 둘은 떼어놓을 수 없다. 처음 오는 지역에서는 그 미묘한 효과를 읽기가 어렵겠지만, 곧 모든 산책자들이 지역풍의 '성격'을 알게 될 것이다. 바람을 평가할 때는 언제나 주변 환경의 주요 특징, 특히 고지대나 바다를 염두에 두는 것이 가장 좋다. 이렇게 하는 습관을 들이면 곧 좋아하는 지역의 경향성을 파악할 수 있게 될 것이다.

날씨 바람 지역풍을 파악하는 것은 대단히 중요하다. 그렇지 않으면 여러 바람의 주인공 격인 날씨 바람을 읽는 것이 어려워지기 때문이다. 이 바람에도 여러 등급이 있지만, 간단하게는 두 가지 등급으로 말할 수 있다. 상층 바람과 하층 바람이다.

상층 바람은 마치 '앞장서서 가는 거대한 부모'와도 같다. 이들은 서쪽에서 동쪽으로 차근차근 전진하며 아래쪽의 날씨를 멋대로 까부는 아이들처럼 뒤에 달고 간다.

가장 먼저 염두에 두어야 하는 것은 우리에게 느껴지고 나무를 흔들고 지나가는 하층 바람이 높이 있는 구름을 움직이는 상층 바람과 같은 방식으로 행동하지 않는 경우가 많다는 점이다. 다시 한 번 부모-자식 관계를 떠올려보자. 이 두 바람은 아주 친밀해서 상층 바람이 하층 바람에 큰 영향을 주지만, 하층 바람은 종종 자기만의 생각을 가진 것처럼 안정된 상층 바람보다 훨씬 자주 변덕을 부린다.

야외생활을 즐기는 사람의 계획에 더 큰 영향을 미치는 것은 기상전선이다. 기상전선은 차가운 기류가 따스한 기류로 바뀌거나 그 반대의 상황에서 발생한다. 기상전선이 다가올 때에는 두 가지 중요한 일이 일어난다. 첫째는 하층 바람의 방향이 상층 바람에 비해 크게 바뀌고, 그러고 나면 날씨가 급격하게 바뀌는 것을 볼 수 있다.

하층 바람과 이들을 움직이는 날씨 체계 모두를 이해하는 아주 쉬운 방법이 있다. 우리가 느끼는 바람은 대부분 저기압에서 시계 반대 방향으로 움직인다. 이 말은 우리의 등 뒤에서 바람이 느껴지면, 왼손을 들었을 때 그쪽이 저기압의 중심부라는 뜻이다.

지금까지 간단하지만 효과적으로 날씨를 예측하는 기본 요소에 대해 살펴보았다. 바람을 등지고 서서 상층 바람이 무엇을 하고 있는지를 확인하면 모든 핵심 정보가 다 모이는 것이다. 상층 바람의 방향을 파악하는 가장 쉬운 방법은 눈에 보이는 가장 높은 구름을 찾아서 이 구름이 왼쪽에서 오른쪽으로 움직이는지, 오른쪽에서 왼쪽으로 움직이는지, 아니면 하층 바람과 같은 방향으로 움직이는지를 보는 것이다. 이 정보를 통해 날씨를 예측할 수 있다.

왼쪽에서 오른쪽 따뜻한 공기가 오고 있다. 온난전선이 올라오고 있고 날씨가 악화되며 비가 계속될 가능성이 높다.

오른쪽에서 왼쪽 차가운 공기가 다가오고 있다. 한랭전선이 오고 있고 날씨가 좋아질 가능성이 높다.

같은 방향 즉각적인 변화는 없을 것이다.

이 간단한 기술은 '바람교차법'이라고 한다. 위에서 설명했던 바닷바람 같은 지역풍에는 사용할 수 없지만 다른 상황에서는 아주 유용하게 활용할 수 있다.

바람을 이해하는 게 어렵다면 기억하기 쉽게 세 가지로 정리해보겠다.

1. 바람의 방향을 계속 파악하고 있으면 날씨가 크게 바뀌기 전에 바람의 방향이 확연히 바뀌는 것을 알아챌 수 있을 것이다.
2. 바람이 눈에 띄게 시계 반대 방향(등 뒤)에서 불어온다 싶으면 날씨가 나빠질 가능성이 높다.
3. 바람을 등지고 서서 가장 높이 떠 있는 구름을 본 다음 이 말을 떠올리자. '왼쪽에서 오른쪽으로 가면 좋지 않다.'

구름 읽기 구름 자체를 해석할 때 알아두면 유용한 아주 보편적인 경향성이 있다. 누구나 큰 신호에 대한 아마추어적 지식 정도는 있으니까 이 중 몇 가지는 아마 아는 내용일 것이다. 어린아이라도 하늘이 어두워지는 현상이 별로 좋은 신호가 아니라는 것 정도는 안다.

가장 낮게 떠 있는 구름의 높이가 높을수록 일반적으로 공기는 더 건조하고 금방 비가 올 가능성이 낮다. 구름이 짙어지거나 낮아지면 날씨가 나빠질 가능성이 높고, 구름이 옅어지거나 상승하면 날씨는 아마 좋아질 것이다. 구름의 종류가 다양할수록 날씨는 더욱 불안정하고 좋은 날씨가 유지될 가능성이 낮아진다.

좀 더 통찰력을 갖고 구름을 읽어내려면 도움이 되는 구름을 구분할 수 있어야 한다.

소나기구름(적란운) 아주 크고 어둡고 거대한 구름이다. 가끔 윗부분이 튀어나와 있다.

뭉게구름(적운) 하늘 아랫부분을 가로질러 빠르게 움직이는 보송보송한 양털 같은 구름이다.

새털구름(권운) 높은 하늘에 길게 뻗어 있는 깃털 같은 구름이다. 솜사탕과 비슷해 보인다.

면사포구름(권층운) 흐릿한 층을 이루는 모양 없고 높다란 담요 같은 구름이다.

이 네 종류의 구름 중에서 대부분의 산책자가 본능적으로 알아볼 수 있는, 날씨 스펙트럼의 가장 끝에 자리한 구름이 있다. 파란 하늘에 흩어져 있는 뭉게구름은 많은 사람에게 걷기 좋은 날을 상징한다. 그리고 무대에 등장할 때마다 모두가 야유를 보내는 악당 같은 구름이 있다. 소나기구름, 바로 천둥번개구름이다.

이 두 구름 말고는 각 구름의 종류를 구분하고 확실하게 날씨를 예측하기가 조금 어렵다. 확실하게 날이 맑거나 비바람이 부는 게 아니라면, 그다음에는 경향성이 아주 중요하다. 바람 속에서 꼬리처럼 가늘고 길게 나타나는 새털구름을 뜻하는 말꼬리구름이 가장 좋은 예이다. 이 구름은 혼자 있을 때는 별로 많은 것을 알려주지 못한다. 온난전선이 다가온다는 전조일 수도 있고, 아닐 수도 있다. 그래서 이들의 뒤에 무엇이 따라오는지를 주의 깊게 봐야 한다. 새털구름 뒤에 면사포구름이 오면(말꼬리구름 다음에 얇고 하얀 담요가 하늘을 뒤덮고 해나 달 주위로 무리가 지면) 온난전선이 다가왔고 곧 비가 내릴 거라고 확실하게 말할 수 있다. 바람 교차법으로 이런 변화를 뒷받침해줄 수 있다면 이제 거의 확신을 가져도 좋다.

하지만 대부분 시간을 들여 이런 경향성과 변화를 파악할 여유가 없으므로 우리는 최대한 빨리 많은 정보를 알아내고 싶어 한다. 구름의 정확한 모양새는 조급한 기상예보관들에게 확실한 정보를 준다. 각 구름의 형태 속에는 공기가 무엇을 하고 있으며 앞으로 어떤 일이 벌어질지에 관한 이정표가 숨겨져 있다. 이제 말꼬리구름의 긴 꼬리에 대해서 알아보자. 내려오는 새털구름은 위로 가늘어지는 꼬리를 남기고, 올라가는 새털구름은 아래로 가늘어지는 꼬리를 남긴다. 그리고 낮아지는 구름은 날씨가 나빠질 징조이고 올라가는 구름은 좋아진다는 의미이다.

새털구름의 가는 꼬리는 상층 바람의 방향도 드러내기 때문에 바람 교차법을 쓰는 데도 도움이 된다. 이들이 하층 바람과 수직을 이루거나 바람을 등지고 섰을 때 하늘을 가로질러 간다면, 위에서 설명한 것처럼 곧 날씨가 변할 것이다. 하지만 가는 새털구름의 뒤로 다른 종류의 구름이 따라오지 않고 등 뒤에 느껴지는 바람과 같은 방향으로 꼬리를 남기고서 하늘을 따라 유유히 흘러간다면, 날씨가 금방 변할 거라는 걱정은 하지 않아도 된다.

모든 구름의 모양은 무언가를 알려준다. 구름의 형태는 구름 주변과 내부 공기의 움직임을 보여준다. 가위로 자른 듯한 소나기구름의 꼭대기는 비바람이 오는 방향을 알려준다. 하지만 훨씬 차분해 보이는 구름도 종종 위아래가 완벽하게 정렬되지 않아서 바람의 방향이 고도에 따라서 완연하게 다르다는 것을 보여주는 '전단효과shearing effect'를 드러낼 때도 있다.

상냥하고 무해한 적운에게는 행동거지가 별로 비슷하지 않은 사촌들이 있다. 산봉우리구름(웅대적운)과 탑구름(탑상운)이다. 보송보송한 양과 약간 비슷해 보이는 구름이 크고 거대해지면 신중하게 조사해야 한다. 크기와 색깔은 본능적으로 이 구름이 얼마나 우호적인지를 알려주겠지만, 그보다는 좀 더 조직적으로 분석해보는 것이 좋다.

이 높다란 뭉게구름의 위아래를 자세히 살펴보자. 구름의 밑바닥이 평평하고 윗부분이 잘 다듬어진 콜리플라워 같은 꽃봉오리 모양이라면 이것은 우호적인 구름이다. 여기에는 비가 들어 있을 가능성이 별로 없고, 설령 있다 해도 그리 심하게 오지는 않을 것이다. 하지만 이 웅장한 구름 중에서 꼭대기가 희미하고 밑바닥이 주름 모양이거나 울룩불룩한 것이 있다면 이것은 전혀 다른 괴물이라고 봐야 한다. 흐릿한 꼭대기는 제일 위층의 물이 얼음으로 변했다는 것을 암시하고 이것은 훨씬 더 많은 비가 이 구름에 포함되어 있다는 신호이다.

비가 올 거라는 결론을 내렸지만 이게 어떤 영향을 미칠지 아직 잘 모르겠다면, 비를 많이 포함한 구름일수록 대체로 간격이 더 크다는 간단한 힌트만 기억하면 된다. 이 말은 구름의 전체 크기가 비가 오는 시간과 비가 멈췄다 다시 오는 간격을 결정한다는 뜻이다. 당신이 무엇을 어떻게 하든 비가 당신을 따라잡다 말다 할 것 같으면 구태여 계획을 바꿀 필요가 없겠지만, 비가 많이 올 것 같으면 가끔 속도를 늦추거나 혹은 높여서 가는 것이 나을 수도 있다. 야영지를 세우거나 철수할 시간을 정할 때에도 같은 규칙이 적용된다. 지구상의 70억 인구 중에서 빗속에서 텐트를 펴고 접는 것을 좋아하는 사람은 단 한 명도 없을 거라고 나는 자신 있게 말할 수 있다.

비행기구름 비행기가 지나간 자리에 형성되는 가늘고 긴 구름을 '비행기구름(항적운)'이라고 한다. 이들은 몇 가지 흥미로운 정보를 준다. 우선 긴 비행기구름은 공기 중에 수분이 많이 있을 때만 형성된다. 건조한 공기 속에서 비행기구름은 거의 생기자마자 분산되어버린다. 그러니까 비행기구름이 평균보다 길게 생긴다면 공기가 습해졌다는 뜻이고 결국 날씨가 나빠질 것임을 암시한다.

다른 모든 구름과 마찬가지로 비행기구름도 바람이 무엇을 하고 있는지를 가르쳐준다. 비행기구름이 가늘고 길고 뚜렷한 선을 그리고 있으면 바람이 비행기가 날아간 방향으로 불지 않는다고 확신해도 좋다. 비행기구름이 흐릿하게 보이면 센 바람이 비행기구름을 가로질러 부는 것이므로 바람교차법을 쓸 때 굉장히 도움이 된다. 비행기구름이 흐릿하면 뚜렷한 가장자리 부분이 나아가는 방향이고 더 울퉁불퉁하고 흐린 쪽이 꼬리 쪽이다. 이것은 바람이 불어오는 방향이기도 하다.

우리가 보는 구름에 관한 정보는 대부분 날씨 예측과 관계가 있지만, 비행기구름의 방향은 길을 찾는 데도 도움이 된다. 새들은 규칙적인 방식으로 이동을 하고 사람들도 이 근사한 강철 새를 탔을 때는 정해진 방향으로 이동을 하게 마련이다. 영국 상공을 날아가는 대부분의 비행기는 유럽 대륙 쪽으로 가거나 아니면 북아메리카 쪽으로 간다. 그 방향은 각각 남서쪽과 남동쪽이고, 이 말은 하늘에 여러 개의 비행기구름이 있으면 이 둘 중 한 방향으로 날아갈 가능성이 높다는 것이다. 가끔 개인 비행기가 이 패턴을 깨뜨릴 수도 있지만, 대부분은 이 방향을 따른다.

안개 구름이 지표면에 거의 닿을 정도로 아주 낮게 내려와 있는 것을 안개라고 부르지만, 이는 그저 단어의 차이일 뿐이다. 우리 머리 위의 구름과 주변의 안개는 우리의 시점을 제외하면 아무런 차이도 없다. 우리 눈에는 산꼭대기가 구름에 덮여 있는 것처럼 보이지만, 산 정상에 있는 등반가들에게는 안개로 보일 것이다. 안개에서 주의할 점은 사방으로 균일하지 않다는 것이다. 안개는 해가 바닥을 달구면 가장자리부터 증발하기 때문에 가끔 한쪽 방향이 다른 쪽보다 더 잘 보이는 경우가 있다. 위쪽을 보는 것도 도움이 된다. 안개는 점차 옅어지다가 완전히 사라지기 때문에 머리 위로 파란 하늘이 보이는지 확인하면 안개가 걷히고 있는지 어떤지를 알 수 있게 된다. 안전을 위해서 안개가 걷힐 때까지 아무것도 못한 채 기다리기만 했던 적이 많았다. 그때마다 하늘이 보이는지 목이 아프도록 올려다보곤 했다.

여름날 아침 안개는 대체로 날씨가 맑을 거라는 징조이다. 이 안개는 밤사이에 지표가 차갑게 식었다는 뜻이고, 그 자체로 안개 위로 맑은 하늘이 있을 거라는 실마리이기 때문이다.

아침에 중간 단계의 구름이 없고 강한 바람도 전혀 느껴지지 않는다면, '유리천장' 아래 갇혀 있는 연무나 연기가 있는지 찾아보라. 이것은 온도가 역전되었다는 뜻인데, 이 내용은 앞에서 이미 다루었다.

기온 기온은 산책에 큰 영향을 미친다. 다른 사람들과 마주칠 가능성은 계절과 요일에 좌우되지만, 또한 기온과도 큰 관계가 있다. 사우스다운스South Downs에 내가 좋아하는 유명한 3킬로미터의 산책길이 있는데, 그 길을 지나가며 만나는 사람의 수는 주중에는 기온과 동일하고, 주말에는 그 두 배 정도이다.

겨울 산책을 좋아한다면 나무나 관목에서 커다란 눈덩이가 떨어지는 모습을 보고 온도가 섭씨 0도보다 높다는 의미임을 아마 금방 알아챌 것이다. 기온이 그보다 낮다면 싸락눈을 통해서 확인할 수 있다. 싸락눈이란 지름이 1밀리미터가 안 되는 작은 입자의 눈으로, 기온이 영하 5도 정도임을 알려주는 지표이다. 맑은 하늘에서 내려와 공중에 뜬 채 반짝이는 조그만 결정인 세빙diamond dust을 보게 되면 기온이 영하

10도 이하일 것이다.

많은 사람들이 관절 통증이나 집안의 물건을 통해서 기온을 가늠하곤 한다. 무릎이나 공동空洞은 냉기나 습기에 반응을 보이고, 문의 경첩도 삐걱거린다. 우리 집 닭장 문은 춥고 습한 날에는 딱 맞게 닫히지 않는다. 아침에 창밖으로 가장 먼저 보이는 게 마당으로 탈출해서 난리법석을 떨고 있는 닭들일 때는 나는 재킷을 집어들곤 한다.

폭풍우

1952년 8월 9일 토요일, 세 명의 미국인 등산가가 케스케이드Cascade에 있는 스튜어트 산Mount Stuart의 하루 등반을 마치고 야영지를 세웠다. 이튿날 아침 두 명은 정상을 향해서 출발했지만 일행 중 한 명인 더스티 로즈는 감기 때문에 야영지에 남아 있어야 했다.

아침에만 해도 우호적이었던 뭉게구름이 점점 크게 부풀기 시작했다. 곧 시커먼 소나기구름이 산 위로 드리웠다. 대학생이었던 밥 그랜트와 폴 브리코프는 정상에 도달해서 하산할 준비를 했다. 하지만 그때 벼락이 그들의 위로 떨어졌고 두 사람은 고통스럽게 바닥을 뒹굴었다. 무슨 일이 있었는지 깨닫기도 전에 두 번째 벼락이 떨어졌다. 그랜트는 그 후에 일어난 일에 대해 이렇게 이야기했다.

나는 폴 쪽으로 기어갔습니다. 그는 등을 대고 누워 있었죠. 난 그 친구를 움직이려고 노력했어요. 하지만 내 다리 한쪽밖에는 움직일 수가 없었어요. 내가 막 그 친구에게 기어가려고 할 때 세 번째 벼락이 쳤습니다.

그랜트는 6미터 절벽 아래로 떨어져 정신을 잃었다. 다시 정신을 차려보니 정상에서 친구가 고통스럽게 비명을 지르는 소리가 들렸다. 그는 친구를 도우려고 했지만 도저히 몸을 움직일 수 없었다. 벼락이 두 번 더 연속으로 내리쳤고, 그랜트는 그중 하나가 브리코프를 정통으로 맞춰서 죽었을 거라고 믿었다.

그랜트는 3도 화상을 입은 채 살아남았고 결국 구출되었다. 구조원들이 폴 브리코프의 시신을 수습한 후 의사들은 그를 진찰하고는 소스라치게 놀랐다. 그들은 폴이 벼락을 일곱 번 정도 맞은 것 같다는 결론을 내렸다. 그의 배낭에 있던 금속 부분이 알아볼 수 없을 정도로 녹아 있었기 때문이다.

누군가가 벼락에 맞았다는 이야기는 굉장히 드문 이야기지만, 지구상에서는 매초 약 200개의 벼락이 떨어지고 있으니까 사람들은 원하든 원치 않든 한 번씩 벼락을 맞을 가능성이 있는 셈이다. 매년 영국에서는 서른 명에서 예순 명 정도가 벼락을 맞고, 그중에서 약 세 명 정도가 사망한다. 지난 50년 동안 벼락 때문에 미국에서 사망한 사람도 8,000명이 넘는다. 벼락을 맞아서 죽지는 않는다 해도 기억, 수면, 관절, 근육, 운동 능력, 청각에 문제가 생길 수 있다. 쉽게 말해 벼락은 안 맞는 것이 좋다. 하지만 어떻게 벼락을 피할 수 있을까?

일반적으로 날씨가 나빠지는 징후는 앞에서 대략 설명했고 적란운을 알아보는 것은 모든 여행자들에게 필수적인 기술이다. 번쩍이는 번

개나 천둥소리를 놓칠 리는 없으니까 유서 깊은 야외 기술을 사용해서 둘 사이의 시각을 세어보라. 번개는 번쩍인 후 그 소리가 들릴 때까지 3초마다 1킬로미터씩 멀리 있다. 번쩍! 1초, 2초…… 6초, 콰광! 그러면 벼락은 2킬로미터 밖에서 친 것이다. 천둥소리를 들었다면 벼락은 반경 20킬로미터 안에 있을 가능성이 높다. 그 범위를 넘어서 천둥소리를 들을 가능성은 지극히 낮기 때문이다. '우르릉' 소리가 들린다면 벼락이 다양한 거리에 퍼져 있는 것이다. 날카롭고 짧게 쾅 하는 소리는 수직 구름이 지상으로 벼락을 내리쳤다는 신호이고, 길게 우르릉거리는 소리는 수평 구름에서 벼락이 떨어졌다는 이야기이다. 이것이 그저 마지막 벼락을 가늠하는 방법일 뿐, 벼락이 자주 떨어지는 지역을 찾는 법이 아니라는 것을 명심하라. 폭풍우가 당신 쪽으로 다가오고 있는지를 알아보는 데는 도움이 되지만, 다음번 벼락이 어디에 떨어질지 예측하는 데는 전혀 도움이 되지 않는다.

벼락이 칠 것 같다는 생각이 들면 탁 트인 들판을 피하고 은신처를 찾는 것이 가장 좋다. 벌판에 서 있는 것보다 자동차나 헛간 안이 더 안전하다. 물론 금속 부분을 건드리지 않을 때의 이야기이다. 외따로 서 있는 나무 같은 홀로 있는 키 큰 물체는 피하고, 괜찮다면 아래로 내려가라. 물가를 피하고, 물에 들어가 있다면 나와야 한다. 금속으로 된 것을 들고 있어선 안 되고, 벼락을 맞을 위험이 크다고 생각되거든 등산 막대나 금속 테두리가 있는 배낭처럼 금속이 든 것은 잠시 다 내려놓아야 한다.

당장 위험하다는 신호는 굉장히 드물기도 하고 모든 사람이 전에 이런 걸 겪어본 게 아니기 때문에 대체로는 이미 늦은 셈이다. 당장 피해야 한다는 신호로는 머리카락이 곤두서고, 두피나 팔이 짜릿짜릿하고, 징 소리가 나거나 오존 냄새가 나는 것이다. 바위나 튀어나온 물체가 파랗게 빛나는 것이 보인다면 '세인트 엘모의 불St Elmo's fire'이라고 알려진 방전 현상을 보고 있는 것이다. 거기서 당장 도망쳐야 한다.

나무 근처나 옆에 있다면 날씨에 관한 옛말 중에도 사실이 있다는 걸 알아두는 게 좋겠다.

> 참나무를 조심하라, 벼락을 끌어들인다.
> 물푸레나무를 피하라, 번개를 유혹한다.
> 산사나무 아래로 들어가라. 그러면 해가 없을 것이다.

미국과 독일의 연구에 따르면 참나무는 실제로 연구 대상이었던 나무 중에 가장 벼락을 자주 맞았고, 그다음이 물푸레나무라고 한다. 산사나무는 특별한 성질이 있다기보다는 키가 작기 때문에 안전하다는 평판을 얻은 것 같다. 나무 중에 하나를 골라야 한다면 키가 큰 것을 피하고, 그 외의 것들 중에는 너도밤나무가 제일 낫다. 그다음으로는 가문비나무, 그리고 소나무 순이다. 연구에 따르면 참나무가 백 번 이상 벼락을 맞는 동안 너도밤나무는 딱 한 그루만 벼락을 맞았다고 한다.

폭풍우에 관한 부분은 좀 더 긍정적인 추측으로 마무리를 하겠다. 벼락을 동반한 큰 폭풍우가 지나간 다음에는 사람들이 더 상냥하고 사교적이 된다. 자연의 힘에 비하면 우리는 서로 말도 못 나눌 만큼 크고 대단한 존재가 아니라는 것을 폭풍우가 깨닫게 해주는 모양이다.

민담과 법칙 많은 사람이 날씨에 관한 민담이 재미있으면서도 동시에 이해가 안 된다고 느낀다. 크고 시커먼 구름이 근처에서 솟구치는 것을 보면 나는 위에서 말한 노래 탓에 근처의 참나무들을 걱정스럽게 쳐다보곤 한다. 하지만 그런 노래 속에 뭔가 유용한 정보가 들어 있다 해도 얼마나 가치가 있는지 알 수 없다는 게 미칠 노릇이다. 이게 진짜일까, 아니면 완전히 거짓말일까? 이것이 몇 년 동안 내가 품어온 의문이다. '수평아리가 잠자리에 들 때 우는 것'이 날씨가 나빠질 징조이고 내일 아침에 '젖은 침대에서 일어나야' 한다는 걸 나한테 알리고 있는 걸까? 아니, 그럴 리가 없다. 말도 안 되는 소리다.

결국 나는 이런 불확실한 것들에 진저리가 나서 흥미로운 민담들을 가려서 법칙을 뽑아보기로 했다. 이 유명한 경구들이 벌이는 난리법석 가운데 내가 나서서 질서를 세워줘야 할 것 같은 의무감이 들었다. 안전도 중요하겠지만 일단 용맹하게 날씨 민담의 경찰 배지를 달고 이 아수라장 속으로 뛰어들기로 했다.

지금까지 살펴본 기술들을 이용하면 다행스럽게도 기묘하게만 느껴지는 날씨 민담 중 몇 가지를 분석할 수 있다. 다음의 이야기를 읽고 이게 사실인지 아닌지 직접 생각해보라.

밤의 무지개는
좋은 날씨의 전조.
아침 무지개는
좋은 날씨 안녕.

이것은 얼핏 엉뚱한 소리처럼 보이지만 잘 뜯어보면 두 가지 기본 지식을 담고 있음을 알 수 있는 좋은 예이다. 첫째는 날씨가 서쪽에서 오는 경향이 있다는 것이고, 둘째는 좀 덜 알려진 사실이지만 앞에서 이야기한 것이다. 무지개를 보는 시간에 따라 비가 당신의 동쪽에 있는지 서쪽에 있는지 알 수 있다는 것이다.

모든 민담이 그렇듯이 논리만 이해하면 새겨들을 가치가 있지만, 논리를 모를 때는 조금 위험할 수 있다. 모든 날씨에 관한 민담을 어떤 상황에서든 써도 되는 것은 아니다. 예를 들어 평소 서쪽에서 오는 바람이 일시적으로 동풍으로 바뀌었다면 무지개에 관한 민담은 완전히 틀리게 된다. 하지만 모든 민담은 외우기 쉽고 실마리를 금세 떠올릴 수 있게 해주기 때문에 도움이 되기도 한다. 민담을 맹목적으로 따르지 말고 실마리와 논리를 외우기 위해서 이용하라는 것이 내 조언이다.

이런 민담을 수년 간 모으고 종이에 써서 연구한 끝에 2013년 1월 나는 공식적으로 이것들을 설명할 준비를 마쳤다. 우연히도 내 모음집 가장 위에 쓰여 있던 것은 바로 이것이다.

1월에 3월 느낌
3월에 1월 느낌

이것은 내 호기심을 자극하는 짧고 귀여운 경구였다. 왜냐하면 딱 그 시기에 우리는 기온이 섭씨 10도를 넘는 드물게 따뜻한 1월의 한 주를 보낸 터였기 때문이다. 3월이 왔을 때에도 이 기록은 여전히 내

사무실 한쪽에 있었고, 눈보라가 몰아쳤다. 두 번이나. 3월은 영하의 기온과 엄청난 눈으로 얼룩졌다.

하지만 2013년에는 이 경구가 사실처럼 보였다 해도 둘 사이에는 내가 알아낼 수 있을 만한 연결 관계가 전혀 없었다. 나는 이것을 재미있는 우연으로 치부해야 했다. 이해할 수 없는 민담을 신뢰할 수는 없기 때문이다. 그런 식으로 쌓인 계절 관련 민담은 수두룩했다. 불행히 몇 주나 몇 달쯤 떨어져 있는 날씨 관련 문제를 과학적으로 연구한 내용은 별로 없고 나 역시도 민담이 아무리 근사하고 문화적으로 많은 것을 담고 있어도 장기적 내용의 민담에는 별로 가치를 두지 않는 편이다. 호랑가시나무 열매가 많이 열리고 사과껍질이 두꺼운 것이 겨울이 추울 거라는 암시를 할 수는 있겠지만, 정말로 그렇다면 '왜' 그런가라는 거다. 어쩌면 호랑가시나무 열매와 사과가 정말 우리는 모르는 뭔가를 알고 있을지도 모르지만, 그에 대한 증거를 찾기 전까지는 그저 멋진 이야기라고밖에는 말할 수 없다.

단기적인 날씨에 관한 민담을 보자면, '밤하늘이 붉으면 목자들이 기뻐한다'부터 시작해야겠다. 이것은 신약성서에 나오는 내용으로, 출처도 다름 아닌 예수 그리스도다. 물론 다른 출처도 많지만 말이다. 이 말은 상당 부분 진실이다. 이 말의 해석은 다양하지만, 대체로 두 개의 믿을 만한 사실을 한데 엮어놓은 것이라 할 수 있다. 이것은 날씨가 서쪽에서 오는 경향이 있고, 하루가 끝날 무렵 서쪽 하늘이 근사하게 빨갛게 물든 것을 보면 날씨가 오는 방향이 맑다는 것을 의미한다. 일몰이 놀랄 만큼 붉다는 것은 고기압으로 인해 공기 중에 먼지가 떠 있다는 뜻이고, 그렇기 때문에 좋은 날씨가 이어진다는 신호이다.

날씨 민담의 대부분은 자연의 어느 한 가지 특징이나 경향을 서쪽에서 오는 날씨의 근본적인 특성과 연관지어놓은 것이다. 또 다른 예를 보자.

> 소가 서쪽으로 꼬리를 흔들면 날씨가 좋아지고,
> 소가 동쪽으로 꼬리를 흔들면 날씨가 나빠진다.

소는 초식동물이고, 많은 초식동물이 바람 쪽으로 엉덩이를 돌리는 경향이 있다. 이렇게 하면 육식동물을 사방으로 경계할 수 있기 때문이라는 설명이 있다. 눈으로는 앞과 옆을 볼 수 있고, 뒤에서 다가오는 것은 냄새로 알 수 있기 때문이다. 나는 이 이론을 농부들에게 이야기해보았는데 몇 명은 코웃음을 치며 소가 그러는 것은 머리가 차가워지는 것보다는 엉덩이가 차가워지는 게 낫기 때문이라고 대답했다. 하지만 나는 이것이 진화론적으로 말이 된다고 생각하고 여러 차례 사실임을 확인했다. 하지만 이것은 재미있는 사실이기는 해도 그다지 유용하지는 않다. 우리 얼굴로도 바람 정도는 느낄 수 있고, 탁월풍인 남서풍보다 동풍이 더 차갑고 평균적으로 더 안 좋은 날씨를 몰아온다는 걸 알고 있기 때문이다.

> 풀밭에 이슬이 맺히면
> 비는 절대 안 온다.

아침에 땅에 맺힌 이슬은 지면이 공기 중의 수분을 응결시킬 정도로 차갑다는 뜻이다. 이것은 하늘이 맑아서 열기가 위로 올라올 수 있을 때 생기는 일이므로 장기적으로 좋은 날씨를 보장하지는 못해도 최근에 하늘이 맑았으므로 그런 상태가 어느 정도 계속된다고는 할 수 있다. 서리는 이슬을 얼려놓은 것이니 결과는 똑같다. 똑같은 논리가 여름날 아침 엷은 안개에도 적용된다.

새벽의 회색 안개
오늘은 따뜻하겠지

날씨의 변화는 습도 역시 변화시키기 때문에 공기 중의 수분 양에 대해 이야기하는 민담 중에는 사실인 것이 많다.

사람의 머리카락이 늘어지면, 곧 비가 온다.

이것은 운율이라고는 안 맞는 형편없는 시이지만, 유용하긴 하다. 공기 중의 수분 양에 따라 머리칼의 상태가 달라지기 때문에, 이것은 습도가 높아진다는 믿을 만한 증거이고, 결국 날씨가 나빠진다는 결론으로 이어진다. 전문 기상예보관들은 꽤 최근까지 '모발자기습도계hair hygrograph'를 사용하기도 했다. 사람의 머리카락을 두 개의 집게 사이에 고정하고 집게에 연결된 펜대가 회전통 위에 선을 그린다. 습도가 바뀌면 머리카락이 늘어나거나 줄어들어 기록을 남긴다. 아시아인의 머리카락이 특히 예민하게 반응한다고 한다.

우리가 잘 보고 들으면 습도의 변화에 반응하는 것들은 수두룩하다. 공기가 건조하면 날씨가 좋을 가능성이 높고 건조한 공기 속에서는 해초가 오그라들고 가문비나무의 솔방울이 열리고 잔가지가 발밑에서 더 딱딱 소리를 내며 부서진다. 민들레나 데이지, 별봄맞이꽃 같은 많은 꽃이 빛과 습도에 민감하게 반응한다.

별봄맞이꽃아, 사실을 말해주렴.
날씨가 좋을까 나쁠까?

내 작은 야생화 초원에 점점이 피어 있는 별봄맞이꽃은 실제로 광량에 예민하게 반응하지만 이들은 변화에 반응하는 거지, 예측하는 것은 아니다. 예측이 가능한 것을 찾아보자.

해가 집으로 돌아가는 이유는
밖에 곧 비가 내리기 때문이야.

이 미국 인디언의 속담에서 '집'이라는 것은 햇무리를 뜻한다. 우리는 햇무리가 면사포구름 때문이라는 것을 알고 있다. 면사포구름이 새털구름 뒤에 나타나면 곧 비가 올 거라는 뜻이다. 달에 관한 이야기도 마찬가지이다. 햇무리나 달무리에 관한 이야기는 많이 있는데, 하나 더 들어보겠다.

어젯밤에 해는 창백해져서 잠자리에 들었어.
달은 달무리 속에 얼굴을 숨겼지.

좀 더 시적인 것도 있다.

당신께 기도하노니 저 항구에 정박하게 해주십시오.
몰려올 허리케인이 두려우니까요.
어젯밤 달은 금빛 달무리를 드리웠고,
오늘 밤에는 달도 보이지 않는군요.

비를 오래 내리는 온난전선은 바람의 변화나 새털구름, 면사포구름과 거기 동반되는 햇무리처럼 우리에게 여러 가지 초기 경고를 해준다. 이는 온난전선 때문에 깜짝 놀랄 일은 없다는 것이다. 그 반대도 마찬가지이다. 갑작스러운 변화는 국지적으로 내리다 금방 그치는 비나 날씨를 빠르게 변화시키지만 오래 머무르지 않는 한랭전선 등으로 나타난다. 그러니까 일반적으로 다음의 이야기도 사실이라는 거다.

오랜 전조는 오래 지나가고,
짧은 경고는 금방 지나가지.

많은 날씨 관련 민담은 대기 중에 눈에 보이는 신호에 관해 이야기한다. 몇몇은 날씨가 나빠지는 상황에 관해 조언하기도 한다.

별이 사라지기 시작하면
곧 비가 오기 시작할지니.

그리고 시야가 좋으면 공기가 건조하고 단기적으로 좋은 날씨가 이어진다는 이야기도 있다.

새 달이 옛 달을 무릎 위에 올리고 있으면
날씨가 맑을 것이다.

이것은 우리가 달의 어두운 주요 부분을 밝은 초승달 부분과 함께 볼 수 있는 때를 의미한다. 이것은 공기가 아주 깨끗할 때에만 가능하다. (이것에 대해 상세한 설명을 원하면 뒤에서 달과 관련된 부분에서 장에서 '지구 반사광' 항목을 보라.)

벌이 벌집 근처에 머무르면
비가 금방 들이닥친다.

벌은 날씨가 좋을 때는 멀리까지 나간다. 대부분의 동물들처럼, 더 멀리까지 볼 수 있으면 자신감이 더 커지게 마련이다. 벌은 폭풍이 코앞에 있을 때는 이동하지 않는다. 동네의 양봉업자가 이 사실을 확인해주었고, 벌들은 날씨가 안 좋을 때에는 더 공격적이고 까다로워진다고 덧붙였다.

"그래요?" 하는 내 말에 그는 얼굴이 붓고 팔은 삼각건에 매달려 있는 조수를 가리켰다. 그는 이틀 전 날씨가 흐린 날에 작업을 하다 벌에 여러 방 쏘인 것이다.

제비가 낮게 날면 비가 온다.

제비가 저기압과 안 좋은 기상조건 때문에 낮게 나는지 아니면 저기압 탓에 벌레들이 낮게 날아다니는지에 대해서는 아직 논란이 있다. 어느 쪽이든 이 말이 유명한 이유는 이것이 사실이기 때문이다.

갈매기야, 갈매기야, 모래 위에 앉아라.
네가 육지에 있으면 날씨가 나빠지니까.

최근 수십 년 사이 갈매기는 육상에서 훨씬 많이 보이게 되었지만, 해변에서 이들은 날씨가 나빠지면 육상으로 날아오고 날씨가 좋아지면 바다로 나가는 습성을 보인다.

반딧불이가 불을 켜면
공기가 언제나 축축하다.

람피리스 녹틸루카*lampyris noctiluca*라고도 하는 북방 반딧불이는 실제로 습한 날 저녁에 빛을 낸다.

부엉이가 밤에 울면 날이 맑아진다.

부엉이는 날이 맑을 때 더 활동적이기 때문에 이것은 특히 겨울에 가벼운 실마리가 된다.

흔히 동물들은 굉장히 공통적인 습성을 보여주기 때문에 주의해서 볼 필요가 있다. 날씨가 안 좋아질 것 같으면 동물들의 활동 범위가 좁혀진다. 보금자리에서 너무 멀리 떨어지고 싶지 않기 때문이다. 소들은 날씨가 좋은 날은 멀리까지 돌아다니지만, 날이 안 좋아질 것 같으면 농장 근처에서만 머무른다. 새들은 강풍이 불어올 것 같으면 제일 높은 가지에 앉지 않는다. 박쥐들은 음파탐지법에 의존하고 주위의 상황에 굉장히 예민하기 때문에 아주 습하거나 기상 상태가 불안정하면 멀리 가지 않는다.

고기압은 지표의 기체 분출구를 막아버린다. 기압이 떨어지면 기체가 진흙탕이나 고여 있는 물속에서 부글거리며 올라오기 시작한다. 눈으로는 이것을 볼 수 없다 해도 냄새를 맡을 수는 있다. 기압계가 올라가면 도랑, 연못, 웅덩이, 진흙탕에서 모두 약간의 '냄새'가 난다. 이것이 개들이 특정 날씨에 냄새를 더 잘 맡는 이유 중 하나이다. 폭풍을 앞두면 분출되는 기체 때문에 가끔은 냄새를 잘 맡을 수가 없는 것이다.

걷다가 악취가 나면
코를 막고 머리를 가려라. 비가 금방 올 테니까.

기묘한 역전 현상과 관찰 결과의 공유 이 책의 앞부분에서 연기의 냄새와 지표 근처에 차가운 공기층이 갇혀 있을 가능성의 상관관계를 설명한 바 있다. 기온역전현상이다. 이제부터 이 현상이 냄새, 시야, 소리를 어떻게 이 샌드위치 사이에 가둬두는지 설명하겠다.

얼마 전에 나는 BBC 기상캐스터인 피터 깁스와 이 현상에 대한 이야기를 나누었고, 그는 아는 이야기에 반색을 했다. 그는 2005년 12월 하트퍼드셔에서 번스필드 유류저장소 대폭발이 일어났을 때 기상청에서 근무를 하고 있었다고 말했다. 곧 사람들이 폭발 신고를 하기 시작했는데 묘하게도 이 신고에는 기이한 패턴이 있었다고 한다. 번스필드에서 예상보다 훨씬 많이 떨어진 지역에서 더 많이 신고했고, 폭발 지역 근처의 신고 전화는 많지 않았다는 거였다. 알고 보니 이 역전층 때문에 소리가 갇혀서 중간 거리에 사는 사람에게는 잘 들리지 않았던 것이다. 따뜻한 공기가 밑에 있는 차가운 공기층으로 음파를 되돌려보낸 것이다. 이 말은 역전층이 소리 역시 가둬둘 수 있다는 뜻이다.

이것은 크게 두 가지 사실을 보여준다. 첫째로는 공기 중에서 일어나는 기묘한 일들에는 대체로 그럴 만한 이유가 있다는 것이다. 설령 가끔은 그게 뭔지 알아내는 데 약간 시간이 걸린다 해도 말이다. 둘째는 날씨가 경험을 공유함으로써 더 많은 것을 배울 수 있는 분야 중 하나라는 것이다. 한 사람이 평생 날씨에 관해 두 사람을 합친 것만큼 많은 경험을 하기란 어려운 노릇이다. 이 장을 읽은 후에 당신이 동료 여행자들과 자신이 겪었던 굉장히 기묘한 현상과 추론에 대해서 기꺼이 이야기를 나눌 수 있기를 바라는 바이다.

별

Stars

The Walker's Guide to Outdoor Clues and Signs

밤하늘에 새겨진 별들의 문양

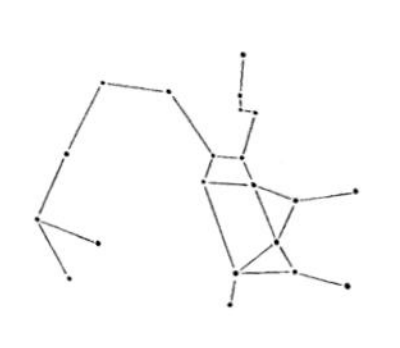

현대 사회에서는 별을 이용해 방향을 찾을 수 있는 사람이 아주 드물어서, 이 일이 굉장히 어렵다는 생각이 널리 퍼진 듯하다. 별을 이용해서 자신이 지구상의 어디쯤에 있는지 찾아내려면(전문가들은 이것을 '위치 확인fixing one's position'이라고 한다) 육분의 같은 도구를 사용해야 하고, 또 그만큼 많은 경험이 필요하다. 그것은 분명한 사실이다.

그러나 그저 별을 보고 방향을 찾고자 한다면, 그러한 것까지는 필요하지 않다. 별을 이용해서 어느 쪽이 어느 쪽인지 알아내는 일은 굉장히 쉽고 이 장을 다 읽고 나면 생각보다 쉽게 쓸 수 있는 기술을 익히게 될 것이다. 경험을 조금 쌓는다면 별을 이용해 어느 방향이든 찾아낼 수 있다. 가장 좋은 시작은 바로 북쪽을 찾는 것이다.

방향 찾기 전문가도 가끔 내 자연 내비게이션 수업을 듣는다. 나는 이 학생들에게 이런 질문을 하곤 한다. "'북쪽'이 무슨 뜻일까요?"

그러면 대체로 잠깐 침묵이 흐르고 몇몇은 당황한 표정을 짓는다. 그 다음에 나오는 대답은 다양하다. '지도의 위쪽' '추운 곳' '위' 등등 흔한 대답이다. 그중 가장 좋은 대답은 '북극 방향'이다. 북쪽을 향한 정원을 의미하든 시드니의 산책길을 말하든, 어쨌든 북쪽이라 하면 언제나 '북극 방향'을 의미한다.

지구상 모든 지역의 위에는 '이것'이 있다. 당신이 머리 위를 똑바로 올려보면 언제나 이것이 보인다. 천문학자들은 이것을 당신의 '천정zenith'이라고 한다. 이제 당신이 북극에 서 있고 머리 위 천정을 똑바로 올려다본다고 상상해보자. 북극에서 똑바로 위에 있는 지점에는 '천구북극North Celestial Pole'이 있다. 밤하늘에서 이 지점은 굉장히 중요하다. 이것을 이해하고 나면 밤하늘이 하나씩 이해되기 시작할 테니 잠시 이 천구북극에 관해 좀 더 알아보자.

북극에 서서 머리 꼭대기의 천구북극을 쳐다보면 그곳에 별이 있다는 것을 깨닫게 된다. 이것이 밤하늘 전체를 통틀어 가장 유명하고 유용한 별인 북극성이다. 북극성이 중요한 점 두 가지는 북반구 어디에 있든 북쪽에 이 별이 보인다는 점과 이 별은 밤하늘에서 움직이지 않는다는 점이다.

북극성이 움직이지 않는 이유는 지구의 자전축 바로 위에 자리하고 있기 때문이다. 지구가 실제로 어떤 막대기에 꽂힌 채 돌고 있다고 하면, 그 막대기를 길게 늘였을 때 북극성까지 닿을 것이다.

흔히들 북극성이 밤하늘에서 가장 빛나는 별이라고 생각하는데, 실은 가장 밝지도 가장 흐리지도 않다. 북극성은 천문학자들이 '두 번째 광도'라고 부르는 B 등급으로, 빛 공해가 아주 심하거나 시야가 아주 나쁘지 않은 한 쉽게 볼 수 있지만 사람들이 반할 만큼 밝은 별은 아니라는 뜻이다.

밤하늘에서 그 어떤 별보다 희고 밝게 빛나는 것은 금성이나 목성 아니면 가장 밝은 별인 시리우스일 가능성이 높다. 절대로 북극성이 아니다. 심지어 시리우스 같은 별은 하늘의 북쪽에 있지도 않다. 이 사실을 알고 나면 주변 사람들이 하늘에서 가장 밝은 것을 가리키며 북극성이라고 말하는 경우가 얼마나 많은지 놀랄 것이다.

이제 비행기에 올라타고 영국을 향해 남쪽으로 쭉 간다고 상상해보자. 얼음으로 가득한 북극이 뒤로 멀어지고 동시에 북극 바로 위에 있는 밤하늘의 별들이 하늘에서 낮아지는 것처럼 보일 것이다. 계속 남쪽으로 내려오면 북극성은 점점 더 낮아져서 영국에 닿을 무렵에는 밤하늘의 절반 정도로 내려와 있을 것이다. 하지만 정말로 중요한 것은 북극성이 하늘에서 꽤 내려와 있는 지금도 여전히 북극을 똑바로 가리키고 있다는 것이다. 이 말은 북극성을 볼 때는 언제나 북극 쪽으로 똑바로 보고 있다는 뜻이다. 아주 간단하다. 당신이 할 일은 그저 어떤 별이 북극성인지 찾는 것뿐이다. 그러면 북극을 찾을 수 있다.

이번에는 북극성을 찾는 다른 방법을 살펴보겠다. 가장 쉽고 잘 알려져 있는 두 별, 북두칠성과 카시오페이아에서 시작하겠지만, 그 외에도 잘 알려지지 않은 방법 몇 가지를 간단하게 이야기하려고 한다. 다른 여행자들이 모르는 걸 안다는 것은 즐거운 일이기 때문이다.

북두칠성 북극성을 찾는 가장 간단한 방법은 큰곰자리라고 알려져 있는, 쉽게 구분할 수 있는 국자 모양의 일곱 개 별 북두칠성을 찾는 것이다. 그다음에는 '지극성'을 찾는다. 이것은 '국자'의 손잡이를 잡고 기울이면 물이 흘러나오는 자리에 있는 두 별을 말한다. 북극성은 언제나 이 두 지극성이 가리키는 방향(국자의 위쪽)에서 두 지극성 사이의 거리의 다섯 배만큼 떨어져 있다. 진북眞北은 북극성 바로 아래이다.

'북두칠성'은 북극성에서 시계 반대 방향으로 돌기 때문에 가끔은 옆으로 누워 있거나 거꾸로 누워 있기도 하다. 하지만 북극성과 북두칠성의 관계는 변하지 않고, 이 방법은 언제나 북극성을 찾는 데 도움이 된다.

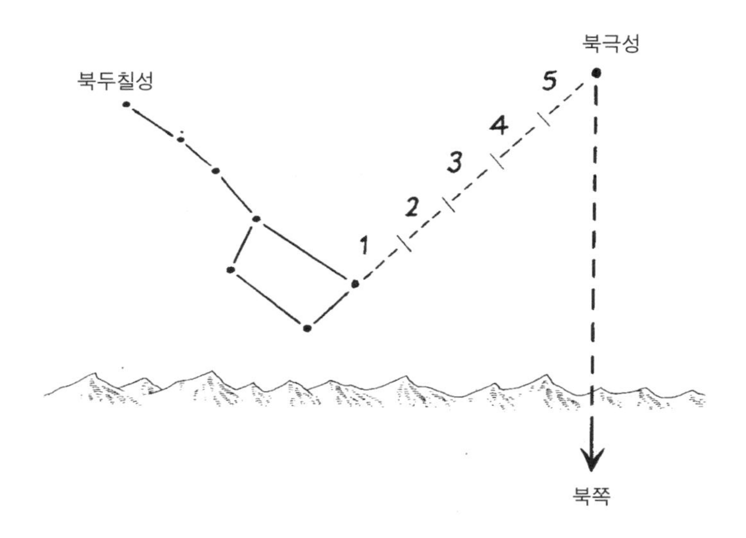

카시오페이아 카시오페이아는 북극을 찾는 데 언제나 도움이 되는 별자리이다. 이것은 북극성을 중심으로 북두칠성과 반대편에 있기 때문에 북두칠성이 아래쪽에 있으면 하늘 위쪽에 자리한다. 사방으로 지평선이 보이는 맑은 밤이라면 북두칠성과 카시오페이아 둘 다 볼 수 있을 것이다. 이것은 그들이 주극성circumpolar stars(관측할 때 지평선 밑으로 떨어지지 않고 천구의 북쪽 부근을 도는 천체)이기 때문이다. 이들은 북극성 주위를 시계 반대 방향으로 돌기 때문에 하나가 낮게 있어서 구름이나 언덕, 건물 등에 가리면 다른 하나는 높이 있을 것이다. 즉 북극성을 찾기 위해서 두 가지 방법만을 배워야 한다면 북두칠성과 카시오페이아가 내가 추천하는 두 개의 별자리이다.

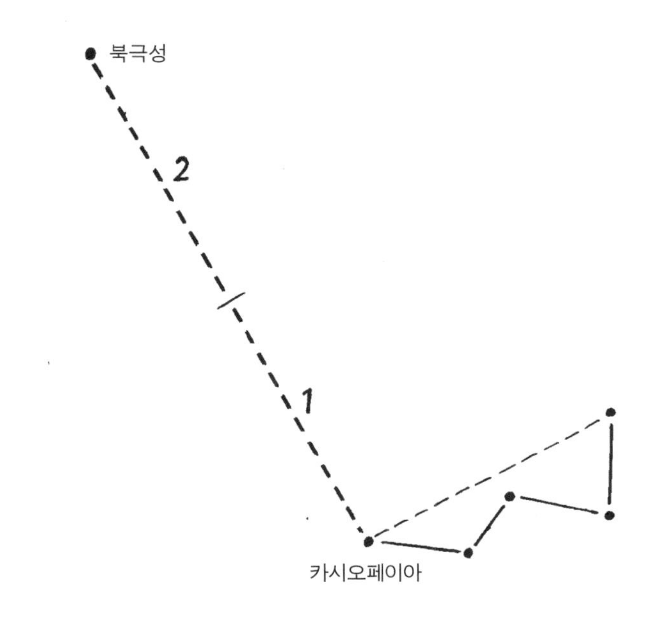

카시오페이아는 하늘에서 커다란 'W' 모양처럼 보이지만, 북쪽 하늘에 있는 북두칠성이나 다른 모든 별들과 마찬가지로 북극성 주위를 시계 반대 방향으로 돌기 때문에 가끔은 옆으로 누운 'W'가 되거나 혹은 거꾸로 되어 'M'처럼 보이기도 한다. 하지만 그 모양과 이용 방법은 변하지 않는다. 카시오페이아를 보고 북극성을 찾는 방법은 'W' 글자의 위쪽 세 개 점에 선을 긋는다고 상상해보자. 이제 그 선을 90도 시계 반대 방향으로 돌리고 길이를 두 배로 만들어보자. 거기에 있는 것이 바로 북극성이다.

북십자성 백조자리라고도 불리는 이 별자리는 많은 별들로 이루어져 있고 그다지 백조처럼 보이지는 않는다. 다행히 우리는 그런 걱정을 할 필요가 없다. 이 별자리의 중심부에 있는 가장 밝은 별들이 알아보기 쉬운 십자 형태를 하고 있기 때문이다. 그래서 이것을 북십자성이라고도 부른다.

하늘에서 이 십자가를 몇 번 찾아보고 나면 금방 익숙해지고 북극성을 찾는 데도 쉽게 이용할 수 있다. 내 방법은 역사상 가장 유명한 십자가와 거기 관련된 가장 유명한 사람을 연상하는 것이다.

우선 북십자성을 찾은 다음에 십자가에 매달린 예수가 오른손으로 당신을 위해 북쪽을 가리킨다고 상상하라. 좀 기묘한 상상이겠지만 어쨌든 좋은 방법이고 절대로 잊어버리지 않을 만한 방법이기도 하다.

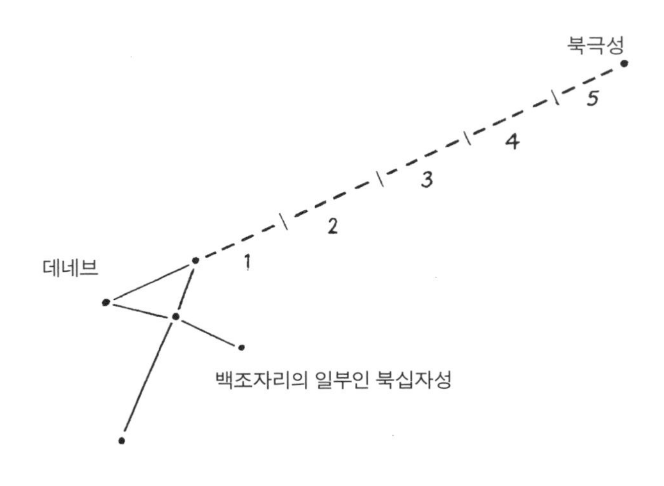

마부자리 마부자리는 마차와 신화의 염소들, 그리고 아기 제우스에 대한 흥미로운 이야기로 우리를 끌어들이는 북반구의 별자리이지만, 우리는 지금 그런 이야기에 정신을 팔지는 않을 것이다. 마부자리는 별들이 만드는 원 모양을 하고 있는데, 그중 하나인 카펠라Capella는 아주 밝고 눈에 띄는 노란색이다.

마부자리를 찾으면 이제 북극성을 찾기 위해 두 가지 방법을 쓸 수 있다. 첫 번째는 맑은 밤에 쓰기 좋은 아주 간단한 방법이지만, 빛 공해가 있거나 구름이 끼어 있으면 별로 쉽지 않다. 아주 밝은 노란색 별 카펠라의 시계 방향으로 시선을 돌리면 세 개의 조금 흐린 별이 가는 삼각형을 이루고 있을 것이다. 이 삼각형이 북극성 쪽을 가리킨다. (신화에서는 이 세 개의 별이 '아기들', 바로 새끼 염소를 뜻한다.)

밝은 별을 사용하는 좀 더 정확한 방법도 있다. 말로 들으면 더 복잡

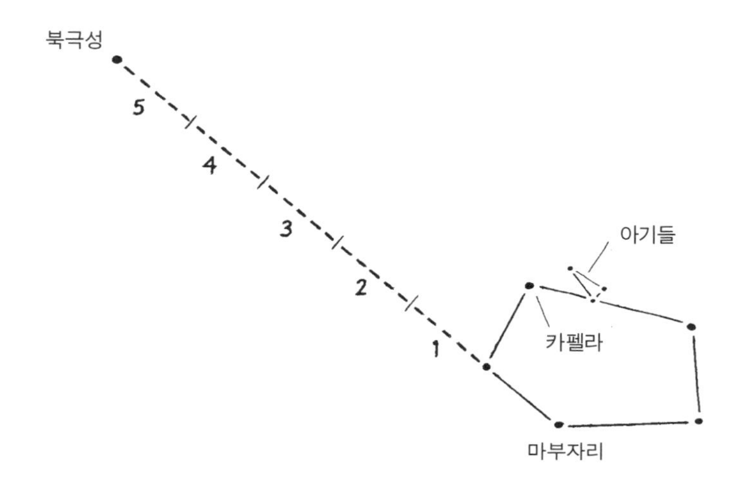

할 것 같겠지만, 그림을 보면 굉장히 쉽다는 걸 알 수 있다. 카펠라에서 시계 반대 방향으로 원을 돌아가서 이 방향에 있는 첫 번째와 두 번째 별을 보자. 두 번째 별에서 첫 번째 별로 이어지는 선을 따라 이 거리의 다섯 배만큼 가면 거기에 북극성이 있다.

북극성을 이용해서 위도를 찾는 방법 북극에서 영국으로 가는 저공 비행기를 다시 떠올리고, 북극성이 바로 머리 위에 있다가 남쪽으로 내려올수록 점점 하늘 아래로 내려오던 것을 생각해보라. 북극에서 당신의 위도는 북위 90도였고, 영국에서는 북위 50도에 가깝다. 히스로 공항에서 다시 비행기를 타고 남쪽으로 더 내려가면 북극성은 점점 더 낮아지다가 결국에 지평선에 닿았다가 지하로 사라질 것이다. 별이 사라지는 순간은 비행기가 적도를 넘어서는 시점이다. 우리의 위도(우리가 남쪽이나 북쪽으로 얼마나 떨어져 있는가)와 지평선 위 북극성의 각도 사이에는 놀랍도록 간단하고 실용적인 관계가 있다.

북극에서 북극성은 지평선 위 90도에 위치하고, 당신의 위도는 북위 90도이다. 적도에서 당신의 위도는 0도이고 북극성은 지평선 위 0도, 즉 지평선에 닿아 있다. 모든 여행자들에게 아주 근사한 것은 이 관계가 그 사이에 있는 모든 지역에서 유지된다는 것이다. 영국 남해안의 위도는 북위 50도 정도이고 북극성은 지평선 위 50도 정도에 있다. 스코틀랜드 북쪽 해변에서 위도는 60도 정도이고 북극성 역시 지평선 위로 똑같은 각도를 유지하고 있다.

이 정보를 사용하면 이제 북쪽을 찾은 다음 아무 도구 없이 1분 안에 위도를 계산할 수 있다. 사실 독자 여러분은 이미 바다나 사막에서 방향을 찾아 집으로 갈 수 있는, 여행자들이 수 세기 동안 사용해온 지식을 익혔다. 이것은 콜럼버스도 사용했던 방법이다.

지평선 위 북극성의 각도는 가장 잘 알려져 있고 실용적인 방법이지만, 위도를 찾기 위해 별을 사용하는 다른 방법도 있다. 모든 천체는 우리의 지평선과 관계된 각도로 떠오르고 별들도 예외가 아니다. 이 각도는 위도와 직접적으로 관련이 있다. 별이 떠오르고 지는 각도는 90도 빼기 위도이다. 이 각도를 계산할 일은 별로 없겠지만, 위에서 설명한 북극성으로 위도를 찾는 법과 함께 이 지식은 몇 가지 보편적인 추론을 도와줄 수 있다. 특히 먼 곳으로 여행을 계획 중이라면 위도가 별들이 떠오르고 움직이는 방식에 영향을 미치는 방법에 대해 생각해볼 가치가 있다.

열대지방으로 간다면 별들이 거의 수직으로 떴다 질 것이고 자신들의 위치에 오랫동안 있을 것이다. 하지만 북극성은 너무 낮거나 심지어는 지하에 있어서 보지 못할 수도 있다. 높은 위도에 있다면 별들이 거의 수평에 가깝게 움직이기 때문에 수평선 근처에서는 별을 보기가 힘든 반면, 북극성은 아주 높이 있을 것이다. 북극에 있다면 북극성이 너무 높이 있어서 방향을 찾는 데는 소용이 없을 것이다. 또한 한여름에 북극에서는 별을 볼 수 없다. 밤이 오지 않기 때문이다.

집에 가까워지면 열대의 날씨나 북극곰은 즐길 수 없겠지만, 사용하기 쉬운 북극성과 적당한 위치에서 뜨고 지는 별들을 볼 수 있을 것이다.

동쪽과 서쪽 찾기 해와 달, 행성과는 다르게 각각의 별은 지평선 위에서 시간이 지나도 달라지지 않는 위치에서 떠오른다. 이 말은 밝은 별이 떠서 교회 첨탑 바로 위를 지나는 것을 보았다거나 두 나뭇가지의 갈라진 부분 사이를 지나는 걸 봤다거나 했다면 이튿날 밤에도, 일주일 후에도, 일 년 뒤에도 똑같은 것을 볼 수 있을 거라는 뜻이다. 별이 당신 집에서 정확히 북동쪽에서 떠오른다면 언제나 바로 그 자리에서 떠오를 것이다. 그리고 정확히 그 자리와 대칭이 되는 북서쪽으로 질 것이다. (별과 달리 해, 달, 행성은 매일 밤 조금씩 다른 자리에서 떠오르고 몇 주일이 지나면 그 차이가 눈에 띌 것이다.)

어떤 별들은 북동쪽에서 떠오르고 어떤 별들은 남동쪽에서 떠오른다. 같은 장소에서 관찰하면 이들은 항상 똑같은 위치에서 떠오를 것이다. 그렇다면 그 중간, 다시 말해 동쪽에서 떠오르는 별도 있을 것이다. 그리고 이 별이 동쪽에서 떠오르면 지는 것은 서쪽일 테니까 우리는 이 별에서 훌륭한 정보를 얻을 수 있다. 이런 식으로 쓰기에 가장 좋은 별자리는 겨울의 별자리인 오리온자리나 사수자리이다. 커다란 남자

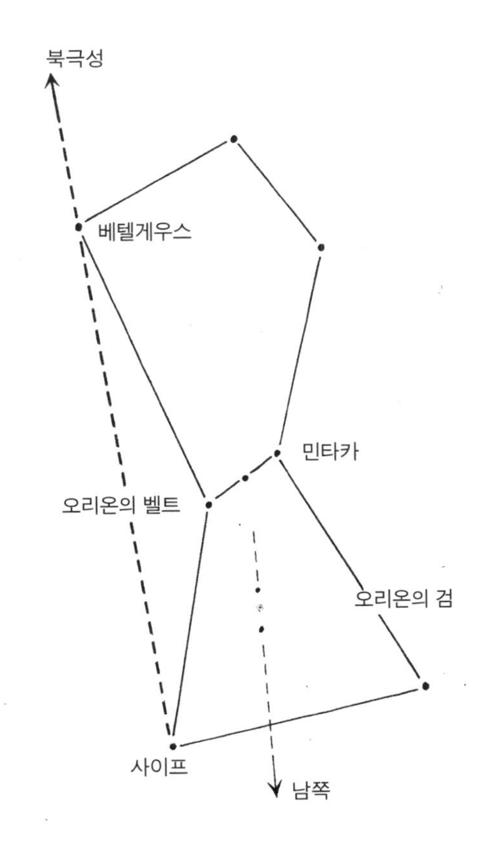

● 오리온자리

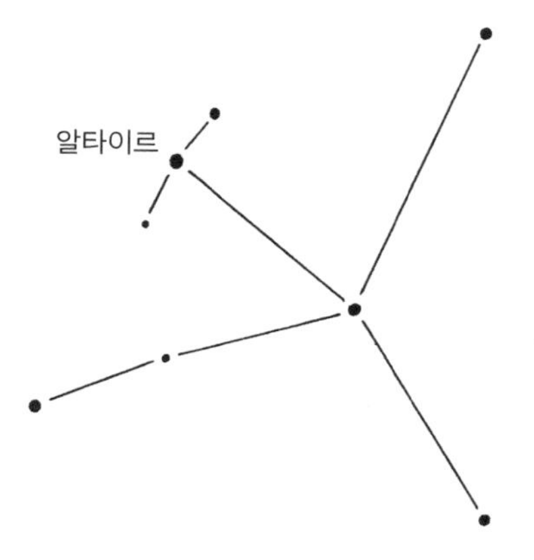

● 알타이르 독수리자리의 아퀼라는 동쪽에서 떠 서쪽으로 진다.

모양인 오리온자리는 밝은 별로 이루어져 있지만, 우리가 주로 관심을 갖는 것은 밤하늘에서 짧은 직선을 이루고 있는 그의 벨트, 세 개의 밝은 별이다. 매일 저녁 셋 중 가장 먼저 뜨고 지는 것을 민타카Mintaka라고 부르는데, 이것은 동쪽과 서쪽에서 1도 이내에서 뜨고 진다.

오리온자리는 겨울에만 보이는 별자리이므로 두 번째로 좋은 선택지는 여름에 보이는 독수리자리이다. 이것을 본 적이 없다면 6월에 날이 저물자마자 동쪽 하늘을 쳐다보라.

이 별자리는 그리 밝지 않아서 알아보기가 조금 어렵지만 지평선 근처에 떠 있는 독수리자리를 발견했다면 정동이나 정서쪽을 보고 있는 것이다. 20분쯤 후에 별이 약간 올라간 것 같다면 동쪽을 보고 있는 것이고, 별이 좀 더 낮아졌다면 서쪽을 보고 있는 것이다. 조언을 하나하자면, 별이 지평선 부근에 있을 때는 지평선에 있는 다른 물체들과 비교해 이것이 어느 쪽으로 움직이는지 쉽게 알 수 있다. 높이 있을 때에는 앞마당에 있는 고정된 물체, 즉 울타리나 마당에 박아놓은 말뚝 위로 선을 그어서 비교하면 어느 쪽으로 움직이는지 금방 알 수 있다. 이렇게 하기 위해서는 가끔 땅바닥에 누워보면 도움이 된다. 천체항법을 알면 아주 간단하지만, 이건 별로 쉽지가 않기 때문이다.

남쪽 찾기 초보 천체항법사라 해도 남쪽을 찾으려면 북쪽을 찾은 다음 반대편을 보면 된다는 정도는 알 것이다. 하지만 더 재미있고 흥미로운 방법은 똑바로 남쪽을 가리키는 별을 이용하는 것이다. 이렇게 하는 아주 간단한 방법이 하나 있고, 좀 더 어렵지만 흥미로운 방법도 몇 개 있다.

전갈자리 영국 같은 중간 위도 지역에서 전갈자리는(이름대로 전갈을 닮았다) 한여름쯤 남쪽 하늘에 보인다. 전갈의 머리 부분을 표시하는 밝은 빨간 별 안타레스Antares 때문에 쉽게 알아볼 수 있다. 전갈자리의 높이 있는 별들은 남동쪽에서 떠서 남쪽으로 움직이다가 남서쪽으로 저문다. 두 개의 중요한 별들이 수직선을 그릴 때가 있는데 이 선이 거의 완벽하게 남쪽을 가리키고 있다. 이것은 여름날 밤중에 사용하기 좋은 기술이다.

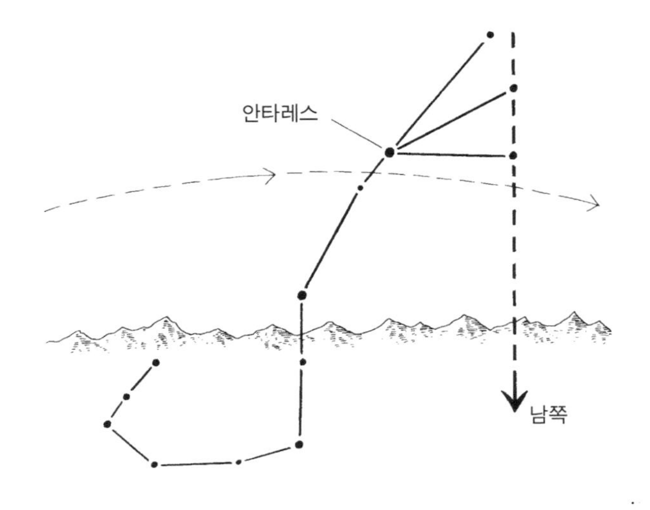

● 위 그림에 있는 두 개의 별이 이루고 있는 수직선이 남쪽을 가리킨다. 적도에 가까울수록 더 많은 전갈자리 별이 보인다. 영국처럼 북반구 중위도 지역에서는 전갈자리의 아래쪽 절반이 지평선에 가려서 안 보인다.

사자자리의 엉덩이 사자자리는 전갈자리처럼 일부나마 사자처럼 보이는 크고 근사한 별자리이다. 사자자리를 찾으면 그다음 할 일은 잘 알려지지는 않았지만 체르탄Chertan과 조스마Zosma라는 어여쁜 이름을 가진, 사자의 엉덩이 부분을 이루는 두 개의 별을 찾는 것이다.

그림처럼 조스마가 체르탄 바로 위에 있으면 남쪽을 보고 있는 것이다. 이 기술은 특히 4월에 잘 통하는데, 내 봄 강좌를 듣는 학생들은 이 별을 이용해서 집으로 돌아오는 길을 찾는 데 실패한 적이 없다.

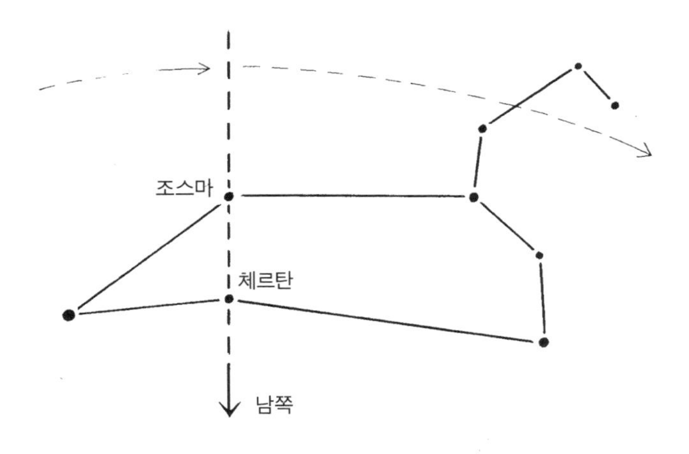

● 잘 알려지지 않았지만 어여쁜 이름을 갖고 있는 두 별 체르탄과 조스마는 사자자리의 엉덩이 부분을 이루고 있다. 이 사진처럼 조스마가 체르탄 바로 위에 있으면 남쪽을 보고 있는 것이다.

오리온자리와 그 칼 맑은 겨울 밤하늘에 떠 있는 우리의 친구 오리온으로 돌아가보자. 그가 벨트에 칼을 매달고 있는 것을 본 적이 있을 것이다. 그의 칼을 의미하는 세 개의 별 중 가운데 있는 별은 색깔이 있고 약간 흐릿해서 잘 안 보일 것이다. 그 이유는 사실 이것이 오리온성운이기 때문인데, 그렇다고 해서 이 방법이 변하지는 않는다.

이 칼이 수직으로 향하고 있으면 지평선에서 똑바로 남쪽을 가리키는 것이다.

오리온자리에서 같은 역할을 하는 별이 두 개 더 있다. 사이프Saiph와 베텔게우스Betelgeuse이다. 하지만 나는 칼 쪽을 더 선호하는데, 가르칠 때 더 재미있고 학생들이 더 쉽게 외울 수 있기 때문이다.

남쪽을 찾는 간단하고 편리한 가이드를 원한다면 도움이 되는 밝은 별이 세 개 있다. 데네브Deneb, 베가Vega, 알타이르Altair는 하늘에 넓게 퍼져 있고 각각이 자신의 별자리에서 가장 밝다. 데네브는 백조자리에서, 베가는 거문고자리에서, 알타이르는 독수리자리에서 가장 밝다(이 별자리 중 두 개는 위의 북쪽을 찾는 방법에서 이미 보았을 것이다). 이 세 별이 워낙 밝아서 이들만 따로 훨씬 크고 간단한 여름의 대삼각형, 또는 항해자의 삼각형이라는 별자리를 이룬다. 그 이유는 아마도 우리가 밝은 별이나 행성을 어스름에 먼저 보게 되기 때문일 것이다. 행성이 떠 있다면 가장 먼저 눈에 들어오는 것이 대체로 이들이지만 하늘이 어두우면 가장 밝은 별들도 뒤따라 보이기 시작한다. 그래서 여름철에는 이 세 개의 밝은 별들이 자신들이 속한 별자리가 보이기 한참 전에 먼저 눈에 들어오는 것이다.

이들을 찾으면 남쪽을 가리키는 삼각형을 찾은 것이다. 높이 있는 두 별, 데네브와 베가의 중간지점에서 가장 낮은 별 알타이르 쪽으로 선을 그으면 이 선이 언제나 남쪽 지평선을 가리키고, 이 선이 수직에 가까우면 가까울수록 이 방법은 더 정확해진다. 이 선이 수직이면 곧장 남쪽을 가리키는 것이다.

별 달력 특정 별자리는 한 해 중 특정한 시기에만 보인다. 예를 들어 오리온자리는 겨울에, 전갈자리는 여름에만 보인다.

그 이유는 간단하다. 해가 그 앞에 있으면 별을 볼 수 없기 때문이다. 하지만 왜, 언제 해가 그 별자리 쪽으로 가는 걸까? 여기에는 좀 더 긴 설명이 필요하지만 별 달력과 시계가 이것을 이해하는 데 도움이 될 것이다.

가장 간단한 부분은 일 년에 걸친 이동이다. 작고 네모난 사무실에서 바퀴 달린 사무용 의자에 앉아 있다고 상상해보자. 네 개의 벽 각각에는 눈높이에 각기 다른 별자리 포스터를 붙여놓았다. 첫 번째 벽에는 오리온자리, 두 번째에는 물고기자리, 세 번째에는 전갈자리, 네 번째에는 천칭자리다. 이제 전등에서 갓을 벗겨 전구만 남겨두고 방 한가운데 눈높이에 내려놓자. 이제 당신은 궤도를 따라 움직일 준비가 되었다. 이 비생산적이지만 계몽적인 실험에서 당신은 지구 역할을 할 것이고 램프는 해가 될 것이다.

의자를 차례로 각 벽 쪽으로 움직이자. 의자에 탄 당신이 머무는 네 위치가 각 계절을 의미한다. 이 실험에서 당신은 각 계절마다 한 개의 별자리는 아주 분명하게 보이고, 두 개는 살짝 보이고, 하나는 아예 안 보인다는 사실을 알게 될 것이다. 의자가 전갈자리 옆에 있을 때에는 전갈자리를 아주 확실하게 볼 수 있지만(조명에서 등을 돌린 상태에서), 반대편에 있는 오리온자리는 안 보일 것이다. 해가 매년 여름에 그러듯 오리온자리 앞에 있기 때문이다. 가을에는 천칭자리가, 겨울에는 전갈자리가, 봄에는 물고기자리가 안 보일 것이다.

다시 진짜 세계로 돌아와서, 지구에는 네 개의 정위치가 있는 게 아니라 365개의 위치가 있지만, 그 변화는 점진적이다. 그래도 원리는 똑같다. 하루가 지날 때마다 지구는 조금씩 태양 주위의 궤도를 따라 움직이고, 그 결과 해가 우리의 시야에서 가리고 있는 별들이 조금씩 변한다.

결국 지구에서 보이는 해와 별의 관계는 매일매일 달라진다. 우리가 알아야 하는 가장 중요한 효과 중 하나는 매일 밤 별은 해보다 동쪽에서 4분 빨리 뜨고 서쪽으로 4분 빨리 진다는 것이다. (24시간을 365로 나누면 4분이 된다.) 별로 대단찮게 들릴지 모르지만, 빨리 계산해보자. 별은 일주일에 30분 빨리 뜨고, 한 달이면 두 시간 빨리 뜨는 것이다.

이런 계절적 변화가 북반구의 별들을 시야에서 가리는 것이 아니라는 것도 알아둬야 한다. 북극성 주위를 시계 반대 방향으로 도는 주극성들은 한 해 중 어느 때라도 볼 수 있다. 우리가 북반구에 살고 있기 때문에 북쪽을 볼 때에는 해가 우리와 별 사이를 가릴 수 없다. 이것을 사무실 천장에 붙여놓은 별자리라고 생각하면 도움이 될 수도 있겠다. 이 별자리는 의자를 어느 쪽에 두든 조명이 사이를 가리지 않기 때문에 상관없다.

별들이 매일 해에 비해 4분 일찍 뜬다는 것은 이들이 한 해 동안 해를 서서히 따라잡게 된다는 뜻이다. 해의 뒤에 있으면 별은 보이지 않지만, 해를 앞서게 되면 해가 하늘로 떠오르기 직전 새벽에 동쪽의 마지막 별로 모습을 드러내게 된다. 이런 앞선 출몰을 '별의 신출heliacal rising'이라고 하는데, 이 현상은 우리의 문화 속에 스며들어 있다. 공기도 움직이는 것을 싫어하는 듯한 무더운 8월의 날들을 우리는 복중伏中, 영어로는 'Dog Days'라고 한다. 이것은 8월에 밤하늘에서 가장 빛나는 별 시리우스Dog Star가 해를 앞서기 시작하는 데서 나온 말이다. 시리우스는 큰개자리의 별이다.

모든 고대 문명은 계절마다 특정 별이 뜨는 것을 파악하고 이것을 자연 달력으로 이용했다. 오스트레일리아 남동부의 말리 원주민은 주황색 아크투루스Arcturus가 신출하기 시작하면 해안으로 까치기러기를 잡으러 갈 때라는 사실을 알고 있었다. 원주민들은 아크루투스가 저녁에 일찍 나타나기 시작하면 유럽불개미 살충제를 모아둬야 할 시기라는 것도 알았다.

북아메리카 북극 이누이트는 우리가 북쪽을 찾을 때 사용한 두 개의 별을 다른 방식으로 사용한다. 그들에게 독수리자리의 알타이르와 아킬라Aquila는 나름의 다른 별자리, 아그죽aagjuuk을 만든다. 모든 별자리가 상상의 산물이라는 걸 염두에 두는 것이 좋다. 목적에 따라 우리 나름의 별자리를 만들 수도 있다. 나는 종종 그런다. 이누이트 족은 수염바다표범이 바다에서 뭍으로 올라오는 때와 아그죽이 나타나는 때가 일치한다는 것을 이용해 이때를 사냥철의 시작으로 삼곤 한다. 고대 이집트부터 현대의 에티오피아 무르시에 이르기까지 많은 문화권에서 매년 강이 범람하는 시기와 특정 별이 뜨는 시기를 연관지어 생각한다.

꼭 그럴 필요는 없지만, 이런 방법을 사용해서는 안 될 이유도 없다. 다른 지역이나 다른 나라에서 자연현상이 일어나는 정확한 타이밍은 그 지역만의 요소에 영향을 받지만, 원리는 세계 전역에서 똑같다. 여기 영국에서 써볼 만한 몇 가지 예가 있다.

믿지 못하겠다면 맑은 날 밤 10시 30분, 위에서 이야기한 방법을 이용해서 남쪽을 보라. 다음과 같은 것들이 보일 것이다.

시리우스와 오리온 서리가 내리고 눈이 올 수도 있다. 사람들은 기름기 많은 음식과 음료에 질려하는 중이다. 흔히 1월이라고 부르는 시기이다.

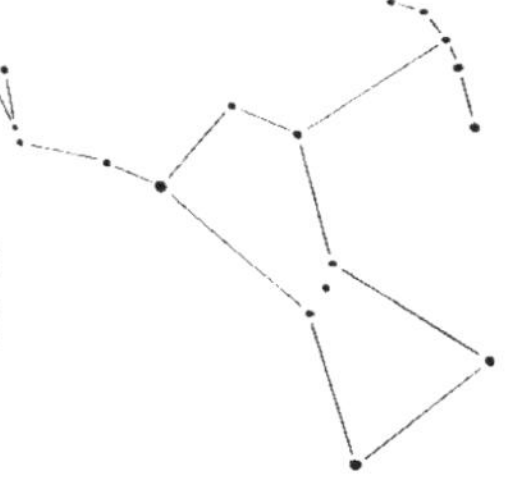

큰 뱀 히드라의 머리 첫눈이 내렸다. 물이 범람하고 땅버들의 꽃차례가 은색에서 금색으로 변할 것이다. 2월이다.

히드라의 몸통 연못에서 개구리 알이 보인다. 새들이 지저귀기 시작하고 앵초가 가득 핀다. 3월이다.

컵자리 벌들이 용감하게 나다닌다. 나팔수선화가 산책자들에게 나오라고 유혹하고 벚꽃이 화려하게 피어난다. 4월이다.

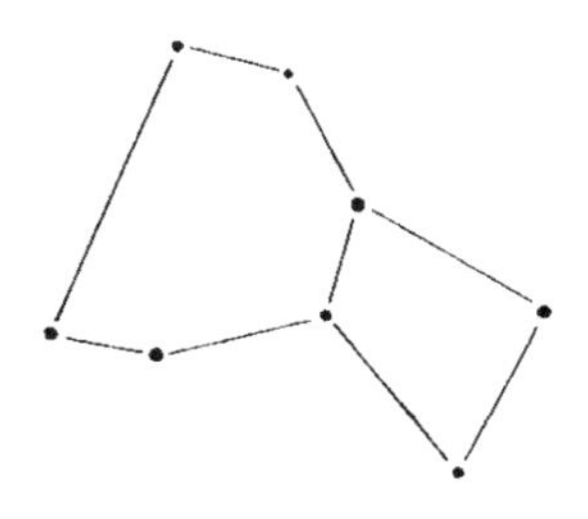

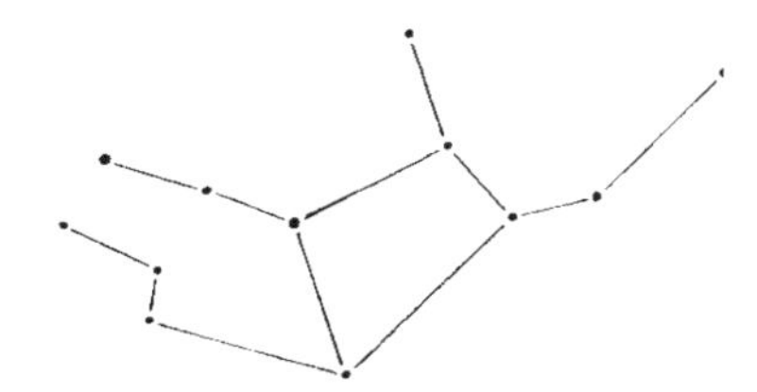

처녀자리 산책자들과 소풍 나온 사람들이 처음 맞는 따뜻한 날씨에 들뜨고 야생화들이 풀밭을 가득 장식한다. 5월이다.

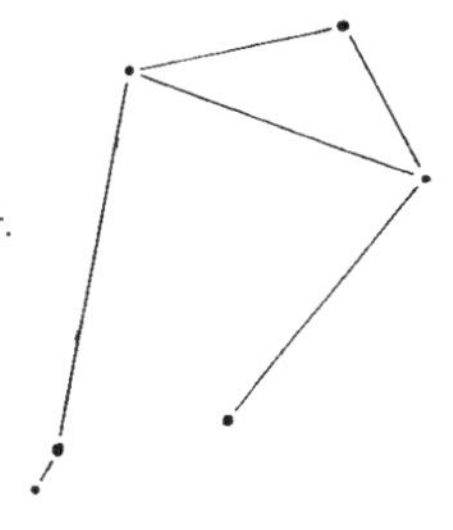

천칭자리 뱀이 기어다니고 밀이 자란다. 건초를 만드는 시즌이다. 6월이다.

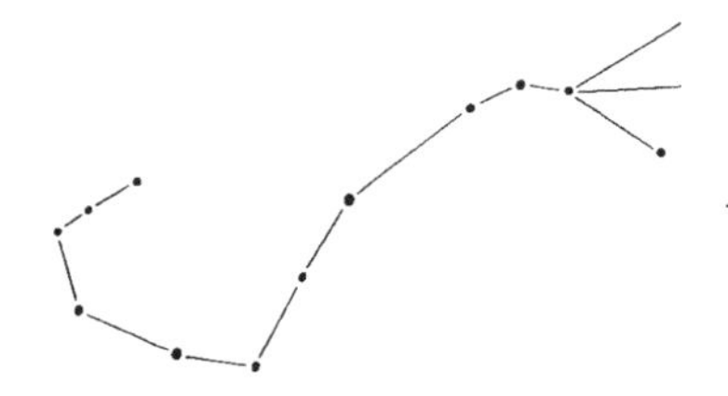

전갈자리 과일이 익는다. 해변에 사람들이 가득하고 풀밭에서는 공놀이를 한다. 7월이다.

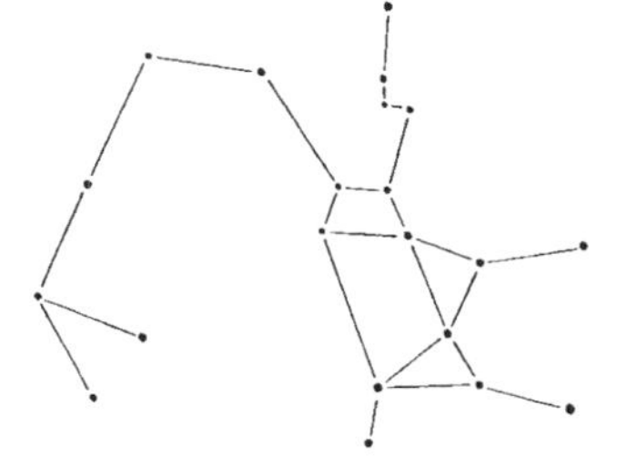

궁수자리 벌레들이 무더운 공기 속을 날아다니고 길에는 차들이 가득하다. 보도는 부드럽게 굽이친다. 바비큐를 굽는 사람들 뒤로 폭풍의 기미가 보인다. 8월이다.

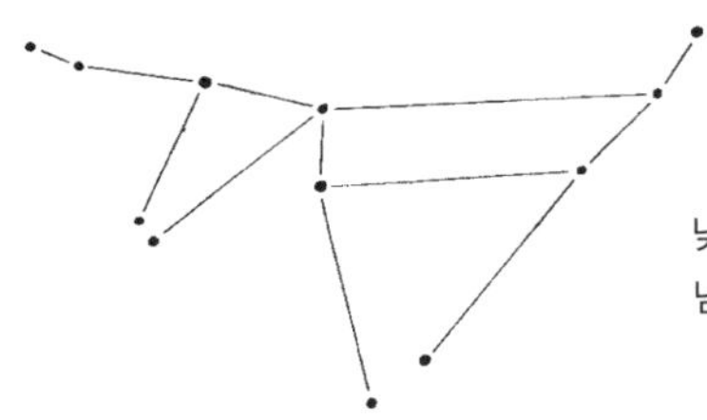

염소자리 이제 바다는 놀랄 만큼 따뜻하지만 낮 공기는 식기 시작한다. 시장에는 판매하는 잼이 넘쳐난다. 9월이다.

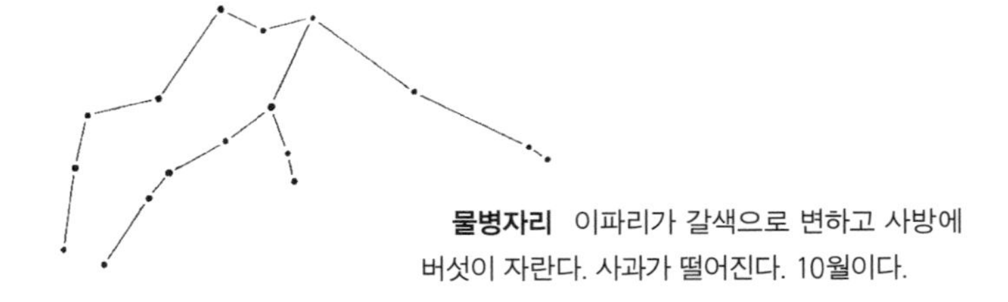

물병자리 이파리가 갈색으로 변하고 사방에 버섯이 자란다. 사과가 떨어진다. 10월이다.

고래자리 고슴도치들이 나타났다 사라진다. 나무에 달린 이파리보다 땅에 떨어진 잎이 더 많다. 11월이다.

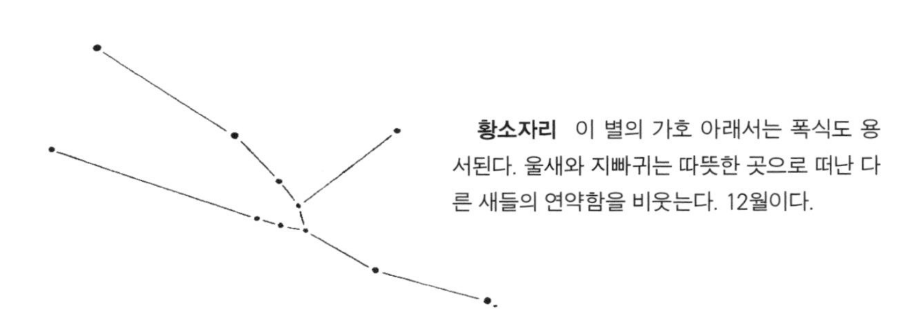

황소자리 이 별의 가호 아래서는 폭식도 용서된다. 울새와 지빠귀는 따뜻한 곳으로 떠난 다른 새들의 연약함을 비웃는다. 12월이다.

계절별 별자리와 매일 밤 4분씩의 변화는 정도만 다를 뿐 똑같은 영향을 미친다. 시계와 달력이 각기 다른 규모로 시간을 측정하는 것과 비슷하다.

하늘을 볼 때에는 시간과 방향이 밀접하게 연관되어 있다. 하나를 찾으면 언제나 다른 하나도 할 수 있다. 그래서 시간을 파악하는 것이 다음 과제이다.

별 시계 별을 보고 시간을 알아내는 방법을 설명하겠다. 처음에는 좀 귀찮게 느껴질 수도 있지만, 익숙해지면 밤하늘이 맑을 때 언제든 이 방법을 이용할 수 있게 된다. 그리고 이것은 북쪽의 별을 사용하는 방법이기 때문에 일 년 내내 이용할 수 있다.

이 별 시계는 24시간 기준으로 거꾸로 돌아가고, 약간의 계산을 해야 정확한 시간을 알 수 있다. 하지만 포기하기 전에 최소한 두세 번은 시도해보는 것이 좋다. 몇 단계를 따르면, 몇 차례의 연습만으로도 굉장히 쉽고 간단하게 익힐 수 있다.

예문을 하나 내보겠다.

9월 14일이고 북두칠성이 북극성 아래 있다. 시침은 수직으로 아래쪽을 가리키고 있다. 몇 시일까?

이것은 시간상으로는 12시이지만(전통적인 시계에서처럼 6시가 아니라 정오이다) 시계가 6개월하고 1주일 동안 매일 4분씩 빠르게 움직였다. 그러니까 12시간 30분만큼 빨라진 셈이다. 그러니까 실제 시간은 오후 11시 30분일 것이다.

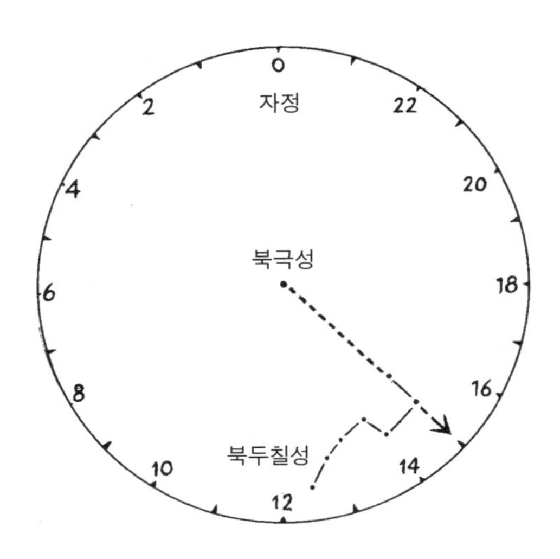

1. 우선 북두칠성을 찾고 앞에서 설명한 대로 북극성을 찾는다.

2. 별 시계의 중심은 북극성이다.

3. 시계에는 시침만이 있으며, 이것은 북극성에서부터 북두칠성의 두 개의 '지침'을 향한 상상의 직선이다.

4. 시계는 24시간으로 나뉘어 있고 꼭대기부터 시계 반대 방향으로 움직인다. 이 말은 시침이 우리가 흔히 9시라고 부르는 위치를 가리킨다면, 즉 시작점에서 4분의 1만큼 돌아갔다면 실은 아침 6시라는 뜻이다. 전통적인 시계에서 6시 방향은 정오, 점심시간이다. 4분의 3만큼 돌아간 오후 3시 지점은 18시, 즉 오후 6시이다. 전통적인 자정의 위치는 역시나 자정이고 언제나 자정이다. 절대로 정오가 아니다. 이것이 24시간 시계이기 때문이다.

5. 그림을 보면 시침이 14시간과 16시간 사이를 가리키고 있으므로 시계가 가리키는 것은 15시간째, 다시 말해 오후 3시이다.

6. 시침을 읽고 나면 암산을 좀 해야 한다. 별 시계는 매일 태양보다 4분 빨리 움직이기 때문이다. 그러니까 이 시계가 정확한 시간을 말하는 때, 즉 3월 7일로 돌려놓을 필요가 있다.

7. 3월 7일 이후 매주 30분씩을, 달로 계산하면 매달 두 시간을 빼야 한다. 3월 7일 이전이라면 매주나 매달 같은 시간을 더하면 된다.

8. 예를 들어 위의 시계는 15시, 즉 오후 3시이지만 이걸 읽은 날짜가 1월 7일이라고 해보자. 3월 7일보다 두 달 앞이므로 4시간(2달×2시간)을 더해야 한다. 그러니까 진짜 시간은 오후 7시이다.

9. 이 시계는 그리니치 평균시와 대충 맞는다.

10. 야외에서 최소한 한 번은 해보라. 그리고 계속하라.

별똥별 별똥별을 보면 운이 좋다고들 하는데, 이것은 사람들이 별똥별이 떨어지는 시간을 정확히 예측하지 못하는 데서 기인한 것이다. 하지만 별똥별이 떨어질 가능성이나 이것을 목격할 가능성을 추측할 수 없다는 이야기는 아니다.

당연한 이야기지만 시야가 좋고 빛 공해가 적을수록 별똥별을 더 많이 볼 수 있다. 이 두 가지가 얼마나 큰 영향을 미치는지 알면 많은 사람들이 놀라곤 한다. 이상적인 조건이라면 시간당 여섯 개에서 열 개 정도의 별똥별을 볼 수 있어야 한다. 그러니까 10분 동안 아무것도 보지 못한다면 정말 운이 없는 거다.

보편적인 규칙은 이거다. 저녁 이른 시간에 별똥별을 몇 개 보았다면 계속 자리를 지키며 관찰을 해볼 가치가 있다. 왜냐하면 평균적으로 자정 이후에 훨씬 더 많은 별똥별을 볼 수 있기 때문이다. 자정 이후 지구에서 우리가 있는 부분은 '앞쪽'을 바라보고 움직인다. 즉 태양을 등지고 우주 방향을 바라보며 움직인다는 것이다. 움직이는 차의 앞쪽 창문에서 뒤쪽보다 더 많은 빗방울을 볼 수 있는 것과 같은 이치이다.

하지만 우리는 그보다 더 좋은 조건을 찾을 수 있다. 별똥별, 좀 더 공식적인 용어로 유성은 아주 작은 물체가 우리의 대기로 진입하며 타는 과정에서 생기는 것이다. 지구가 작은 물체와 충돌해서 그것을 태울 때 생긴다고 생각하면 좀 더 도움이 될 것이다. 그리고 우리는 언제 지구가 태양계에서 먼지가 많은 지역을 지나가는지 예측할 수 있다. 또한 이 먼지들이 어디에 충돌하는지 역시 안다. 밤하늘에서 이 지역을 꼽는 가장 쉬운 방법은 가까이 있는 별자리를 이용하는 것이다. 이 모든 정보들을 합쳐서 나온 유성우의 이름이 우리에게 어디를 봐야 할지를 가르쳐준다.

알아두면 도움이 되는 연례 유성우

날짜	이름	별자리
1월 초	용자리 유성우	목동자리(북두칠성 부근)
4월 말-5월 중순	물병자리 에타 유성우	물병자리
7월 말 - 8월 말	페르세우스자리 유성우	페르세우스자리
12월 중순	쌍둥이자리 유성우	쌍둥이자리

별똥별은 행운을 가져올지 몰라도 유성우를 찾을 때는 다음의 표현이 좀 더 효과적일 것이다. "행운은 천문학적 지식이 있는 사람에게 온다."

별과 우리의 눈 북두칠성 사진을 다시 보면 국자 손잡이 중간 부분에 하나가 아니라 두 개의 별이 있는 것을 볼 수 있을 것이다. 다음번에 북두칠성을 보면 이 별들을 유심히 살펴보라. 이것은 일종의 '검사'이다. 중세 아라비아에서는 이 기초적인 시력 테스트가 군인을 비롯하여 모든 업종의 지원자들의 능력을 판별하는 데 사용되었다. 오늘날에도 시력이 좋은지를 판별하는 테스트로 남아 있다. 이 위치에서 두 개의 별을 구분하지 못한다면 근처의 안경점에 가보는 것이 좋을 것이다.

시력이 좋다는 자신은 있지만 얼마나 좋은지 궁금하다면, 헤라클레스와 씨름을 해보는 것도 좋다. 헤라클레스자리는 아주 밝은 별인 베가Vega에서 북두칠성으로 이어지는 선 바로 아래에 있다.

여름날 밤에 별다른 빛 공해 없이 하늘 높은 곳에서 헤라클레스자리를 찾았다면, 다음 테스트를 해보라. 헤라클레스의 몸, 정확히는 그의 상체를 이루고 있는 네 개의 별 사이의 공간을 잘 보라. 그의 상체 안쪽으로 5등급이나 6등급 정도 되는 별이 몇 개 있다. 천문학적으로 말하자면 '보기가 극히 어렵지만 불가능하지는 않은' 등급이다. 이 별이 하나라도 보인다면 당신의 눈은 밤에 할 수 있는 모든 일을 잘 해내고 있는 것이다.

별을 이용해서 우리의 색깔 인식을 테스트해볼 수도 있고 우리의 신

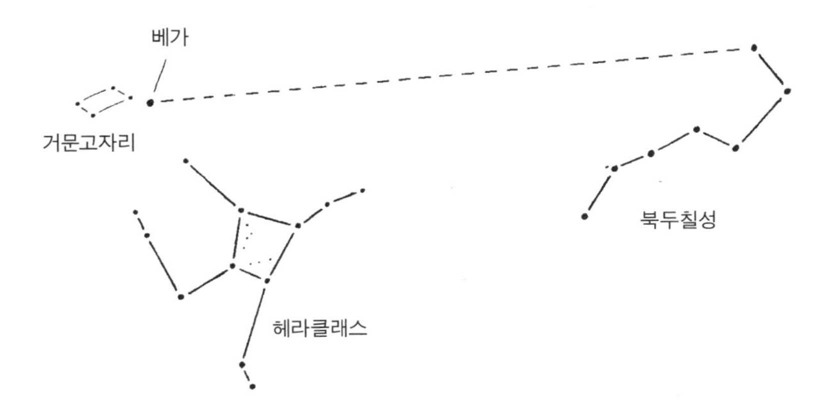

● 헤라클레스의 몸에 있는 희미한 별이 보이는가?

체 나이를 가늠해볼 수도 있다. 오리온자리는 밤에 당신의 색깔 감각을 테스트해볼 수 있는 최적의 별자리이다. 대부분의 사람들이 이 거인의 어깨, 즉 베텔게우스가 주황색을 띠고 있다는 걸 구분한다. 하지만 다른 별에서 우리가 인지하는 색깔은 그야말로 주관적인 경험의 산물이다. 대기의 상태와 주변의 광량에 따라서 여러 가지 색이 나타날 수 있다. 또한 나이가 들수록 점점 다르게 보인다. 우리 눈은 별에서 초록색 스펙트럼을 인지하지 못하기 때문에 초록별은 절대로 볼 수 없다. 하지만 많은 아마추어 천문학자들이 망원경을 통해서 젊을 때는 행성상 성운이 파랗게 보이지만 나이가 들면 초록색으로 보이는 것을 알게 된다. 밤하늘은 시력이 떨어졌다는 걸 알려줄 뿐 아니라 시력이 떨어지고 나이까지 먹었다는 것도 알려준다.

별을 이용해서 할 수 있는 흥미로운 시력 검사는 더 있다. 그중 하나는 빛을 우리 눈에 비추는 게 아니라 그들에게 비추어 그 구조를 알아보는 것이다. 우리 눈은 굉장히 뛰어난 구조물로 약 500만 개의 색깔을 볼 수 있고 0.4킬로미터 떨어져 있는 연필도 확인할 수 있으며, 13킬로미터 떨어진 사람이나 달에서 40만 킬로미터 떨어진 산봉우리를 볼 수도 있다.

눈이 이런 대단한 일을 할 수 있는 것은 간상체와 추상체라는 두 세포를 사용하기 때문이다. 눈에서 작지만 굉장히 중요한 부분인 중심와에 몰려 있는 추상체는 색깔을 인지한다. 중심와는 우리의 수정체가 빛을 집중시키는 부분이다. 이 작은 구역에 예민한 세포가 가득 들어 있기 때문에 '삼중식'이라는 단어에 초점을 맞춘 채로 동시에

'일식'이라는 단어에 초점을 집중하기가 어려운 것이다. 시도해보라. (삼중식은 세 개의 천구가 나란히 서는 현상을 의미한다. 예를 들어 지구, 태양, 달이 직선을 이루는 일식을 말한다.)

색깔에 예민하지 않은 간상체는 우리의 야간 시력을 결정하는 세포이다. 간상체가 중심와 밖에 있기 때문에 밤에 별을 똑바로 보면 세세한 부분까지 제대로 보이지 않는다. 별이 아주 희미하면 '비켜보기' 방식으로 더 잘 볼 수 있다. 별을 살짝 옆으로 비켜서 보는 것이다. 흐린 별이 보고 있는 동안에 사라졌다가 다시 나타나면 눈길을 별의 약간 옆으로 향해보라. 추상체가 어울리지 않는 일을 하는 것을 막고 간상체가 일을 할 수 있게 해주는 것이다. 이전에 제대로 하지 못했다면 이제 이 방법을 사용해서 두 번째 판에서는 이길 수 있는지 헤라클레스를 잡고 씨름해보라.

이 '비켜보기' 기술은 별을 볼 때만 사용하는 것이 아니라 밤에 뭔가를 보기가 어렵다면 아무 때나 써도 된다.

푸르키녜 효과 야간 시력이 별로 좋지 않음에도 사물을 잘 보고 싶다면 푸르키녜 효과Purkinje effect를 이용하는 방법이 있다. 1819년 이 현상을 발견한 체코 해부학자의 이름을 딴 이 효과는 우리 눈이 광도가 높을 때와 낮을 때 색깔을 다르게 인지하는 경향을 말한다.

우리 눈의 추상체는 노란빛에 가장 민감하기 때문에 낮에는 언제나 빨간색, 주황색, 노란색이 굉장히 밝아 보인다. 저녁 무렵 광도가 낮아지면 간상체가 활동을 시작하는데 이들은 색깔을 구분하지 못한다. 하지만 간상체가 색깔을 인지하지는 못한다고 해도 스펙트럼에서 파란색과 초록색에 속한 빛에 더 민감하다.

이런 민감성의 차이로 인해 하루가 끝나고 어둠이 몰려오면 노란색이나 빨간색인 것들은 빠르게 그 광채를 잃는 반면 풍경 속의 초록색과 파란색은 주변에 비해서 훨씬 더 밝게 보인다. 자연 속에서 내가 가장 좋아하는 예는 제라늄이다. 제라늄의 빨간 꽃과 초록색 잎은 어스름 속에서 꽃은 흐리게, 잎은 밝게 보인다. 하지만 정오의 태양 아래서는 빨간 꽃이 스포트라이트를 가져가고, 빛이 저물면 꽃은 다시 어두워지고 안 보이는 반면 잎은 환하게 보이게 된다.

나는 황혼녘에 산책을 나가서 행성과 별이 뜨기를 기다리며 이런 푸르키네 효과를 눈으로 즐기는 것을 좋아한다. 좀 더 뚜렷하게 보고 싶다면 절반은 빨간색으로, 절반은 초록색으로 칠한 종이를 정오와 늦은 황혼녘의 빛 속에서 놓고 비교해보면 된다.

별을 보지 않고 도시 찾기 어두운 지역에서 야간 여행을 하고 있다가 빛 공해 때문에 한쪽 편의 낮은 하늘에서 별이 잘 보이지 않는다는 걸 깨달았다면 실마리를 찾은 것이다. 빛 공해는 가끔은 짜증나지만, 사실 가까운 도시까지의 거리나 도시의 크기를 짐작할 수 있게 해주는 단서이기도 하다. 이 정보를 갖고 있으면 다음 표를 이용해서 당신이 모르는 것도 알아낼 수 있다. 이 숫자는 하늘 중간쯤에서 자연광보다 10퍼센트 더 밝게 빛나는 불빛을 이야기하는 것이다.

거리	인구(명)
10킬로미터	3,160
25킬로미터	31,250
50킬로미터	177,000
100킬로미터	1,000,000
200킬로미터	5,660,000

예를 들어 멀리 도시의 불빛이 보이고 이게 당신이 생각하는 도시가 맞는지 알고 싶다면, 간단하게 확인해볼 수 있다. 이 도시의 인구가 3만 명이고 20킬로미터 떨어져 있다면 답은 아마 '맞다'일 것이다. 인구가 1만 5,000명이고 30킬로미터 떨어져 있다면 당신이 본 것은 다른 도시나 근처 마을의 불빛일 것이다. 이 기술에서 가장 극단적인 예는 당신이 사막을 걷고 있고 근처에 도시가 전혀 없다는 사실을 알고 있는 경우일 것이다. 이런 특이한 상황에서는 200킬로미터 떨어진 아주 큰 도시의 불빛도 볼 수 있다.

빛 공해의 영향은 비례하지 않는다. 100킬로미터에서 80킬로미터로 20킬로미터 가까워질 때는 영향이 두 배가 되지만, 20킬로미터에서 10킬로미터로 가까워지면 다섯 배가 된다.

위의 연구에서 나온 가장 경각심을 일으키는 결과는 영국에서 사방으로 빛 공해에 영향을 전혀 받지 않는 지역은 잉글랜드 남쪽에는 하나도 없고 영국 전역에서 몇 군데밖에 남지 않았다는 것이다. 좀 긍정적인 점은 덕택에 도시에서 몇 백 미터만 더 떨어져도 별을 보는 것이 훨씬 쉬워진다는 것이다.

행성 행성은 큰 문제를 던진다. 행성은 나름의 궤도를 따라 태양 주위를 공전하기 때문에 한 해의 길이가 제각각이다. 즉 언제 어디서 이들을 정기적으로 목격할 수 있는지를 지구의 연도로 측정하는 것은 표를 보지 않으면 거의 불가능하다.

태양계는 거대한 시계로 생각할 수 있다. 태양이 시계의 중심이고 각 행성은 각각의 지침 끝에 붙어 있다. 지침을 시계 바깥쪽에서 보거나 가운데 있는 태양의 위치에서 본다면 공전 주기는 굉장히 간단하다. 하지만 태양 주위를 도는 대부분의 행성은 나름의 반경과 속도를 갖고 있다. 우리의 문제는 행성을 볼 때 우리가 다른 지침의 끝에서, 금성과 수성 다음으로 세 번째로 짧은 지침의 끝에서 보고 있다는 것이다. 이것은 놀이공원의 커피컵 기구와 비슷하다. 다른 커피컵에 탄 사람을 보려고 하면 처음 몇 초는 쉽지만 갑작스러운 시점의 변화 때문에 갑자기 머리가 떨어져 나갈 것 같은 느낌이 들지 않던가? 우리는 우리의 커피컵, 즉 지구의 움직임을 느끼지 못하지만 다른 행성이 빙빙 돌다가 느려지는 것은 볼 수 있다. 결과적으로 행성은 별과 같은 방식으로 실용적으로 사용할 수 없지만, 밤하늘에서 나름대로 중요하고 흥미로운 특징을 갖고 있기 때문에 알아두면 도움이 된다.

행성은 동쪽에서 떠서 하늘의 남쪽 높은 곳을 지나 서쪽으로 진다. 그러니까 지평선 부근에 있는 것을 보면 동쪽이나 서쪽일 거라고 생각하면 된다. 행성이 점차 떠오르면 동쪽이고, 가라앉으면 서쪽이다. 행성이 하늘 높이 있으면서 수평으로 움직이면 남쪽을 보고 있는 것이다.

자신이 별을 보고 있는지 행성을 보고 있는지 잘 모르겠다면 알아보는 방법이 다섯 가지 있다. 그 어느 것도 완벽하지는 않지만, 다 합치면 도움이 될 것이다.

행성은 평균적으로 별보다 더 밝기 때문에 해 질 무렵 별보다 훨씬 먼저 볼 수 있고, 새벽에는 별보다 오래 남아 있다. 저녁 하늘에 밝은 물체가 보이지만 다른 별은 거의 보이지 않는다면 행성일 가능성이 아주 높다.

행성은 별보다 훨씬 가깝기 때문에 덜 깜박거린다. 별빛처럼 반짝거리지 않는다는 뜻이다. 색깔과 밝기로도 알 수 있다. 금성, 목성, 수성은 굉장히 밝은 하얀색이지만 화성은 주황색이고 토성은 눈에 띄게 노랗다. 저녁이나 새벽에 서쪽이나 동쪽 하늘에서 눈에 확 띄게 밝고 하얀 별이 보이면 밝기로 유명한 금성일 가능성이 높다. 심지어 어떤 때에는 그림자를 드리우기까지 한다.

행성은 동쪽에서 남쪽 하늘 높은 곳을 지나 서쪽으로 움직이는 형태로만 나타난다. 영국 같은 북반구 지역에서는 북쪽 하늘 높은 곳이나 남쪽 하늘 낮은 곳에 있는 행성은 찾아볼 수가 없다.

마지막 방법은 가장 믿을 만하지만 시간이 걸린다. 낮익은 밤하늘 자체가 행성을 찾기에 가장 좋다. 눈에 익은 별자리를 찾고 나면 익숙한 그림 속에서 눈에 띄게 밝은 가짜를 찾아낼 수 있다. 행성은 당신이 잘 아는 별자리들을 가로질러 움직이기 때문에 사자자리처럼 낯익은 별자리 중 하나를 보면 그림에서 어긋나는 밝은 물체를 발견하게 될 것이다. 그게 행성이라고 생각하면 거의 맞다.

이 장에서는 방향을 찾고, 위도를 파악하고, 우리 시력과 야간 시력을 점검하고, 도시를 찾고, 날짜와 시간을 계산하고, 별똥별을 예측하고, 행성을 추적하는 것을 망원경 없이 할 수 있도록 별들이 도와주었다. 황혼부터 새벽까지 산책할 때는 언제나, 심지어는 뒤뜰로 몇 걸음만 나가도 즐길 거리가 있는 법이다.

The Walker's Guide to Outdoor Clues and Signs

해

Sun

달력이자 나침반이자 시계

달력과 나침반으로서의 해

북반구에서

1년 365일 태양은 하늘 가장 높은 곳에 있을 때 정남쪽에 있다. 이때는 해가 뜨고 질 때까지의 시간 중 딱 중간이다. 그야말로 문자 그대로 정오이고, 겨울이나 여름에는 정오에 가깝거나 정오가 약간 넘은 시각이기도 하다.

해는 동쪽 하늘에서 떠서 서쪽 하늘로 지지만 그 정확한 방향은 시기에 따라 달라진다. 365일 내내 완벽하게 일출에 맞춰 일어나서 해가 지평선에서 반쯤 올라왔을 때 창밖으로 사진을 찍는다고 생각해보자. 이 사진을 쭉 모아서 넘겨보면 해가 동쪽 지평선에서 이쪽저쪽으로 움직이는 것을 볼 수 있을 것이다. 그다음으로는 속도가 크게 달라진다는 것도 알 수 있다.

이 범위의 양끝은 7월과 12월의 일출이다. 영국에서 해는 한여름에 북동쪽에 가까운 쪽에서 뜨고 한겨울에는 남동쪽에 가까운 쪽에서 뜬다. 이 시기에 해의 방향은 하루하루 아주 조금씩 달라진다. 가장자리에서 아예 멈춘 것처럼 보이기도 하는데 이 시기가 하지와 동지라고 부르는 때이다. 하지나 동지를 의미하는 단어 'solstice'는 '멈춰 있는 해'라는 뜻의 라틴어에서 유래했다. 3월과 9월에 해는 동쪽을 지나 움직이는데 정확히 동쪽에서 뜨는 이틀을 춘분과 추분이라고 부른다. 이 말은 일출(혹은 일몰)의 방향이 6월이나 12월의 몇 주 동안은 눈에 띄게 달라지지 않지만, 3월이나 9월에는 크게 달라진다는 의미다.

일 년 동안 매일 열심히 사진을 찍은 후에 창틀의 일출 지점에 선을 긋고 조그맣게 날짜를 써두면 일출의 방향과 날짜가 종이 한 장의 앞뒷면 같은 거라는 걸 알게 될 것이다. 둘 중 하나를 알면 금방 다른 쪽을 추측할 수 있다.

고대인들은 자신들의 동네에서 지평선의 각 부분의 방향을 알고 있었던 것 같으니 그들이 일출과 일몰을 달력으로 썼을 거라는 사실 역시 추측할 수 있다. 페루의 찬킬로Chankillo처럼 일출과 일몰을 통해 달력을 만들기 위해 탑을 쌓아놓은 고대의 유적들이 많이 있다.

태평양 횡단 여행자들은 항해를 떠나도 되는 시기를 알고 있었고, 일출과 일몰 방향을 나침반으로 사용했다. 우리도 일출이나 일몰을 사용해서 날짜와 방향을 파악할 수 있지만, 두 개를 한꺼번에 알아낼 수는 없다.

한낮에 해의 높이와 시기, 위도 사이에는 중대한 관계가 있다. 위도나 날짜를 알면 정오의 태양을 이용해서 다른 하나를 알아낼 수 있다.

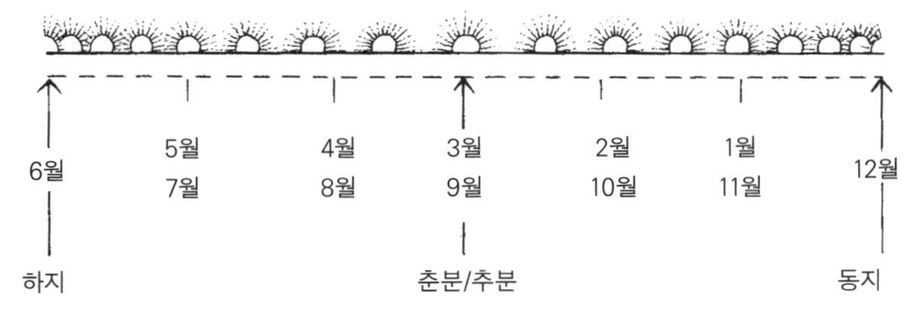

● 해는 동지에는 남쪽으로 치우쳐 올라오고 하지에는 북쪽으로 치우쳐 올라온다. 영국에서 그 범위는 대략 북동쪽에서 남동쪽 사이이다.

해는 6월 말 정오에 가장 높이 뜨고 12월 말에 가장 낮게 뜨니까(하지와 동지), 정오의 태양의 높이나 그 그림자의 길이를 대략의 달력으로 사용할 수 있다. 영국에서는 12월에 해가 가장 높이 뜰 때 지평선에서 주먹 두 개 높이만큼 되지만, 6월에는 주먹 여섯 개 높이쯤 된다. 3월과 9월에는 이 양 극단의 중간 정도로, 위도에 따라서 주먹 세 개에서 네 개 정도 된다. 적도에 가까울수록(즉 위도가 낮을수록) 해는 평균적으로 더 높게 뜨고 그 반대도 마찬가지다. 가장 간단한 예는 런던에서 뜬 해가 에든버러에서 뜬 해보다 항상 손가락 관절 두 개만큼 더 높이 있다는 것이다.

여행자들은 해의 높이와 위도 사이의 이 간단한 관계에 1,000년 이상 의존해왔다. 기록에 남아 있는 가장 오래된 여행으로부터 최근의 여행에 이르기까지 해는 사람들을 인도해주고 육분의를 사용하는 기반이 되기도 했다. 육분의는 주먹보다 더 정확하게 각도를 측정해주고, 표로 적으면 외우는 것보다 더 낫겠지만, 딱히 그렇게 복잡하게 할 필요도 없다.

이 작업은 집에서 할 수도 있다. 막대기나 깨끗하게 그림자가 생기는 다른 물체를 이용하면 매일 가장 짧은 그림자가 두 가지 정보를 알려줄 것이다. 해가 가장 높이 있을 때는 남쪽에 있기 때문에 이것은 완벽하게 남북으로 이어지는 직선이 될 것이고, 그림자의 길이는 또한 날짜를 알려준다. 동지 때에는 그림자가 가장 길고 하지 때에는 가장 짧을 것이다. 3월과 9월에는 똑같은 길이로 하지와 동지 때 길이의 중간일 것이고, 춘분 때부터는 점점 짧아지다 추분 때부터는 점점 길어질 것이다. 매달 몇 번쯤 해가 좋은 날 정오에 그림자의 끝을 기록해두면 벽에 붙여놓은 것 말고 또 하나의 달력(물론 양력이다)이 생기는 셈이다.

해시계 해시계는 초기 기계식 시계보다 훨씬 믿을 만하고, 1920년대까지도 기차역처럼 공공기관에서 시간을 맞추는 데 사용되었다. 해를 이용해서 시간을 정확하게 알아내는 것은 가능한 일이지만 꽤 복잡한 기술이고, 어떤 사람들은 이것을 평생의 일로 삼기도 한다. 하지만 대충의 시간을 알아내기는 쉽다. 그림자가 점점 짧아지면 아침인 거고 그림자가 점점 길어지면 오후, 그림자가 가장 짧을 때는 정오이다. 하루에 두 차례 그림자의 끝에 선을 그으면, 이 두 선의 길이 차이가 흘러간 시간을 표시해준다. 이 과정을 얼마나 섬세하게 할 것인지는 우리 자신에게 달렸다.

내가 쉬는 날에 종종 즐기는 취미는 느긋하게 식사를 하는 동안 햇빛을 이용해서 바닥에 그림자를 표시하는 것이다. 10년 전 브르타뉴에 있는 해변 카페에서 점심을 먹은 적이 있었는데, 식사를 시작할 때 파라솔 그림자 끝부분에 조개껍데기를 하나 놓고, 점심을 다 먹을 무렵 그림자 끝에 또 하나를 놓곤 했다. 조개껍데기 두 개의 거리 차이가 누구와 무엇을 먹었는지를 말해주곤 했다. 아이를 낳은 직후 두 조개껍데기는 거의 닿을 정도로 가까웠고, 지금은 다행스럽게도 다시 거리가 벌어졌다. 언젠가는 10년 전의 기록을 깨보고 싶다.

앞에서 설명했던 이유로 인해 해의 궤적과 그에 따른 그림자는 시기에 따라서 변한다. 정확한 시계를 만들기 위해서 일 년 동안 그림자를 표시하는 것도 얼마든지 가능하다. 해가 뜨기만 한다면 말이다.

일몰과 월입 사람들은 일출 때보다 일몰 때 훨씬 해를 많이 본다. 하루를 시작할 때보다 하루가 끝날 때 더 느긋한 법이다. 그래서 저녁때의 해와 관계된 문화가 훨씬 더 많은 것이리라. 저무는 햇빛 속의 근사한 세계에는 우리가 찾을 만한 흥미로운 단서가 많이 있다.

가장 많이들 하는 것은 해가 실제로 질 때까지 얼마나 남았는지 알아보는 것이다. 주먹을 쥐고 내밀어보면 그 답을 찾을 수 있다. 해가 지평선 위로 손가락 관절 하나만큼 올라와 있으면 15분 더 해를 즐길 수 있다는 뜻이다. 북반구에서는 해가 지는 각도가 별과 마찬가지로 위도에 따라 변하기 때문에 시간이 좀 더 길어진다. 북쪽으로 갈수록 일출과 일몰이 더 낮고 길어진다. 북극에서 해는 지평선을 따라 수평으로 움직이지만 열대지방에서 해는 금세 지고, 손가락 네 마디만큼 올라와 있다 해도 한 시간이 아니라 40분밖에는 해를 더 즐길 수가 없다.

일몰을 즐기는 사람이라면 이 시간의 해의 크기와 모양에 관해 흥미로운 현상 두 가지를 깨달았을 것이다. 해가 가끔 굉장히 크고 납작하게 보인다는 것이다. 이 두 현상은 종종 동시에 일어나지만, 관련이 있는 것은 아니다. 달에서도 똑같은 현상을 볼 수 있는데 두 현상 모두 이유는 다음에 설명하는 대로이다.

해 질 무렵 해는 수직으로 납작하게 보이는데 그 이유는 굴절 현상 때문이다. 우리가 서 있는 곳과 해 사이의 대기가 렌즈 역할을 해서 빛을 굴절시킨다. 기온, 즉 공기의 밀도가 층마다 같지 않고 높아질수록 대체로 차가워지기 때문에 해 윗부분의 빛과 아랫부분의 빛은 같은 각도만큼 굴절되지 않는다.

이 현상을 좀 더 상세하게 설명하려면 조금 특이한 것에 대해 생각을 해야 한다. 우리가 해가 지는 것을 볼 때 사실 해는 거기에 없다. 실제로는 우리가 보는 위치보다 더 아래 있다. 우리에게 해가 그 자리에 있는 것처럼 보이는 이유는 햇빛이 대기를 지나는 동안 굴절되어 우리에게 오기 때문에 해가 이미 졌는데도 그 자리에 있는 것처럼 보이는 것이다. 해의 위쪽과 아래쪽 빛이 지나오는 공기의 온도와 밀도 차로 인해 위쪽 빛이 아래쪽보다 더 많이 굴절되어 해가 납작하게 보이는 효과를 일으킨다.

이런 굴절 효과는 해의 가장 아랫부분이 윗부분보다 더 빨갛게 보이는 이유이기도 하다. 그리고 해를 가리는 구름이 없음에도 종종 해 가운데로 짙은 선이 보이는 이유도 굴절 때문이다.

맑은 날 일몰을 보는데 이런 식으로 해가 납작한 모양이 아니라면 이것은 대기 중에 특이한 기온층이 있다는 단서이다. 즉 날씨가 이상해질 것이다. 해가 납작한 게 아니라 세로로 길게 늘어난 것처럼 보인다면, 기온역전현상이 일어났고 그에 따른 온갖 일들이 벌어질 것을 알리는 강력한 실마리이다. 앞에서 말했지만 기온이 역전된 상태는 해가 지평선 아래로 떨어지는 순간 '녹섬광'을 보기에 딱 좋은 조건이다. 녹섬광은 대기로 인해 햇빛이 굴절되는 결과 중 하나지만 이번에는 다른 색깔이(즉 다른 파장이) 다른 각도만큼 굴절된 것이다.

지평선을 보았을 때 해가 평소보다 더 커 보이는 것은 착시 현상이고, 외적인 요소 때문이 아니라 정신적인 요소에 영향을 받는 것이다. 이렇게 말하면 의심스럽게 들릴지도 모르겠다. 하지만 해나 달이 평소보다 크게 보인다면 간단한 실험을 해보라. 팔을 뻗어 해나 달을 손가락 한 개로 가리키고 구체가 손가락 얼마만큼의 크기인지 살펴보라. 손가락 끝의 폭은 앞으로 뻗었을 때 1도 너비이다. 해와 달 둘 다 하늘 높이 있든 저물고 있든 0.5도 정도 너비일 것이다. 그러니까 손가락 절반 정도 너비로 보일 것이다(해보다는 달로 하는 것이 눈에 훨씬 더 안전하겠지만, 방법은 동일하다). 해나 달이 하늘 높거나 낮게 있을 때 여러 차례 신중하게 확인을 해야만 믿을 수 있을 것이다. 하지만 그때조차도 가끔 사실은 감

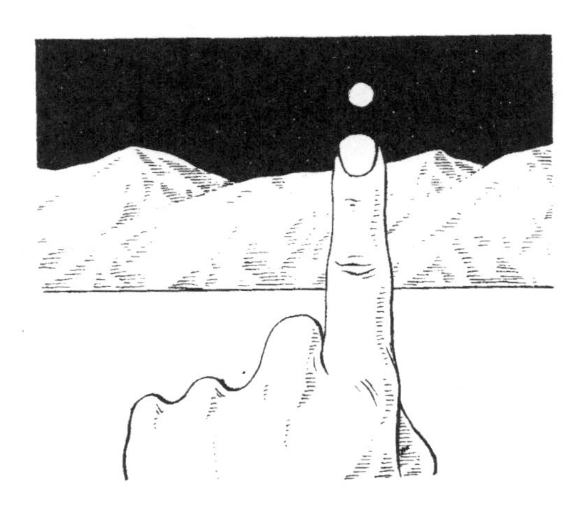

● 해와 달의 크기 착시 현상

정에 밀리고 만다.

"오늘은 해가 유난히 크군!"

이 현상에 깔린 심리학에 대해 알고 싶다면, 이런 설명도 가능하다. 하늘은 지평선에서 시작해 우리 주위를 돔처럼 덮는 반구 형태로 보인다. 하지만 우리는 완벽한 반구를 '보고 있는' 것이 아니다. 우리는 평평한 하늘을 보고 있고, 수직으로 서 있는 것들이 우리의 마음속에서는 수평으로 보이는 것들보다 훨씬 가깝게 느껴진다. 우리가 하늘을 보고 있는지 땅을 보고 있는지에 따라서 사물을 다르게 가늠하는 이유는 우리가 세상을 수직이 아니라 수평으로 보도록 진화했기 때문일 것이다.

우리의 뇌는 두 개의 사물이 같은 크기로 보이는 상황에 대해서 이

해를 하지만, 우리는 하나가 훨씬 더 멀리 있다고 치면 멀리 있는 것이 실은 훨씬 클 거라고 생각한다. 이 논리의 약점은 뇌가 어떤 물체가 실제보다 더 멀리 있다고 생각한다면 그게 실제보다 더 클 거라고 여긴다는 점이다. 이 착시 현상을 갖고서 재미난 시간을 보낼 수도 있다. 다음에 해나 달이 아주 크거나 작아 보이거든 몸을 앞이나 뒤로 기울이고 고개를 한쪽 옆으로 기울인 다음 그 크기가 달라지는지 확인을 해보라. 많은 사람들 눈에 크기가 달라진 것처럼 보일 것이다. 그걸로 별 차이가 안 느껴진다면 바닥에 누워보라. 재미있을 것이다!

해 질 녘 지평선 아래서 발산되는 직선의 틈새빛살crepuscular ray을 보고서 감동하지 않는 사람이 누가 있겠는가? 이 햇빛 사이사이의 틈새에는 하늘의 그림자가 드리우고 멀리서는 구름이 낄 것이다. 이것은 일부만 드러난 하늘의 틈새에서 햇빛이 내리비치던 것의 반대 현상이다.

놀랍게도 과학자들은 우리가 이 빛을 볼 가능성이 가장 높은 타이밍을 알아냈다. 여기에 필요한 구름이 형성되는 정확한 시간은 예측할 수 없지만, 틈새빛살은 해가 지평선 아래 3도에서 4도 사이에 있을 때 나타날 가능성이 가장 높고 해가 6도 밑으로 내려가면 사라진다고 한다. 좀 더 쉽게 풀이하자면 해가 지고 20분 후에 이 아름다운 햇살을 볼 가능성이 가장 높지만, 15분 이상 지속되지는 않는다는 것이다.

틈새빛살과 햇살은 먼 곳에 나타나는 해 그림자의 아름다운 사례지만, 그런 예가 이것만 있는 것은 아니다. 운이 좋으면 산꼭대기에서 산 그림자를 볼 수도 있다. 산의 정확한 모양에 관계없이 광학 효과로 인해 산의 그림자는 항상 멀리 뻗어 나가는 완벽한 삼각형 형태로 나타난다. 이 그림자의 정점은 언제나 대일점을 형성한다. 대일점이란 당신이 서 있는 곳에서 태양과 정확히 반대되는 지점이다. 이것을 이용해서 해와 정확히 반대되는 방향에서 그림자의 꼭대기를 찾아볼 수 있다.

좀 더 일반적인 일몰로 돌아와서, 우리는 이를 통해 굉장히 크고 심오한 것을 추측할 수 있다. 평평한 지평선이 보이는 평평한 지표면에 서서, 예를 들어 바다가 보이는 해변 같은 곳에서 해가 저무는 모습을 계속 바라보자. 해가 완전히 지기 전에 해변에 누워 해 쪽을 쳐다보고 해가 지기를 기다리다가 지는 그 순간에 일어나서 다시 한 번 남은 일몰을 바라보자. 해가 희한하게 보인다는 것 말고 이런 행동에서 무엇을 알 수 있을까? 우리는 방금 지구가 평평하지 않다는 사실을 증명한 것이다.

햇빛 햇빛이 대기를 지날 때는 일부는 거의 직선으로 움직인다. 이것이 우리 눈에 원반형으로 보이는 태양이다. 하지만 대부분의 빛은 대기 중에서 분산되고 반사되다가 한참 빙빙 돌아 지표면에 도달한다. 이것이 우리가 사랑하는 파란 하늘로 보이는 부분이다. 하늘에서 오는 빛은 해에서 직접 오는 빛과 차이를 두기 위해 가끔 '에어라이트airlight'라고 부른다. 앞 장에서 말한 것처럼 대기가 없으면 낮에도 하늘은 밤과 똑같이 까맣고 별이 가득하게 보일 것이다. 차이는 커다랗고 밝은 별, 태양뿐이다.

직사광선과 에어라이트라는 두 가지 빛이 있다는 사실은 흥미로운 결론을 끌어낸다. 이 중 가장 중요한 것은 그림자에 관한 것이다. 낮 동안의 그림자는 완벽하게 까맣지 않다. 해가 땅의 일부분까지 닿지 못한다 해도 나머지 하늘에서 온 빛이 닿기 때문이다. 하지만 에어라이트는 백색광이 아니기 때문에 햇빛 그림자는 하늘의 색깔에 의해 살짝 색이 있게 된다. 이것은 아주 희미한 효과지만 맑고 화창한 날 하얀 눈 표면에서 쉽게 알아볼 수 있다. 이런 조건에서 그림자를 보면 가끔 검은색이 아니라 실은 파란색이라는 걸 확인할 수 있을 것이다. 하늘의 파란 빛이 비치기 때문이다. 연습을 하면 포장도로처럼 덜 하얀 표면에서도 이 효과를 확인할 수 있게 될 것이다.

간단한 실험을 해보는 것도 좋다. 화창한 날에 해를 등지고 손을 옆구리에 내려뜨리고 손가락을 편다. 그러면 손 그림자 가장자리가 아주 뚜렷하게 보일 것이다. 이제 손을 머리 위로 들어올린 다음 다시 보라. 같은 손, 같은 해인데 그림자는 완전히 다르게 보일 것이다. 그 뚜렷하고 명료하던 선은 어디 간 걸까?

해는 바늘구멍 같은 것이 아니다. 해는 원반형이고, 이런 원반형 광원이 그림자를 길게 드리우면 드리울수록 그림자의 일부에 원반의 한쪽 편이 빛을 비출 가능성이 높아진다. 그 결과 해의 한쪽에서 나온 빛이 땅의 전부는 아니지만 일부분에 닿아서 '반암부penumbra'라는 것을 만들게 된다. 실내에서 회중전등을 이용해서 같은 효과를 낼 수 있다. 물체의 그림자가 길면 길수록 더 흐릿해진다. 이것은 그림자를 이용해서 방향을 찾거나 시간을 알아보려고 할 때 유용하다. 하루 동안 여러 차례 그림자를 길게 드리워보라. 하지만 지나치게 길면 너무 흐려져서

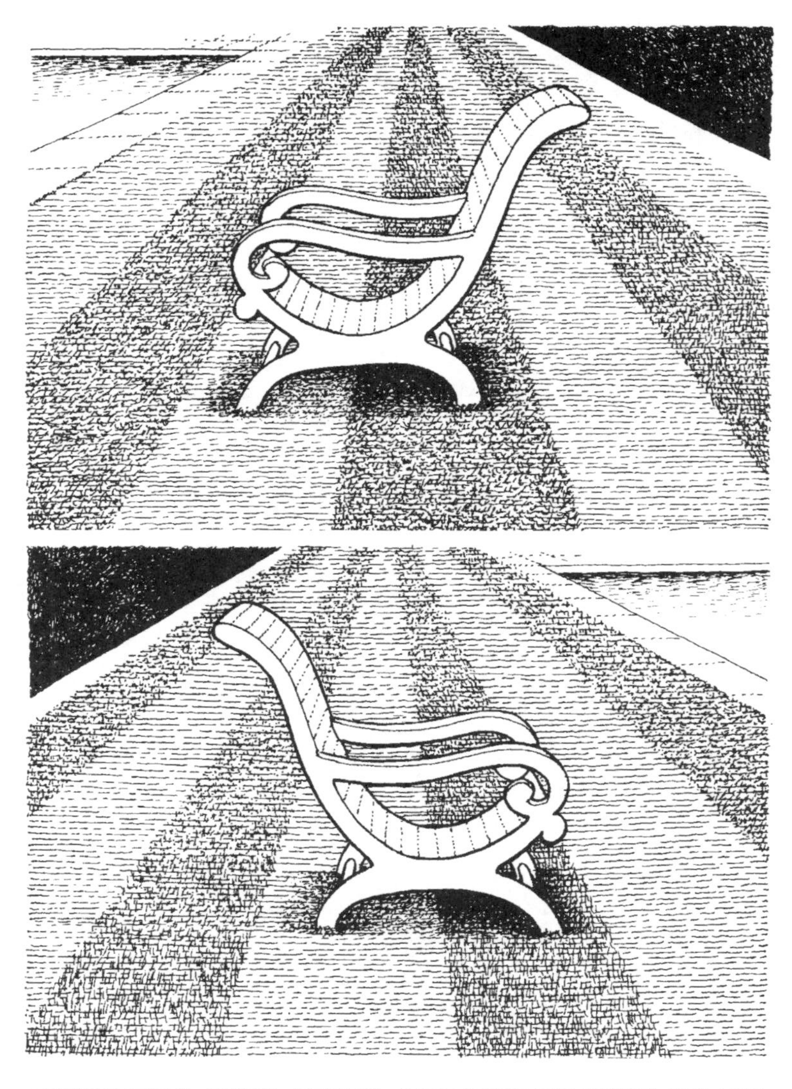

● 잔디밭의 줄무늬는 잔디 깎는 기계가 어느 쪽으로 움직였는지를 보여준다. 반대로 돌아서면 어둡고 밝은 부분이 반대가 된다.

쓸모가 없다.

햇빛은 또 다른 흥미로운 효과를 일으키고, 우리는 그것을 통해 주변의 풍경을 해석할 수 있다. 해의 각도와 빛이 반사되는 표면의 각도에는 여러 가지 상반되는 면이 있으나 우리는 이런 현상에 지나치게 익숙해서 그것이 알려주는 단서를 대체로 모를 때가 많다.

우리 모두 갓 깎은 잔디밭의 우아한 줄무늬에 익숙해서 우리의 뇌는 더 이상 그것을 분석하려 하지 않는다. 하지만 시간을 들여 살펴보면 더 밝은 줄무늬가 잔디 깎는 기계가 우리로부터 멀어진 방향이고, 더 어두운 줄무늬는 기계가 우리 쪽으로 움직인 것임을 알 수 있다. 반대로 돌아서면 이제 그 효과가 반대가 된다. 우리 쪽으로 움직이던 기계가 이제는 반대편으로 가는 것이다.

손으로 펠트 같은 천을 쓰다듬을 때에도 똑같은 효과를 볼 수 있다. 이것은 천의 '언덕'이라고 알려진 것으로, 당구대처럼 밝은 표면에 놓고 보면 아주 잘 보인다. 동네에서 이런 효과를 알아보기 시작하면 우리는 전원에 이런 종류의 실마리가 가득하다는 것을 알게 될 것이다. 오래전에 지나간 탈곡기가 간 길을 알아낼 수도 있고, 같은 효과를 이용해서 잃어버린 공이나 개, 함께 걸었던 동반자도 찾아낼 수 있을 것이다.

달

Moon

The Walker's Guide to Outdoor Clues and Signs

깊은 밤에 기댈 든든한 친구

1900년에 프랑스의 천문학자 카미유 플라마리옹Camille Flammarion은 흥미로운 실험을 했다. 그는 《천문학 저널》의 독자들에게 맨눈으로 보름달을 보고 달 그림을 그려볼 것을 제안했다. 마흔아홉 명이 이 제안에 응해 손수 달 표면 그림을 그려 보냈다. 그런데 이 마흔아홉 장의 그림에 공통으로 들어가 있는 것은 단 하나도 없었다. 우리는 모두 자신만의 달을 보는 셈이다.

그렇다 하더라도 다행히 우리는 달을 이용해서 많은 것을 분명하게 알아낼 수 있다. 그러려면 우선 달의 확실한 주기를 알아야 한다.

하지만 그전에 조언을 하나 하고 싶다. 이 장에 나오는 이야기들이 처음 듣는 내용이라 좀 헷갈린다 해도 걱정할 것 없다. 달의 습성에 익숙해지는 가장 좋은 방법은 많이 읽고, 많이 관찰하고, 많이 생각하는 것이다. 그런 다음 조금 쉬었다가 다시 반복하라. 달은 처음에는 좀처럼 알기 어려운 천체지만 언제나 새로운 것을 재미있게 배울 수 있는 대상이다.

29일 반마다 달은 초승달로 시작해서 초승달로 끝나는 한 주기를 마친다. 이때 달은 해와 거의 나란히 있어서 햇빛 속에 숨어 우리 눈에는 보이지 않는다. 하루가 지날 때마다 달은 작은 은빛 초승달에서 밝은 반달을 지나 커다랗고 밝은 보름달을 거쳐 다시 이지러지다가 마침내 시야에서 사라진다. 이는 해와 달 모두 하늘에서 동쪽에서 서쪽으로 이동하지만, 달이 해보다 약간 느리게 움직이기 때문이다. 매일 달은 해에 비해서 12도만큼 '뒤처진다'. 초승달은 언제나 해에 가까운 쪽이 밝은 것이다.

달을 보기만 하고도 대략의 시기를 파악할 수 있지만, 이것을 본능적으로 알아채려면 연습이 조금 필요하다. 이것을 처음 시도할 때에는 다음의 방법을 따라하는 것도 괜찮다.

크고 둥근 달이 거의 보름달과 비슷하다면 이 달은 열닷새쯤 되었을 것이다. 보름달보다 작다면 원의 어느 쪽이 '없는지' 혹은 '어두운지' 확인해보라. 왼쪽 가장자리가 없다면 이 달은 열닷새가 덜 된 달이라 날이 지날수록 차츰 차오를 것이다. 오른쪽 가장자리가 어둡다면 이 달은 열닷새가 넘은 것이고, 보름달에서 보이는 부분이 크면 클수록 아직 어린 것이다.

예를 들어 달이 거의 동그랗지만 오른쪽 가장자리가 모자라다면, 이 달은 열닷새가 넘었지만 그리 많이 넘지는 않아서 대강 열여드레 정도 되었을 것이다. 왼쪽 가장자리가 없고 오른쪽으로 얇은 초승달 모양으

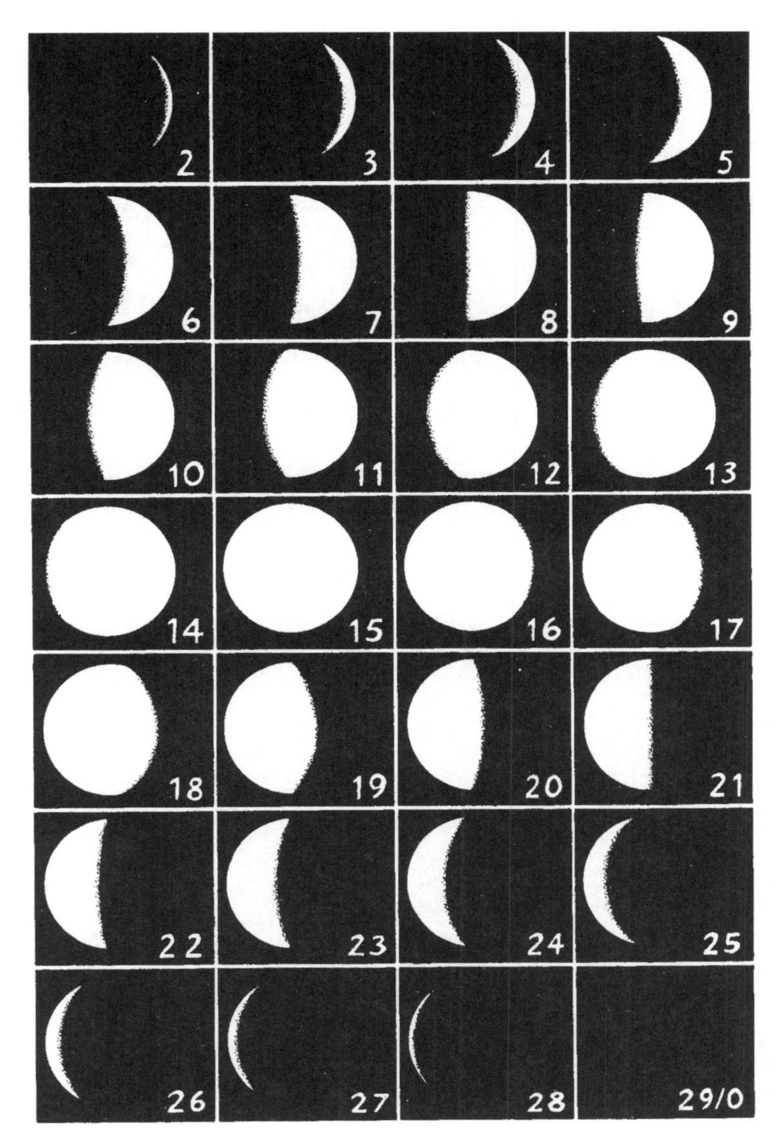

● 달의 위상. 매일 달의 모양과 밝기는 변화를 반영한다.

로 보인다면 아주 어린 달로 사흘 정도 되었을 것이다. 그림을 보며 이 방법을 연습해보고 잘되는지 확인해보라.

달의 나이를 가늠하는 또 다른 확실한 단서는 해와 달 둘 다 동쪽에서 서쪽으로 하늘을 가로지르니까 달이 해보다 얼마나 더 늦게 움직이는지를 보는 것이다. 매일 달은 해에 비해 12도 동쪽으로 움직인다. 이것은 주먹 하나에 손가락 관절 하나를 더한 만큼이다. 달의 이런 행동을 처음 알았다면 어느 날 하루 달이 별과 비교할 때 어떤 위치에 있는지 보고 그림을 그려놓는 게 좋다. 그리고 이튿날 밤에 다시 그림을 그리자. 이런 그림을 몇 장 비교해보면 달이 매일 밤 별과 해에 비해 동쪽으로 주먹 너비 정도 '점프한다'는 것을 확인할 수 있을 거고, 그러면 달의 습성에 대해서 좀 더 잘 알게 될 것이다.

이레 된 달은 해보다 매일 12도씩 뒤떨어진 채(동쪽으로 치우쳐) 이레 동안 움직인 것이다. 그러니까 동쪽에서 서쪽으로 가는 공통된 여행에서 해보다 약 90도 뒤처져 있는 것이다. 이 말은 해가 저녁 무렵 서쪽에 도착했을 때 달은 남쪽에 있다는 뜻이다. (해가 270도 위치에 있으면 달은 180도 위치에 있을 것이다.)

두 방법 중 하나나 둘 모두를 사용하면 달의 나이를 대략 가늠할 수 있을 것이다. 누구나 하루 이틀 정도는 연습을 해야 한다.

두 방법을 잘 기억해둔다면 앞으로 언제 달이 어떤 위상을 하고 있을지 파악하는 데 도움이 되는 세 번째 방법이 있다. 이런 기술 대부분이 그렇듯이 처음에는 굉장히 어려워 보이지만 금방 믿음직한 친구가 되어줄 것이다.

우선 특정 날짜에 달의 위상을 알아야 한다. 날짜가 가까울수록 다음 단계가 쉽지만 위상을 외워야 하기 때문에 자신의 생일 같은 날을 정해서 그날 달의 위상을 확인해두어야 한다. 그러고서 다음의 방법을 따르면 된다.

당신이 외운 해에서 일 년이 지날 때마다 11씩 더해라. 이 숫자가 30을 넘어가면 거기서 다시 30을 빼라. 그다음 당신이 외운 날짜에서 한 달이 지날 때마다 1씩 더해라. 역시나 이것도 30을 넘어가거든 다시 30을 빼라. 날의 숫자를 더하고(예를 들어 그 달 6일이면 6을 더해라) 30을 넘어가면 30을 빼라. 그러면 그 답이 달의 나이를 날짜로 나타난 숫자이다.

매년 나는 외우는 날짜를 바꾼다. 즉 매년 새로운 날짜를 외운다는 뜻인데, 그러면 첫 번째 단계를 뛰어넘을 수 있어서 이 계산을 자주 할 때 시간을 조금 절약할 수 있기 때문이다. 올해에는 2014년 3월 1일이 초승달(0일 된 달)이었다는 사실을 이용해 외우고 있다. 그러면 이제 어떻게 하는지 예를 들어보겠다.

내가 2014년 5월 31일 토요일 밤에 산책을 계획하고 있을 때 달이 협조를 해줄지 어떨지 어떻게 알 수 있을까?

이것은 내가 외운 3월에서 두 달 뒤니까 2를 더한다. 31일이니까 31을 더한다. 그러면 33이 되니까 30을 빼면 이것이 답이다. 5월 31일 토요일에는 3일 된 달이 뜰 것이다. 3일 된 달은 해보다 3×12도만큼 느리게 움직일 테니까 36도, 즉 원의 10분의 1이다. 그 말은 달이 해보다 그리 뒤처지지 않아서 황혼녘에 가는 초승달이 보일 거라는 뜻이다. 이러면 달이 해를 거의 뒤따라 질 테니까 밤중에 별을 관찰하기에는 좋겠지만, 긴 야간 산책에는 별로 도움이 되지 않을 것이다. 그다음 토요일이 더 나을 것이다.

그러면 재미삼아 한번 계산해보자. 2017년 크리스마스 날에는 어떤 달이 뜰까?

이것은 내가 외운 날짜(2014년 3월 1일)보다 3년 뒤니까 3×11을 더하면 33이 된다. 30이 넘었으니 30을 빼면 3이 남는다. 내가 외운 날짜보다 9개월 뒤니까 9를 더하면 12가 된다. 25일이니까 25를 더하면 37이 된다. 30을 빼면 나머지는 7이다. 즉 2017년 크리스마스에 달은 7일 된 달, 즉 상현달이 정오에 떠서 해 질 무렵에 남쪽 하늘 높이 떠 있을 것이다.

달의 위상과 이것을 예측하는 방법에 익숙해지면, 이것이 우리의 산책에 미칠 영향에 대해서도 생각해볼 수 있다. 달 표면이 햇빛을 더 많이 받을수록 더 많은 빛이 반사되고 조명 없이도 야간에 주변을 보기가 쉬워진다. 다시 말해 보름달은 별빛을 즐기며 야간 산책을 한다는 목표에는 어울리지 않는다. 보름달에 별빛이 거의 다 가려질 것이기 때문이다.

야간 산책의 목적에 대해 조금 고민해보면 나가기 좋은 날짜를 정하는 데 굉장히 큰 도움이 된다. 꽤 먼 거리까지 다녀올 계획이라면 밝은 달빛이 속도를 높이는 데 도움이 되고, 손전등보다 훨씬 만족스러울 것이다. 하지만 여기에는 약간의 미묘한 문제가 있다.

보름달은 해가 질 무렵에 떠오른다. 이 시기의 해와는 정반대로 움직이기 때문이다. 달이 어리면 해가 지기 전에 떠오르고 달이 보름을 지나면 매일 해보다 점점 더 느려지기 때문에 해가 지고 한참 있다가 뜬다. 이 말은 12일 된 달과 18일 된 달 사이에는 큰 차이가 있다는 것이다. 둘 다 보름달과 사흘씩 떨어져 있고 산책을 하기에 적당한 만큼의 빛을 비춰주겠지만, 12일 된 달은 대체로 해가 지기 한참 전에 떠오른다. 즉 저녁 산책 때에는 완전히 어두운 시간은 없을 거라는 뜻이다(어두워지긴 하겠지만 해 뜨기 직전 새벽만큼 어둡지는 않을 것이다). 18일 된 달은 대체로 해가 지고도 한참 지나도록 지평선 아래서 꾸물거린다. 즉 해 질 무렵에 산책을 시작하면 어둠 속에서 한참 걸어야 한다는 뜻이다. 하지만 이 나이 든 달은 예를 들어 등산처럼 새벽에 해가 뜨기 전에 일찌감치 시작하는 활동에는 딱 좋다.

이 과정을 좀 더 명쾌하게 하기 위해서는 초승달은 해와 동시에 뜨기 때문에 보이지 않지만, 그 뒤로 매일매일 달이 해보다 평균 50분 늦게 뜬다는 사실을 기억해두는 것이 좋다. 보름달이 뜰 무렵에는 거의 해가 지는 시각에 달이 떠오를 것이다.

달의 위상과 달이 발산하는 빛의 양에 관해 굉장히 흥미로운 현상이 하나 있다. 달의 밝은 부분이 커질수록 우리가 받는 빛의 양도 당연히 많아진다. 그런데 이것은 정비례하는 것이 아니라 기하급수적으로 증가한다. 보름달은 우리에게 반달의 두 배만큼의 빛을 주는 것이 아니라 열 배만큼의 빛을 준다. 그 이유는 '망효과opposition effect' 때문이다.

햇빛에 밝아지는 달 표면의 양은 해와 비교할 때 달이 어디에 있는지에 따라 달라진다. 달이 해와 같은 선상에 가까워질수록 우리는 달을 더 적게 보게 되고 실제로 같은 선상에 있으면 달이 전혀 보이지 않는다. 우리는 이것을 그믐달이라고 부른다. 지구를 중심으로 달이 해와 반대편에 있을수록 우리 눈에 밝게 보이는 달 표면의 양은 점점 더 많아질 뿐 아니라 표면에서 반사되어 우리에게 오는 햇빛의 양 역시 많아진다. 보름을 제외한 모든 위상에서 달의 산과 골짜기 중 일부는 그림자로 어둡게 보인다. 반달 무렵 달을 자세히 살펴보면 이런 산과 골짜기를 종종 발견할 수 있다.

보름 때는 그림자가 전혀 보이지 않는다. 대신 모든 표면이 빛을 반사한다. 집에서 불을 끄고 오렌지와 손전등을 이용해서 이 효과를 증명해볼 수 있다. 손전등을 당신이 바라보는 선상으로 멀리 가져가 오렌지를 똑바로 비추면 오렌지는 어두운 구석이라고는 없이 균일하게 밝은 주황색 물체로만 보인다.

하지만 손전등을 오렌지의 한쪽 옆으로 가져가서 적당한 각도로 비추면 갑자기 이 과일이 밝은 부분과 어두운 부분으로 얼룩덜룩해지게 된다. 그림자가 보이기 때문에 오렌지의 우툴두툴한 표면이 훨씬 확실하게 눈에 들어오지만, 이 작은 그림자들은 표면을 훨씬 어두워 보이게 만드는 효과가 있다. 이 실험은 레몬이나 라임, 호두, 심지어는 구긴 종이뭉치로 해도 된다.

광량은 매일매일 달라진다. 달의 모양만 보고서 정확하게 보름이 언제인지 판단하는 것은 놀랄 만큼 어렵다. 왜냐하면 달 모양은 보름달에 가까워질수록 적게 변하기 때문이다. 보름달 전날과 보름달 다음날의 모양은 거의 비슷하지만, 밝기는 굉장히 낮아진다. (하루하루 밝기는 크게 달라져서 반달일 때보다 보름달일 때에 열 배 이상 밝아진다.) 보름달에 가까워질 때 이런 밝기의 큰 변화는 이것이 진짜 보름달인지 아니면 보름달에 가까운 것인지 판단하는 훌륭한 실마리가 된다. 위에서 이야기한 것처럼 달이 뜨는 시간 역시 굉장히 도움이 되는 단서이다.

자연 내비게이션 하늘 높은 곳에 떠 있는 초승달을 보면, 달 양쪽 끄트머리에서부터 지평선까지 직선을 그어보라. 그곳이 남쪽이다. 초승달이 높으면 높을수록 이 방법은 대체로 더 신뢰할 수 있다. 초승달이 낮게 지평선 부근에 떠 있으면 오차가 커진다.

달이 하늘에서 가장 높은 위치에 도달해서 위아래로 움직이지 않고 왼쪽에서 오른쪽으로 평행하게 이동한다면, 거기가 남쪽이다. 이것을 정확하게 연습하는 유일한 방법은 달의 그림자에 주목하는 것이다. 해와 마찬가지로 달이 어떤 모양을 하고 있건 그림자가 가장 짧을 때 그림자는 완벽하게 남북으로 뻗어 있는 것이다.

달이 뜨거나 질 때는 이용하기 어려운 방법이다. 달은 동쪽 지평선에서 떠서 서쪽으로 지지만 그 정확한 방향은 예측하기 어렵고, 그나마도 약 19년 주기에 따라 바뀐다.

가장 단순한 방법은 다음과 같다. 위도가 높은 곳에 있을수록 달이 뜨고 지는 방향의 폭이 더 넓어진다. 일반적으로 달은 여섯 달 전에 해가 뜬 곳 근처에서 떠오른다.

보름달은 그날 해가 진 방향의 정반대 지점쯤에서 떠오른다. 그러니까 보름달은 한여름에는 남동쪽에서 뜨고 한겨울에는 북동쪽에서 뜬다.

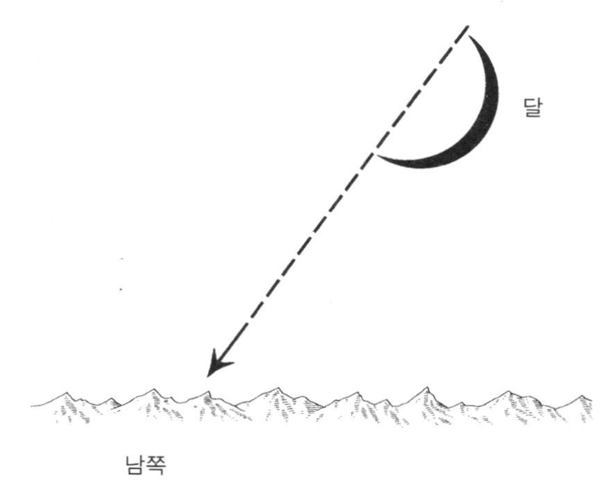

● 북위도 지역에서 초승달의 위쪽 뿔에서 아래쪽 뿔을 지나 지평선까지 이으면 얼추 남쪽을 가리킨다.

달빛 해에 관한 장에서 우리는 하늘에서 오는 빛, '에어라이트'가 햇빛이 직접 닿지 못하는 부분도 어느 정도 비추기 때문에 낮에 완전히 새카만 그림자는 거의 볼 수 없다고 이야기했다. 하지만 달은 하늘까지 비출 만큼 밝지 않기 때문에 밤에는 에어라이트가 거의 없다. 별빛이 약간 있긴 하지만 낮의 하늘에 비할 바는 아니다.

이 말은 달빛을 직접 받지 못하는 부분은 전부 달그림자가 생기게 되고, 달그림자는 새카맣다는 뜻이다. 달빛을 직접 받는 물체를 보면 당신의 눈은 그 형태를 거의 정확히 알아볼 수 있지만 색깔은 제대로 보지 못한다. 반대로 그림자 속에서는 아무것도 볼 수가 없다. 이것은 밤에 설령 완만한 언덕을 오른다 해도 중대한 영향을 미친다.

달빛을 받는 언덕은 낮에 오르는 것보다 딱히 더 어렵지 않지만, 그림자 진 언덕은 훨씬 더 어렵고 굉장히 험난하다. 잔머리를 좀 굴릴 줄 안다면 달이 산꼭대기를 넘어 따라오도록 서쪽을 향해 걸으면 좋을 것이다. 물론 가는 내내 손전등을 들고 가야 할 것이다.

달과 우리의 눈 별과 마찬가지로 우리의 장거리 시력을 시험하는 데 달을 이용할 수 있다. 미국의 천문학자 피커링W.H. Pickering이 고안한 이 테스트는 달의 몇 가지 특징을 더 잘 아는 데도 도움이 된다. 한번쯤 해볼 가치가 있는 테스트이고, 처음 할 때는 다른 세계를 탐험하는 느낌이 들 것이다.

피커링은 맨눈으로 보기 쉬운 것에서 어려운 것까지 열두 가지 달의 특징을 목록으로 만들었다. 1번은 가장 쉬워서 시력이 평범하거나 안경을 쓴 사람이라면 누구나 볼 수 있다. 12번은 사람의 맨눈으로 거의 보기 어렵기 때문에 11번이 가장 높은 목표이다. 가능한 한 승산을 높이기 위해서 새벽이나 저녁 어스름에 시도하는 것이 가장 좋다. 낮에는 하늘이 너무 밝고 밤하늘은 너무 어두워서 빛과 그림자의 이상적인 대비가 나오지 않고 보기에도 좋지 않다.

새로운 발견을 좇느라 눈을 찌푸릴 때는 초승달 직후, '오래된 달을 무릎에 안고 있는' 어린 달을 보는 것이 좋다. 이것은 희고 밝은 초승달이 보이는 동시에 달의 더 어두운 부분도 희미하게나마 보이는 시기를 일컫는 말이다. 이것이 보인다면 시야가 좋다는 징조이다. 달은 스스

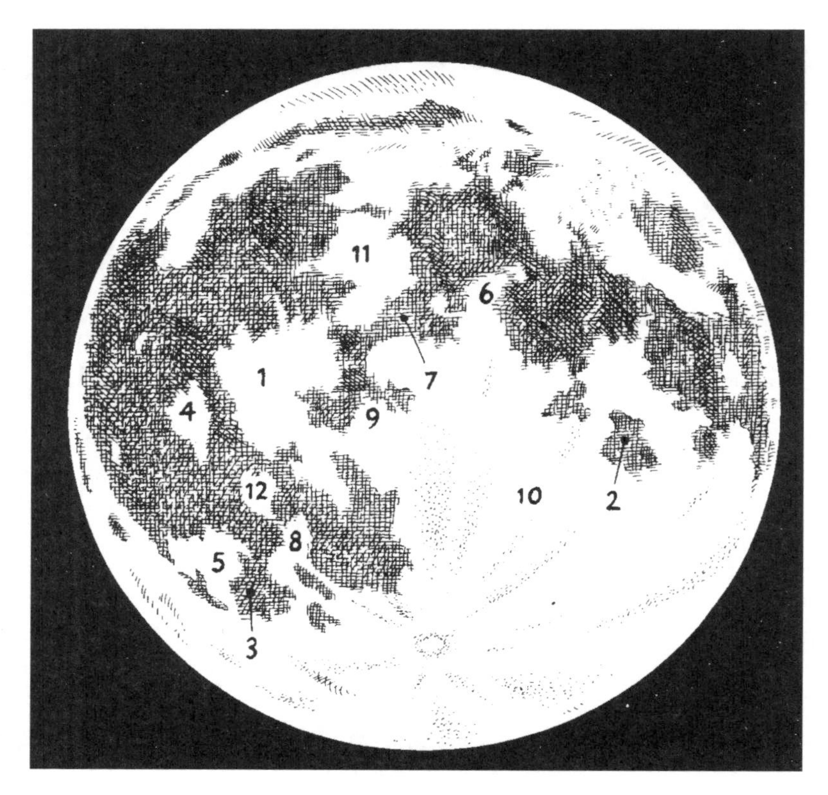

● 달을 이용한 시력 검사

1. 코페르니쿠스 충돌부의 밝은 가장자리
2. 감로주의 바다
3. 습기의 바다
4. 케플러 충돌구의 밝은 가장자리
5. 가상디 분화구
6. 플리니우스 분화구
7. 증기의 바다
8. 루비니에츠키 분화구
9. 중앙 만
10. 사크로보스코 부근의 옅은 그림자
11. 아페닌 산맥 기슭의 어두운 지점
12. 리파에우스 산맥

로 빛을 뿜어내지 않고 햇빛은 오로지 우리 눈에 밝게 보이는 부분에 만 닿는다. 그러니까 이 훨씬 약한 빛이 나오는 곳은 딱 한 군데, 바로 지구뿐이다. '지구 반사광'은 지구에서 반사된 빛을 부르는 이름이고(달보다 지구가 훨씬 더 빛을 잘 반사한다) 이 반사광은 달의 어두운 부분을 우리 눈에 보일 정도로 비출 수 있을 만큼 밝다. 햇빛이 지구에 반사되어 달에 닿은 다음 다시 반사되어 우리 눈에까지 돌아온다는 것은 생각해보면 참으로 기묘한 일이다. 꼭 햇빛으로 하는 탁구 같지 않은가.

파란 달 'Once in a blue moon(아주 가끔)'이라는 영어 표현이 있다. 자주 사용하긴 하지만 이 말이 원래 어디서 유래한 건지 아는 사람은 거의 없다.

사실 '파란 달blue moon'이라는 단어에는 두 가지 뜻이 있다. 첫째는 한 달에 두 번 보름달이 뜰 때를 말한다. 이것은 3년에 한 번쯤 일어나는 드문 일로, 여기에서 이 표현이 나왔다. 둘째는 야외에서의 정보라는 면에서 조금 더 흥미롭다.

해나 달이 하늘에 낮게 걸려 있을 때 강렬한 주황색이나 빨간색으로 보이는 것은 그다지 드문 일이 아니다. 대기 중에서 스펙트럼의 파란 쪽 빛이 분산되면서 생기는 일반적인 효과이기 때문이다. 그러니까 파란 빛이 도는 달이 보인다면 빛이 공기 분자 외의 다른 것 때문에 분산되었다는 증거이다. 이런 종류의 파란 달은 무언가가 대기 중에 떠다니는 다량의 입자를 만들어냈다는 의미이다. 큰 산불이나 화산 폭발, 모래폭풍이나 황사 등이 원인이 될 수 있다.

이 장에서 우리는 달을 이용해서 더 즐겁고 편하게 산책을 할 수 있는 실용적인 방법을 살펴보았다. 앞으로 '바다' 장에서 다시 달로 돌아가 달과 조수의 관계를 살펴볼 것이다. '드물고 특별한 것들' 장에서도 다시 달을 보게 될 것이다.

내가 이야기하고 싶은 마지막 흥미로운 사실은 보름달이 겨우 1, 2분 후의 날씨에도 영향을 미친다는 것이다. 보름달은 기온을 0.02도 높여 인도와 오스트레일리아에 강우량을 약간 낮춘다. 물론 이것이 산책 계획에 영향을 미치지는 않을 것이긴 하다.

달이 멍청한 짓을 더 많이 하게 만들고 범죄율을 높인다는 믿어지지 않는 이야기로 달에 대한 장을 마무리해야겠다. 멍청한 짓을 더 많이 하게 된다는 과학적인 증거는 없지만 다음 밀렵꾼의 설명을 보면 범죄율이 높아진다는 데 근거가 있는지도 모르겠다.

> 그물을 쓰는 밤은 하늘에 구름이 끼어 있고 손금이 보이지 않을 정도로 달빛이 어두워야 한다. 어두운 밤을 골라 나가라. 그러면 설령 발각되어도 잡히지 않고 도망칠 수 있기 때문이다.
>
> —이안 니알, 『밀렵꾼 안내서The Poacher's Handbook』

야간 산책

A Night Walk

The Walker's Guide to Outdoor Clues and Signs

예리한 감각에 기대는 법

1월 하늘에서 해는 짙은 주황색 빛을 내뿜으며 남서쪽 하늘로 떨어진다. 목성이 가장 먼저 떠오르고, 곧이어 황소자리의 눈을 이루는 밝고 빨간 알데바란Albaran이 떠올랐다. 멀리서 황갈색 부엉이가 좋은 날씨를 약속하듯 우는 소리가 들렸다. 별과 부엉이, 야간 산책의 시작이다.

발밑에서 짓눌리던 진흙이 단단한 자갈로 바뀌었다가 부드럽게 버스럭거리는 눈길로 이어졌다. 바닥을 보니 녹은 눈이 시내를 이루어 흙위로 흘러가서 밝은색의 흔적을 남겨놓았다. 이 구불구불한 하얀 뱀은 내 발치에서부터 검은 진흙탕까지 이어졌다.

달이 서식스의 벌거벗은 너도밤나무 사이를 비집고 떠올랐다. 초승달 끄트머리가 남서쪽에서 남쪽으로 쭉 이어져 있다. 길 양쪽으로 빽빽하게 서 있는 나뭇가지에 가려 좁게 드러난 어둡고 짙푸른 하늘 아래를 걸었다. 부엉이 울음소리 사이로 도로에서 나는 소리가 들렸다.

시각을 활용할 수 없는 밤에는 소리에 더 신중하게 귀를 기울인다. 소리는 지표 근처의 차가운 공기 속에서 더 멀리까지 나아간다. 나는 집 근처인 어샘 숲을 걷고 있고, 내 귀에 들리는 도로의 소리는 평소에 듣던 것과 다르다. 보통은 조금 높은 곳에 올라오면 A27 도로에서 연신 부릉거리는 소리가 남풍을 타고 농지를 지나 숲까지 깨끗하게 들려오곤 한다. 그러나 오늘밤 도로의 소리는 연속적이지도, 단조롭지도 않았다. 간헐적인 폭발음에 가까웠다. 분명히 덜 붐비는 A287 같은 다른 도로일 것이다. 이 사실에 나는 바람을 확인하고서, 평소와 달리 북서풍이 분다는 사실에 안도했다. 풍경은 광량과 질에 따라 시시각각 달라지고, 소리는 바람의 방향과 강도에 따라 달라진다. 그리고 둘 다 온도에 따라 약간 굴절된다.

나는 북서쪽으로 휘어지는 길을 따라 걸어갔다. 낮게 걸린 밝은 별, 베가 아래서 나무들을 헤치며 지나가는 동안 산들바람이 불어와 얼굴에 닿았다. 베가는 북반구에서 유일하게 황혼과 나뭇가지들 사이에서도 뚜렷하게 보이는 별이다. 내가 앞으로 나아가는 동안 별 역시 나뭇가지를 지나친 다음 다시 환하게 모습을 드러냈다.

길은 북동쪽으로 구부러졌다. 그러자 낮 동안 남쪽 가장자리 그림자 속에 숨어 있어서 아직 살아남은 눈 더미 하나가 모습을 드러냈다. 눈은 끈질기게 길 남쪽 모서리에 남아 진창을 만들고 있었다.

작은 공터에 멈춰서 나는 하늘을 좀 더 신중하게 살펴보았다. 쌍둥이자리의 머리 부분인 카스토르Castor와 폴룩스Pollux가 각기 가장 위에 있고 쌍둥이의 몸은 내 동쪽에 있는 짙은 나뭇가지들 위로 드러누운 자세였다. 일 년 중 이 시간은 이들의 야간 순찰이 이제 시작될 때이니 곧 일어나겠지만, 매일 밤 4분씩 빨라지다가 늦여름에는 해가 뜨기 전에 드러누워 잠이 들 것이다.

쌍둥이 위로 고리 모양을 한 마부자리가 밝은 노란 별 카펠라 덕에 쉽게 눈에 띈다. 나는 하늘을 보고 북반구의 밤하늘 전체에서 가장 믿음직스러운 닻인 북극성을 찾기 위해 두 가지 마부자리 방법을 모두 사용해보았다.

이제 내 위치를 확실하게 파악했으니 바람의 방향에 좀 더 관심을 기울일 차례이다. 바람이 정확히 북서쪽에서 불어왔으니 앞으로 몇 시간 동안 계속해서 신경을 바싹 곤두세우고 있어야 할 것이다. 낮 동안 날씨가 바뀌는 건 그저 불편할 뿐이지만 1월 밤에 날씨가 바뀐다면 미리 경계해야 한다.

주목이 하늘을 검게 가리고 있어서 나는 몇 초 동안 별들의 위치를 놓치고 말았다. 그래서 한 해 중 이 시기에는 어떤 나무가 하늘을 가리는지 알아봐야겠다는 생각이 들었다. 낙엽수들은 담쟁이덩굴을 가득 두른 것들이 아니면 전부 헐벗고 있었다. 2단계 담쟁이덩굴이 덥수룩하게 자란 나무들은 그 이파리 때문에 밤하늘을 상당 부분 가렸다. 이 담쟁이덩굴이 2단계라는 걸 알 수 있는 증거는 키 큰 물푸레나무의 남쪽 부분이 훨씬 풍성하고 이파리들이 하늘의 밝은 달빛을 향하고 있기 때문이다.

머리 위로 제트기의 초록색과 빨간색 불빛이 보였다. 비행기는 비행기구름을 남기지 않았다. 공기가 건조하고 조만간은 쭉 맑을 모양이다. 갈색 부엉이가 이런 예측이 모두 맞다고 확인해주듯이 정기적으로 울었다. 그러다 문득 머리 위로 북반구 하늘에서 또 다른 핵심 멤버인 카시오페이아가 처음으로 눈에 들어왔다. 이 별들 앞으로 작고 가벼운 뭉게구름이 지나갔지만 별들을 가리지는 못했다. 이 작고 가느다란 뭉게구름은 저층부에 약간 습기가 있다는 징조이다. 이런 낮은 기온에서는 구름을 만드는 데 수분이 많이 필요하지 않지만, 여름의 열기 속에서는 작은 구름이라 해도 공기 중에 물이 훨씬 많이 있어야 한다.

일곱 자매 플레이아데스가 나타나고 이들의 아름다움은 언제나처럼 필요 이상으로 오래 내 시선을 끌었다. 그 바람에 왼발이 깊은 진창에 빠졌다. 시선을 아래로 내렸다가 갑자기 어두워져서 나는 깜짝 놀랐다. 내가 걷고 있던 커다란 길이 눈앞에서 사라진 것이다. 앞을 보니 길이 50미터 정도 분명하다가 사라졌다. 멀리 바라보니 훨씬 떨어진 곳에서 길이 다시 나타났다. 내 발밑과 멀리 떨어진 곳에는 길이 있지만 그 중간의 길은 사라지고 없었다. 마치 어두운 협곡을 지나가는 듯했다. 조금 불안해졌지만 어깨 너머로 범인을 찾았다. 나는 달의 속임수를 알아채고 미소를 지었다. 북동쪽으로 걸어가고 있었던 것이다. 달은 등 뒤에 있고, 내 앞으로 길은 내리막이라 이런 경사에서는 달빛이 내 눈으로 반사되어 들어오지 않는다. 그러다가 약 200미터쯤 지나서 직선 길이 다시 오르막이 되며 달빛을 다시금 잘 반사하게 된 것이다. 내 등 뒤의 약한 달빛 때문에 길이 사라졌다 나타난 것이므로 나는 협곡에 떨어질 두려움 없이 다시 걷기 시작했다.

모든 소리에는 무게가 있다. 돌 위에 덮인 눈을 밟고 지나가는 내 부츠는 자갈을 내리치는 삽 같은 소리를 냈다. 빽빽한 숲을 지나가자 부엉이 울음소리는 달라지지 않았지만 내 귀에는 기묘하게 왜곡되어 들렸다. 왼쪽에서 잔가지 부러지는 소리가 들려 멈췄다. 어둠은 소리를 날카롭게 만들고 갑작스러운 소리에 우리는 소스라치게 놀란다. 하지만 약간의 훈련만 거치면 두려움을 섬세한 감각으로 바꿀 수 있고, 이런 예민한 주의력을 통해 새로운 것을 발견할 수 있다. 나무에서 눈 더미가 툭툭 떨어지는 소리를 듣고 나는 기온이 0도보다 높다는 것을 알아챘다.

길이 다시 오르막이 되고 처음으로 나는 내 달그림자가 앞장서는 것을 볼 수 있었다. 나는 잠깐 멈춰서 앞쪽을 보다가 다시 뒤를 돌아보았다. 달을 등지고 앞을 보면 나무와 길, 눈 쌓인 부분을 볼 수 있었으나 명확하지는 않았다. 가장자리가 서로 합쳐져서 20미터만 떨어져도 모든 것이 뒤섞인 채 사라진다. 달을 마주보면 누군가가 명암 대비를 확 높여놓은 것 같은 풍경이 펼쳐졌다. 길이 분명하게 보이는 정도가 아니라 거의 100미터 거리까지 돌 하나하나며 눈 덮인 가장자리까지 명확하게 구분할 수 있다.

길을 따라 점점 높이 올라가다가 나는 숲의 가장 빽빽한 곳을 빠져나왔다. 나무들을 빠져나오자 오리온자리와 그 벨트가 동쪽에서 명확하게 보였다. 나는 잠깐 벨트의 가장 앞에 있고 동쪽에서 떠서 서쪽으로 지는 별 민타카를 찾아보았다. 그런 다음 오리온의 칼을 따라 남쪽으로 향했다. 왼쪽 뺨에 느껴지는 차가운 바람이 여전히 북서풍임을 알려주었다.

이제 남서쪽 하늘에는 몇 개의 끈질긴 뭉게구름이 남아서 달과 함께 그쪽 하늘에 밝은 무늬와 하얀 빛을 뿌리고 있었다. 하늘은 금세 바빠졌다. 비행기가 불빛을 깜박이며 황소자리의 뿔을 지나쳐 영국에서 대부분의 비행기가 그러듯이 북서-남동쪽 경로를 따라갔다.

멀리서 들린 헬리콥터 날개의 붕붕거리는 소리는 어쩐지 반가웠다. 헬리콥터가 어두운 침엽수림 위쪽으로 나타나 잠깐 지평선 쪽으로 내려오며 불빛으로 신호를 보냈다. 헬리콥터가 나에게서 멀어져가는 동안 하얀 스트로브 조명이 반짝거리고, 헬리콥터가 오른쪽에서 왼쪽으로 가는 동안 좌측에서 빨간 불빛이 하나 나타났다. 헬리콥터가 돌자 우측에 초록색 불빛이 보였고, 헬리콥터가 내 앞에서 왼쪽에서 오른쪽으로 움직였다. 그리고 곧 빨간색과 초록색 불빛이 둘 다 보이고, 이제 헬리콥터가 내 정면으로 다가오고 있으니 소리가 요란하게 들리겠구나 하는 생각이 들었다. 기체가 다가오는 동안 엔진음과 헬리콥터 날개음이 커졌다가 다시 멀어져갔다.

좀 더 올라가며 나는 언덕이 남쪽으로 완만하게 낮아져 잉글랜드 남쪽 해안 도심의 주황색 불빛이 드러나는 모습을 즐겼다. 배의 불빛이 보일까 싶어 바다를 바라보았지만 해안 도시의 불빛 위로는 아무것도 보이지 않았다. 반대편으로는 북두칠성의 손잡이 부분을 이루는 별 세 개가 나무 위로 보였다. 오늘밤 첫 번째 유성이 북두칠성과 쌍둥이자리 사이로 떨어졌다. 아니, 오늘 밤 내가 본 첫 번째 유성이라고 해야 옳을 것이다. 사실 유성은 많으니까.

비행기와 헬리콥터 소리가 사라지고 한참이 지나서야 나는 근처의 동물들이 내는 조그만 소리를 들을 수 있었다. 근처 들판에서 양들이 움직이는 소리에 나는 달빛에 비친 하얀 털과 까만 얼굴들을 찾아보았다.

내 달그림자는 나보다 에너지가 넘쳐서, 앞장서서 걷고 뛰고 알루미늄 울타리 문을 뛰어넘었다. 길을 따라 쭉 가는 대신에 나는 울타리 문에 걸터앉아 과자를 먹으며 북두칠성과 북극성을 이용해서 시간을 확인하고 남쪽의 별들로 날짜를 계산했다. 밤하늘의 특징은 대부분의 친구들과 비슷하다. 한번 만나고 나면 그들을 알게 되지만, 최소한 시간을 들여 같이 지내보기 전까지는 제대로 안다고 말할 수가 없다. 나는 바닥에 있던 막대기로 동쪽을 바라보는 울타리 기둥 꼭대기에 민타카의 위치를 표시하고 서쪽을 바라보는 기둥에 베가의 위치를 표시했다. 과자를 다 먹을 무렵 민타카는 울타리 기둥 위까지 오고 베가는 훨씬 아래로 내려갔다. 이 대자연의 시계는 태엽을 감아줄 필요가 없다.

이제 길은 남쪽으로 향했고 나는 내 다리와 피부로 내리막이라는 걸 느낄 수 있었다. 밤에 오르막에 이어 내리막을 가면 땀이 차갑게 식어 끈끈해지며 오한이 들고 옷을 껴입게 된다. 나는 한참 내리막만 계속되는 경로로는 야간 산책을 하지 않기 때문에 곧 길이 평탄해지며 농장을 가로지르게 되었다. 사방의 동물들은 빛이 아주 흐린데도 내가 거기 있다는 걸 알아챘지만, 농부들은 이런 야심한 시각에 낯선 사람이 자기 땅을 지나가고 있다는 걸 알까 궁금해졌다. 가장 큰 실마리는 양치기 개가 짖는 소리겠지만 이 농부가 밤에 개가 짖는 여러 소리를 구분할 수 있는지는 알 수 없다.

다음 숲은 여러 가지 낙엽수와 침엽수가 뒤섞인 곳이었다. 나는 숲에 들어서서 냄새를 구분하기 위해 코에 집중했다. 초원에서 농장으로 들어설 때는 냄새를 구분하기 쉬웠지만, 숲은 후각을 좀 더 까다롭게 시험한다. 여름에는 좀 더 쉽지만 겨울에는 이 시간이면 냉기가 대부분의 냄새를 없애버리기 때문에 꽤나 노력해야 한다. 주목의 냄새가 희미하게 나는가 싶을 때 진창에 반사된 목성의 빛이 시야에 불쑥 들어왔다. 냄새가 없다는 것은 냄새를 짓누르는 고기압 상태라는 뜻일 수도 있다.

몇 시간 걷고 나니 내 야간 시력이 예민해져서 달에 비친 나무 그림자뿐 아니라 가지 하나하나까지도 구분할 수 있게 되었다. 어린 너도밤나무 한 무리가 내 앞쪽 길에 가축 탈출 방지용 울타리처럼 그림자를 드리웠고, 나는 그 그림자를 밟지 않기 위해서 깡충깡충 뛰어넘는 놀이를 했다. 낮게 걸린 달을 향해 남서쪽으로 돌아서자 앞에 펼쳐진 길 위의 돌 수천 개를 다 셀 수 있을 것만 같았다. 하지만 곧 돌바닥은 진흙길로 변했고 그러다가 습지로 바뀌었다. 이 습지는 종종 길에 물이 범람한 상태로 사람이나 동물 들이 많이 지나다니면 생긴다. 경험상 대부분의 사람들은 되돌아가는 대신에 이 문제를 빙 에둘러 가곤 한다. 역시 나는 사람들이 이 조그만 습지 옆으로 돌아가서 만들어진 곡선형의 '바나나 길'(내가 붙인 별명이다)을 찾을 수 있었다. 이 바나나들은 낮에는 금방 찾을 수 있지만 밤에는 어디 있을지 예측을 해서 찾아야 한다.

하늘이 훤히 잘 보이는 구역이 나타나서 나는 간단한 별 세기 테스트를 해보고 싶어졌다. 북두칠성 손잡이의 가운데 별이 두 개 보였다. 황소자리에는 별이 평소에 보이는 것보다 더 많이 보이고 별로 반짝이지도 않았다. 징조가 좋았다. 안정된 날씨가 유지될 것이다.

발굽 소리와 사슴의 울음소리가 숲으로 돌아온 나를 반겨주었다. 발 아래서 진동이 느껴졌다. 이 산책길에서 내가 동물과 마주치고 깜짝 놀랄 가능성은 별로 없었다. 바람이 내 등 뒤에서 불고 있으니까. 사슴과 내가 서로의 소리에 귀를 기울이고 있는 동안 사방이 고요했다. 사슴이 좀 더 조용하게 움직이면서 가끔 잔가지 부러지는 소리가 들렸다. 숲의 어둠 덕에 다시 한 번 나의 청각이 예민해졌다. 내가 잔디 위에서보다 돌 위에서 좀 더 자신감 있게 걷는다는 게 느껴졌다. 이것은 아마 돌이 걷는 감각을 강화시켜주는 쿵쿵 소리를 내고, 이 소리를 통해 장애물이 있는지도 알 수 있기 때문인 것 같다. 이제 익숙한 길로 돌아왔는데 넘어질까 봐 무섭다는 것은 참 기묘하다. 밤에 걷는 것은 익숙한 길을 낯설게 바꿔놓는 근사한 경험이다. 달빛이 주변을 새카맣게 바꾸어놓아 새로운 세상으로 만들기 때문이다.

야간 산책의 끝머리에서 나는 달빛 속으로 내 숨이 하얗게 흩어지는 것을 보았다. 잘 안다고 생각했던 나무를 쳐다보았지만, 그것은 내가 기억하는 것과 전혀 달라 보였다. 남쪽을 가리키는 수평한 가지를 찾기까지는 약간 시간이 걸렸다. 지금 이 모습 그대로의 나무는 다시 보지 못하겠지. 다음번에 빛의 양과 각도가 달라지면 이 주변의 모든 것들도 또 다시 달라질 테니까.

The Walker's Guide to Outdoor Clues and Signs

동물들

Animals

우리만 모르던 소리들

천문학자 카미유 플라마리옹은 1860년대에 열기구를 타고 프랑스 시골 마을 위를 이동하면서, 한밤중 어둠 속에서도 아래에 펼쳐진 토지의 특성을 파악할 수 있다는 사실을 깨달았다.

개구리는 토탄 습지와 늪이 있다는 것을 알려주었다. 개들은 마을이 있다는 증거가 되었고, 완벽한 침묵은 언덕이나 깊은 숲 위를 지나고 있음을 가르쳐줬다.

동물들은 땅에서 수백 미터 높이에 있는 이 천문학자에게 지표의 상황을 가르쳐준 셈인데, 발을 땅에 붙이고 감각을 집중하면 이런 식의 실마리를 수두룩하게 찾을 수 있다. 이 장에서는 모든 산책자가 산책을 갈 때마다 찾고 해석할 수 있는 실마리들을 찾아보려고 한다. 그중 몇 가지는 익숙해지는 데 몇 년이 걸릴 수도 있다.

집에서부터 시작하자. 고양이가 등을 둥글게 구부리는 모습을 보면 쥐를 발견했다는 사실을 쉽게 알 수 있다. 녀석은 자신이 좋아하는 나무 그루터기 위에 편안한 자세로 한참 동안 앉거나 서 있다. 그러다가 녀석의 등이 둥글게 구부러지면 10분쯤 후에 우리는 부엌에서 그 무시무시한 선물을 발견하게 된다. 애완동물을 키워본 사람에게 이런 장면은 전혀 놀랄 일이 아니지만, 많은 사람들이 함께 살아본 적 없는 동물의 언어를 파악하는 일이 간단하다는 사실을 잘 모른다.

동물들은 그냥 지나치는 것이 거의 없기 때문에, 시간을 들여 그들이 바라보는 세계를 이해하는 법을 익혀두는 것이 좋다. 그들의 세계는 우리가 보는 것보다 훨씬 상세하다. 동물들이 얼마나 주의 깊은지 알아보는 아주 간단한 실험이 있다. 묵은 빵 한 귀퉁이를 떼서 넓은 곳에 놔둔 다음 조금 물러나서 관찰하는 것이다. 오래지 않아 곤충이나 벌 같은 동물들이 조사를 하러 나타난다. 사람은 빵조각에 곰팡이가 피고 문드러져 자연으로 되돌아갈 때까지도 알아채지 못할 텐데 말이다.

수십 미터 아래 있는 조그만 벌레가 움찔하는 모습까지 알아채는 매에서부터 구름이 해를 가리기만 해도 날갯짓을 멈추는 스코틀랜드 아르고스 나비에 이르기까지, 동물의 세계는 아주 사소한 움직임에도 예민하다.

특히 그들은 흥미로운 것을 발견하면 서로 그것에 대한 이야기를 나눈다. 그러므로 이러한 대화를 엿듣는 방법을 익히면 더 많은 것을 알아챌 수 있을 테고, 그러면 묵은 빵보다 더욱 흥미로운 사실을 찾아내는 기술을 갖게 될 것이다.

"저 비둘기의 크기를 보렴!"

나는 아들에게 속삭이며 잔디밭에 앉아 있는 뚱뚱한 회색 새를 가리켰다.

"나 저거 잡을래요."

아들은 그렇게 말하고 현관문 손잡이를 돌렸다. 그저 손잡이가 돌아가고 문이 아주 조금 열렸을 뿐, 비둘기는 엄청난 위험에 처한 것이 아니었다. 그런데 새는 아들이 미처 밖으로 나가기도 전에 날아가버렸다.

한 시간 후, 우리는 잔디밭에 앉은 또 다른 비둘기를 보았다. 이번에 아이는 계획을 세운 남자아이 특유의 웃음을 지었다.

"이번에는 확실하게 잡을 거예요."

이번에 아들은 뒷문으로 향했다. 나는 비둘기가 오늘 하루 무사히 살아남을 거라는 걸 알고 있었지만, 그래도 이번엔 아들이 좀 더 가까이 갈 수 있겠거니 생각했다.

하지만 나의 오산이었다. 나는 아들이 바깥에 발을 내딛자마자 비둘기가 날아가는 모습을 볼 수 있었다. 집 뒤편으로 나갔을 뿐인데! 비둘기는 아들이 살금살금 뒷문을 여는 것을 보지도, 듣지도 못했을 텐데 어쨌든 알아차리고 날아가버렸다. 또한 새는 어느 방향으로 날아가야 하는지도 알고 있었다. 비둘기 쪽이 이 게임에서 앞서 있었던 것이다. 이 미스터리를 해결하는 데는 시간이 약간 걸렸다. 풀 죽은 아들에게 나는 이유를 설명해주었다.

동물들은 기본적으로 호기심이 많다. 그들은 오랜 시간 주변을 탐색하고 주위에 있는 위협과 기회를 파악한다. 포식자를 피하고 더 많은 먹이를 구하고 더 많이 짝짓기를 하려 부단히 노력한다. 그렇게 하기 위해서는 주변을 알아둘 필요가 있다.

이런 면은 상어가 들끓는 해변에 있는 젊은 관광객과 크게 다르지 않다. 바다에 상어가 있다는 소식이 멋진 바와 레스토랑, 리조트에 빠르게 퍼지는 것처럼 동물의 왕국에서도 주변 지역에 대한 메시지가 끊임없이 전달된다. 그들은 다양한 언어를 사용하지만 우리가 그 메시지를 읽기란 상당히 쉽다. 이 방법을 익히면 우리는 동물이 요란한 소리로 의사소통하는 것을 해석할 기회를 얻게 된다. 이쯤 되면 산책은 우리만의 암호 해독실이 된다.

'도망친 비둘기 사건'에서 잔디밭의 비둘기는 아주 단순한 주의력과 동물만의 의사소통 기술에 의존했다. 이것은 '보초' 방법이라고 한다. 우리는 잔디밭에 있는 비둘기를 보았지만 사실은 지붕에 우리가 미처 못 본 비둘기 한 마리가 더 있었다. 아들이 뒷문을 열고 밖으로 나오자 지붕의 비둘기가 그 소리를 듣고 본능적으로 날아오른 것이다. 지붕의 보초 비둘기가 날아오른 것이 잔디밭 비둘기에게 위험이 발생했다는 다급한 메시지가 되었고, 탈출하기 위한 최적의 방향까지 지시해준 것이다.

해변의 젊은 관광객들에게로 돌아가보자. 그들은 물에 들어가면 상어가 공격할 수 있다는 걸 알면서도 기꺼이 위험을 감수하려 한다. 그래서 쌍안경을 쓴 안전요원이 보초 역할을 맡아 위험이 눈에 띄자마자 모두 물에서 나오라고 소리칠 준비를 하는 것이다.

앞서 이야기한 비둘기 이야기는 가장 단순한 종류의 메시지이고 이보다 훨씬 흥미로운 사례가 많다. 우선은 가장 눈에 띄는 신호들을 보고 차차 좀 더 은밀한 것들을 배워보자. 산비둘기는 날아오르기 전에 초조하게 주변을 둘러보기 시작하는데, 이때 목덜미의 하얀 반점이 더욱 뚜렷해진다. 날아오르기 직전에는 날개의 가로 무늬도 드러난다. 이런 신호 하나하나가 조용하던 새가 시끄럽게 날개를 퍼덕거리며 날아오르기까지의 과정을 보여준다.

우리가 호기심을 갖고 동물들에게 주의를 기울이면 수많은 미스터리를 해결할 수 있을 것이다. 동물들의 경계태세를 빌리는 일을 부끄러워할 필요는 없다. 동물들도 필요한 것이 있으면 무엇이든 우리에게 빌리기 때문이다. 참새 같은 많은 새는 인간이 다른 포식자에게 위협받지 않는 보호 지역을 만들어주기 때문에 사람 근처에서 산다. 정원에 사는 새들은 정원이 더 많은 음식을 제공받을 수 있고, 고양이만 제외한다면 위험이 더 적은 곳이라는 사실을 알고 있다.

시골에서 자급자족하는 사람은 동물의 방언을 알게 된다. 동물과 인간의 습성을 모두 알아야만 살 수 있는 사람들은 이런 기술에 무척 예민해진다. 위험한 육식동물이 있는 지역에서 일하는 삼림 경비대원은 위험을 알리는 새소리를 알아듣는다. 과거에 밀렵꾼은 '한밤중에 해야 할 일과 흥분한 까치, 어치의 웃음소리를 읽는 방법'을 배우곤 했다. 이런 기술은 거의 예술이나 다름없다. 특별함을 놓치고 싶지 않은 산책자라면 이런 내용을 알아둬야 한다.

동물들은 의사소통을 하지 않아도 많은 신호를 드러낸다. 그들의 존재 자체가 거주지를 보여주고 이 또한 단서가 된다. 부전나비blue adonis는 오로지 야생완두에만 알을 낳는데, 이것으로도 모자라 딱 1~3센티미터의 야생완두만 골라 알을 낳는다. 야생완두는 석회질 초원에서만 자라고 나비가 알을 낳는 지역은 언제나 가장 따뜻하고 가파르며 남쪽을 향한 경사면이다. 이 점을 알면 부전나비를 보고 금방 수십 가지 추측을 할 수 있다.

우리가 남쪽을 면한 비바람을 피할 수 있는 곳에 서 있으며 발아래 석회질이 있다는 걸 알 수 있다면, 그것을 통해 여기서 발견할 수 있는 동식물에 대해서도 떠올릴 수 있다. 그리고 이곳에 호수나 연못은 별로 없다고도 추측할 수 있다. 부전나비 같은 동물은 예쁘기만 한 것이 아니라 우리 주변에서 무슨 일이 일어나는지 해답을 알려주는 유용한 열쇠이기도 하다.

새 동물들이 당신을 피해 달아나는 모습을 자주 봤을 것이다. 그만큼 동물을 몰래 잡기란 굉장히 어려운 일이다. 우리가 그들을 보기 전에 먼저 우리를 발견하거나 냄새를 맡기 때문이다. 숨기를 포기하고 날아오르는 순간에야 우리는 새들을 볼 수 있다. 시끄럽게 도망칠 때에야 동물을 발견하지만, 문제의 동물은 우리가 다가오는 모습을 한동안 보고 있었을 것이다.

나는 종종 수풀 사이에서 꿩을 보고 놀라곤 한다. 우리가 서로를 놀라게 했다고 생각하고 싶지만 실은 그렇지 않다는 것을 잘 안다. 그들은 우리가 가까이 다가가 들키기 직전까지 인내심 있게 조용히 기다리다가 마지막 순간에 도망치는 것이다. 대부분의 동물은 주변에 있는 다른 동물의 경고를 듣고서 우리의 존재를 알아채곤 한다. 우리도 이 시스템을 파악하게 되면 어떤 일이 일어나기 전에 미리 알아챌 것이다.

예를 들어 비둘기를 생각해보자. 조용한 숲길을 걷다가 새 한 마리가 날아가는 모습을 발견하고 그다음에 또 다른 새가 같은 방향으로 날아가는 것을 본 적이 있을 것이다. 이것을 '새들의 연쇄 비상'이라고 한다. 이것은 집단 경고 시스템이다. 그 주변의 모든 비둘기가 이제 무슨 일이 일어나고 있는지를 알게 되었다. 비둘기뿐 아니라 숲에 있는

● 새들의 연쇄 비상. 새들이 날아간 방향은 사람이나 지상의 포식자들이 다가오는 방향을 알려주는 실마리가 된다. 가장 높이 있는 새가 다른 새들의 '보초' 역할을 한다.

다른 모든 동물을 깜짝 놀라게 할 방법은 사라진 것이다. 사슴이나 토끼, 여우가 근처에 있다면 그들 역시 당신의 존재를 알아채고 도망칠 것이다.

어떠한 상황에서도 우리가 가장 먼저 도망치는 존재가 될 가능성은 전혀 없다. 동물들은 언제나 이 경계하기 게임에서 우리를 앞선다. 그러나 게임을 바꿀 수는 있다. 우리가 할 일은 그저 비둘기들의 연쇄 반응을 잘 살펴보는 것이다. 그러면 다른 사람이나 다른 동물 때문에 이러한 현상이 생겼을 때 이를 재빨리 인식할 수 있다.

이를 알아채려면 처음에는 가만히 서 있어야 한다. 많은 산책자들에게 이는 어려운 습관이기 때문에 쉬는 시간이나 점심시간이 연습하기에 가장 적절하다. 상황이 거의 정상으로 돌아올 때까지 숲에서 한참 서 있을 수 있다면, 눈을 움직이지 않고서도 다른 산책자들을 금세 알아챌 수 있다. 새들의 반응은 언제나 다른 사람이 접근하고 있다는 사실과 그들이 오는 방향을 알려준다. (혼자 있고 싶다면 이 기술을 사용해서 온종일 아무도 마주치지 않고 걸을 수 있다. 설령 혼자 있고 싶은 기분이 아니라 해도 한 번쯤 해보면 재미있다.)

날아가지도 않고 나뭇가지에서 쉬지도 않고 공중을 맴도는 새를 발견했다면 아마 지상의 먹이를 찾고 있는 것이다. 도로 근처에서 발견했다면 황조롱이일 것이다. 새가 하늘을 맴돌고 있을 때, 새는 사실 땅 위쪽에서 가만히 있으려고 하지만 공기가 가만히 있지 않는 것이다. 그래서 새는 바람을 타고 흔들리고, 이것을 보고 바람의 방향을 알 수 있다. 바람이 불어오는 방향으로 머리를 돌리기 때문이다.

새소리 새들이 소리는 내는 데는 이유가 있게 마련이다. 에너지를 낭비해선 안 되기 때문에 별다른 이유 없이 지저귀거나 울지 않는다. 새가 우는 주된 이유를 알고 핵심이 되는 소리를 파악할 수 있다면 이들이 무슨 이야기를 하는지 상당 부분 이해할 수 있다.

대부분의 사람들은 새가 소리를 낸다고 할 때 새의 노랫소리를 생각한다. 음률이 있는 이 아름다운 소리는 언제나 즐거운 야외 산책과 함께한다. 그러나 야외에서 정보를 찾으려고 할 때 얄궂은 점 하나는 새의 노랫소리가 아름답고 정교할수록, 일반적으로는 거기 담긴 정보가 훨씬 심심하다는 것이다.

이것은 여러 가지 측면에서 굉장한 뉴스이다. 수백 종류의 새와 그들의 노래를 구분하는 일은 그 분야의 전문가가 아니라면 대단히 어려운 일이기 때문이다. 다행스럽게도 새들은 훨씬 간단한 소리도 많이 내고, 이것은 주변의 많은 것을 알려준다.

새들이 내는 소리를 이해하려면 각기 다른 소리가 가진 목적을 알아야 한다. 새가 소리를 낼 때는 일반적으로 자신의 영역을 표시하려고 하거나 동료들에게 자신이 어디 있는지를 알리거나 음식을 구걸하거나 원치 않는 침입자를 쫓아내려고 하거나 다른 새들에게 경고를 하기 위해서이다. 이 중에서 처음 세 울음소리는 당신이 듣는 새소리의 대다수이기 때문에 이를 새소리 '배경음악'이라고 생각해도 좋다.

새가 자신의 영역에서 다른 새나 동물을 쫓아내려고 할 때는 대체로 굉장히 시끄럽고 요란하게 울어댄다. 종종 같은 종이나 다른 종의 새들의 도움도 받기 때문에 흘려듣기 힘들다. 까마귀와 어치는 부엉이를 습격할 때 특유의 소리를 질러대고, 자기네 영역에서 원치 않는 침입자를 쫓아내려고 집단적으로 공격할 때에도 역시나 마찬가지이다. 이들이 내는 소리는 굉장히 특징적이어서 부엉이를 찾는 사람들이 흔히 사용하는 단서가 된다.

일반적으로 수컷들이 영역 표시를 할 때 내는 소리를 포함해서 네 가지 소리는 다섯 번째 카테고리인 새들의 경고 시스템, 혹은 '알람 울음'만큼 숨겨진 정보를 많이 갖고 있지 않다. 새들은 뭔가 우려가 될 만한 것을 보면 서로에게 경고를 한다. 근처에 들어온 포식자가 가장 흔한 예이지만, 날씨의 상태처럼 주변 환경이 눈에 띄게 변화할 때도 반응을 보인다.

새들이 수백 종 있을 뿐 아니라 각각 수십 가지 울음소리를 낼 수 있다는 사실에 처음에는 생각만 해도 질려버릴 것이다. 조류학자가 아닌 이상 어떻게 각각의 소리를 파악할 수 있단 말인가? 그런데 사실은 꽤나 쉽다. 다음의 두 가지 이유 때문이다. 첫째로 진화가 우리에게 도움의 손길을 내민다. 새들은 각기 다른 울음소리를 쉽게 구분하지 못하면 굉장히 곤란한 상황에 놓이기 때문에 모든 종들이 비슷한 종류의 알람 울음소리를 낸다. 알람 울음은 새들의 생존에 굉장히 중요하기 때문에 몇 가지 목적을 충족시켜야 한다. 새끼들이 가능한 한 어린 나이에 이 울음을 익혀야 하기 때문에 복잡한 소리를 쓸 수 없다. 즉 모든 알람 울음은 최대한 쉬운 소리이다.

또한 알람 울음은 영리하고 불합리한 목적을 충족시켜야 한다. 근처에 있는 같은 종의 다른 새들에게 확실하게 경고가 되어야 하면서도 다른 동물들이나 지상의 포식자에게는 많은 정보를 드러내서는 안 된다. 과학자들은 진화 과정에서 낮은 음이 배제된 짧은 알람 울음으로 정착되었다는 사실을 밝혀냈다. 낮은 음은 더 멀리까지 가기 때문이다. 그래서 뱃고동이 높은 음이 아니라 깊게 울리는 소리인 것이다.

하지만 울음소리가 길면 길수록 새가 어디에 있는지 파악하기가 더 쉬워진다. 그래서 뱃고동은 길게 울리지만 새들의 경고 울음은 아주 짧은 것이다. 새들은 영리하게도 길고 확실하게 울리는 소리 한 번보다 짧은 소리를 여러 번 반복하는 법을 익혔다. 정원에 사는 대부분의 새는 노래하는 듯한 울음이나 동료를 부르는 소리를 내다가 뭔가에 놀라면 짧게 끊어지는 짹짹 소리나 삑삑 소리, 심지어는 딱딱거리는 소리를 내기도 한다. 울새는 위험을 경고할 때 '츠-츠-츠-츠-츠' 소리를 낸다. 까치의 기관총을 쏘는 듯한 '깍-깍-깍-깍-깍' 소리 역시 알아듣기 쉬운 소리 중 하나이다. 검은딱새는 돌 두 개를 부딪치는 것 같은 경고 울음 때문에 딱새라는 이름을 갖게 되었다.

많은 새들이 공중의 포식자를 경계할 때 내는 보편적인 종류의 울음이 있다. 이것이 '싯' 울음이다. 짧게 삑삑거리는, 보통 때보다 약간 높은 이 소리는 '매의 울음'이라고도 한다. 이것을 들으면 주위의 새들과 마찬가지로 맹금류가 우리 머리 위에 있다고 생각하면 된다. 산책하던 중에 삑삑거리며 거슬리는 새소리가 들리면 위를 보라.

알람 울음을 비교적 쉽게 알아들을 수 있는 두 번째 이유는 한 종의 새에만 집중하면 되기 때문이다. 각 집단의 새에게는 나름의 습관이 있다. 예를 들어 맹금류는 다른 새들과 같은 방식으로 행동하지 않는다. 우리는 목적을 위해서 명금류에만 관심을 가질 거고, 그중에서도 대부분의 사람들이 쉽게 알아채는 새에만 집중할 것이다. 울새와 파란 박새, 지빠귀, 굴뚝새이다. 이 새들이 잘 알려진 이유 중 하나는 겨울에도 사라지지 않기 때문이다. 울새는 겨울마다 따뜻한 날씨를 찾아 떠나지 않아 크리스마스카드에서 한 자리를 차지했고, 파란 박새와 지빠귀, 굴뚝새는 일 년 내내 산책길에 발견할 수 있고 언제나 울음소리를 들려준다. 이 새들은 또한 지표 근처에 둥지를 만들고 작게나마 자기 영역을 확보하는 습성이 있어서 더욱 도움이 된다.

새를 이용하는 세 단계 먼저 주의를 집중할 만한 최적의 상대는 명금류다. 다음의 기술들은 빨리 익혀두는 것이 좋다.

1단계 청각을 사용하기 전에 뚜렷한 시각적 단서를 빠뜨리진 않았는지 한 번 더 살펴보라. 주변 환경을 이해하기 위해서 새를 이용하는 첫 번째 단계는, 지상의 뭔가가 걱정되어 높은 나뭇가지 위에서 이쪽저쪽으로 뛰어다니는 새들의 모습을 찾는 것이다. 위험을 감지하면 이들은 비둘기가 그랬듯이 하늘로 날아오른다.

2단계 산책을 할 때마다 들리는 새들의 소리와 이 소리가 끊어지는 때를 인지하는 것이다. 침묵은 알람 울음보다 더 알아채기가 쉽다.

우리가 듣는 많은 새소리는 동료를 찾는 소리이다. 새들이 서로 소통을 할 때 사용하는 끊임없는 짹짹 소리 같은 것인데, 이것의 중요한 목적은 안전을 확인하는 것이다. 산책자들이 좁은 바위 턱이나 시야가 굉장히 나빠 위험할 수 있는 상황에서 서로를 정기적으로 확인하기 위해 소리를 지르는 것이 이에 상응할 것이다. 이 소리를 들으면 새들이 끊임없이 서로에게 '나 여기 있고, 다 괜찮아'라고 말하는 것이라고 생각하면 된다. 하루가 끝날 무렵에는 다른 울음소리를 들을 수도 있지만, 그것 역시 지빠귀들이 서로에게 이제 잘 시간이니 잠자리를 준비하라고 말하는 '칭-칭-칭' 하는 사교적인 대화 같은 것이다.

가장 좋은 것은 동료를 부르는 이런 울음소리는 배울 필요가 전혀 없다는 것이다. 필요한 것은 보편적인 특성만 알아두는 것이다. 이 배경음악에 익숙해지면 이 소리가 갑자기 끊겼을 때 금세 알아챌 수 있다. 이것은 새들이 뭔가를 혹은 누군가를 우려한다는 굉장히 유용한 단서이다.

웨스트서식스에서 산책하던 중 갑자기 새들의 울음소리가 끊겼다는 것을 깨달았을 때 내가 가장 먼저 한 일은 위를 올려다보는 것이었다. 그러면 종종 말똥가리가 날아다니곤 했다. 이 맹금류는 아래 있는 새들 대다수를 침묵에 빠뜨린다. 하지만 이 기술은 이들 주위의 활동에 관심이 있는 사람이라면 누구든 사용할 수 있는 것이다. 종종 법의 반대편에 있는 사람들이 이런 기술을 사용했다는 이야기가 들리곤 하지만 말이다.

미국의 법 집행부에서 밀주업자들과 그들이 불법으로 담근 밀주를 숲에서 찾을 때, 버려진 술은 찾을 수 있어도 밀주업자들은 거의 찾지 못한다. 경험 많은 밀주업자들은 새나 개구리들이 조용해지는 것을 듣고 경찰이 다가오는 것을 알아채기 때문이다. 쉽게 말하자면 사람들 한 무리가 다른 무리에게 쫓길 때는 동물들의 행동에 집중하는 집단 쪽이 훨씬 유리하다. 좀 더 온화한 분위기를 예로 들자면, 나는 이 기술을 이용해 숲에서 우리 애들을 '습격'하는 것을 좋아한다. 새들이 조용해지고 곧이어 비둘기들이 날아가는 것을 보고 나는 아이들이 어디에 있고, 어느 쪽으로 오고 있으며, 내 앞에 올 때까지 얼마나 걸릴지를 가늠한다.

불행히 대체로 새들을 조용하게 만드는 것은 우리 쪽이다. 우리가 산책하며 더 많은 소리를 낼수록 우리 주위의 새들은 조용해지기 때문에 우리 귀에 들리는 것은 적어진다. 조용히 가만히 있는 것이 가장 좋겠지만, 가능한 한 우리 흔적을 덜 남기려고 할수록 더 많은 것을 파악하고 발견할 수 있을 것이다. 정기적으로 보이는 것 이상을 들으려고 노력하는 것은 좋은 생각이다. 이것을 더 많이 연습할수록 우리들 각각이 인지하는 범위와 어지럽히는 범위가 있다는 사실을 더 잘 알게 될 것이다. 우리는 이것을 파악하고 우리 주변 풍경의 소리와 대비를 높일 수 있도록 첫 번째 범위를 넓히고 두 번째 범위를 줄이기 위해서 노력해야 한다.

'침묵에 귀 기울이기' 연습을 더 많이 할수록 주변의 일반적인 새소리를 더 잘 알게 될 것이다. 또한 시간에 따라, 계절에 따라 달라지는 음색도 알게 된다. 날씨에 따라 음률이 어떻게 바뀌는지도 알아챌 수 있다. 새들은 날씨에 따라 음률을 바꾼다. 최근에 큰 눈이 내렸을 때 나는 정원의 모든 겨울새들이 전에 들어본 적 없을 정도로 법석을 떨며 울어대던 것을 기억한다.

봄과 여름이 새를 보기에 가장 좋은 때라고들 생각하는 것 같다. 새를 많이 보고 울음소리를 많이 듣고 싶어 하는 사람들에게는 실제로 그렇지만, 그 목적이 새소리를 듣고 단서를 찾아내는 법을 배우는 거라면 이런 계절은 새가 너무 많아서 오히려 굉장히 힘들다. 이 분야에 초보라 헷갈린다면 한겨울이 새소리를 듣기에 오히려 훨씬 좋다. 그리고 일 년 중 어느 때라도 새들의 일반적인 배경음악과 갑작스러운 침묵은 얼마든지 들을 수 있다.

3단계 침묵을 인식하는 데 익숙해지고 나면 다음 단계의 기술로 넘어갈 차례이다. 만족한 새들의 노랫소리와 완전한 침묵 사이쯤에 알람 울음이 있다. 새들의 알람 울음 읽는 법을 배우려면 익숙한 지역에서 거기 상주하는 새들과 놀러오는 새들을 차츰 알아가는 편이 가장 좋다. 동네에서 이런 기술을 쓰는 법을 익히고 나면 이것을 더 넓은 지역에 적용해가면 된다. 하지만 우선은 집중할 범위를 좁히는 것이 도움이 된다.

나는 사무실에서 글을 쓸 때 비나 눈이 들이치는 날씨가 아닌 한 어떤 계절이든 창문을 활짝 열어둔다. 이 창문에서 보이는 풍경은 제한적이다. 그 덕에 내가 글을 쓸 수 있긴 하지만 말이다. 어쨌든 창문으로 보이는 건 닭장과 너도밤나무, 주목, 사과나무 정도이다. 하지만 이 초록의 베일 너머로 소리가 들린다. 새소리에 정신을 팔지 않으려고 노력하지만, 가끔 새들의 알람 울음에는 관심을 갖곤 한다.

새들은 이 정원 환경의 일반적인 위협에 익숙하다. 이들은 우리 개가 그들의 기준에서는 지나치게 게을러서 별다른 문제가 되지 않는다는 사실을 잘 안다. 하지만 우리 고양이는 분명한 위협 대상이다. 이 말은 내가 고양이의 모습을 보지 못했어도 정원의 새들이 나와 가족에게 고양이가 밖에 있다는 사실을 알려준다는 뜻이다. 그들은 이것을 두 가지 방식으로 한다. 첫 번째로 내가 알아채는 것은 새들의 알람 울음이다. 정원의 보통 새들, 즉 울새나 지빠귀, 파란 박새, 검은 박새 등은 사교적인 지저귐(동료를 부르는 소리)이나 노래(영역 주장)를 멈추고 깊고 크고 훨씬 딱딱 끊어지는 알람 울음소리를 낸다. 이 소리를 들으면 나는 항상 고개를 들어 몇 마리가 더 높은 가지 위로 올라간 것을 본다. 이것은 합리적이고 실용적인 예방책이자 동료들에게 주는 시각적인 신호이다. 이러면서 또한 새들은 꼬리를 맹렬하게 위아래로 움직인다.

정원의 새들이 이런 행동을 하는 것을 보거나 듣자마자 나는 뒤쪽 정원에서 들리는 새들의 배경음악 소리에 귀를 기울인다. 알람 울음은 내 주변으로 한정되어 있지만 멀리 있는 새들이 응답을 하지 않으면 우리 고양이가 산책을 하고 있다는 나의 의심이 확인되는 것이다. 이런 새들의 행동 패턴은 넓지 않은 범위의 전형적인 위협에 관한 것이고, 공중의 위협이 나타났을 경우에는 소리가 달라진다.

새들이 하늘에서 포식자를 발견하면 알람은 처음에 굉장히 멀리까지 퍼지고, 그다음에는 구역별로 나뉜다. 맹금류 바로 아래 있는 새들은 대체로 조용해지고, 멀리 있으면서 막 위협에 대해서 알게 된 새들은 계속 알람 울음을 울고, 멀리 있고 위협을 즉각적으로 느끼지 못하는 새들은 계속 노래하고 동료를 부르는 소리를 낸다.

이들이 이렇게 행동하는 이유는 매와 가까운 곳에서 소리를 내면 위치가 발각되기 때문이다. 우리가 지나가다가 새들의 알람 울음소리를 듣게 된다면 이것은 일종의 칭찬이다. 그들은 말하자면, "안녕, 인간. 친구들에게 네가 우리 동네를 풀쩍풀쩍 지나가고 있긴 하지만 그다지 위험하지는 않다고 알려둘게"라고 말하는 것이다.

굴뚝새는 발견하기 쉽고, 아주 낮고 가까운 곳에서 자주 보이는 새이기도 하다. 그들은 습관적으로 풀숲 아래서 팔짝팔짝 뛰다가 날아오르곤 한다. 굴뚝새는 잘 다져진 길 위에 자주 출몰하고, 사람들이 같은 길을 따라오는 것에는 별다른 반응을 보이지 않지만 사람이나 개가 길에서 벗어나면 눈에 띄는 반응을 한다. 짧게 텍-텍-텍 소리를 내고 날아오르거나 더 높은 소리로 요란하게 운다.

우선은 각 새들의 알람 울음소리를 알아듣는 것에 만족해야 한다. 연습을 거듭하면 이 소리를 다른 행동들과 연관 지을 수 있게 될 것이다. 알람 울음과 비둘기들의 연쇄 비상은 누군가가 새를 놀랬다는 의미이다. 한번은 알람 울음이 연달아 울리고서 비둘기들이 날아오르고 그다음에 근처 초원에서 양들이 시끄럽게 우는 소리를 들은 적이 있다. 잠깐 동안 나는 왜 이런 연쇄반응이 일어났는지 이해할 수 없었다. 그러다가 농부가 양들의 먹이를 들고서 오는 모습을 보고 상황을 파악할 수 있었다.

상급 코스 새들의 행동에서 걱정이나 두려움의 신호는 확실하게 드러나 보이지만, 새들은 훨씬 미묘한 차원의 신호들도 주고받는다. 미국의 자연학자이자 조류 전문가인 존 영Jon Young은 이를 아름답게 표현했다.

> 새들은 가까운 주변 풍경에 대해 우리가 즉시 사용할 수 있는 지도를 그려준다. 여기엔 물이 있고, 여기엔 딸기가 있고, 여기엔 차가운 아침 공기 속에 쥐 죽은 듯이 메뚜기가 앉아 있다고 말이다.

영은 새들의 노래 속에 우리 주변의 수많은 사건에 대한 실마리가 담겨 있다고 믿는다. 지나가는 열차나 비행기, 개구리의 울음, 불어오는 바람, 개 짖는 소리가 우리에게 들리는 새소리 속에 전부 들어 있다는 것이다.

눈에 띄는 반응부터 시작하는 게 좋다. 새들이 시끄러운 소란에 어떻게 각기 다르게 반응하는지 보라. 멀리서 들려온 엽총 소리에도 비둘기들이 날아오르는 것을 본 적이 있지만, 명금류의 울음소리가 달라진 기억은 없다. 이것은 어쩌면 논리적인 반응일 것이다. 명금류가 엽총의 목표물이 된 건 오래전의 일이지만 비둘기들은 아직도 종종 위험하기 때문이다.

새들에게서 좀 더 분명한 반응을 목격하고 나면 이제 좀 더 높은 곳으로 시선을 돌려보자. 되새는 풍부하고 다양하고 매혹적인 언어를 구사하는 멋진 새이다. 되새는 흔한 '싯' 소리를 내는 매 알람 울음이나 공격적인 'ㅈㅈㅈㅈ' 소리처럼 해석하기 쉬운 몇 가지 울음소리를 낸다. 다른 동료들에게 자신이 날아오른다는 것을 알리는 '튭튭' 소리도 있고, 따로 날아가는 게 어떻겠느냐는 '칭크' 울음 등도 있다. 그리고 비가 올 때의 '휫' 소리처럼 아직 수수께끼인 울음소리도 몇 가지 있다. 놀랍게도 과학자들은 되새의 울음소리가 대부분 동일하고 지역에 따라 그다지 다양하지 않지만, 비를 알리는 신호 울음 '휫' 소리만큼은 지역에 따라 억양과 사투리가 있다는 사실을 알아냈다. 이 소리는 독일과 카나리 제도에서 다르고, 심지어는 그 나라 안에서도 장소에 따라 다르다.

만약 당신이 병아리를 키운다면, 또는 병아리를 키우는 사람을 안다면 병아리 무리 안에서의 울음소리를 관찰하고 이 소리들이 의미하는 바를 연구해볼 기회가 있을 것이다. 커다란 '딱' 소리는 지상에 포식자가 있다는 신호이고, 길게 늘어지는 소리는 공중의 포식자를 확인하라는 이야기이다. 당신이 얻게 될 신호는 낮고 작은 '툭' 소리이다. 어미닭이 새끼에게 가르치는 소리이기 때문에 병아리가 있다면 쉽게 알아챌 수 있다.

닭의 울음소리는 열여덟 종류로 알려져 있기 때문에 그들이 서로 무슨 이야기를 하려고 하는지 추측해볼 만하다. 나는 우리 집 닭이 아내가 닭장에 들어갈 때와 내가 들어갈 때 다른 소리를 낼 거라고 확신한다. 그래야 말이 된다. 아내는 대체로 밥을 주는 사람이지만 나는 풀을 깎거나 그 비슷한 시시한 일을 하는 사람이기 때문이다.

갈까마귀는 시체처럼 흥미로운 것을 발견하면 직선으로 날다가 뚝 떨어지듯 내려앉는다. 새의 뛰어난 시각은 놀랍고 우리에게 도움이 되지만, 그들의 능력은 거기서 끝나지 않는다. 오랫동안 새들은 후각이 거의 없다고 알려져왔는데, 정유 회사로 인한 시체 냄새 덕에 이 믿음이 완전히 틀렸다는 사실이 밝혀졌다.

1930년대에 캘리포니아의 정유 회사 유니언오일Unoin Oil의 이사진은 터키 콘도르가 파이프에서 가스가 새어나오는 곳 주변에 모여든다는 사실을 알게 되었다. 그들은 이를 가스 누출 감지 전략으로 사용했으나 왜 새들이 그 장소에 모이는지 알지 못했다. 정유 산업과 조류 연구 사이의 그 우연한 만남이 부서진 파이프에서 새어나오는 가스에 에탄티올이라는 터키 콘도르들이 썩어가는 시체를 찾을 때 따라가는 냄새와 같은 화학물질이 들어 있다는 사실을 밝혀냈다. 이런 발견의 기쁨 속에서 유니언오일 이사진은 가스 속에 이 화학물질의 양을 인공적으로 더 높이기로 했다. 그러면 파이프에서 가스가 샐 때마다 독수리의 도움을 받을 수 있기 때문이다. 산책하다가 썩어가는 동물을 지나치거나 우연히 집에 가스를 틀어놓은 채 나왔다면, 이것이 당신이 맡게 될 냄새이다.

새들이 얼마나 대단한 정보를 알려주는지를 보여주는 새가 하나 있다. 까마귓과(까마귀, 갈까마귀, 떼까마귀, 까치, 어치)의 새들은 이 장 마지막에서 자신들의 자리를 차지했다. 이 새들이 보여주는 영리함과 관찰력, 의사소통 능력을 통해 한 가지 사실을 확신할 수 있다. 이 새들이 우리가 현재 해독할 수 있는 것보다 훨씬 방대한 양의 정보를 알아채고 공유한다는 것이다. 우리가 알아낸 적은 양의 정보는 이 분야가 추가적으로 연구할 수 있는 흥미진진한 분야이자 과학계가 아직 알아내지 못한 상세한 메시지를 예리한 산책자가 알아낼 수도 있다는 사실을 가르쳐준다.

까마귓과는 유명한 문제 해결사로 잘 알려져 있다. 그들의 도구 사용 능력에 의문이 있다면 과학자들이 다음과 같은 문제를 냈을 때 그들이 어떻게 행동하는지를 보면 된다. 까마귀에게 조그만 양동이에 음식을 담아주되, 부리로 먹기엔 지나치게 깊어 보이게 만든 용기 바닥에 놔둔다. 까마귀를 놀리는 듯한 이 실험의 다음 단계는 가는 철사를 옆에 놔두는 것이다. 까마귀는 철사로 고리를 만들어 음식 양동이를 용기 안에서 꺼낸 다음에 먹는다. 이것은 많은 어린이들이나 심지어 이른 일요일 아침에는 어른들조차 헷갈릴 수 있는 종류의 문제이다.

시애틀에서 진행한 실험에서도 연구원들은 까마귀가 사람의 얼굴을 알아보고 과거에 자신이나 자신의 친구들에게 소리를 질렀던 사람을 피하거나 심지어는 화를 낸다는 사실을 증명했다. 까마귀를 붙잡거나 묶었던 연구원들은 까마귀를 그냥 놔두었던 사람들과 전혀 다른 대우를 받았다. 한번은 쉰세 마리의 까마귀 중 마흔일곱 마리가 '나쁜' 연구원을 꾸짖었다. 대다수는 그 사람과 직접적인 접촉을 하지 않았지만 말이다. 이것은 새들이 조심해야 하는 사람에 대한 정보를 공유한다는 결론을 끌어낸다. 놀랍게도 까마귀들의 이런 신중한 습관은 과학자들이 그들 주위에서 행동하는 방식도 바꾸었고, 몇 명은 그들 주변에서 변장을 하기도 했다. 알래스카 대학교 석사과정 학생인 스타시아 바켄스토Stacia Backensto는 자신이 연구하는 까마귀 옆에 갈 때는 가짜 수염을 붙이고 배에 베개를 집어넣고 가곤 했다. 새들이 그녀를 안 좋은 상대라 여기기 시작했기 때문이다.

집에서 까마귀를 관찰하는 데 엄청난 시간을 투자한 에스더 울프선Esther Woolfson은 까치가 분노를 표현하는 '귀 드러내기'부터 각기 다른 까마귀 종의 독특한 행동과 폭설이 내릴 때 내는 소리 등 여러 가지 까마귀의 행동을 알아볼 수 있게 되었다.

까마귀의 언어는 굉장히 복잡하다. 나무 위에서 까마귀 두 마리가 우는 걸 들을 때마다 나는 그들이 자신들만의 숨겨진 암호 해독기를 통해서 메시지를 주고받는 거라고 생각하곤 한다. 언젠가는 그들의 암호가 깨질 것이고, 그 노력에 산책자들이 공헌할 수 있을지도 모른다. 그동안 그들이 마음에 안 드는 듯 우리를 내려다보며 우리의 부족함에 대해 떠든다고 해서 지나치게 신경 쓰지는 말자.

새들은 또한 방향 잡이의 실마리를 제시하기도 한다. 새들의 이동 패턴은 가끔 중세 영국 지역의 기독교 교단인 컬디Culdee 수도사들이 흐린 날 아일랜드에서 아이슬란드까지 가는 것을 도와주었다고 하는 브렌트기러기처럼 하늘에서 믿을 만한 선을 그리곤 한다.

지역적으로는 그들의 습성이 도움이 되기도 한다. 아침이나 저녁에 해안 근처의 새들은 해안선과 수직으로 날아서 아침에는 바다 쪽에서 오고 저녁에는 바다로 도로 나가곤 한다. 새들의 둥지가 가끔 힌트를 주기도 하는데, 둥지가 모두 나무 한쪽에만 있다는 것을 알게 될 것이다. 노출된 지역에서는 북동쪽 면에 둥지가 있는 경우가 가장 흔한데, 이쪽에 있어야 비바람을 피할 수 있기 때문이다.

나비 자연을 사랑하는 전 세계의 사람들은 기초적인 신조에 따라 움직인다. 자신들이 보고 싶어 하는 종이 선호하는 주거 환경을 이해하고 이를 이용해서 이들을 어디서 찾을 수 있을지를 알아내는 것이다. 이것은 몇몇 사람들에게는 '나비 연구가', 또 다른 사람들에게는 그냥 나비광으로 알려진 인시류 연구가들이 아주 잘 발달시킨 기술로, 야외의 정보 수집가들에게 대단히 편리하다. 이 섬세한 생물체가 선호하는 것을 잘 파악해서 우리에게 같은 논리를 거꾸로 적용할 수 있게 만들어주었기 때문이다. 나비는 지형, 식물, 빛, 방향, 물, 기온에 예민하다. 그들은 이런 예민한 성격을 통해서 주변 환경에 대해 많은 것을 드러낸다.

줄꼬마팔랑나비는 영국 남부 해안, 솔렌트 서쪽에서만 발견된다. 이것은 우리가 자주 볼 수 있는 나비가 아니지만 잠깐 봐두면 좋다. 나비가 우리를 어떻게 도와줄 수 있는지 알려주기 때문이다. 각 나비들은 특정한 식물을 선호하고, 우리는 이 식물이 그들의 주거 환경에서 반드시 필요한 요소라는 것을 알 수 있다. 어느 나비가 예의 식물이 없거나 지리적으로 어울리지 않는 곳에서 목격되었다면 그곳의 환경에 뭔가 특이한 점이 있다는 증거이다. 줄꼬마팔랑나비는 석회암 위에서만 자라는 종류의 풀을 필요로 하기 때문에 도싯Dorset(영국 잉글랜드의 남서부에 있는 주)의 산성 토양과 점토질 토양에서 목격되었을 때 처음에 인시류 전문가들은 당황했다. 왜 석회질 토양에 그토록 의존하는 나비가 전혀 다른 종류의 암석이 있는 두 지역에서 발견된 걸까? 그 답은 그들이 발견된 두 지역을 직선으로 이어보자 쉽게 나왔다. 줄꼬마팔랑나비는 19

세기에 지방 철도를 깔기 위해 수입한 석회암 자갈들 위에서 무성하게 자란 풀들 속에서 번성하고 있었던 것이다.

아직 미스터리로 남아 있는 것들도 있다. 예를 들어 목격하기 힘들기로 유명한 보라색 오색나비의 선호도와 습성은 여전히 별로 알려진 바가 없다. 하지만 우리가 종종 마주치는 대부분의 종은 수년에 걸쳐 그 습성과 생태에 관해 상세하게 밝혀졌다. 우리가 해야 할 일은 우리의 질문에 기꺼이 답을 해줄 나비에 집중하는 것이다.

몇몇 단서는 우리에게 별다른 답을 주지 못했다. 흰줄나비가 보이면 인동덩굴이 근처에 있다는 뜻이지만, 그걸로 많은 것을 알아낼 수는 없다. 몇 가지 힌트는 너무 광범위해서 별 가치가 없다. 네발나비는 자주 보이지만 우리에게 정보를 줄 수 있을 만큼 까다롭지가 않다. 네발나비를 목격하면 근처에 숲이 있다는 건 분명하지만, 아마 당신도 그 정도는 이미 알고 있을 것이다. 다른 단서들은 지나치게 특정한 내용에 치우쳐 있다. 팔랑나비를 보았다면 스코틀랜드 고지대의 포트윌리엄Fort William 근처에 있을 거고, 산호랑나비를 보았다면 노퍽브로드Norfolk Broads에 있을 테지만, 이 정도는 이미 알고 있을 것이다.

우리에게 필요한 것은 주변에 관해서 일반적이면서도 약간의 통찰력이 생길 만큼 특별한 지식을 전해주는 나비이다. 그러니까 붉은까불나비, 공작나비, 쐐기풀나비를 좀 더 자세히 살펴보자. 이 세 나비는 일반적으로 ('식물' 장을 떠올려보면) 꽤 많은 것을 알려주는 쐐기풀 근처에서 발견된다. 쐐기풀은 도시가 가까이 있다는 단서이기 때문에 숲에서 동네 술집을 향해서 걸어가다 붉은까불나비를 보게 되면 금방 호화로운 점심을 먹을 수 있을 거라고 예상해도 좋다.

부전나비는 나무를 좋아하지만 네발나비보다 조금 더 까다로워서 좀 더 많은 것을 드러낸다. 갈색 부전나비는 토양이 끈끈하다는 것을 알려줄 것이고, 보라색 부전나비는 그보다 더 까다로워서 오래된 숲에는 살지 않고 참나무만을 좋아한다. 어리표범나비는 나무를 갓 베어낸 곳을 좋아해서 '나무꾼만 졸졸 따라다닌다'고도 한다. 뱀눈나비는 그늘진 숲에서 날아다니는 걸 볼 수 있는 유일한 나비이다. 이를 역으로 생각하면, 다른 나비가 그늘진 숲을 날아다니는 것을 보았다면 숲 가장자리가 가까이 있다는 결론을 내릴 수 있을 것이다.

나비는 빗속에서는 거의 날지 않고, 기온에 굉장히 예민하다. 원한다면 이들 각각을 기묘한 온도계로 생각해도 된다. 은색네발나비가 나는 것을 보았다면 기온이 섭씨 19도를 넘는다는 뜻이다. 이런 예민함은 그들이 고도를 거의 정확하게 표시한다는 뜻이기도 하다. 스코틀랜드 아르고스 나비는 해발 500미터 아래서만 발견되는 반면, 산네발나비는 해발 500미터 이하에서는 찾아볼 수 없다.

특정 온도가 되어야만 한다는 특성 덕에 나비는 특정 방향, 특히 따뜻한 남쪽 사면을 선호하게 되었다. 부전나비, 은색네발나비, 노랑나비를 발견하면 남쪽 사면에 있다는 강력한 증거이다. 몇몇 나비의 이동 습성을 통해서 방향을 알아낼 수도 있다. 공작나비는 연초에 북서쪽을 향해 가지만 가을부터는 남동쪽으로 이동한다. 멋쟁이나비는 봄에 북북서로 이동하고 가을에는 남쪽으로 이동한다고 여겨지지만, 왠지 모르게 봄에 이동하는 것만 흔히 볼 수 있다. 노랑나비 역시 이동을 한다. 제2차 세계대전 때 이 나비들이 대규모로 도버 해협을 건너 영국 해안 쪽으로 오는 모습이 목격되었는데, 처음에는 이것을 독가스 공격이라고 착각하기도 했다.

몇 가지 실마리는 좀 더 깊이 생각해봐야 하고, 몇 가지는 전문가가 필요하다. 풀표범나비는 농경을 견디지 못하기 때문에 풀표범나비를 목격했다면 농부들이 오랫동안 버려놓은 땅 근처에 있으며, 가까이에 굉장히 가파른 경사지가 있을 것이다. 나비들은 도심에서는 별로 흔하지 않지만 용감한 친구들이 몇 있다. 푸른부전나비를 도심에서 목격했다면 근처에 담쟁이덩굴이 있다는 강력한 단서가 된다.

별로 쓸모는 없지만 재미삼아 쐐기풀나비가 암컷일지 수컷일지 알아보는 기술이 있다. 이 나비에게 막대기를 던졌을 때 수컷은 막대기를 공격하고, 암컷은 무시한다. 언제나 그렇다.

다른 곤충들 많은 곤충이 환경에 대한 아주 단순한 실마리를 알려준다. 각다귀가 있다는 것은 바람이 거의 불지 않는다는 뜻이고, 잠자리는 물, 특히 고여 있는 물 근처에서만 발견된다. 파리는 물과 생명체가 있다는 보편적인 단서이다. 이것은 생명이 별로 많지 않은 사막이나 대양 같은 곳에서 특히 주의해서 볼 만하다. 사막이나 바다에서 사람 사는 곳에 가까워지면 파리의 수는 기하급수적으로 늘어나서 확실하게 알아챌 수 있다. 리비아의 사하라 사막에서 투아레그족과 함께 오아시스를 찾을 때 이 기술을 사용한 적이 있다. 앞에 있는 남자의 등에 붙은 파리의 수를 세서 우리가 얼마나 더 가야 하는지를 가늠할 수 있었다. 마지막 사구에 올라 처음 나무를 보았을 때 남자의 등에는 100여 마리의 파리가 붙어 있었다. 이 기술은 또한 집 근처에서도 사용할 수 있다. 파리의 숫자가 갑자기 늘어나면 근처에 커다란 동물이나 사람들이 있다는 뜻이다.

곤충들은 냉혈동물이라 기온의 변화에 굉장히 민감하다. 귀뚜라미는 기온 변화에 시끄럽게 반응하기 때문에 온도계 대용으로 쓸 수 있다. 각 종은 온도에 따라 우는 것이 다른데, 섭씨 13도에서는 1초에 한 번 우는 게 일반적이고, 온도에 따라서 증가한다. 곤충의 울음소리에 익숙해지면 울음소리의 횟수가 기온과 직접적으로 관계가 있다는 것을 알게 될 것이다. 미국에서 어떤 사람이 울음소리의 횟수를 계산해 보았다. 눈 덮인 나무에서 귀뚜라미가 14초 만에 한 번씩 울었는데, 여기에 40을 더하면 화씨 온도와 같아진다고 한다. 믿을 수 없지만 사실이다.

곤충은 이렇게 기온에 예민하므로 방향을 확인하는 데 도움이 된다. 풀 덮인 언덕에서, 풀로 덮여 있는 커다란 두더지 집 정도 크기의 기묘한 흙더미를 발견했다면 황개미집을 보고 있는 것이다. 이 개미는 자신들이 짓고 있는 집을 통해 몇 가지 단서를 제공한다. 해의 온기를 최대한 많이 받기 위해 이 개미집은 동서로 펼쳐져 있다. 이 흙더미 기단 주변의 식물을 자세히 살펴보면 아마 약간의 차이를 알아챌 수 있을 것이다. 남쪽 면에는 햇빛을 좋아하는 야생 타임이, 북쪽에는 음지식물이 있다. 황개미가 오랫동안 아무 방해도 받지 않을 만한 초원에 집을 짓는다는 점도 유념할 만한 사실이다.

언덕 중턱에 흙이 드러나고 조그만 구멍이 뚫린 곳이 있다면 아마도 애꽃벌과 장수말벌의 둥지일 것이다. 이 곤충들은 남쪽 사면을 굉장히 좋아한다. 또한 오래된 나무기둥 남쪽 면에도 비슷한 작은 구멍이 있을 때가 있는데, 이것은 대체로 투구벌레가 뚫어놓은 것이다.

포유동물 진화 과정에서 동물들은 노동을 줄일 수 있는 수많은 지름길을 찾게 되었다. 그중 하나가 다른 종의 알람 울음에 귀를 열고 있는 것이다. 특히 같은 포식자를 두려워하는 경우라면 더 좋다. 대단히 경계심 많고 연약한 숲의 생물들은 일종의 알람 네트워크를 만들었다. 새, 다람쥐, 사슴은 서로의 메시지에 귀를 기울인다. 이런 상호 의존 관계는 세계 어디서나 찾아볼 수 있다. 아프리카 사바나에서 누와 얼룩말은 포식자를 함께 경계한다. 누는 시력이 나쁘지만 후각이 아주 강한 반면 얼룩말은 시력이 좋고 후각이 약하다. 함께하면 둘은 더 많은 것을 알아챌 수 있고 서로에게 위험을 더 빨리 경고해줄 수 있다.

우리는 바람이 불어가는 쪽에서 사슴을 향해 살금살금 다가가면 들키지 않을 거라고 생각하지만, 머리 위의 새들을 자극하는 방식으로 움직인다면 사슴 근처에도 갈 수 없을 것이다. 마찬가지로 사슴이 우리보다 바람의 아래쪽에 있다면 풀숲의 굴뚝새가 우리를 보기 전에 우리 냄새를 맡고서 기침 비슷한 울음소리로 새에게 우리에 관해서 경고를 해줄 것이다. 설치류부터 영장류에 이르기까지 모든 동물에겐 각자의 언어가 있고, 우리는 자주 마주치는 동물 순으로 이 언어에 익숙해지려고 노력해야 한다.

모든 알람이 울음소리인 것은 아니다. 몸짓언어도 잊어서는 안 된다. 사슴과 토끼는 하얀 꼬리를 보이거나 발을 구르곤 한다. 그러니까 눈가에 하얀 것이 스치고 가면 동물이 뭔가를 발견했다는 신호라고 보면 된다. 아마도 우리일 것이다.

새와 마찬가지로 다람쥐는 알람 울음소리를 내고 이 소리는 포식자의 종류에 따라 다양하다. 과학자들은 다람쥐가 내는 소리가 포식자가 날개가 있는지 육상동물인지에 영향을 받는다는 사실을 알아냈고, 또한 다람쥐들이 울음소리 속에 얼마나 다급한지에 관한 정보도 포함한다는 것을 알아냈다. 머리 위를 나는 포식자를 발견한 다람쥐는 멀리 있는 포식자를 발견한 다람쥐와는 다른 방식으로 반응한다. 회색다람쥐는 '척, 척, 치르'에서 '툭-툭' 소리까지 다양한 소리를 낸다. 육상 포식자를 발견한 다람쥐는 짧은 소리를 몇 번만 내지만, 공중의 포식자를 발견하면 '처르' 하는 소리를 여러 차례 낸다. 꼬리를 흔들고 발을 구르는 것 역시 다람쥐가 우려를 표시하는 방법이다.

포유동물에게서 방향에 관한 단서를 얻는 흥미로운 가능성도 있다. 뒤스부르크-에센 대학교의 과학자들은 사슴과 젖소가 다른 방향보다 남북으로 5도 이내의 방향으로 가장 자주 서 있다는 사실을 발견했다. 굉장한 이야기 같지만, 대체로 남서풍으로 부는 바람이 영향을 미쳤을 것이다('날씨' 장을 보라). 어느 농부에게 물어봤더니 그 사람은 웃으며 말도 안 되는 소리라고 했다. 모두들 자기 나름대로 조사를 해보는 것이 좋을 것이다.

동물들이 은신처를 찾는 습성 쪽이 훨씬 더 믿을 만하다. 모든 포유동물은 강풍이 불 때 은신처에 숨곤 한다. 대부분 강풍이 남서쪽에서 불어오기 때문에 은신처가 될 만한 곳은 북동쪽에서 많이 찾을 수 있다. 양들은 가시금작화 덤불 북동쪽에 종종 몸을 숨기기 때문에 그 부분의 덤불이 죽곤 한다. 이런 가시금작화에서는 덤불 한쪽 면에 죽은 나뭇가지가 있고 허리 높이 아래로 꽃이 더 적을 것이며, 잔가지에 누구 것인지 확실한 털이 붙어 있을 것이다.

덤불이나 나무, 바위의 한쪽 면에 동물들이 더 자주 간다는 징표가 종종 있다. 대체로 강풍이나 더운 날 햇빛을 피하기 위한 북동쪽, 또는 북쪽 면일 때가 많다. 이것이 나무 주변의 식물 생태계가 비대칭인 이유를 설명해주기도 한다.

어떤 포유동물은 생태계가 건강하고 다양성을 유지하고 있을 때만 번성할 수 있다. 산책길에 들쥐나 토끼, 사슴을 보았다면 주변에 굉장히 풍요롭고 다양한 야생의 세계가 펼쳐져 있다고 생각해도 된다. 모든 동물이 음식과 물, 무기물의 위치에 따라 상대적으로 분포되어 있고, 포유동물은 이런 정보를 바탕으로 확인할 수 있는 가장 쉬운 집단이다. 사냥꾼들은 고대부터 이런 지식을 이용해왔다. 처음에는 그저 물가에 엎드려 기다리기만 하던 기술이 동물들이 소금을 핥아먹으러 오는 정확한 위치를 아는 사냥꾼들 덕에 더 발달하게 되었다.

산책길에 마주칠 만한 가능성이 가장 높은 포유동물 중 하나는 개이다. 개는 굉장히 익숙한 동물이라 대부분의 사람들이 개의 행동을 흘려 본다. 하지만 우리는 종종 아주 기본적인 단서를 착각하곤 한다. 개가 짖는 것이 공격적인 신호라고 여기는 경우가 많지만, 사실 개가 짖는 것은 공격적인 행동에서 등급이 아주 낮다. 큰 개 옆을 지나가기가 무섭다면 공격적 행동의 등급을 알아두는 게 좋다.

개가 하는 가장 공격적인 행동은 짖지 않고 달려와서 공격하는 것이다. 이것은 매우 드문 행동이고, 다른 개나 사람에게 이런 짓을 하는 개와 마주칠 가능성은 지극히 낮다. 도망치는 '범죄자'를 쫓기 위해서 공격 훈련을 받은 경찰견이 나오는 다큐멘터리를 본 적이 있는가? 그렇다면 경찰견이 짖지 않고 그냥 달려들어 패드를 두른 팔을 무는 장면을 기억하고 있을 것이다. 산책하다 이런 행동을 볼 일은 개가 토끼나 다른 먹잇감을 발견했을 때 말고는 없다. 이런 조용한 공격 모드는 굉장히 드물다. 개가 두려움 없이 공격적으로 행동해도 된다고 느끼는 상황이 별로 없기 때문이다. 개는 자신이 모르는 개나 인간을 보면 약간 불안감을 느끼고, 이 불안감이 개의 행동에서 드러나게 마련이다.

말없는 공격 바로 아래 등급은 개가 입술을 뒤로 말고 이를 드러내고서 으르렁거리는 것이다. 이것은 개가 공격적인 상태이고 약간만 두려워한다는 뜻이다. 이것도 드물긴 하지만 심각한 경고 신호이다. 이 아래로는 짖는 것보다 좀 더 긴 으르렁거리는 행동이 있다. 약한 으르렁거림은 개가 방어적인 상태이지만 공격을 할 수 있을 정도라고 여겨야 한다. 개가 정말로 두렵다면 으르렁대다 시끄럽게 짖는 것을 반복할 것이다. 으르렁거리고 짖고, 으르렁거리고 짖는 식이다. 개가 공격적이

지는 않지만 경계 상태라면 그냥 짖기만 할 것이다. 짖는 것 아래로는 완전히 복종하는 신호로 몸을 낮추고 낑낑거리거나 강아지 같은 행동을 한다. 개가 당신에게(혹은 당신과 함께 있는 개에게) 짖는 것은 그리 걱정할 일이 아니다. 사실 개 쪽이 당신보다 더 두려워하고 있는 것이다.

최근 연구는 이런 분명한 신호를 보기도 전에 개의 습성을 이해할 수 있게 해준다. 연구원들은 우리가 오른손/왼손잡이인 것처럼 개들도 오른발/왼발잡이가 있다는 사실을 발견했다. 또한 왼발잡이 개들이 오른발잡이 개들보다 훨씬 더 공격적인 성향이 있다고 한다. 그러니까 산책 중에 당신을 걱정스럽게 만드는 개를 발견하면 녀석이 뭔가를 잡을 때 어느 발을 사용하는지, 걸을 때 어느 발부터 걷는지를 유심히 보라. 놀랍게도 최근에 개가 왼쪽으로(개의 입장에서) 꼬리를 흔드는 것이 오른쪽으로 흔드는 것보다 별로 기쁘지 않고 불안하다는 의미라는 연구 결과를 본 적이 있다. 그리고 개는 서로의 이런 기분을 읽을 수 있다.

많은 산책자들이 젖소와 마주치는 것을 불편해한다. 그럴 만도 하다. 매년 많은 산책자가 젖소로 인해 부상을 입거나 심지어는 사망하기도 한다. 젖소 농장주들과 이 문제에 대해서 이야기를 해봤는데, 보편적인 조언은 이거였다. 두려워할 건 없지만 몇 가지는 조심해야 한다. 농장에 황소가 있는 것이 젖소들만 있는 것보다 훨씬 위험한 상황이라는 건 이미 유명하다. 내가 아는 농부 한 사람은 평생 젖소를 돌봤는데 한번은 황소가 달려드는 바람에 농장 문을 뛰어넘어 도망쳐야 했다고 한다. 내가 젖소 농장에서 돌아서서 나왔던 것도 젖소 무리 속에 젊은 황소가 있는 걸 봤을 때였다. 그다음으로 주의할 것은 시기이다. 젖소들은 대부분의 동물과 마찬가지로 새끼에 대한 보호심이 강하기 때문에 봄은 굉장히 예민한 시기이고, 특히 농장에 송아지가 같이 있으면 더 그렇다. 동물과 그 새끼 사이에 서지 말라는 것은 귀담아들어야 하는 조언이다. 그다음으로 주의해야 하는 것은 개는 젖소를 불안하게 만들고, 젖소는 개를 불안하게 만든다는 것이다. 즉 서로 같이 있으면 두 동물 모두 예측할 수 없는 방식으로 움직일 수 있다. 동네의 농부는 이렇게 설명했다.

"개를 산책시키는 사람들은 젖소가 근처에 있으면 목줄을 짧게 잡고 가는 경향이 있어요. 하지만 젖소가 놀라면 개를 향해서 달려들죠. 주인과 개가 함께 서 있으면 둘 다 문제에 휘말릴 수 있어요."

"개도 없고, 송아지도 없고, 황소도 없는데도 여전히 불안한 기분이 들 때는 어떻게 해야 되죠?"

"가만히 서 있거나 아주 천천히 걸어가세요."

동물에 관해서는 눈에 보이는 것 이상을 찾으려 노력해야 한다. 동물이 주는 단서가 간단한 추측에서 끝나는 경우는 별로 없다. 대부분 우리가 더 파고 들 수 있는 여지가 많이 있다. 미국에는 개 목줄을 풀어주는 것이 불법인 공원이 있다. 이것은 야생 생태계와 환경을 지키기 위한 법이지만, 공원이 굉장히 넓고 인력은 제한적이기 때문에 이 규칙을 지키기란 상당히 어렵다. 하지만 삼림 경비대원들은 관목의 높이를 통해서 영리하게 사람들이 개를 풀어놓는 구역을 찾는다.

개들이 문제가 되는 지역을 찾으려면 법률 위반자(개 주인)보다 동물의 습성을 더 잘 알아야 한다. 이 공원의 사슴은 개들이 자유롭게 돌아다니는 지역을 피할 것이고, 그래서 사람들이 종종 법을 어기는 구역에서는 관목의 높이가 실마리가 될 것이다. 개들이 목줄을 차고 지나가는 곳에서는 관목이 뜯어 먹혀 나지막하겠지만 개들을 풀어놓은 곳에서는 관목이 높게 자랐을 것이다. 첨언하자면 이것이 와이트 섬의 일부 지역에 관목이 무성한 이유이기도 하다. 거기에는 사슴이 아예 없기 때문이다.

종의 사회조직이 복잡하면 복잡할수록 우리가 마주치게 되는 의사소통 방식도 복잡해진다. 원숭이들은 표범, 독수리, 뱀, 비비를 대할 때 반응이 모두 다르다. 그들이 단서를 좇는 사람들과 아무것도 모르는 사람들에 대해서 각기 다른 방식으로 경계 신호를 보내는지는 어떤지 알아보는 것도 꽤 흥미로울 것이다.

어릴 때 우리는 모두 음매, 매, 멍멍, 히힝 등 동물들이 내는 기본적인 울음소리를 배운다. 나는 가끔 우리의 어린 시절이 좀 더 풍요로웠다면 그 소리의 기본 의미도 배울 수 있지 않았을까 생각하곤 한다. 동물의 소리에 일차원적으로 접근하는 것은 프랑스 사람들이 "봉주르!"라고 말한다는 걸 배우면서 그게 어떤 뜻인지는 가르쳐주지 않는 것과 비슷하다. 다른 모든 사람처럼 나는 어릴 때 돼지가 "꿀꿀"하고 운다는 사실을 배웠지만, 돼지를 키우시던 내 장인어른께서 이 친숙한 소리가 동료 돼지를 부르는 소리라고 가르쳐주시기 전까지는 전혀 의미를 몰랐다. 돼지는 관찰력이 그리 예리한 동물은 아니지만 사교적인 동물이 다 그렇듯이 자신이 혼자 있지 않다는 걸 확인하고 싶어 해서 주변을 돌아다니며 이런 작은 꿀꿀 소리로 서로의 위치를 계속해서 확인한다. 자, 이제 당신은 돼지와 말하는 법 1단계를 배웠다.

파충류와 다른 생물들 꽃뱀은 두꺼비, 개구리, 물고기, 도마뱀 등을 사냥하고, 이 사냥감들처럼 물속이나 그 근처에서 찾아볼 수 있다. 살무사는 3월 중순부터 10월 중순까지 기온이 섭씨 8도를 넘어설 때만 보인다.

달팽이가 껍질을 만들려면 다량의 탄산칼슘이 필요하기 때문에 연못 근처에 달팽이가 있다면 석회암 지역이라는 증거이다. 과학자들은 경단고둥이 해를 이용해서 방향을 잡고 가끔 해가 하늘에서 움직이는 것에 따라 타원형 자취를 남겨둔다는 사실을 발견했다. 이것은 굉장히 특이한 자취 추적을 해볼 수 있는 기회이다. 경단고둥의 자취를 찾으면 해의 각도와 그에 따른 시간을 파악해서 정확히 언제 고둥이 그 자리를 지나갔는지 계산할 수 있다. 이쯤 되면 이제 밖에 좀 덜 나가야겠다는 생각이 들지도 모르겠다.

징검다리 동물을 발견할 때마다 많은 단서와 길잡이를 찾을 수 있다. 내가 마지막으로 할 조언은 특이한 사항이라면 그것이 무엇이든 확인해보라는 것이다. 그리고 하나의 추론으로 끝내지 말고 두어 단계 더 나아가야 한다.

토끼를 발견하면 근처 50미터 안에 토끼굴이 있음을 추측할 수 있다. 하지만 왜 다른 곳에는 없는데 토끼굴 위에만 양딱총나무 관목이 있는 걸까? 토끼와 이 나무의 관계는 뭘까? 여기에는 빠진 조각이 있다. 검은딱새는 사용하지 않는 토끼 굴에 둥지를 짓고, 양딱총나무 열매를 먹고 그 씨를 집 근처에 버리곤 한다.

연습을 하면 얼마 지나지 않아 주변의 모든 풍경을 아우르는 연결고리가 눈에 보이기 시작할 것이다. 푸른부전나비를 발견했다면 두 가지 실마리를 얻을 수 있다. 이 나비가 생애 주기의 각기 다른 단계에서 야생 타임과 개미를 필요로 하기 때문이다. 개미집은 당신에게 방향을 알려줄 것이고 남쪽 사면을 좋아하는 야생 타임 역시 마찬가지이다.

다약 족과의 산책 1

A Walk with the Dayak

The Walker's Guide to Outdoor Clues and Signs

'현명한 늙은 염소'를 찾아서

이 책 앞부분에서는 동네 주변이나 그보다 조금 떨어진 곳을 산책할 때 찾기 쉬운 유용한 단서와 길잡이에 대해 주로 설명했다. 하지만 이 기술을 쌓는 동안 나는 우리가 평소 걷는 경로에서 멀리 떨어진 곳에도 흥미진진한 지식이 가득하다는 사실을 알게 되었다. 이런 길잡이와 단서 들은 이런 것을 적어두거나 가족이나 부족원 외의 다른 사람들에게 알려야 할 필요성을 느끼지 못하는 원주민만 사용하기 때문에 밝히기가 쉽지 않다.

나는 언제나 독자들에게 자연 속의 단서를 최대한 많이 보여줄 수 있는 종류의 책을 쓰고 싶다고 생각했다. 이 임무를 마치고 특별한 통찰력을 얻기 위해서는 아주 특별한 도보여행을 해봐야 한다는 생각이 들었다. 오로지 자연 속의 단서에만 의존해서 살아가는 사람들과 단서를 찾는 여행을 해봐야 할 것 같았다. 그래서 보르네오 제도 깊은 곳에 사는 다약Dayak 족을 찾아가겠다는 계획을 세웠다.

약간 겁이 나기도 했지만 커다란 보르네오 섬의 내부에서 발견하게 될 여러 가지를 생각하자 마음이 들떴다. 하지만 출발할 때만 해도 집 근처의 풍경을 보는 눈까지 영원히 바꿔놓을 몇 가지 교훈을 얻게 되리라는 사실은 전혀 몰랐다. 이것은 긴 산책에서든 짧은 산책에서든 모두 사용할 수 있는 교훈이다.

비행기 날개 아래로 펼쳐진 열대우림에는 벌목꾼들이 지나간 상처가 남아 있었고, 이 검은 상처 위쪽으로는 따뜻한 공기가 상승해 작은 구름을 이루고 있었다. 햇빛이 비행기 날개에 반사되어 굴절되고 분산되어 선실 한쪽으로 빨간색과 주황색 빛이 들어왔고, 곧 비행기가 발릭파판Balikpapan 쪽으로 하강하기 시작했다. 런던에서 칼리만탄Kalimantan(인도네시아에 속한 보르네오 섬의 남쪽 부분)의 중심지인 발릭파판까지는 스물네 시간이 넘게 걸렸다. 보르네오 심장부까지 가는 데는 더 오래 걸릴 것이다. 거기가 바로 내가 다약 족과 약속을 잡고 만나기로 한 곳이었다.

보르네오 내부에는 200개가 넘는 부족이 살고 있는데, 이들을 모두 합쳐 다약 족이라고 부른다. 이들은 일부러 현대 사회를 무시하는 것이 아니라 그저 고립된 지역에서 살고 있는 사람들이다. 21세기가 도래했어도 옛 삶의 방식을 완전히 바꿔놓을 만큼 강하지는 않았다. 하지만 얼마 지나지 않아 대롱 화살 옆에 놓인 핸드폰을 보게 될지도 모른다.

석유가 풍부한 발릭파판까지 내 옆에 앉아서 온 텍사스 남자에게 작별을 고했다. 당시에는 몰랐지만 이 남자는 내가 앞으로 3주가 넘는 시간 동안 만나는 마지막 서양인이었다.

발릭파판에서 다시 비행기를 타고, 그다음에는 작은 배로 여드레 동안 달려 다약 족과의 여행을 시작할 아파우핑Apau Ping이라는 마을에 도착하게 될 것이다. 이것은 사실을 찾는 원정이 될 예정이고, 나는 세계에서 세 번째로 큰 열대 섬이 품고 있는 야외 여행의 정보를 찾기 위해 한시라도 빨리 숲으로 들어가고 싶었다.

텔레비전 위성 안테나는 똑바로 위를 가리키고 있거나 앞을 가리키고 있거나 둘 중 하나이다. 그 중간이라는 것은 없다. 당연한 일이다. 통신위성은 적도 위를 지난다. 그러니까 적도에 닿고 싶으면 접시가 똑바로 위를 향하거나 땅과 수평을 이루고 있을 것이고, 수평을 이룰 때에는 동쪽이나 서쪽을 향한다.

발릭파판에서 비행기를 타고 지방 공항 타라칸Tarakan까지 오는 동안 나는 커다란 뭉게구름의 아래쪽이 위쪽보다 훨씬 더 거대하게 피어올라 있다는 것을 깨달았다. 바람이 위쪽보다 아래쪽 고도에서 더 강하다는 뜻이다. 이것은 드문 일이었지만 조종사도 이 경고 신호를 알아챘을 거라고 생각했다.

전 세계적으로 도로 교통이 안 좋은 곳에서는 국내선 승객들이 들고 타는 짐으로 허용되는 물건의 한계까지 시험하는 경향이 있다. 나는 승객들이 커다란 텔레비전, 기계 부품, 심지어 스페어타이어까지 갖고 타는 것을 본 적이 있다. 이번에도 내 주변에 온갖 기묘한 물건들이 실려 있었고, 타라칸의 젖은 활주로에 내려 기체가 달리는 동안 머리 위 짐칸에서 밀짚이 몇 가닥 떨어지기도 했다.

방충 팬 아래서 일어나다가 내 눈이 작은 전사에게 멎었다. 상냥하게도 '샤디Shady'라고 불러도 된다고 했던 무하마드 샤디안Muhammad Syahdian을 묘사하는 데는 그 말밖에는 떠오르지 않는다. 샤디는 이 작은 모험의 핵심이었다. 잘 교육받은 칼리만탄 원주민인 그는 내 대리인이자 통역사였고, 바다에서 보르네오 심장부로 향하는 동안 최고의 동료가 되어주었다. 그렇다고 해도 가끔 그가 인상을 찌푸리면 내가 인도네시아 다른 지역에서 본 나무로 만든 전사 가면이 떠오를 만큼 사나워 보였다는 건 부인할 수가 없었다. 그의 무시무시한 얼굴이 야성적인 검은 머리로 강조되어 보였다. 다행스럽게도 그는 상황이 그리 녹록지 않을 때도 인내심 많고 상냥했다.

내가 찾는 지식이 어떤 것인지 열심히 설명하는 동안 샤디는 미소를 지었다. 수많은 배 여행 중 첫 번째가 될 배를 기다리는 동안 샤디는 칼리만탄에서는 지혈을 할 때 커피 가루를 쓴다고 이야기하며 축구를 하다가 얻은 흉터를 보여주었다.

우리가 탈 배가 우리 아래쪽으로 정신없이 뒤엉켜 있는 선박들 사이에서 나타났다.

"우린 탐사자들이에요, 샤디. 당신과 나 말이죠. 우린 귀중한 걸 찾고 있지만 그건 금이나 석유, 다이아몬드 같은 건 아니에요."

이런 걸 찾던 탐사자들이 보르네오에 자신들의 흔적을 깊이 남겨놓았다.

"우린 정말로 좋은 걸 찾고 있는 거예요. 뭔가를 깨닫게 해주는 자연의 단서죠."

나는 자연 내비게이션에 대한 개념을 이 지역 한 군데를 예로 들어 설명했다. 샤디의 눈이 반짝였고, 그는 눈의 초점을 흐리게 만들어 이른 달의 위상을 파악하는 법에 대해서 설명해주었다. 그의 말을 이해하기 위해 애를 쓴 끝에 나는 샤디와 그의 수많은 동료 무슬림이 눈의 초점을 흐리게 만들어 가는 초승달이 하나 이상으로 보이게 만든다는 사실을 깨달았다. 그는 이 기술을 가르쳐준 스승이 달의 초승달 모양이 서로 겹쳐 나타나는 숫자를 보면 달의 정확한 위상을 알 수 있다고 이야기했다고 말했다. 두 개가 나타나면 이틀 된 달이고 세 개면 사흘, 네 개나 다섯 개까지 가능하다는 것이다. 나는 그 뒤로 이 방법을 시도해보았지만 솔직히 잘은 모르겠다. 하지만 당시에는 이게 내가 영국에만 머물러 있었다면 절대로 알 수 없는 지식이라는 생각에 샤디에게 진심으로 고마워했다.

배에 탄 아이들이 나를 가리키며 웃었다. 아이들의 부모도 웃었고, 나도 웃었다. 손짓을 하며 웃는 아이들은 사람이 별로 없는 시골로 들어왔다는 확실한 증거이기 때문에 들떴다.

서른 명 정도의 토착민과 나는 빠르지만 좀 낡은 12미터 길이의 상선에 함께 앉아 있었다. 배는 탄중셀로Tanjung Selor라는 조그만 시골 마을을 요란하게 지나쳤다. 두 개의 스크루 엔진이 바다에서 카얀Kayan 강 입구로 들어가는 배를 빠르게 움직였다. 카얀 강은 섬 내부로 향하는 입구이다. 나는 내가 구할 수 있는 가장 좋은 지도를 갖고 왔지만, 형편없었다. 축척은 100만 분의 1보다 작고, 내가 앞으로 몇 주간 보게 되는 주요 장소가 죄다 빠져 있었다. 하지만 강의 커다란 굴곡을 따라가는 데 지명이 필요한 것은 아니다. 나는 평평한 금속 표면에 손가락을 대고 그림자를 이용해서 우리가 굵은 갈색 카얀 강의 굽이굽이를 어느 방향으로 가고 있는지 가늠했다.

정오였고, 우리는 적도에 아주 가까이 있는데다가 2월 초였다. 그러니까 해는 3월 말까지 남반구에 있을 거고, 정오의 그림자는 북쪽으로 드리울 것이다. 열대지방에서 정오의 태양을 이용하는 것은 쉬운 일이 아니지만, 할 수는 있다. 인도네시아 보병이 선미에서 나와 함께 끼어 앉아 내가 방향을 가늠하는 것을 보며 눈썹을 추켜세웠다. 군인 앞에서 그 지역 지도에 지나치게 관심을 드러내는 것이 좋지 않은 나라가 있긴 하지만, 여기는 그런 곳은 아니었다.

나는 지도에서 눈을 떼고(종이 위의 세계는 지나치게 유혹적일 때가 있다) 주위를 둘러보다가 바다와 땅 위로 끼는 구름이 눈에 띄게 다르다는 것을 깨달았다. 바다 쪽에는 낮게 낀 구름이 전혀 없지만 땅 위로는 뭉게구름이 가끔씩 중간 크기의 탑처럼 높게 쌓인 모습이 보였다. 육지가 보이긴 했지만 지나온 수십 번의 여행을 고려하건대 이건 여행자들에게 방향을 가르쳐주는 이정표 같은 것이리라.

우리는 탄중셀로의 작은 마을에서 밤을 보냈다. 탑에서 무에진muezzin(이슬람 사원에서 예배 시간을 알리는 사람)이 요란한 소리로 기도 시간을 알리면서 함께 해가 떨어졌다. 동네 시장에서 사테와 밥을 먹은 다음 나는 음력 설을 알리는 흔들거리는 등불 사이로 오리온자리를 가리키고 샤디에게 오리온의 칼이 남쪽을 찾는 데 이용된다는 사실을 가르쳐주었다. 배우고 싶어 하는 사람이 있으면 언제든 무언가를 가르쳐주려고 하는 것이 나의 버릇이다. 그것은 아이디어를 교환하는 데 도움이 되고, 지식을 계속해서 한쪽으로만 전달하는 것보다 두 사람 모두에게 훨씬 덜 피곤하기 때문이다. 그리고 효과가 있었다. 샤디는 오리온을 '바우르Baur'라고 부른다고 설명했고, 이 지역에서는 언제 씨를 뿌리고 언제 우기가 시작되는지를 가늠할 때 사용한다고 말했다. 또한 플레이아데스, 이쪽 말로 '카란티카Karantika' 역시 같은 방식으로 사용한다고 했다.

날씨가 바뀌는 것에 관해 또 다른 단서는 없는지 물었고, 호우가 쏟아지기 전에 이 지역 개구리들이 요란하게 운다는 사실을 알게 되었다. 개구리는 짝짓기를 할 때도 시끄럽게 울기 때문에 샤디는 날씨에 대해 이 지역의 농담이 있다고 말해주었다. 호우를 '개구리 짝짓기frog sex'라고 부른다는 거였다. 이해는 할 수 있었지만 유머가 항상 그렇듯이 그 미묘한 농담의 뉘앙스는 통역 과정에서 사라지고 말았다. 그래도 빗속에서 개구리가 짝짓기를 하는 모습을 상상하니 우스꽝스러워서 둘 다 유쾌하게 웃었다.

이튿날 아침에는 제대로 내륙으로 들어가는 대형 보트에서 우리 자리를 찾기 위해 애를 써야 했다. 샤디가 자리를 얻는 데 성공했지만 배는 다음날 아침까지 떠나지 않는다고 해서 나는 그에게 이 동네를 탐험하게 도와달라고 부탁했다.

"현명한 늙은 염소wise old goat를 찾아야 돼요."

"뭐라고요?"

샤디는 당황한 표정으로 나를 보았다.

"현명한 늙은 염소요. 옛날 방식을 잘 알고, 아직 정신이나 기억이 완전히 노쇠해버리지 않은 사람 말이에요. 그러니까 현명하고, 옛날에는 일을 어떻게 처리했는지를 아는 그런 노인이죠."

"그게 '현명한 늙은 염소'인 건가요?"

"맞아요. 일종의 관용어죠."

내 말에 샤디의 얼굴이 밝아졌다. 그는 천문항법을 비롯해 많은 것들을 아주 빠르게 배웠고, 그중에서 그가 가장 관심을 보이는 분야는 바로 관용어였다. 나는 다음 한 주 동안 생각나는 대로 이것저것 가르쳐주었고 그는 강한 억양으로 열렬하게 이 말을 따라하곤 했다.

우리는 적당한 염소를 찾아 나섰지만 내 피부색을 보고서 마을 사람들은 내가 관광에 관심이 있다고 생각하고 석회암 동굴만 가르쳐줄 뿐이었다. 우리는 미끄럽고 가파른 경사를 올라 더 미끄럽고 더 가파른 바위를 지나 동굴에 도착했다. 그런 다음 동굴 위로 올라가서 위쪽에 앉아 쉬었다. 앞으로 줄줄 흘리게 될 억수 같은 땀 중 처음 땀이 온몸을 타고 흘렀다. 물을 마시고 나는 지의류의 패턴을 찾아보았다. 빛에 노출되어 있는 수직면을 좋아하는 새하얀 지의류가 눈에 띄었다. 샤디는 내가 미끄러운 바위 위로 발뒤꿈치를 들고 고착형 지의류를 살피는 모습을 보았다.

"저기, 그런 게 당신이 찾고 있는 건가요?"

그는 당황한 표정을 지었고, 이 미친 영국인에 왜 자기 나라까지 온 건지 이해할 수 없다는 듯 걱정스러워 보였다.

나는 그의 옆에 앉았고, 우리는 함께 아래쪽의 강과 마을 풍경을 감탄하며 바라보았다.

"말하자면 그래요. 난 관광지를 찾고 있는 게 아니에요. 그보다는 단서와 길잡이에 더 관심이 있죠."

우리 둘 다 이게 문제가 되지는 않을 거라는 걸 알고 있었다. 우리가 가는 곳에는 관광지 같은 건 없으니까.

"단서, 길잡이요?"

그는 다시 얼굴을 찌푸렸다. 내 이야기를 이해시킬 수가 없었다. 하지만 그럴 때가 많기 때문에 나는 인내심을 갖고 말을 이었다.

"그래요, 단서요. 그러니까 이런 거예요. 어떤 사람들은 동굴에 와서는 멋있네, 예쁘네, 그러고는 사진을 찍은 다음 집에 갈 거예요."

샤디는 고개를 끄덕였다.

"하지만 난 사물을 이런 식으로 보고 싶어요. 아까 버스를 타고 올 때 난 바위를 보고서 '석회암이다'라고 생각했죠. 석회암 알아요?"

샤디는 격하게 고개를 끄덕였다.

"물론 알죠."

"좋아요. 그걸 보고서 난 석회암이 많은 곳에는 땅에 구멍이 있을 거고, 대체로 동굴도 있을 거라고 생각을 하죠."

"그렇군요."

"그래서 난 '잘된 일이로군' 하고 생각해요. 동굴이 있으면 박쥐도 있을 거고, 이 박쥐들은 곤충을 비롯한 많은 것들을 잡아먹죠. 박쥐는 날아다니는 곤충들을 좋아하는 경향이 있는데 그중에 모기도 포함되거든요."

샤디는 지금까지는 이야기를 이해한다는 표정이었다.

"예쁜 동굴 사진보다는 석회암을 보고, 동굴이 있을 거고 박쥐가 있을 거라는 걸 추측하는 게 나한테는 훨씬 더 재미있어요. 이 모든 것이 오늘 아침에 내가 본 하얀 바위 덕택에 어젯밤 당신과 사테를 먹으며 뇌말라리아나 뎅기열에 걸릴까 봐 걱정할 필요가 별로 없다는 사실을 알려주니까요."

샤디는 미소를 지으며 자신의 배를 문지르면서 말했다.

"중국인들은 석회암을 보면 '음, 제비집 수프. 맛있겠어' 이렇게 생각하죠."

"바로 그거예요!"

나는 그를 보고 웃었고 우리는 산을 내려가기 시작했다.

내려오는 동안 나뭇잎 떨어지는 소리가 들렸다. 이파리가 크고 축축해서 떨어질 때마다 철벅철벅 소리가 났다. 조류로 덮인 미끄러운 바위에 대해서 이야기를 하던 중에 나는 타마린드 씨가 이 동네 사람들에게 해독제로 쓰이지만, 다약 족이 워낙 숙달된 사냥꾼이라 뱀 쪽이 오히려 더 걱정을 할 정도라는 사실을 알게 되었다. 후추와 파인애플 농장을 지나는 동안 엉덩이가 노란 꽃새가 우리 주위를 깡충깡충 뛰어다니며 두려움 대신 호기심을 드러냈다. 그때 젖은 무거운 잎이 떨어지는 소리가 달라졌다. 위쪽에서 시끄럽게 버스럭거리는 소리가 들렸다.

"저기!"

샤디가 그쪽을 가리켰고 눈가로 긴 팔다리와 빨간 털이 지나가는 게 보였다.

"오랑우탄인가요?!"

"아뇨. 꼬리를 봐요. 붉은잎원숭이예요. 오랑우탄이랑 좀 비슷하죠."

원숭이들이 우리 주변을 지나갔다.

버스는 우리를 전통 음료를 종류별로 파는 길가 카페 앞에 도로 내려놓고 사라졌다. 열대지방의 이런 길거리 가게에서의 규칙은 다음과 같다. 원하는 건 뭐든지 먹을 수 있지만 무엇이든 색이 화려할 것이고, 앞으로 10년 동안 혀에서 그 색깔이 지워지지 않을 것이다.

샤디는 색깔이 하도 진해서 대부분의 포유동물이 유독하다고 생각할 만한 음료를 마셨다. 선명한 초록색에 검은색과 펩토-비스몰의 분홍색 덩어리가 들어 있는 음료였다. 동네 사람 하나가 달콤한 차를 홀짝였고, 나는 손가락 끝에서 몇 센티나 자라서 말려 있는 그의 왼손 손톱을 감탄스럽게 보았다. 하지만 그 뒤로도 이 지역을 잘 아는 사람을 찾는 것은 여전히 실패했다. 샤디는 나중에 우리가 이주자 마을에 있었기 때문이라고 말해주었다. 카페의 사람들은 아마 자바 쪽 도시에서 온 사람들이었을 것이다.

"여기엔 '현명한 늙은 염소'가 없어요."

샤디는 관용어를 한껏 활용해서 말했다.

버스를 타고 도심으로 들어가서 우리는 원하던 사람을 찾았다. 이가 하나도 없지만 눈은 천 리를 내다보는 듯한 노인이었다.

"아침에 까마귀가 노래하면 아이가 죽는다고들 하지. 빨리 울면 울수록 더 어린 아이가 간다고."

나는 인상을 찌푸렸다. 우리는 지혜의 가장자리까지 와 있었지만 그

가장자리에는 음울한 거짓이 널려 있었다. 우리는 그런 이야기를 참고 방향을 바꾸어 별과 달, 해에 관해 이야기를 해보았다. 하지만 아무것도 건질 게 없었다. 그러다가 동물 이야기가 나오자 괜찮은 것들이 조금 나왔다. 샤디가 통역을 해주었다.

"불여우박쥐firefox bat가 머리 위로 날면 과일을 수확할 때가 되었다는 걸 안대요. 이 박쥐들이 이쪽 방향으로 날아가는 걸 보면 구아바와 망고가 마을에 도착할 때가 된 거래요."

그가 동쪽 하늘 쪽으로 손을 흔들며 말했다.

"그리고 비가 올 때를 알려주는 곤충이 있대요."

하지만 불행히 이 곤충의 이름은 그 지역 사투리에서 영어로 바꿀 만한 말이 없었다.

"그리고 보름달이 뜨면 모기가 늘어난대요."

나는 우리의 새 친구에게 고맙다고 말했고, 샤디는 그에게 담배를 조금 주었다. 대화에 대한 대가였다. 나는 이 현명한 노인에게 팔을 두르고 그날 처음으로 관광객처럼 사진을 찍었다.

그날 밤 우리는 동네 음식점에서 볶음국수와 야채를 먹었다. 잘 차려입은 무슬림 지도자와 그의 가족들이 구석의 텔레비전에서 간간이 보였다. 챔피언스리그 경기 결과가 나오고 뒤이어 더 하얀 피부를 만들어준다는 폰즈 크림 광고가 나왔다. 잠깐 동안 나는 여러 가지 면에서 좀 슬퍼졌다.

대형 보트는 우리 모두가 탈 수 있을 정도로 크지도, 길지도 않았다. 두 줄로밖에는 앉을 수 없는 15미터 보트에 서른아홉 명이 타야 했다.

황금 같은 장사 기회를 놓치고 싶지 않은 보트 주인과 선장은 널빤지를 가져와 배 아래쪽에 이미 있는 널빤지 의자 사이사이에 끼워 넣어 자리를 만들었다. 러시아워에 승객의 자리를 더 만드는 런던의 버스 운전사들이 떠올라서 슬쩍 웃었지만, 그 웃음은 오래 가지 않았다.

내 눈은 낡은 나무 집들을 지나 비쩍 마른 민첩한 개에게서 물가를 걷고 있는 두 명의 중년 여성에게로 움직였다. 그들은 걸음을 멈추지도, 대화를 끊지도 않은 채 쓰레기로 가득 찬 커다란 봉투를 기울여 강에 쏟아 버렸다. 플라스틱 랩, 물병, 두리안 껍질이 보트에 무거운 짐과 가방을 싣고 있는 우리 옆을 지나 흘러갔다. 샤디는 내가 곤혹스러워하는 것을 보고 자신 역시 괴롭기는 매한가지이며, 문제는 교육이라고 말했다. 여기가 조수 차가 있는 강이 아니라는 것도 문제였다. 빗물이 컨베이어 벨트처럼 한쪽으로 움직이며 떠 있는 모든 것들을 흘려보내기 때문에 마을 사람들은 자신들이 버린 쓰레기를 다시는 볼 일이 없다. 하지만 어디선가 다른 사람들이 볼 것이다.

검은 연기 얼룩이 있는 나무로 된 집들 사이로 아이들은 말끔하게 옷을 차려입고 걸어서 학교에 갔다. 완벽하게 하얀 셔츠와 넥타이, 다림질을 한 치마가 강가의 지저분한 검댕 속에서 근사하게 반짝였다. 그것은 기분이 좀 나아지는 장면이었다. 외모에서 저렇게 자부심이 넘친다면 그들의 교육이 형편없을 리는 없으니까. 강과 바다를 위해서 좋은 일이라고 나는 생각하기로 했다.

"달팽이 알은 조수가 가장 높이 올라오는 한계를 표시해주죠."

샤디가 내 뒤쪽 널빤지에 앉아서 말했다. 배가 움직이고 우리는 강 여행의 두 번째이자 가장 긴 코스를 출발했다. 이 달팽이 이야기가 사실인지, 어디에서 나온 이야기인지 알 수 없었으나 어쨌든 나는 받아 적었다. 이후 이틀 동안 나와 어깨를 맞대고 앉아 있게 되는 남자가 내가 공책에 쓰는 것을 보고 고개를 끄덕이며 씩 웃었다. (나는 나중에 경단고둥의 행동이 조수에 크게 영향을 받는다는 것, 즉 달의 위상과 연결되어 있다는 사실을 알게 되었다. 하지만 이런 행동은 여러 종에 다양하게 퍼져 있었다. 몇몇 알은 실제로 조수가 가장 높이 올라오는 위치에서 발견되기도 한다.)

코뿔새가 머리 위로 날아가고 나는 물살이 센 강이 상류 끝부분에 어마어마한 양의 부목을 모아뒀음을 깨달았다. 상류 끝 쪽으로 잔가지와 통나무가 뒤섞여 커다란 나무 섬을 이루고 있었다. 그리고 비가 내리고, 내리고, 또 내리기 시작했다. 빠르게 움직이는 탁 트인 보트에서 몇 시간 동안 호우가 내리는 바람에 주변을 전혀 볼 수가 없었다. 우비와 방수포 아래 웅크리고 책상다리를 하고 앉아서 우리는 한참 동안 이나 바닥 널빤지만 보고 있었다. 고개를 들면 얼굴로 세찬 비가 쏟아졌다. 세 시간 동안 비가 내렸고, 조타수 다섯 명이 선미에 서서 다섯 개의 외부 엔진으로(본 적은 없는 엔진이었지만 질문하지 않았다) 비를 뚫고 빠른 물살을 헤치며 배를 몰았다. 지구상 어디서도 이렇게 대담하게 배를 모는 곳은 없을 것이다. 선장은 뱃머리에 앉아서 선미의 다섯 명에게 오른쪽으로 가라, 왼쪽으로 가라는 의미로 능숙한 수신호를 보냈다. 그는 물의 움직임을 보고 물속에 박혀 있는 나무 그루터기 같은 장애물을 드러내는 물살의 갈라진 부분이나 불룩 솟은 부분을 확인했다. 뭔가 이상한 것을 발견하면 손을 살짝 젓혔고, 그러면 몇 톤쯤 나가는 이 가는 보트가 왼쪽이나 오른쪽으로 움직여서 위협을 피해갔다.

우리는 나무 사이를 뛰어넘어 다니는 긴꼬리원숭이들을 지나쳤고, 곧 진흙탕에서 삐져나온 젖은 바위 같은 모양을 한 정류장에 잠깐 멈췄다. 몇몇 손님이 내렸고 다른 손님들이 올라탔다. 상류로 올라갈수록 승객들은 점점 더 시골스러워졌다. 개, 총과 창 등이 우리 물건과 함께 놓이거나 다리 사이에 놓였다. 곧 우리는 하룻밤을 지내기 위해서 벌목꾼 야영지에 멈추었고, 모기떼에도 불구하고 나는 푹 잤다.

아침에는 다리를 펴다가 보트의 나무 바닥에서 뭔가를 또 찾았다. 벌목꾼 야영지는 갓 자른 커다란 나무더미로 가득했다. 이건 놀랄 일이 아니지만 여기가 원시림이라는 사실에 샤디는 화를 냈다. 우습게도 간판에는 당당하게 이렇게 쓰여 있었다.

숲이 없으면 미래도 없다Lindingilah Mereka Dari Kepunahan.

여기는 헌것과 새것, 개발, 부, 자연환경, 정치, 탐욕, 전통 등 상충하는 수많은 가치가 뒤섞인 곳이었다. 보르네오의 미래가 분투하고 있는 중심지에 선 기분이었다. 하지만 우리는 그저 지나갈 뿐 판단할 처지는 아니었다.

뾰족하게 솟은 언덕 꼭대기가 눈에 들어왔고, 빠른 물살 속에서 우리는 엔진 두 개를 잃었다. 엔진은 빠른 물살을 거슬러 가다 종종 작동을 멈추곤 했다. 종종 엔진 한 개가 일을 멈추었고, 보트는 다른 네 개로 씨근거리며 앞으로 나아갔다. 하지만 이런 무거운 배가 빠른 물살 속에서 엔진이 두 개나 꺼지자 우리는 멈출 수밖에 없었고, 물살이 빠르게 흘러오자 뒤로 밀리기 시작했다. 나는 선장과 엔진을 번갈아 보았다. 선장은 차분했고 곧 우리는 다시 앞으로 나아갔다. 곧 물이 얕아지자 우리의 커다란 보트에 급류는 엄청난 위협이 되었다. 우리는 배에서 내려서 급류와 상류에 있는 바위를 감당할 수 있는 더 작은 배가 우리 쪽을 지나갈 때까지 기다려야만 했다.

우리는 밤을 보낼 마을에 도착했고, 지치고 긴장했어도 나는 아직 만날 기회가 없던 보르네오 내륙의 첫 번째 거주자들과 이야기를 할 기회가 생겼다는 사실에 들떴다. 작고 근육질의 남자가 어두운 나무 베란다에 세상에서 가장 아름다운 눈과 언청이 입술을 한 아들, 딸과 함께 앉아 있었다. 그는 이 마을 남자들이 다 그렇듯 능숙한 정글 탐험가였다.

"이 사람들은 셋이나 넷이 함께 다녀요."

잠시 편안하게 담배를 나눠 피운 다음에 샤디가 통역을 해주었다.

"한 명이 맞는 길을 찾으면 서로를 부르죠. 그리고 나무에 표시를 하고 여기를 지나갔던 마지막 그룹의 표시를 따라서 가요."

나무에 금을 긋는 것은 길을 표시하는 아주 오래된 기술이다. 숲을 지나다닌 모든 원시 문화권에 이런 기술이 남아 있다. 서양에서는 이것을 'blazing a trail(길잡이 표적을 새기다)'라고 하고, 거기에서 'trailblazer(개척자)'라는 말이 나왔다.

나는 샤디에게 좀 더 물어보라고 말했고 그가 고개를 끄덕였다.

"동물들은 언제나 소금을 섭취할 수 있는 곳으로 돌아온다는군요.

표면에 소금이 떠 있는 샘 같은 곳으로요. 소금이 있는 곳에서 기다리며 보고 있으면 언제나 사냥에 성공할 수 있다고 해요."

우리가 빌린 다음 보트는 좀 더 작아서 한 줄로 앉을 수 있는 4미터 정도 길이의 배였다. 물이 점점 얕아지고 불쑥 솟아 있는 바위의 수도 점점 많아졌지만 이 배로는 나아갈 수 있었다. 또한 상류로 더 올라가서 강기슭에 더 가까이 다가갈 수 있었다. 바위가 많은 강기슭을 지나며 나는 기슭의 구성요소가 변하자 엔진 소리도 변했음을 알아챘다. 며칠이나 이 보트 바닥에 끼어 앉아 물 위에서 시간을 보내고 있으니 생각을 하게 해주는 모든 것들이 다 오락거리였고, 나는 눈을 감고 풍경을 읽는 기술을 좀 더 연습했다. 가장 쉬운 실마리는 엔진 소리에서 찾을 수 있었다. 이제 나는 엔진음이 멀리서 은박지를 구기는 것 같은 소리로 들리면 강기슭이 보통의 나무뿌리와 진흙으로 되어 있다고 쉽게 말할 수 있게 되었다. 엔진음이 더 크고 전기톱처럼 울리면 석회암 기슭을 지나고 있는 것이다.

독수리 두 마리가 나무가 빽빽한 초록색 언덕 위쪽을 맴돌았다. 곧 물을 따라 흘러가지 않고 떠 있는 물체가 내 눈에 뚜렷하게 보였다. 세계 전역에서 사람들은 바다나 강 밑바닥에 먹이만 있으면 상주하는 갑각류를 잡곤 한다. 세세한 부분은 조금씩 다르지만 기본적인 방법은 동일하다. 항아리 같은 것을 물속에 가라앉히고 부표를 물 위에 띄워 놓는다. 이 부표는 대체로 플라스틱 병 같은 것으로, 물 위에서 위아래로 움직이지만 물살에 쓸려가지는 않는다. 대신 강한 물살에서도 쉽게 알아볼 수 있는 V자 형태의 파도를 만들며 물살에 저항한다. 플라스틱 부표는 배에 별다른 위협이 되지 않지만 항아리와 연결되는 줄이 스크루에 감기면 배가 꼼짝 못하는 수도 있다. 대부분의 작은 배 선장들은 게와 가재는 좋아한다 해도 이런 줄은 질색한다.

이번에 이 부표는 나에게 훨씬 놀라운 것을 알려주었다. 이 근방에 사람들이 있다는 사실이었다. 자주 확인해야 하는 게잡이 항아리를 집에서 멀리 떨어진 곳에 설치하는 사람은 없기 때문에 몇 분 사이에 대여섯 개나 봤다는 사실은 우리가 목적지에서 그리 멀지 않다는 의미였다. 과연 한 시간 후에 우리는 거의 수직으로 된 강기슭에 도착했다. 배를 정박하고 가파른 진흙 언덕을 올라가자 롱알랑고Long Alango라는 '해가 뜨지 않는 마을'이라고 알려진 마을이 나왔다. 처음에는 불길하게 느껴졌지만, 나는 금세 그것이 지형 탓임을 깨달았다. 롱알랑고는 산의 서쪽에 있어서 아침 햇살이 늦게 닿는 거였다.

이보다 더 아름다운 마을은 본 적은 거의 없다. 파스텔 톤의 파란색, 초록색, 옅은 분홍색으로 조화를 이루며 칠해진 나무로 된 집들이 고원과 강 사이에 줄줄이 있었다. 한쪽 끝에는 음식점들이 있고 반대편에는 학교가, 가운데에는 나무로 된 낡은 교회가 있었다. 세계 어느 곳이든 전기가 조금밖에 공급되지 않는 곳에서는 음악이 들리게 마련이고, 롱알랑고도 예외가 아니었다. 내가 가장 먼저 들은 소리는 노랫소리였고, 그다음은 기타 소리였다. 100개도 안 되는 물건을 쌓아놓은 가게에서 기타 줄을 발견하고 나는 즐거워했다.

처음으로 진짜 현명한 늙은 염소와 만난 곳도 바로 롱알랑고였다. 그의 이름은 대니얼Daniel이고 이 동네 지리를 누구보다도 잘 아는 케냐 다약Kenyah Dayak 족이었다. 그는 교육을 받기 위해 도시로 갔다가 돌아와서 가족을 꾸렸다. 하지만 대니얼은 그냥 교육만 받은 것이 아니었다. 그는 보르네오에서의 수많은 삶의 측면에 대한 논문을 여러 편 썼고, 우리에게 기꺼이 보여주었다. 우리는 그의 아내와 함께 그의 집의 나무 바닥에 원형으로 둘러앉았고, 우리가 선물로 가져온 과자와 달콤한 차를 마셨다. 영어라고는 통역할 때 말고는 전혀 나오지 않았지만 처음으로 의사소통이 물 흐르듯 이루어졌고 내 연필은 금세 뭉툭해졌다.

다시금 민담 속에서 지식이 그 모습을 드러내기 시작했다. 라세르lasser 새가 눈앞에서 오른쪽에서 왼쪽으로 지나가면 계속 가도 괜찮지만, 왼쪽에서 나오면 멈춰서 불을 피워야 한다. 이 풍습은 여전히 지켜지고 있다. 힘들게 불을 피우는 대신에 이제는 담배를 태우는 걸로 바뀌긴 했지만 말이다. 이것은 미신 이상으로는 보기 힘든 이야기지만, 굉장히 만연한 풍습이라서(내륙에서 여러 명에게 이 이야기를 들었다) 그 바탕에 뭔가 사실에 입각한 것이 담겨 있는 게 아닐까 하는 의심이 든다. 다약족은 강을 한쪽으로만 따라가기 때문에 거기에서 새의 방향을 읽어낼 것이다. 하지만 이것은 그냥 관찰 결과 이상인 듯하다. 더 흥미로운 것은 대니얼이 '오쿵okung'이라는 새에 대해서 이야기한 내용인데, 이 새는 사람들이 곤란한 상황에 처할 때 나타난다고 한다. 그리고 이 새는 말라리아의 징조라고도 한다. 이쯤 해서 이 새에 대한 내 신뢰도는 많이 떨어졌다. 그러다가 좀 더 확실한 이야기가 나왔다.

다약 족이 '키장kijang'이라고 부르는 문착muntjac사슴은 보르네오 우림에서 인기 있는 식재료이다. 고기 맛이 아주 좋아서 많이들 사냥을 한다. 다약 족은 다른 포유동물과 마찬가지로 이 사슴의 습성을 잘 알고 있고, 나는 그들이 울음소리를 구분한다는 사실을 알게 되었다. 문착사슴이 내는 소리는 두 종류가 있는데, 하나는 사슴이 인간을 탐지했을 때 내는 소리이다. 이것은 사냥꾼들에게 대단히 유용하다. 사냥꾼을 경계하고 있는 동물보다는 아무것도 모르는 동물을 잡는 게 훨씬 더 쉽기 때문이다.

문착사슴의 언어를 이해하는 것이 과거에는 생존에서 대단히 중요한 열쇠였다. 부족 간의 전쟁이 이 섬의 주요 역사를 이루고 있기 때문이다. 적을 공격해서 목을 자르는 사람 사냥이 보르네오에서 한때 성행했으나 영국인 모험가 제임스 브룩James Brook 같은 사람들에 의해 줄어들었다. 20세기 중반에 사람 사냥은 보르네오에서 완전히 사라졌다. 하지만 그때까지는 문착사슴의 울음소리가 사람이 다가오고 있다는 경고를 해주면 적을 습격해서 머리를 자르는 것이 아주 어려웠을 것이다.

대니얼은 또한 이들이 '이부ibu'라고 부르는 별삼광조 같은 특정한 새들의 비행 패턴이 강의 위치를 보여준다고 설명했다. 정글에서는 드물지만 논이나 농장 근처에서 흔한 목점박이비둘기 같은 새들은 정글 탐험가들에게 마을 근처에 다다랐다는 신호로 사용되곤 했다.

세 잔째 차를 마시며 나는 다약 족이 물고기의 움직임을 알고(대체로 물고기들은 밤에 얕은 곳으로 움직인다), 음력을 이용해서 씨를 뿌리고 작물을 거두는 때를 파악하며, 독특한 유목식 사냥 습관 때문에 다른 부족으로 여겨지는 다약 족의 한 집단인 페낭Penan 인들이 빨간 발과 손톱을 가진 것으로 유명하다는 사실도 알게 되었다.

이튿날 아침 우리는 걷기 시작했다. 여행을 제대로 시작하기까지는 아직 배를 타고 조금 더 가야 하지만, 다음 강까지 가기 위해서는 한 시간쯤 걸어야 했다. 나는 기뻤다. 여드레의 소형 보트 여행 덕에 걸음을 옮길 때마다 근육이 움찔거릴 지경이었다. 10분 만에 땀이 얼굴로 흘러내렸고, 10분이 더 지나자 가파른 진흙 언덕에서 미끄러져 팔 윗부분을 호되게 부딪쳤다. 그래도 걸으니까 기분은 정말 좋았다.

샤디가 우리가 따라오던 희미한 길 옆쪽의 숲에 있는 어린나무 옆에서 나를 불렀다. 그가 가방에서 칼을 꺼내 나무껍질을 자른 다음 나에게 내밀었다.

"냄새를 맡아봐요."

정글은 근사한 냄새부터 끔찍한 냄새에 이르기까지 온갖 냄새를 풍기기 때문에 나는 좀 망설였다. 그때 냄새가 내 코에 닿았고, 그 신선하고 달콤한 계피 향, 향긋하고 톡 쏘는 향에 기분이 밝아졌다. 내가 맡아본 향기 중에서 가장 멋졌다. 집의 조그만 유리병에 넣어두는 딱딱한 갈색 막대기가 풍기는 묵은내 같은 게 아니었다. 이건 다른 세상의 향기 같았다. 내 머리가 여전히 빙글빙글 돌고 있는데, 샤디가 계피 향기가 고도에 따라서 눈에 띄게 좋아진다고 설명해주었다.

"향긋한 계피 향의 고도계라니!"

나는 기쁨으로 가득 차서 말했다. 나의 보르네오 여행 두 번째 단계, 걷기 여행은 상상했던 것보다 훨씬 멋지고 기분 좋은 방식으로 시작되었다. 그래서 우리가 멈추지 않고 한 걸음 한 걸음 걸어가는 것이리라.

도시와 마을

City, Town & Village

The Walker's Guide to Outdoor Clues and Signs

왜 카페들은 한쪽에 몰려 있을까?

"물어서 로마까지 간다Avec une bouche, on va a Rome"라는 프랑스 격언이 있다. 요즘 말로 하면 "스마트폰으로 샌프란시스코까지 간다"쯤 될까? 두 방법 모두 종종 유용하다. 사람 사는 동네에서는 주민들에게 묻거나 인터넷 검색을 하면 많은 질문에 대한 답을 얻을 수 있다.

하지만 이런 식으로 다른 사람에게만 의존해서는 마을의 기묘한 특성을 대부분 알아차릴 수가 없다. 낯선 사람이나 웹사이트가 당신에게 수영장의 위치를 알려줄 수는 있어도, 소리를 따라가다 보면 여울을 찾을 수 있다는 사실을 알려주지는 않기 때문이다.

도심으로 나가면 모든 것이 달라진다. 심지어는 진창조차 달라진다. 진창은 빛을 반사하지만 이 반사광은 물에 먼지나 기름기가 있으면 다르게 변한다. 도심으로 다가갈수록 이런 일이 잦고 낮보다 밤에 훨씬 더 강렬하게 나타난다. 밤에 진창을 보게 되면, 시골에서 도심으로 갈수록 반사광이 어떻게 달라지는지 살펴보라.

시골에서 진창은 빛을 정직하게 반사하지만, 도심에서는 물 표면의 입자들이 이미지를 왜곡시켜 종종 광원에서 나오는 빛줄기를 보여준다. 가로등처럼 멀리 있는 광원으로 볼 때 효과가 가장 강력하다. 진창의 반사면을 수평에 가깝게 보아야 가장 잘 보이기 때문이다.

그렇다고 해서 진창에만 푹 빠져 있으면 안 된다. 도시에는 기술을 사용할 만한 멋지고 근사한 것들이 수두룩하기 때문이다.

새로운 도시에서 길잡이를 찾을 때는 넓은 곳에서 좁은 곳으로, 위에서 아래로 살펴보는 것이 가장 좋다. 우선 강과 해안, 언덕 등 주된 자연 특성부터 알아보아야 한다. 그다음에는 사람이 만든 언덕을 찾아보라. 도심의 중앙은 공간이 부족해 집값이 오르는 지역이고, 그래서 상업적 관심도 높다. 그 결과 도심 중앙부와 주요 도시의 금융 지구에 있는 건물이 더 높다.

아주 높은 건물들이 있는 지역을 걸을 때면 가끔 기묘하게 강풍이 불어오는 걸 느낄 것이다. 모든 건물은 깔때기 효과를 일으키고, 그 주위로 고기압과 저기압 구역을 형성한다. 아주 높은 건물은 특히 거대한 규모로 형성한다. 연구에 따르면 이런 건물로 인한 바람은 특정 구역에서 보행자를 불편하게 만들기 때문에, 1층에 있는 가게들이 망하는 결과를 초래하기도 한다. 그러나 이보다 더 좋지 않은 일도 있었다. 건물 하부의 바람으로 노인 두 명이 사망한 사고였다. 이 일을 계기로 대부분의 정부에서는 높은 건물에 건축 허가를 내주기 전에 바람의 영향을 평가한 평가서를 내도록 요구한다.

각 도시에는 나름의 기간 시설이 있어야 한다. 전력, 수도와 하수도, 교통 시스템 없이는 도시가 돌아갈 수 없기 때문이다. 이것들이 실마리를 제공하기도 한다. 통신과 전력선은 도시 주변으로 뻗어나가기 때문에 도시와 가까워질수록 더 많다. 도시에서 하수관을 찾을 때는 엑스레이 기계쯤은 있어야 하지만, 자연이 이를 보여주는 경우도 있다. 도시에 눈이 내리면 도로와 보도 위의 눈은 금세 치워진다. 또한 가장 먼저 제설을 하는 곳이 아스팔트 아래의 수도관과 하수도관이 지나가는 부분이다.

모든 주요 도시에는 공항이 있기 때문에 그 주변에서 이착륙을 하는 비행기들을 볼 수 있다. 영국 공항의 활주로는 대개 동서로 나 있다. 비행기가 바람을 타고 이착륙을 해야 하기 때문인데, 큰 비행기가 더 낮게 날수록 동쪽이나 서쪽 중 한 방향을 가리킨다고 자신 있게 말할 수 있다. 착륙을 하든 이륙을 하든 서쪽을 향해 낮게 떠 있는 비행기는 동쪽을 향한 비행기보다 더 자주 보인다. 바로 서풍이 탁월풍이기 때문이다.

철도역은 주변 지역에 크게 영향을 미친다. 역사적으로 이 터미널들은 엄청나게 검은 산성 연기를 뿜어냈고, 주요 도시의 오래된 건물에서 이 흔적이 발견되었다. 검게 변색된 돌은 대칭으로 분포되어 있지 않기에, 그 경향성을 파악하고 나면 오래된 건물마다 당신이 사용할 수 있는 나침반이 생기는 셈이다.

건물의 스타일이 도시 중심부에서 크게 바뀌었다면 범인은 아마 폭탄일 것이다. 브리스틀Bristol에는 브로드미드Broadmead처럼 오래된 도시 한가운데 갑자기 현대식 건물이 가득한 지역이 있다. 해답은 역사 속에 있다. 새 건물들이 들어선 곳은 대개 제2차 세계대전 당시 폭격을 맞은 지역이다.

시간이 흐르면 전쟁이 도시 생활의 모든 면을 바꾸고 가끔은 예상치 못했던 곳에 실마리를 남겨놓기도 한다. 나는 1992년에 학교를 졸업하고 법률사무소의 우편실에서 일한 적이 있다. 당시 동료들과 내가 타고 다니던 지하철은 역 곳곳에서 일어난 보안상의 위협 때문에 종종 지하에 멈춰 불을 끈 채로 기다리곤 했다. 본토의 아일랜드공화국군IRA이 폭탄 테러를 하던 시절이었다. 이 폭탄들이 도시의 형태 자체를 바꾸지는 않았지만 도시의 모든 쓰레기통이 없어졌다가 새로운 디자인으로 설치되는 데 일조했다. 철제 쓰레기통이 이와 같은 테러리즘 전법에 꼭 어울리는 물건이라는 걸 알게 되는 데는 무시무시한 쓰레기통 폭발 사건 몇 번이면 충분했다. 영국 전역의 지하철역에서 쓰레기통을 찾기 어려운 것이 이런 보안상의 우려가 계속되고 있음을 반영하는 것이다.

사람을 예측하기 도시에서 사람들은 나름의 목적지와 임무를 갖고 있기 때문에 이를 해석하는 것이 어려울 수 있지만, 여럿은 예측 가능한 방식으로 행동한다. 이른 아침이나 느지막한 오후에 사람들의 행렬을 따라가다 보면 역이 나올 것이다. (만약 처음 가게 된 굉장히 큰 역에서 어떻게 해야 할지 모르겠다면 이 기술을 사용해보라. 출구를 찾는 데 도움이 될 것이다.)

점심시간에 회사원들은 고층 빌딩에서 공원으로 향하곤 한다. 공원으로 가는 길에 그들은 유모차를 밀고 가는 아이 엄마나 길바닥을 장식하는 개똥을 피하게 될 것이다. 이런 흐름은 토요일에는 쇼핑몰로 이어진다.

어떤 가게나 음식점은 오래도록 자리를 지키는 반면, 서글프게도 어떤 가게는 금세 나타났다 사라지는 것을 본 적이 있는가? 음식이나 판매하는 물건, 서비스도 큰 몫을 차지하겠지만 그것만이 전부는 아니다. 중요한 요소 중 하나는 위치이다. 매년 훌륭한 가게가 수두룩하게 사라지고 형편없는 업체가 살아남는 큰 이유도 바로 여기에 있다. 배가 고프거나 목이 마른 사람은 설령 지저분하다 하더라도 가장 편리한 위치에 있는 가게에서 물건을 사는 법이다.

런던 길모퉁이에 내가 종종 지나는 음식점이 있다. 지난 30년 동안 이 가게는 거의 2년에 한 번씩 바뀌었다. 매번 새로운 이름이 창문 위에서 반짝이는 장면을 볼 때마다 나는 흥분한 주인을 찾아가서 술 한 잔 마시며 말해주고 싶다.

"이 술은 내가 사고 당신이 돈을 왕창 아낄 만한 충고도 할게요. 이 자리에 음식점은 열지 말아요. 망할 테니까. 당신이 《미슐랭 가이드》에서 별 세 개를 받은 요리사에다 텔레비전 프로그램에도 출연하고, 특수부대 출신에 인생을 네 번 산 만큼의 경험을 하고, 거기에 악마와 계약이라도 맺은 게 아니라면 어떤 사람도 이 자리에서 음식점으로 성공할 순 없어요!"

우리가 개개인으로서 자유의지를 갖고 있는지 몰라도 종으로는 그렇지 않다. 시민 개개인으로 각자의 인생을 살아가지만 대중으로서는 예측 가능한 방향으로 가고 있다. 사거리에서 어떤 사람이 어느 쪽으로 꺾을지 명확하게 예측할 수 없다고 해도, 대부분의 사람들이 가는 방향은 예측할 수 있다.

북부 지방에서 대다수의 사람들은 햇빛이 비치는 길을 따라 걷는다. 이러한 이유로 동쪽에서 서쪽으로 난 도로의 그늘진 남쪽보다 북쪽에 평균적으로 사람이 더 많다. 그래서 북쪽에 있는 가게들이 장사가 더 잘 되고 임대료도 약간 더 높다. 세입자들은 돈을 더 벌어야 하고, 가게는 결국 물건의 가격을 조금 더 올린다. 그렇게 사람들의 특징이 바뀐다. 미국 남부처럼 더운 지역에서는 그 반대로 그늘진 곳에 프리미엄이 붙는다.

통근자들은 역까지 오가는 경로를 약간씩 바꾸곤 한다. 그렇게 하면 출퇴근길이 덜 지루하기 때문이다. 이렇게 하면 균형이 맞아야 할 것 같지만 실은 그렇지 않다. 우리는 직장에 갈 때보다 집에 갈 때 물건을 더 많이 사곤 한다. 우리의 머리가 마감과 회의로 복잡한 상태가 아니기 때문이다.

그래서 역에서 나온 사람들이 많이 가는 길은 정해져 있고, 역으로 가는 사람들이 붐비는 길 역시 정해져 있다. 전자의 길에 있는 카페는 장사가 잘 되지만 후자의 길에 있는 가게나 술집은 훨씬 더 잘된다.

각 길에는 이런 것을 결정하는 조그만 요소들이 수백 개쯤 있는데, 이는 이 지역에서 몇 년간 살았거나 일한 사람들이 아니면 알아채기 어렵다. 친구에게 놀러왔는데 친구가 창밖을 보지도 않고서 주차할 자리를 말해준 경험이 있는가? 우리는 사람의 마음은 읽지 못하지만 습관은 알 수 있다.

시간이 흐르면 모든 가게와 술집, 카페, 음식점들이 그 지역 사람들의 이동 경로와 습관을 반영하게 마련이다. 이런 부분에서 우리는 실마리를 찾을 수 있다. 병원과 꽃집은 대체로 가까이에 있다. 버스 정거장 옆에는 신문가판대가 있을 가능성이 높다. 학교 앞에는 횡단보도가 있고 그로 인해 사람들이 몰려 근처의 가게들도 영향을 받는다. 중학교 근처에는 언제나 패스트푸드 전문점이 있다.

자주 다니는 길에 횡단보도가 생겼다면 주변 가게와 음식점을 살펴보라. 새로운 인구의 유입으로 가게가 분명 달라질 것이다. 도로에 주차금지 표시가 없는 지역에 가게가 들어섰다면 주차금지 표시가 다시 시작되는 곳에 있는 가게보다 이쪽에서 장사가 더 잘될 것이다.

우리가 도심에서 어떻게 움직이는지 아는 것이 상업적으로 가치가 있기 때문에 이 분야에 대한 연구도 늘어나고 있다. 이런 연구는 이미 우리가 의심하던 것들을 밝혀주기도 하지만 가끔은 놀라운 사실을 폭로하기도 한다. 노인과 가방을 든 사람들은 대체로 보통 속도보다 좀 더 느리게 걷는다. 날이 춥거나 비가 오면 모든 사람들이 속도를 높인다. 이것은 별로 놀라운 사실이 아니다.

하지만 사무실이나 특히 은행 앞을 지날 때 평균적으로 속도를 높인다는 사실을 알고 있는가? 또한 주차장에서도 빠르게 걷지만 거울이 달린 가게처럼 모습이 잘 비치는 곳을 지날 때는 속도를 늦춘다.

사람들이 도심에서 걷는 속도는 성별에 따라 크게 달라지지 않는다.

그러나 보행자들이 행동하는 방식에는 성별과 문화에 따른 차이가 있다. 두 사람이 보도에서 마주보는 방향으로 걸어오다가 서로 부딪칠 것 같으면 회피 행동을 한다. 서로 부딪치지 않기 위해서 다른 쪽으로 몸을 돌리는데, 누가 어느 쪽으로 돌아설까? 유럽 사람들은 오른쪽으로, 대부분의 아시아 국가 출신은 왼쪽으로 돌아서는 경향이 있다. 남자들은 서로를 쳐다보는 방향으로 몸을 돌리지만 여자들은 서로의 등이 닿게 돌아선다. 연구에 따르면 독일인과 인도인은 공간이 넓으면 비슷한 속도로 걷지만 사람이 많은 곳에서는 인도인이 독일인보다 눈에 띌 정도로 더 빨리 걷는다.

우리가 도심에서 행동하는 패턴에 대한 기술적인 해석도 있다. 전화 통화를 할 때 사람들은 속도가 느려지지만 헤드폰을 사용할 때는 빨라진다. 이보다 더 유용한 지식도 있다. 어떤 이유로 바로 역 앞에 있는 길거리 상인들의 숫자가 더 많아지고 전부 다 장사를 잘하는지 생각해보자.

사람들은 이전에 가본 적 없는 장소에 가면 머뭇거리게 마련이다. 지하철역이나 지하철 안에서는 핸드폰 신호가 잘 잡히지 않기 때문에 사람들은 의사소통이 불가능한 지역으로 진입하기 전에, 마지막으로 스마트폰을 확인하려 멈추곤 한다. 어디든 멈추는 곳에서 사람들은 원하는 것을 보고 또 그것을 사게 된다.

간단히 말해 우리는 이동 과정의 산물이다. 길을 걷는 개개인의 배경과 목적에 실마리가 담겨 있다. 예를 들어보자. 이 지역에 처음 온 사람이 교차로에 서 있다면 당신은 금세 따라잡을 수 있을 것이다.

지하세계는 법을 준수하는 시민들보다 훨씬 창조적이고 미묘한 실마리에 예민하다. 기회를 포착하는 도둑들의 영리함이 의심스러울 때가 있다면 월마트를 떠올려보라. 월마트는 세계에서 가장 성공한 소매점 체인이다. 그들은 도둑들이 물건을 훔칠 수 없도록 온갖 방법을 사용한다. 보안 직원을 고용하고 카메라를 설치하는 데 엄청난 돈을 쓴다. 그럼에도 불구하고 월마트는 한 해에 30억 달러어치를 도난당한다.

'잘나가는' 도둑들은 모두 인간의 행동과 습관을 연구한다. 치안이 좋지 않은 지역에서 관광지도를 꺼내는 것처럼 눈에 띄는 행동을 하는 것은 멍청하기 짝이 없는 짓이지만, 우리가 모르는 사이에 얼마나 더 많은 미묘한 징조를 보이는지 깨닫는다면 놀랄 것이다.

소매치기들이 사용하는 반직관적이면서도 교활한 수법 중 하나는 한 명이 "도둑이야!"라고 크게 소리치고 사람들 사이로 숨어버리는 것이다. 그 사이 두 번째 소매치기가 사람들이 '도둑'이라는 말을 듣고 어떻게 반응하는지 지켜본다. 대부분의 사람들은 자기 물건이 잘 있는지 주머니를 두드려보는데, 이런 행동이 그들의 귀중품이 어디 있는지 정확하게 알려준다. 그야말로 두 번째 도둑이 잘 찾아올 수 있게 옷 위로 지도를 그려주는 셈이다.

이야기를 하기 위해 걸음을 멈춘 두 사람을 보면 둘 사이의 거리를 통해 그들의 관계와 출신지에 대한 실마리를 얻을 수 있다. 낯선 사람들은 서로 아는 사람보다 더 떨어져서 서고 연인들은 가장 가깝게 선다.

그러나 여기에도 활용해볼 만한 뛰어난 기술이 있다. 두 사람이 서로 이야기하는데 아는 사이처럼 보인다면, 그들의 출신지를 통해 논리적인 추측이 가능하다. 서유럽 사람들은 일반적으로 팔 길이만큼 떨어져서 서기 때문에 팔을 뻗으면 상대방의 어깨에 손끝이 닿는다. 동유럽 사람들은 그보다 더 가까이 서서 손목이 상대의 어깨에 닿을 정도이다. 남유럽 사람들은 더 가까이 서서 팔꿈치가 어깨에 닿는다. 어느 두 사람이 이 범위 안에서 편안하게 서 있는 것을 본다면 둘 다 같은 지역 출신일 거라고 추측할 수 있다.

하지만 두 사람이 완벽한 거리를 찾지 못한 채 불편하게 서성이며 한 명은 다가가려고 하고 한 명을 물러나려고 한다면, 두 사람이 다른 문화권 출신으로 이제 막 만나 서로 편안한 거리를 찾으려는 중이라 추측할 수 있다. 서로 다른 배경 때문에 한 명은 위협을 받는 느낌을 받을 것이고, 또 한 명은 거부당한다고 느낄 것이다.

이처럼 도시나 마을에서 개인 공간에 대한 압박을 느끼면, 사람들은 개인 공간을 보호하기 위한 몸짓언어를 익히게 된다. 지하철처럼 사람이 많은 공간에서 다른 사람들과 함께 있게 되면 얼마나 많은 사람들이 서로 눈을 마주치지 않으려 피하고 '무표정한 얼굴'을 하는지 살펴보라. 공공연하게 무표정한 얼굴은 자연스러운 것이 아니라 일종의 징표이다. 말을 하지 않고도 대화에 관심이 없다고 이야기하는 것이다. 책이나 신문, 핸드폰도 이런 신호를 보내는 데 사용된다. 다른 사람에게 방해받고 싶지 않거나 자신의 공간을 침범당하는 것이 정말 싫은 사람은 때로 머리에 한 손을 대고 책만 뚫어져라 본다. 이것은 강력한 메시지이다. '나에게 말 걸 생각은 하지도 마!'

당신이 낯선 이들 옆에서 하는 행동은 우리가 생각하는 것보다 훨씬 더 일률적이다. 연구에 따르면 대기실에 빈 의자가 쭉 있을 때, 처음 들어온 사람은 끝에 가까운 자리로 가지만 완전히 끝으로는 가지 않는다고 한다. 다음 사람은 그 옆이나 맞은편에 앉지 않고 첫 번째 사람과 반대편 끝에서 중간 정도에 앉는다. 세 번째 사람은 남은 공간 중 가장 넓은 쪽의 중간에 앉고, 더 이상 자리가 없어 누군가의 옆에 앉아야 할 때까지 이러한 상황은 계속 반복된다.

하지만 이런 공식에도 문화적인 측면이 있다. 누군가 당신에게 공간을 주지 않고 바로 옆자리에 앉는다면, 그 사람은 영국인이 아니라 아마도 남유럽 출신일 것이다. (신기하게도 해변에서도 실제로 이런 일이 일어난다. 이탈리아 사람들은 몇 명밖에 없는 넓은 해변에 와서는, 낯선 사람의 바로 옆에 자기 짐을 내려놓는다. 외톨이 타입의 영국인들에게는 굉장히 낯선 일이다.)

또한 우리 자신의 공간은 굉장히 중요하기 때문에, 잠깐 자리를 비울 때도 그 자리를 지킬 만한 것을 놓게 마련이다. 연구에 따르면 탁자 위에 잡지 한 더미를 올려놓았더니 그곳과 붙어 있는 자리에는 사람들이 77분 동안이나 앉지 않았다. 의자 등받이에 재킷을 걸쳐놓았을 때에는 최소 두 시간이 넘도록 아무도 앉지 않았다. 물론 여기서도 문화적인 차이가 존재하기는 했다.

도로 큰 도시나 읍내의 도로 지도를 보면 주요 도로가 방사형을 하고 있다는 것을 금세 알게 될 것이다. 이건은 논리적인 결과이다. 간선도로가 존재하는 이유는, 사람들이 도시 안팎으로 잘 다닐 수 있게 하기 위해서이다.

심장과 몸의 관계와 아주 비슷하다. 이것의 실질적인 의미는 도시의 북쪽에 있는 주요 도로는 계속해서 북쪽으로 이어진다는 뜻이다. 이 패턴은 완벽하지 않고 순환도로 같은 예외를 떠올릴 수도 있겠지만, 앞서 이야기한 생각은 제법 유용하다. 도시의 북서쪽 근방에 있는 것 같은데 커다란 왕복 차로가 보인다면, 도로가 북서와 남동쪽으로 뻗어 있을 가능성이 높다.

장이 서는 동네의 중심부에서도 비슷하지만 조금 다른 현상을 찾아볼 수 있다. 여기서는 도로가 장터 모퉁이 쪽으로 향한다. 가축시장이 열리던 시절로 거슬러 올라가면 그 기원을 찾을 수 있다. 소들을 모퉁이로 모는 것이 가장 쉬웠기 때문이다.

15년 전에 나는 비행 강사와 이야기를 나눈 적이 있다. 그는 구름이 굉장히 낮게 가라앉아 방향을 잃고 결국 경로를 이탈했던 끔찍한 경험을 들려주었다. 강사는 아예 아주 낮게 날아서 고속도로를 찾은 다음, 다음 도로 표지판이 나올 때까지 저공비행을 해서 문제를 해결했다고 한다. 기지 덕분에 살아남아 이런 이야기를 해줄 수 있던 것이다.

도보로 다니는 우리는 당연히 도로 표지판을 읽을 수 있지만, 표지판 안에서 표지를 찾는 일은 더욱 재미있다. 도로망 안에는 가끔 비밀스러운 암호가 존재하는데 이것을 해독해내면 가끔 유용한 정보를 얻을 수 있다. 나라마다 다르나 미국의 주간 고속도로에는 알면 도움이 되는 번호가 붙어 있다. 홀수는 남북으로 가는 도로이고 짝수는 동서로 가는 도로이다.

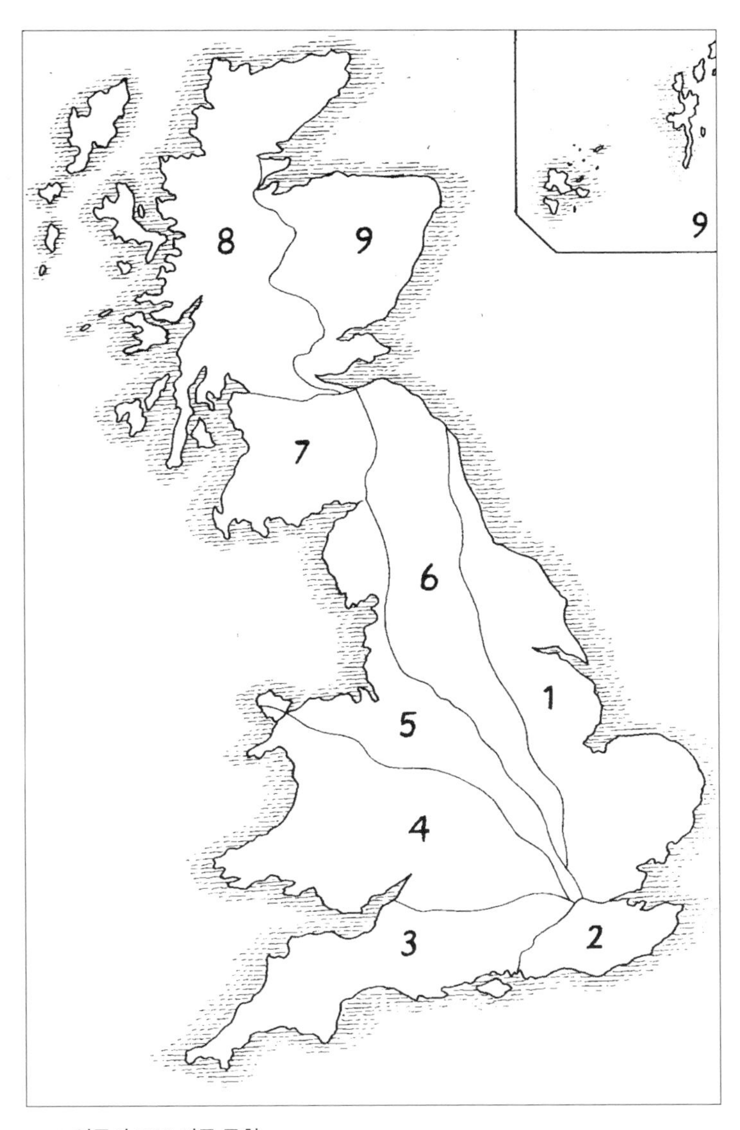

● 영국의 도로 지구 구획

영국과 웨일스에서는 나라를 런던부터 방사형으로 여섯 개의 지역으로 나누고 2시 방향에서 시계 방향 시스템으로 시작한다. 스코틀랜드에서도 이 시스템이 사용되지만 7, 8, 9번을 사용하는 지구 시스템이 있다. 첫 번째 글자는 도로의 종류를 말한다. M은 고속도로이고 A는 A도로, B는 B도로이다. 그 뒤에 붙는 첫 번째 숫자는 구역을, 두 번째 숫자는 첫 번째에서 얼마나 멀리 원을 그리며 오는지를 설명한다.

M1은 런던에서 북북동 방향으로 뻗어나오고, M11은 대략 평행한 방향으로 나아가지만 시작점이 런던에서 시계 방향으로 더 안쪽이다. M1에서 M11로 가려면 동쪽으로 가야 한다. A30은 남서쪽으로 향하고, 당신이 A303에서 A30으로 가는 방법을 고민하고 있다면 아마도 A30을 찾기 위해서는 남쪽으로 향해야 한다는 결론을 내릴 수 있을 것이다. 이것은 완벽하지는 않지만, 모든 도로 숫자들이 당신에게 모호하긴 해도 뭔가를 알려준다는 뜻이다.

정말로 방향을 전혀 모르겠다면, 영국의 고속도로 전역에서 최소한 500미터에 한 번씩은 나오는 '운전자 위치 표지판'을 찾아보면 도움이 된다. 첫 번째 부분은 고속도로 그 자체이다. 예를 들어 'M4' 같은 것이다. 두 번째 부분은 '도로 확인용' 글자로 대체로 A나 B다. A는 이 도로가 런던에서 나오는 도로라는 뜻이고, B는 그 반대이다. M25 같은 경우 A는 시계 방향을, B는 시계 반대 방향 도로를 가리킨다(J와 K는 A고속도로의 진입로를 의미하고 L과 M은 B 고속도로의 진입로를 의미한다). 그 아래의 숫자는 이정표처럼 긴급 서비스를 받을 수 있는 특정 장소에서 몇 킬로미터 떨어져 있는지를 가르쳐주는 위치 확인용이다. 이 모든 정보들을 한데

● 운전자 위치 표지판

모으면 위 그림처럼 생긴 '운전자 위치 표지판'을 보게 되었을 때 이것에 관한 정보를 이용해 이 도로가 뻗어 있는 방향을 파악할 수 있다.

이 표지판은 런던에서 서쪽으로 가는 도로를 나타낸 표지판이고, 연습을 좀 하면 주 반대편까지 고속도로로 가본 적이 없다 해도 표지판 하나하나를 전부 읽을 수 있다.

저 바깥의 도로에는 무심코 지나친 암호들이 굉장히 많다. 산책자보다는 운전자에게 더 실용적이겠지만, 영국의 산책자들은 자신이 원하는 것보다 훨씬 많이 도로를 보게 되기 때문에 이런 표지판을 보고서 적절한 추측을 할 수 있게 되면 좋을 것이다.

소음과 오염으로 가득한 곳에서 빠져나오기 전에, 마지막으로 사람

많은 길거리에 대해 몇 가지만 더 이야기하자. 차선을 따라 걷다가 길가에 놓인 꽃 한 다발을 발견했다면 누군가가 여기서 목숨을 잃었다고 생각하면 된다.

하지만 그보다 덜 알려진 사실은 이곳이 바로 보행자들이 특히 주의를 기울여야 하는 장소라는 것이다. 차나 오토바이가 또 다시 통제력을 잃을 가능성이 평균치보다 훨씬 높은 지역이라는 뜻이다. 도심의 보행자 도로를 걷다가 보도블록이 깨지고 짓눌린 것을 발견했다면 앞서 말한 것처럼 토양이 가라앉고 있다는 뜻이지만, 또 다른 이유 한 가지는 그곳이 밴이나 화물차가 자주 짐을 내리는 장소라는 것이다. 이런 차를 운전하는 사람들은 일반적으로 서두르게 마련이라 종종 인도 위로 차를 올리곤 하니까 조심하라. 그들은 사람 옆을 지날 때도 속도를 늦추지 않는다.

밤에 도로를 따라 걷거나 차를 몰고 지날 일이 생기면 얼마 못 가서 또 다른 눈 한 쌍을 마주하게 될 것이다. 많은 동물이 아주 흐릿한 빛만으로도 밤에 사물을 완벽하게 볼 수 있다. 이것은 눈 안쪽에 있는 반사막 덕택이다. 이 반사막은 라틴어로 '타페툼 루시둠*tapetum lucidum*'이라는 근사한 이름으로 불리는데, 이는 '밝은 태피스트리'라는 뜻이다.

다시 반사되어 헤드라이트와 우리 눈으로 돌아오는 색깔을 보면 그 주인이 누구인지 쉽게 알 수 있다. 대부분 개의 눈은 초록색으로 보이고, 말의 눈은 파란색, 여우의 눈은 하얀색이나 옅은 파란색, 수달의 눈은 흐린 빨간색, 솔담비의 눈은 파란색이다. 대부분 고양이 눈은 밝은 초록색으로 보이지만 샴 고양이의 눈은 빨갛다. 손전등을 들고 있다가 도로 옆 관목 사이에서 조그만 눈동자를 발견한다면 대체로 나방이나 거미일 것이다.

건물 공업에는 물이 필요하기 때문에, 강 근처에서 성업 중인 경공업 단지와 첨단 산업지구의 기묘한 조합을 찾아볼 수 있다. 공장들은 도시에 색깔과 냄새를 선사한다. 건물 주변으로 검은 매연이 균일하지 않게 묻어 있고, 탁월풍인 남서풍을 타고 더 멀리까지 퍼질 것이다. 역사적으로 이런 이유 때문에 서쪽 지구가 더 공기가 맑아 동쪽 지구보다 살기가 낫다. 매년 도심의 중공업 업체들은 감소하고 있고, 우리는 유행이 천천히 뒤바뀌는 것을 보게 된다. 어제의 조선소가 오늘의 멋진 원룸 아파트로 변모하는 것이다.

공원처럼 근사한 풍경은 사람들을 끌어들이고 이에 따라 공원 주변으로 갈수록 건물들이 고급스러워진다. 건물에 칠한 페인트가 공원에서 멀어질수록 오래되었다는 사실을 발견한 적도 있다. 여기서 예외를 발견했다면, 새로운 실마리를 찾은 것이다. 큰 도시에서 공원이 내려다보이는 위치의 집들은 인기가 높게 마련이다. 이것은 집값에 반영되기 때문에 이런 집에는 자신들의 품위를 유지할 수 있는 부유한 사람들이 살게 된다. 하지만 그 사이에서 안 어울리는 건물을 발견했다면, 거기에는 아마 이웃 사람들보다 더 나이가 많거나 젊은 사람들이 살고 있을 것이다. 갓 페인트를 칠한 근사한 집들 사이에 낡고 허름한 집이 끼어 있다면 거기 사는 사람들은 아마도 집주인이 아니거나(세입자는 집주인보다 평균적으로 나이가 어리다) 나이가 많고 이 동네가 고급스러워지기 전에 이사 온 사람들일 것이다.

건물 자체에 주목해보면 건축에 대해 대단한 지식이 없어도 모르타르와 콘크리트가 주는 메시지와 암호를 알아볼 수 있을 것이다. 위쪽부터 시작해서 기울어진 굴뚝이 있는지 한번 보자. 벽돌 굴뚝, 특히 석회암과 모르타르로 만들어진 것은 세월이 흐르면 북쪽으로 기울어지는 경향이 있다. 이것은 해가 북쪽보다 남쪽을 더 많이 데워 그쪽 모르타르가 팽창했기 때문이다.

굴뚝 근처에서는 안테나를 발견할 수 있을 것이다. 지상파 텔레비전 안테나는 각 지역마다 특정 방향을 향한다. 대부분의 안테나는 제일 가까이 있는 신호탑 쪽을 향하기 때문에 이런 방향을 알아두면 나중에 방향이 헷갈릴 때 도움이 될 수 있다. 위성 안테나는 더 믿을 만한데, 영국에서는 남동쪽을 향하는 편이다.

시선을 조금 내리면 지붕에 지의류와 이끼라는 형태의 단서가 가득한 것을 볼 수 있다. 이들은 방향을 찾을 때, 오염도를 가늠할 때, 그리고 생태계에 대한 통찰을 얻고 싶을 때(앞에서 본 것처럼) 유용하게 사용할 수 있다. 지붕이 대칭적이지 않다면 그것도 방향에 대한 실마리가 될 수 있다. 한쪽은 거의 수직에 가깝고, 한쪽은 북쪽을 향한다. 훨씬 얄팍한 톱니 모양의 지붕에서 대체로 수직인 면이 적도의 반대편으로 향하기 때문이다.

태양열 전지판은 점점 인기를 얻고 있고 차츰 늘어나는 중이다. 이 패널이 햇빛을 그다지 모을 수 없는 지붕의 북쪽보다는 해가 더 많이 비치는 남쪽 면에 있을 거라는 추측은 딱히 대단한 것도 아니다.

지붕 아래에서는 위층 창문을 볼 수 있다. 건물의 꼭대기 층에 아주 큰 창문이 달려 있다면, 이것은 이 건물이 역사적으로 오래됐다는 실마리이다. 전기가 있기 전 시대에는 실내에서 정교한 일을 하려면 큰 창문이 있어야 했기 때문에, 레이스 장인부터 화가에 이르기까지 독특한 직종의 사람들이 이런 건물에 자신의 흔적을 남겨놓았다. 웨스트런던의 탈가스로드Talgarth Road(A4의 일부이고, 이 이름을 보면 이 도로가 서쪽으로 향할 거라는 걸 알 수 있다)에는 남쪽 면을 따라 옛날 화가들의 근사한 화실이 줄줄이 있다. 이 건물들은 근사한 유리 아치문이 꼭대기까지 닿고 북쪽을 바라보고 있다. 오늘날에 이 건물들은 '파울루스 성인의 스튜디오St Paul's Studios'라고 불린다.

창문에 비친 영상을 보면 유리가 만들어진 시기를 파악할 수도 있다. 현대의 유리는 두께가 균일하고 표면이 매끄럽다. 옛날 유리는 얼룩덜룩하게 비치고 종종 빛이 앞쪽에서 반사되어 약간 다른 각도로 유리로 다시 돌아가는 바람에 상이 두 개씩 생기기도 한다. 창문과 거기 비친 영상이 알려주는 또 다른 재미있는 사실은 그늘진 곳에서 빠르게 움직이는 빛을 볼 때 찾을 수 있다. 우리의 뇌는 예상치 못했던 움직임이나 형태에 관심을 집중시키기 때문에 화창한 날 바닥이나 벽의 검은 그림자 사이에서 빠르게 움직이는 작은 빛을 보게 되면 고개를 들고 손을 흔들어보라. 누군가가 방금 창문을 연 것이다.

이제 우리의 눈을 건물 더 아래쪽으로 내리면 집이나 아파트의 번호가 보일 것이다. 거리에 있는 집에 숫자를 붙이는 데는 확실한 규칙이

● 톱니 모양 지붕

없지만 가장 인기 있는 방식은 도시 중심부에서 밖으로 갈수록 숫자가 커지는 방식이다. 그리고 거리의 왼쪽 면에는 홀수를, 오른쪽 면에는 짝수를 붙인다.

숫자와 비슷하게 집과 거리의 이름도 도움이 된다. 앞 장에서 땅의 형태에 따라 이름이 붙는 방식을 보았지만, 이름은 도시에서도 꽤나 도움이 된다. 한번은 스테인스Staines에서 낯선 사람이 나에게 강이 어느 쪽이냐고 물었다. 나도 스테인스를 잘 모르기 때문에 확실하진 않지만 아마 이쪽인 것 같다고 말해주었다. 우리는 브리지스트리트Bridge Street에 있었기 때문에 나는 강이 그 끝 쪽 내리막 아래에 있을 거라고 추측했다. 역전로, 제방길, 왕궁로… 길에 이름을 붙이는 담당자들은 일을 어렵게 만들고 싶어 하지 않는 것 같다. 가끔은 패턴이 드러나기도 한다. 런던 남서부 비숍 공원 근처에는 택시 운전사와 주민들이 잘 알고 누구나 보자마자 알아챌 수 있는 규칙으로 이름이 붙어 있는 평행한 길들이 있다. 비숍스게이트, 클론커리, 도너레일, 엘러비, 핀레이, 그레스웰, 하보드, 잉글소프, 케넌, 랭손 스트리트(ABC 순이다). 왜 J는 없냐고? 나도 잘 모르겠지만, 이 길에 이름을 붙이던 시기의 글씨체로는 'I'와 'J'가 비슷해 보여서가 아닐까 추측해본다.

'marsh'라는 단어가 이름에 들어 있는 마을은 근처에 습지가 있다는 확실한 증거이지만 좀 더 정확하게 말하자면 어디에 마른 땅이 있는지를 가르쳐주는 것이다. 이것은 정착하기 위해 고른 지역이기 때문이다. 많은 대도시에서 사라진 강의 마지막 흔적이 이름에서 드러난다. 플리트스트리트Fleet Street(플리트 강), 웨스트본그로브Westbourne Grove(숲), 스탬포드브룩Stamford Brook(시내) 등이 그렇다.

'ham'으로 끝나는 이름은 옛날에 주요 정착지였던 곳이고 'ton'이나 'by'로 끝나는 곳은 보조 정착지였던 곳이다. 'ley'로 끝나는 장소는 옛날에, 어쩌면 지금도 숲으로 둘러싸인 곳일 것이다.

웨일스에서 'betws'나 'llan'이라는 단어가 이름에 들어 있는 마을을 발견하면 마을의 역사에서 교회가 중심이 되었을 것이다. 'glebe'라는 단어 역시 근처에 교회가 있다는 뜻이고, 나는 웨스트서식스에서 베리bury라는 마을에 가는 길에 똑바로 가고 있는지 확인하기 위해서 이것을 사용해본 적이 있다. 영국에는 약 5만 개의 교회가 있기 때문에 걷다 보면 한두 개는 지나칠 것이다. 교회가 자연 내비게이션을 할 때도 지식의 보고라는 사실을 알아두면 도움이 된다.

교회 오래된 교회는 대체로 멀리서 가져온, 가끔은 외국에서 들여온 값비싼 돌로 만들어졌다. 첫째 실마리는 누군가가 바로 그 장소에 엄청난 돈을 투자하기로 했다는 것이다. 이 사실로 많은 것을 추측할 수 있다. 우선 과거 어느 때인가 이 지역이 부유했을 것임을 알 수 있다. 중세식 교회라면 이 지역에 부유한 장원이 있었을 것이다. 외딴 곳에 있다면 이 지역 역사에서 뭔가 비극적인 일이 일어나 마을 사람들이 모두 없어졌을 거라는 단서이다. 전염병이나 전쟁, 기아 등이 가장 흔한 이유이다.

교회를 짓는 데는 돈이 굉장히 많이 들기 때문에 그 위치와 설계, 스타일을 정할 때는 많은 것을 고려하는 법이고, 그래서 중대한 단서들이 담겨 있다. 이런 건물에서 비밀스러운 이야기를 찾아내는 전문가들도 있지만, 평범한 산책자도 교회에서 여러 가지를 알아낼 수 있다.

교회는 일반적으로 동서로 서 있고 제단은 동쪽 끝에 있다. 하지만 완벽한 동서 선에서 약간 벗어나 있는 교회가 굉장히 흔하다. 가장 그럴 듯한 이유는 교회가 그 교회의 수호성인절에 해가 떠오르는 방향에 맞추어 지어졌다는 것이다.

교회의 남쪽 면은 가장 성스럽고 사람들이 가장 선호하는 방향이다. 그렇기 때문에 교회는 대체로 대지의 북쪽에 건축되어 사람들이 북쪽으로 걸어오게 만든다. 그렇게 되면 사람들은 남쪽 면에서 걸어가서 교회 남쪽에 있는 문으로 들어가게 된다. 문은 대체로 교회의 남쪽 면에 위치하는데, 그중에서도 서쪽에 가깝게 낸다. 그러면 사람들이 남쪽으로 들어와서 자리를 찾는 동안 동쪽의 제단을 바라보게 된다. 교회 탑은 일반적으로 서쪽 끝에 있어서 멀리서 교회를 나침반으로 삼을 때 굉장히 유용하다. 언덕 꼭대기에서는 교회의 첨탑밖에 보이지 않는 경우가 많기 때문이다.

그림과 스테인드글라스 창문도 동쪽을 향하는 경향을 보인다. 동쪽 면의 창문과 그림은 기분이 밝아지고 희망적인 장면을 묘사하는 반면, 서쪽 면의 그림은 죽음이나 최후의 심판에 관한 것이 많다.

삶에서 방향이 중요하다고 한다면, 죽음에서는 더더욱 중요하다. 교회 묘지는 교회 자체만큼이나 많은 실마리를 갖고 있다. 무덤은 대체로 동서 방향으로 놓이고 묘비는 서쪽 끝에 위치한다. 그 이유는 아직 명확하지 않은데, 죽은 자가 일어났을 때 성지를 바라보기 위해서라는 이야기도 있고 해가 떠오르는 방향으로 발을 놓는 거라는 이야기도 있지만, 어느 쪽이든 결과는 똑같다. 많은 사람들에게 들었지만 지금까지는 콘월 등 몇 군데에서밖에 보지 못한 특이한 경우도 있다. 드물긴 하지만 찾아보면 재미있으므로 이야기를 해두겠다. 성직자들은 가끔 교구민들과는 반대 방향으로 매장된다. 그래야 신도들을 바라보고 다시 일어날 때가 왔을 때 그들을 이끌 수 있기 때문이다.

대부분의 사람들은 교회 남쪽에 묻히고 싶어 하고, 동쪽과 서쪽은 그보다 인기가 없다. 북쪽은 세례를 받지 못했거나 어떤 식으로든 추방된 사람 또는 자살한 사람들을 위한 자리이다. 묘지가 너무 붐비면 교회의 모든 면을 사용할 수밖에 없다. 그래서 가장 오래된 묘비는 대체로 남쪽에서 발견되고 새것은 북쪽에 있다.

이와 같은 묘지의 선호도는 교회가 대지의 북쪽에 위치하는 데서도 확인할 수 있다. 이렇게 해야 사람들이 선호하는 쪽에 공간이 더 많이 생기기 때문이다. 하지만 좀 더 섬뜩한 부분도 있다. 작은 교회라고 해도 그 주변으로 수천 명의 사람들이 묻히기 때문에 대지에도 그런 사실이 결국 드러나게 된다. 교회 묘지의 모든 부분이 교회 자체의 토지 높이보다 좀 더 솟아오르게 되는데, 몇몇 지역은 특히 더 높아진다. 교회 남쪽의 토지가 다른 부분보다 눈에 띄게 높은 것은 드문 일이 아니다. 교회에서 묘지 쪽으로 걸어가게 되면 죽은 영혼들의 계단을 오르고 있는 셈이다.

교회 바깥에도 방향을 알려주는 실마리들이 가득하다. 가장 빠르고 간단한 방법은 꼭대기의 풍향계를 보는 것이다. 좀 더 미묘한 것으로는 남쪽 면에, 대체로 교회 입구 위쪽에 있는 해시계를 보는 것이다. 해시계는 어디에 있든 남쪽을 바라보고 있고, 그림자를 드리우는 불쑥 나온 단검 같은 모양의 금속 바늘은 정확히 남쪽을 가리킨다. 교회 벽 등에 새기는 해시계scratch dial는 더 원시적이고 찾기가 어렵지만, 교회 남쪽 벽에 새겨진 이 호弧 역시 똑같은 목적을 만족시킨다.

자연이 주는 실마리도 잊어서는 안 된다. 교회와 묘지는 지의류가 번성하기 가장 좋은 장소이다. 묘비 하나하나를 보면 지의류가 어떤 종류의 돌, 빛, 방향에 민감한지를 확인할 수 있다.

교회의 지의류 전반적으로 빛이 더 많이 드는 교회의 남쪽 면에 지의류가 더 많이 자란다. 교회를 한 바퀴 빙 돌아보면 색색의 나침반을 볼 수 있을 것이다. 북쪽을 바라보는 지붕에서는 선명한 초록색이 더 많을 것이고, 북쪽 벽에는 회색 지의류가 더 많이 보인다. 남쪽 면, 특히 지붕 널 아래쪽과 새들이 자주 앉는 자리에는 금색의 잔토리아가 더 많이 자라고 있을 것이다.

교회 창문 아래를 보자. 창문 아래로 지의류가 거의 자라지 않는 독특한 수직의 띠 같은 부분이 있을 것이다. 이것은 창문에 납이나 아연 같은 금속을 댔다는 증거이다. 지의류는 비에 씻겨 내려오는 소량의 금속에도 굉장히 예민하고, 종종 이로 인해 죽기도 한다. 지의류가 없는 말끔한 벽은 지의류라는 장식물이 없으면 교회가 어떻게 보일지를 상상할 수 있게 해준다. 아마 훨씬 몰개성적으로 보일 것이다.

많은 교회의 지붕에 피뢰침이 달려 있다. 벼락은 대체로 교회 바깥쪽 벽을 타고 내려오는 구리선을 따라 지표로 전도되는데, 이 장소는 쉽게 알아볼 수 있다. 근처에 사는 지의류의 종류가 달라지기 때문이다.

대부분의 오래된 교회는 단계별로 지어져서 돌이 달라진 곳에서는 다른 지의류가 자라는 것을 확인할 수 있다. 돌 사이의 모르타르, 특히 석회석이 풍부한 모르타르에서 또 다른 지의류가 번성하는 것도 볼 수 있다. 주 건물과 교회 터를 둘러싼 담에 자라는 지의류의 크기도 한번 비교해보라. 담이 대체로 교회보다 더 오래됐기 때문에 지의류의 크기에서도 그 사실이 드러난다.

방향에 대한 실마리를 알려주는 종교 건물은 더 있다. 각 모스크에는 벽에 키블라, 즉 메카의 방향을 알려주는 벽감이 있다. 이 벽감을 찾는 것은 전혀 어렵지 않다. 기도하는 모든 사람들이 그쪽을 바라보기 때문이다. 무슬림들은 오른쪽으로 누워 메카를 바라보는 상태로 매장되고, 무덤은 당연히 키블라와 수직으로 만들어진다.

유대교 회당의 성구ark는 이것을 바라보는 사람들이 동시에 예루살렘을 바라볼 수 있는 위치에 놓인다. 대부분의 힌두교 사원은 동쪽을 바라보게 위치한다. 고대의 제단 대부분은 해나 달 같은 천체의 방향과 관련되어 위치하기 때문에 나침반의 바늘과 같은 방향으로 자리하고 있다.

도시에 접근하는 가장 좋은 방법은 모든 것이 단서라고 생각하는 것이다. 이것은 더 많은 것을 알아챌 수 있는 아주 멋진 방법이지만, 약속에는 늦기 십상이다.

에든버러 도시 산책 에든버러의 조지4세다리George IV Bridge에서 북쪽으로 돌아서자 동네 사람들이 해를 잘 이용하는 것 같은 느낌이 들었다. 이 고상한 길의 서쪽 편에는 식품점, 카페, 빵집과 도서관 등 아침 분위기를 내는 가게들이 즐비했다. 오후와 저녁 햇살을 받는 동쪽 편으로는 음식점과 술집의 야외 자리가 펼쳐져 있었다. 엉클스테이크어웨이에서는 케밥과 햄버거, 피자를 팔았다.

로열마일Royal Mile(스코틀랜드 에든버러의 구시가를 관통하는 도로)에 도착하기 전에 나는 정보를 찾아 주위를 둘러보았다. 위성 안테나는 남남동을 가리키고 텔레비전 안테나는 그 반대편을 가리키고 있었다. 커다란 건물에서는 성 안드레아의 십자가(스코틀랜드의 국기)가 그려진 깃발이 펄럭이며 바람이 북동쪽에서 불어오고 있음을 알려주었다. 네 방향(북동쪽, 남동쪽, 남서쪽 또는 북서쪽)에서 불어오는 바람은 도시에서는 흥미로운 현상이다. 완벽하게 이 방향으로 난 길이 거의 없기 때문이다. 그 말은 동시에 두 방향의 바람이 불어오는 것 같은 기분이 든다는 뜻이다. 북쪽으로 걸어가는 동안 나는 바람이 북쪽에서 불어오는 것 같다고 느꼈지만, 로열마일에서 동쪽으로 돌아서자 내 얼굴에 닿는 바람은 이제 동쪽에서 불어오는 것처럼 느껴졌다. 그래서 도시에서는 구름이나 깃발, 연기, 수증기, 풍향계 등 높은 곳에 있는 바람의 방향을 알려주는 물체들이 중요하다.

성 아이기디우스 성당 북쪽 면에는 초록색 조류가 자라고, 기념비의 금 간 자리에 발라놓은 모르타르에서는 하얀색 지의류가 자라고 있었지만, 번성하고 있는 건 남쪽 면뿐이었다. 성당과 기념비를 빙 돌아가며 나는 두 종류의 그림자가 드리운 것을 알아챘다. 해로 인해 그림자가 진 곳이 있고 길거리 연주자의 전자기타 음이 막힌, 소음의 그림자 공간이 있었다. 에든버러는 문학의 도시이고 화창한 여름날에는 많은 사람들이 거리에서 책을 읽는다. 몇몇은 햇빛 아래, 몇몇은 그늘에 있지만 모두 돌로 둘러싸여 록 음악이 들리지 않는 소음의 그림자 속에 앉아 있었다.

다음에 나를 반기는 기념물이 애덤 스미스라는 게 왠지 어울리는 것처럼 느껴졌다. 이 유명한 경제학자는 개개인이 보이지 않는 시장의 힘에 의해 경제적으로 행동하는 것을 설명하기 위해서 '보이지 않는 손'이라는 개념을 탄생시켰다. 이 개념은 도시에서 사람들이 지나가는 흐름에 적용할 때에도 완벽하게 어울린다. 나는 이런 사람들의 흐름을 위에서 본다고 상상하는 것을 좋아한다. 사람들의 흐름은 이곳에서 저곳으로 가는 뱀의 움직임과 같다. 애덤 스미스의 위대한 표현이 없었다면 나도 '보이지 않는 뱀'이라는 단어를 생각해낼 수 없었겠지만, 어쨌든 딱 맞는 단어 같다.

길을 더 따라가다가 나는 모퉁이에 서서 동네 음식점 광고판을 들고 있는 남자를 보았다. 그날 오후에 나는 남자가 맞은편 자리에 서 있는 것을 발견했다. 내가 몇 분이 지나서야 알아차린 사실을 그는 이미 알고 있었던 것이다. 관광객들이 아침에는 호텔에서 유명 관광지로 가고, 저녁에는 다시 호텔로 돌아온다. 광고판을 든 남자는 이 도시 사람들의 흐름을 잘 알고 있었다.

사우스브리지South Bridge는 조지4세다리와 평행하게 놓여 있지만 느낌이 아주 다르다. 일단 훨씬 너저분하다. 현금인출기와 '월세 있습니다' 같은 간판이 가난한 동네라는 분위기를 더해준다. 나로서는 알 수 없는 이유로 관광객들은 이 길을 피하는 편이다. '시약소 거리Infirmary Street'라는 표지판을 보며 그 이유가 역사적인 게 아닐까 생각해본다.

내가 잠깐 길을 돌아 사우스스트리트 근처에 있는 대학 터를 돌아보려고 하는데 자작나무 가지에서 까치가 알람 울음을 우는 게 들렸다. 까치는 뭔가 기분이 나쁜 것 같았고, 나는 그 이유를 찾아 주위를 둘러보았지만 아무것도 찾을 수가 없었다. 어쩌면 나 때문이었는지도 모르겠다. 어쨌든 내가 그 나무 아래 서 있었으니까.

다시 언덕을 오르며 사우스브리지와 로열마일을 채운 사람들을 피해서 나는 콕번스트리트Cockburn Street로 접어들었다. 길은 아래쪽으로 이어지며 완만하게 곡선을 그렸다. '곡선을 그리는 길에서는 바깥쪽에서 웬만한 일이 다 일어난다'는 보편규칙을 잘 보여주는 길이었다. 이 길의 바깥쪽으로 성업 중인 가게와 술집, 카페, 음식점이 훨씬 많았다. 그쪽 편으로 남쪽으로 비치는 빛이 더 많이 들기 때문이라고 설명할 수도 있지만, 주된 이유는 세계 전역에서 그렇듯 간단한 비대칭 구조 탓이다. 걷든 자전거를 타든 자동차를 타든 우리는 곡선 도로에서 안쪽보다는 바깥쪽을 더 많이 보게 된다. 어느 쪽을 향해도 마찬가지이다.

곡선 도로에서 사람들의 흐름은 강에서 물의 흐름과 비슷하다. 강에서 바깥쪽 굴곡부가 더 빨리 침식되는 것처럼, 특정 길을 자주 다니는 사람들은 그 길의 바깥쪽 굴곡부에 더 빨리 친숙해진다. 그래서 더 사람이 많아지고, 더 좋아지고, 더 활발해진다. 불쌍한 안쪽 굴곡부는 자기 잘못이 아닌데도 눈에 안 띄게 된다.

걷다 보니 프린스스트리트가든Princes Street Gardens에 도착했다. 여기서 나는 웃으며 "성으로 가는 길이 어딘지 아세요?"라고 물어보는 관광객과 마주쳤다.

"잘은 모르겠지만 아마 저 길일 겁니다."

나는 길을 가리키며 말했다. 내가 아는 거라고는 몇몇 성이 골짜기에 지어졌다는 것이고, 에든버러 성은 커다란 화산석 위에 지어졌다는 것뿐이었다. 하지만 그 정보만으로도 두 갈래 길 중에서 오르막 쪽이 맞을 거라고 추측할 수 있었다.

곧 강렬한 장미 향기가 느껴졌고, 길을 따라 조금 가다 보니 분홍색과 복숭아색이 가득한 아름다운 꽃밭이 나타났다. 이걸로 보아 내가 아마 북동쪽으로 가고 있는 모양이었다. 한쪽에 커다란 야생 체리 나무가 있는 축축한 땅이 나타나기에 나는 확신을 얻었다. 스프링클러가 넓은 땅을 적시고 있었지만, 이런 더운 날에는 나무의 북쪽에 있는 땅에만 그림자 덕에 수분이 남아 있을 것이다. 나무 사이를 보다가 나는 확실하게 남쪽을 가리키고 있는 데이지를 찾을 수 있었다.

공원에는 더 큰 소음 그림자 공간이 있었다. 사람 많은 위쪽의 프린스스트리트에서 웅웅 소리가 들려왔지만 남쪽으로는 성이 있는 높은 지대가 소리를 거의 다 막아주어 사이렌과 열차 소리만이 고원의 옆을 지나 내 남서쪽에서 들려왔다. 내 주변의 소리 지도가 금세 머릿속에 그려졌다. 여름 날씨를 즐기는 사람들의 함성과 스프링클러 근처에서 뛰어노는 아이들의 소리 때문에 약간 일그러지긴 했지만 말이다. 햇살이 오래 가지 않을 거라는 느낌이 들었지만, 머리 위에서 새털구름이 꾸준히 흘러가고 면사포구름(권층운)은 전혀 보이지 않고 비행기구름도 없었다. 이 모든 걸로 보아 내일도 햇살이 화창할 거라는 결론이 나왔다.

풀밭 위에는 많은 사람들이 누워 있었다. 몇 명은 환한 햇살을 좋아하고 몇 명은 그림자를 좋아했지만, 사람들이 가장 좋아하는 곳은 햇빛과 그림자가 적당히 섞여 있는 곳이었다. 그림자를 풍성하게 드리우는 물푸레나무를 사람들은 가장 좋아했다.

정원 밖으로 나와서 나는 신발 끈을 묶느라 잠시 멈추었다가 다시 길을 따라 걸었다. 부서진 보도블록이 눈에 들어오자 프린스스트리트를 달구는 가게들에 물건을 대는 화물차들이 멈추는 장소가 아닌가

하는 생각이 들었다.

길은 칼튼힐Calton Hill(에든버러 시내 중심에 있는 언덕으로 에든버러 신시가지의 동쪽에 해당한다)로 이어졌고 거대한 국립기념비가 하늘을 찌르듯이 서 있었다. 회색 돌 앞에서 신랑신부가 화사하게 사진을 찍었으나 내 눈은 그들을 지나쳐 짙은 색과 밝은 색이 교차되는 기다란 수직 기둥으로 향했다. 매연이 양쪽 옆면에 짙게 검은 줄무늬를 남겼으나 남서쪽 면은 말끔했다. 금색 잔토리아가 자리를 잡고 있지만 남서쪽 모서리 꼭대기에만 있을 뿐이었다. 해가 지고 나면 여기가 인기 있는 파티 장소라는 것을 보여주듯 근처에 버려진 캔과 병, 바비큐 쓰레기들이 널려 있었다.

높은 곳에서 내려다보면 에든버러의 구시가와 신시가의 차이를 쉽게 발견할 수 있다. 신시가의 질서정연한 직선로와 조직적인 형태는 세계 모든 도시에서 질서와 세월의 관계를 보여주는 구시가의 더 유기적인 확장 형태와 비교가 된다.

언덕의 사방으로 교회와 그 부속 묘지들이 방향을 알려주었다. 멀리로 거대한 한 쌍의 나침반 역할을 하는 커다란 화산 언덕, 솔즈베리 언덕과 아서스시트Arthur's Seat(에딘버러의 유명한 관광지로, 아서 왕이 칼을 뽑았다는 전설이 있는 바위산이다)가 보였다. 빙하는 동쪽으로 흘러가며 가파른 서쪽 측면과 완만한 동쪽의 꼬리를 남겼다. 이것을 깨닫고 나자 이 지역 전체의 배치도가 훤히 그려졌다.

산책의 마지막 코스는 스코틀랜드 국회의사당 앞을 지나는 길이었다. 나는 물 위에 파문을 일으키는 바람을 즐기며 걸었다. 홀리루드 궁전Holyrood Palace을 지나 솔즈베리 언덕 위로 계속해서 올라갔다. 잘 다

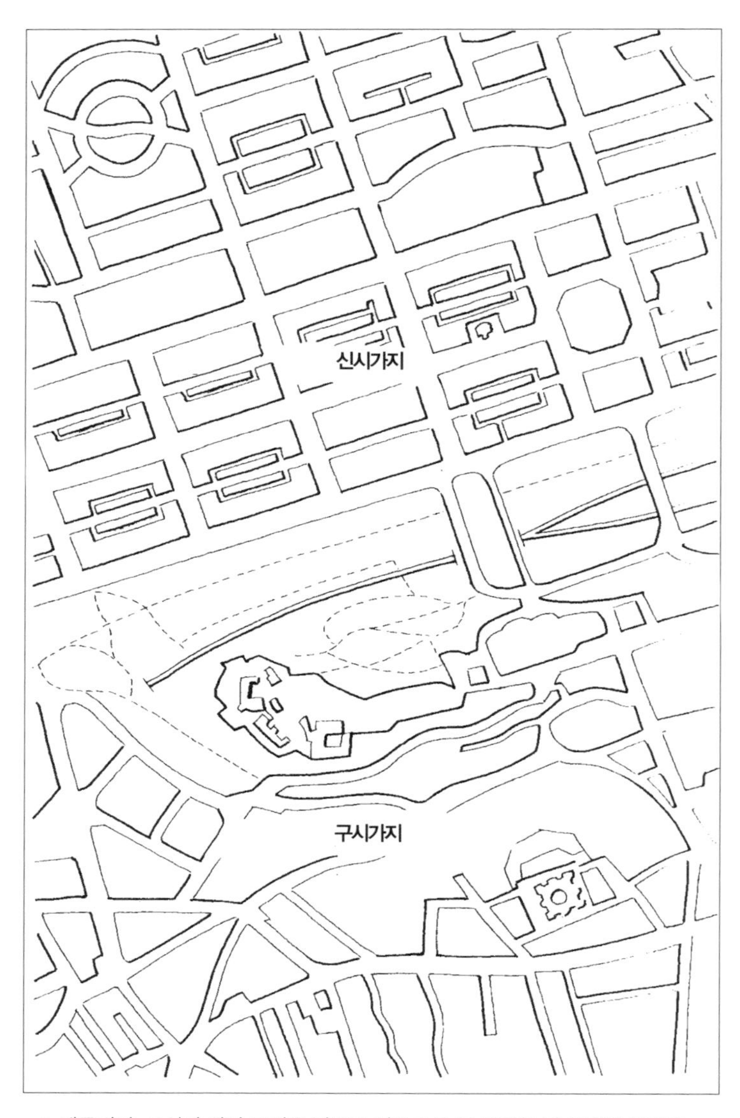

● 에든버러. 도시의 길이 곡선을 이루고 있을수록 그 지역은 더 오래된 것이다.

져진 길이 있었지만 풀밭 위 클로버 사이로 지름길이 분명하게 보였다.

바위와 진흙은 철분이 섞여 있다는 의미의 빨간색이었다. 머리 위에서 갈매기들이 영역 다툼을 하는 소리가 들렸다. 그들의 분노가 독특한 울음소리 속에서 확실하게 드러났다. 아래쪽에서는 까치들이 사람이 개가 자신들의 영역 깊은 곳까지 들어오게 놔두었다고 분개하며 울어댔다.

멀리서 조수 그림자가 보였다. 인치콤Inchcolm 섬의 육지 쪽으로 물결이 차분하게 밀려드는 것이 조수가 들어오고 있음을 알려주었다. 머릿속으로 재빨리 계산을 해본 뒤 달이 사흘 됐으며, 대조(태양과 지구 그리고 달이 일직선상에 위치하여 일어나는 큰 조석)가 멀지 않았음을 깨달았다. 이는 바닷가 길로 가는 건 나중으로 미뤄야 한다는 의미였다. 곧 물이 높이 올라올 것이다.

그날 저녁쯤 나는 다시 높은 곳으로 올라가서 배가 닻에 매달려 흔들리는 것을 보았다. 조수가 바뀌어 물이 빠져나가고 있다는 뜻이었다. 바다 위에 떠 있는 철제 괴물을 통해서, 얕은 물 위에 번지는 파문을 통해서, 바람에 흔들리는 깃발을 통해서, 위성 안테나를 통해서, 기념비에 남은 매연의 검은 줄무늬를 통해서, 교회를 통해서, 광고판을 들고 모퉁이에 서 있는 남자와 길잡이에 둘러싸인 산책자를 통해서 도시는 자신의 모습을 드러내고 있다.

바다, 강, 호수

Coast, Rivers and Lakers

The Walker's Guide to Outdoor Clues and Signs

물에도 흔적이 남는다

바닷가 산책은 단단하고 친숙한 영역과 더 넓고 소금기 가득한 세계 사이에 자취를 남기는 행위이다. 해안은 비밀스러운 실마리로 가득한 환경이다.

바닷가는 나름의 생태계를 이루고 있다. 바다의 소금기가 모든 생명체에 강력한 탈수 작용을 일으켜 내륙을 산책할 때 마주쳤던 대부분의 식물을 고사시키기 때문이다. 바닷가에서 우리는 이런 조건에 맞춰 진화한 식물들만을 볼 수 있다. 예를 들어 낮에는 피고 저녁에는 봉우리를 오므리는 분홍색 축음기 모양의 꽃을 피우는 아름다운 갯메꽃 같은 종이다. 이런 드문 식물을 찾을 수 있는 데는 또 다른 이유가 있다. 식물을 뜯어먹는 동물이 해안가에는 별로 없기 때문에 꽃들이 양의 아침식사가 되지 않고 활짝 필 수 있는 것이다. 브리스톨 부근의 에이본Avon 협곡은 이런 드문 생존자들의 고향이지만, 우리 바닷가에서도 찾을 수 있다.

소금바람의 그림자 몇 년 전 서식스의 한 농부가 나에게 이전까지 몰랐지만 지금은 즐겁게 찾아보곤 하는 현상을 보여준 적이 있다. 영국의 서쪽과 남쪽 바닷가 전역에서 불어오는 탁월풍은 소금기가 묻어 있다. 이 말은 들판 남서쪽 가장자리에서는 종종 작물들이 자라기가 어려워서 안쪽의 작물들보다 작다는 뜻이다. 가끔 노출된 남서쪽 모퉁이부터 안쪽으로 작물들의 키가 점점 커지는 것을 본 적이 있을 것이다.

처음 이것을 봤을 때 내가 재미있어 하는 것을 알아채고 서식스의 농부는 밭 남쪽 가장자리에 있는 나무들 쪽으로 나를 데려갔다. 나무의 옆에 있는 작물들은 소금기 섞인 바람 때문에 시들시들했지만 나무가 바람을 막아주는 남동쪽으로는 작물이 크고 당당하게 자라고 있었다. '소금바람 그림자' 지역이었다.

땅이 어느 순간 갑자기 바닷가 환경으로 변하는 것이 아니라 내륙에서 바다 쪽으로 차츰차츰 변하는 것이기 때문에, 이 소금바람 그림자 효과를 이해하면 의문스럽던 상황들이 상당수 해결된다. 바다 바로 근처에서는 해안성 식물만을 찾아볼 수 있고, 내륙 안쪽에서는 내륙성 식물만을 볼 수 있지만 두 지역 사이, 내륙 쪽으로 수백 미터에서 수 킬로미터에 이르는 지역에서는 두 종류가 섞여 있는 것을 볼 수 있다. 하지만 무작위로 섞여 있는 건 아니다. 이 중간지대에서는 남서쪽 면으로는 해안성 식물을 더 많이 찾아볼 수 있고, 북동쪽으로는 건물과 다른 장애물, 그리고 내륙성 식물을 더 많이 볼 수 있다. 이런 현상은 많은 해안성 식물들이 광량이 높은 곳에서 번성하기 때문에 남쪽 면을 선호한다는 사실과 일치한다. 식물 하나하나의 이름을 알 필요는 없지만, 이런 경향성을 찾아보고 한쪽 방향을 더 선호하는 야생화들을 알아본다면 도움이 될 것이다. 그러면 많은 바닷가 건물 앞이 그 방향에 따라서 각기 다른 색의 야생화로 치장되어 있는 것을 확인할 수 있을 것이다.

다음에 모래사장을 걷게 되면 모래 자체를 한번 살펴보라. 모래가 굵고 맨발에 조금 따갑다면 근처에 화강암이 있고 높은 지대가 있을 거라는 뜻이다. 모래가 하얗다면 수백만 개의 부서진 조개껍질로 이루어져 있다는 뜻이고(맨눈으로도 볼 수 있고 확대경을 사용하면 더 확실하게 볼 수 있다), 그 말은 그 바다에 해양생물이 풍부하다는 의미이다. 그래서 산호초 부근과 스코틀랜드 해안 근처에 하얀 모래가 깔린 해변이 많은 것이다. 양쪽 다 바다에 양분이 풍부하기 때문이다. 모래가 발을 아프게 찔러댄다면 아마 점판암일 거고, 화석이 근처에 있을 것이다. 모래가 검다면 근처에 화산이 있다는 뜻이다. 내 친구 샘과 나는 인도네시아 활화산에 갔던 그 재앙 같은 여행으로부터 회복하기 위해서 온종일 검은 모래사장에 누워서 시간을 보내기도 했다.

바닷가 모래 위에서는 굉장히 자주 놀라운 실마리를 맞닥뜨릴 수 있다. 그리스의 델로스 섬 모래사장은 굉장히 다양한 모래로 이루어져 있다. 여러 종류의 대리석이 수천 년 동안 몰아친 파도에 작게 부서져

가루가 되어 모래사장을 이루고 있기 때문이다. 델로스 섬에 자연 대리석은 없다. 이것들은 고대 그리스 시절에 지어진 신전의 폐허에서 나온 것이다.

모래사장은 산책하기에 가장 좋은 환경이다. 사람, 개, 새, 말들의 자취가 풍부하게 남아 있다. 재미 삼아 나란히 나 있는 두 사람의 흔적을 찾은 다음 두 사람의 관계를 분석해보자. 이들이 완벽하게 평행하게 걸었는가? 그렇다면 손을 잡고 갔을까? 배가 고파진 타이밍을 찾을 수 있겠는가? 아이스크림 생각이 나서 보폭이 더 넓어졌나? 비슷하게 개가 공을 쫓아 달려가기 시작한 지점도 찾아보자.

해변을 둘러보면 수많은 다른 단서들을 찾을 수 있지만, 모두 멋진 자취는 아니다. 해변가 위쪽에서 바다 쪽으로 이어지는 선명한 초록색 자취는 하수도 배출구의 흔적이라 앉아서 놀 만한 곳이 못 된다.

해변 위쪽 부근에서는 모래가 흘러내리지 않게 잡아두고 사구를 형성할 수 있게 해주는 물대(볏과의 여러해살이풀로, 높이는 2~4미터이며, 바닷가에서 주로 자란다)를 볼 수 있다. 사구는 내륙 쪽 탁월풍과 딱 맞는 각도로 형성되고, 바람이 시속 10미터 이상으로 불어올 때만 형성된다. 그래서 이 사구는 방향과 해변의 바람에 관한 단서가 된다. 사구 사이를 걷다가 뭔가 황이나 고무를 태우는 것 같은 기묘하고 강한 냄새를 맡는다면 이 악취를 방어책으로 사용하는 유럽산 두꺼비를 건드린 것이다.

사구는 해변 꼭대기의 표지 중 하나지만 모든 해변에는 독특한 구역이 있다. 조수 범위의 가장 아래쪽 환경이 가장 위쪽과 확연하게 다르기 때문이다. 이 구역들이 모든 해안 생물에게 영향을 미치긴 하지만,

우리를 위해 조수의 범위를 한정해줄 수 있는 특별한 생물이 둘 있다. 바로 해초와 지의류이다.

바위 해안에서는 색색의 띠로 된 각기 다른 환경을 볼 수 있다. 이 색깔은 각기 다른 지의류를 의미한다. 높은 조수에 물에 잠기는 가장 낮은 위치의 바위에서는 베루카리아라는 검은색에 타르 같은 모양의 지의류를 볼 수 있다. 바다에서 기름 유출 사고가 일어나면 걱정 많은 사람들 수십 명이 바위에 기름이 묻었다고 제보를 하곤 한다. 다행스럽게도 이들 대부분은 새카만 베루카리아 지의류로 밝혀진다. 이 검은 띠 위쪽으로는 주황색의 잔토리아와 칼로파카calopaca 지의류 군이 자리하고 있다. 좀 더 높이 올라오면 지의류는 회색으로 변한다. 고착형은 레카노라이고 엽상형은 라말리나와 파멜리아이다. 쉽게 기억하고 싶다면 '바다에서 육지 쪽으로 BOG'라고 외우면 된다. 검정Black, 주황Orange, 회색Grey의 순서이다. 빛이 많이 비치면 지의류가 더 많아지고, 이런 현상은 남쪽을 바라보는 바위 해안에서 특히 화려하게 나타난다.

해초에는 여러 종류가 있지만 해안 산책자들이 꼭 알아야 하는 것으로는 세 종류가 있다. 뜸부기channelled wrack, 블래더랙bladderwrack(다시마류의 갈조식물), 바위해초fucus serratus(갈조식물의 일종)는 해초류로 구분된다. 이름에 그 외양이 드러나 있기 때문이다. 뜸부기는 관channel 같은 모양이고, 블래더랙은 공기주머니bladder가 있으며 바위해초는 톱니serrated가 있다. 블래더랙이 영국 바닷가에서 가장 흔하지만, 세 종 모두 많이 볼 수 있고 각각 해안의 한 구역에서 특히 번성하도록 진화했다.

뜸부기는 해안 가장 높은 곳에서 발견되고 그다음이 블래더랙, 가장

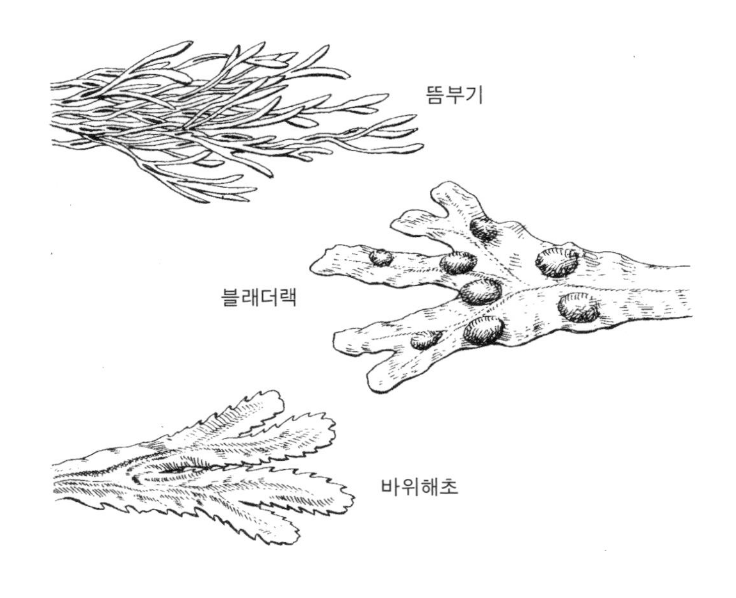

낮은 곳에 바위해초가 있다. CBS로 외우면 된다.

해초는 물의 평균적인 상태를 알려주기도 한다. 블래더랙은 조건이 나쁘면 공기 주머니가 적어지고 주변이 보호되고 있으면 공기 주머니가 많아진다. 스코틀랜드 일부 지역에는 '크로프터의 가발Ascophyllum nodosum'이라고 알려져 있는 떠다니는 해초가 있는데, 조수가 들어오고 나갈 때에도 같은 장소에 떠 있다. 이 해초는 물이 거의 막혀 있다는 증거이다.

바다의 구획을 알려주는 지표는 많이 있다. 조개삿갓은 만조선 부근에서 발견되고, 해변로켓풀 역시 씨가 바닷물에 쓸려가기 때문에 이 지역 근처에서 발견된다. 처음으로 거머리말류를 보면 꽤나 오싹할 것이다. 나는 햄프셔 리밍턴 근처에서 처음 보고서 '이게 지금 바다야, 육지야?'라고 생각한 적이 있다. 답은 바다였다. 거머리말은 1~4미터 깊이에서 자라기 때문에 이 식물에는 조수 상태가 아주 중요하고, 배를 타고 갈 때 주의해야 하는 식물이기도 하다.

바다의 표면에도 수많은 단서가 깔려 있다. 육지에서 자취를 찾을 때와 똑같다고 생각하라. 진흙처럼 실마리가 오래 남지는 않지만, 자취는 생각보다 오래간다. 다음에 비행기를 타게 되면 창가 자리에 앉아서 바다 표면을 내려다보라. 배가 지나간 흔적을 구분하는 게 얼마나 쉬운지 알 수 있다. 그 자취가 수 킬로미터에 이르도록 남는다는 사실을 확인할 수 있을 것이다. 바다 표면은 금방 원래 상태로 돌아가지만, 기억이 남는다. 산책할 때 고원지대에서도 같은 현상을 볼 수 있다. 장애물 주변에서 물이 특정한 패턴을 그리는 모습 역시 포착할 수 있다. 태평양 제도의 여행자들은 이 기술을 예술 수준으로 수련하여 파도가 굽이치는 형태를 통해서 각 섬들의 독특한 특징을 읽는 법을 익힌다. 그 덕에 이 여행자들은 섬이 나타나기 전부터 물의 상태를 읽고 섬을 알아낸다. 하지만 이 기술을 사용하기 위해서 바다에 나갈 필요는 없다. 바다가 내려다보이는 고원 아무 데서나 확인할 수 있다. 바위, 갑, 섬 들은 제각기 물 표면에 독특한 패턴을 그린다.

가까이서 보면 바다는 바람의 상태를 보여주는 확실한 지도이다. 선원들은 파문과 물마루, 물보라를 읽는 일에 능숙하다. 지역풍이 어떤 식으로 움직이는지 계측하는 데는 바다 표면을 읽는 것만큼 좋은 기술이 없기 때문이다.

해변에서 부서지는 파도의 형태는 해저의 경사도를 반영한다. 파도 앞머리가 가파를수록 경사가 가파른 것이고, 순식간에 목까지 물에 잠길 것이다. 파도가 놀랄 만큼 크다면 어딘가에서 폭풍이 불고 있는 것이다. 폭풍은 물에 엄청난 양의 에너지를 주고 이 에너지는 폭풍을 앞질러 바다를 지나 날씨가 좋은 곳까지 이동할 수 있다. 이것이 서퍼들이 꿈꾸는 이상적인 파도이고, 그래서 그들은 이 파도가 도착하는 곳을 알아내기 위해 대서양의 폭풍을 추적하곤 한다. 파도 사이의 간격이 짧아지면 폭풍이 가까이 있다는 뜻이다.

바다에서는 가끔 물고기가 튀어오르는 것을 볼 수 있다. 돌고래는 재미 삼아 이렇게 뛰지만, 물고기는 딱히 재미를 찾는 생물이 아니다. 아마도 포식자를 피하기 위해서 점프하는 것이리라. 영국에서는 이게 걱정거리가 되지 않지만 세계의 많은 지역에서는 우려의 원인이 된다. 미국의 일부 지역, 예를 들어 사우스캐롤라이나 같은 곳에서는 작은 물고기들이 튀어오르는 모습은 상어의 징조이다. 그리고 수상 구조원들이 사람들에게 물에서 나오라고 외치게 되는 신호이기도 하다.

세상에서 가장 아름다운 풍경 중 하나는 떠오르거나 지는 해가 물에 비치는 모습이다. 해가 물 위로 빛의 기둥을 드리우고 빛줄기가 당신이 있는 곳에서 지평선을 향해 사방으로 뻗어 나간다. 이 빛줄기의 흥미로운 점은 해가 낮아질수록 더 가늘어지지만 바다가 거칠면 더 두꺼워진다는 것이다. 바다가 잔잔하면 밝은 빛줄기는 해 자체보다 더 굵지 않겠지만, 바람이 물을 휘저어놓으면 빛줄기는 더 굵어지고, 바다가 거칠게 출렁이면 널찍한 삼각형 모양으로 넓게 퍼진다. 해안을 산책할 때는 이런 현상을 찾아보는 것도 재미있을 것이다.

조수 내가 좋아하는 산책로 중 하나는 웨스트서식스 보샴Bosham의 해안 마을 근처이다. 지도를 보면 이 예쁜 마을에서 남쪽으로 길이 나 있는데, 이 길은 독특한 지도 기호와 색깔을 지나간다. 가끔 이 점선은 근사한 산책로일 때도 있고, 가끔은 물속이기도 하다. 바닷가를 산책할 때는 조수가 중요한 요소 중 하나이다. 조수 때문에 지나는 길이 달라지지 않는다 해도 풍경과 소리, 냄새는 바뀔 수 있다. 그래서 조수의 작용을 예측할 수 있으면 굉장히 유용하고 좋다.

조수의 복잡한 순환을 제대로 이해하는 사람은 별로 없다. 우리가 보는 조수에 영향을 미치는 주요 요소는 서른일곱 가지가 있고, 세세한 것까지 모두 합하면 총 396가지 요소가 있다. 몇 가지 중요한 요소를 들으면 많은 사람들이 놀라곤 한다. 해는 조수에 커다란 영향을 미쳐서 우리가 보는 조수 차의 3분의 1 정도를 좌우한다. 기압이 낮으면 바다는 굉장히 높게, 가끔은 30센티미터 이상 올라온다. 물이 평소보다 따뜻하면 더 많이 올라오기도 한다.

다행스럽게도 우리가 이 복잡한 요소에 질식하기 전에 가장 강력한 요소에만 집중하여 상황을 간단하게 정리할 수 있다. 바로 달이다. 달과 조수의 관계를 이해하면 전반적으로 이해하는 셈이다. 조수는 달이 좌우하는 시계에 따라 움직이기 때문이다. 조수의 높이와 타이밍 둘 다 달에 대한 기초 지식과 지역 정보 몇 가지를 합치면 대략 추측할 수 있다.

24시간마다 두 번의 만조와 간조가 있고, 만조가 온 뒤 약 여섯 시간 후에 간조가 오고, 간조의 여섯 시간 후에 만조가 온다. 물의 높이가 걷거나 수영을 하기에 너무 높거나 낮아서 불만스럽다면, 여섯 시간 후에는 정반대의 상황을 볼 수 있을 것이다.

매일 달은 평균적으로 50분씩 늦게 뜨고, 조수의 주기는 전날과 아주 비슷하지만 평균 50분씩 늦어질 것이다. 어느 날 해안에서 아주 평화롭게 산책하고 수영을 즐기고, 사흘 뒤에 똑같은 조건으로 즐기고 싶다면, 두 시간 정도 뒤에 나가야 할 것이다.

초승달이나 보름달 직후에 조수 차가 가장 크다. 이것을 대조大潮라고 한다. 이 시기에 물은 가장 높이 올라오고 가장 낮게 내려간다. 반달 직후에는 소조小潮라고 해서 밀물과 썰물의 차이가 가장 작다. 대조에서 약 이레 후에 소조가 오고, 소조 이레 후에 다시 대조가 온다.

세계 어디서나 이런 식으로 확실한 패턴과 시기가 있다. 가장 높고 낮은 대조와 가장 높고 낮은 소조는 어떤 날 일어나든 하루의 같은 시간에 일어난다. 좀 더 간단하게 말하자면, 하루의 특정 시간에 당신이 좋아하는 지역에서 최대 높이의 대조가 있었다면 항상 같은 시간에 올 것이다. 예를 들어 포츠머스라고 하면, 언제나 점심시간 직후에 대조가 일어난다. 그리고 포츠머스에서는 언제나 높은 소조가 아침식사 시간 직후에 온다. 이런 정보를 다 합치면, 내가 포츠머스 근처를 걷고 있다가 최근에 보름달을 본 게 생각난다면 대조가 가까워졌을 게 분명하니까 한낮에 밀물이 높이 들어왔다가 아침이나 저녁에는 썰물이 아주 낮게 빠져나가는 것을 볼 수 있을 것이다.

스스로에게 묻곤 하는 가장 일반적인 조수에 관한 질문 중 하나는 바로 이것이리라. 지금이 밀물일까, 썰물일까? 바위와 모래의 젖은 정도를 보면 실마리가 되겠지만, 더 흥미로운 것은 갈매기나 마도요, 까마귀, 검은머리물떼새를 보는 것이다. 이 새들은 밀물보다 썰물 때 모래밭에서 더 많은 먹이를 찾을 수 있다는 사실을 잘 알고 있다.

마지막으로 주의해야 할 것은 조수의 흐름이다. 물의 수평 흐름은 어느 방향이든 만조와 간조의 중간에서 가장 강하다. 물살이 가장 약할 때 수영을 하고 싶다면 밀물이나 썰물 때가 그중간보다 훨씬 낫다.

조수의 크기에 영향을 미치는 보편적인 요소들은 더 있고, 이것을 알면 각 지역에서 어떤 조수를 보게 될지 예측하는 데 도움이 된다. 달은 바다가 30센티미터만큼 상승하는 데 직접적인 영향을 미치고, 해는 15센티미터 정도 더 상승시킬 수 있다. 그 이상의 상승치는 다른 요소로 인한 것이고, 그중 가장 영향이 큰 것이 지형이다. 우리가 해안선에서 볼 수 있는 조수의 차 대부분은 작게 부푼 물이 단단한 장애물을 만나서 생기는 것이다. 조수가 높아지는 것은 해안으로 들어오는 물의 깔때기 효과 때문이다. 바다 한가운데는 큰 조수가 없다.

물의 양이 많으면 많을수록 육지와 만날 때 조수가 커질 확률이 더 높다. 지중해에서는 조수가 작다. 대서양 연안에서는 조수 차가 꽤 크다. 서쪽으로 면한 해안에서 평균적으로 동쪽보다 더 큰 조수 차를 볼 수 있다. 이것은 지구가 자전하는 방향 때문에 바다에서 파도가 동쪽으로 움직이기 때문이다. 이것을 켈빈파Kelvin waves라고 부른다.

브리스톨과 로스토프트Lowestoft는 대서양과 접하고 있는 항구이다. 위에서 말한 효과들을 합쳐보면, 서쪽을 바라보는 깔때기 모양의 브리스톨 해협이 12미터에 이르는 대단히 큰 조수 차를 보여주는 반면 동쪽을 바라보는 로스토프트는 훨씬 작은 2미터 정도의 조수 차를 보여주는 이유를 알 수 있다.

강과 호수와 연못 낮고 멀리 있는 물체의 상을 비춰 보려면 표면이 굉장히 잔잔해야 한다. 그래서 일반적으로 바다에서 나무나 건물이 비친 상을 볼 수 없는 것이다. 하지만 바람이 안 드는 호수처럼 매우 잔잔한 물에서는 이런 상을 볼 수 있다. 다만 바람이 굉장히 적거나 아예 없어야 한다. 물 표면을 '거울 같다'고 묘사하는 것은 진부한 표현이지만, 이런 현상을 보면 잠깐 즐기는 것이 좋다. 이런 현상은 그다지 오래 지속되는 것이 아니기 때문이다. 바람이 아주 살짝만 불어도 근처의 모든 상이 사라져버린다. 나는 최근에 운 좋게 스코틀랜드 고지대의 호수에서 멀리 있는 산과 나무가 물에 비친 것을 보며 소풍을 즐길 수 있었다. 바람이 잠잠해서 고요한 물 위에 나무들이 완벽하게 비쳤지만, 맞은편 해안에서 불어오는 한 줄기 바람에 나무 그림자는 사라지고 말았다.

호수와 강의 어느 부분에서 파문을 볼 수 있을지 예측하는 기술도 있다. 물을 바라볼 때 당신은 어두운 부분과 밝은 부분이 있다는 것을 깨달을 것이다. 하늘이 비친 부분인지 땅이 비치는 부분인지에 따라서 밝고 어두운 상이 뒤섞여서 맺힌다. 이 밝고 어두운 부분 사이에 아주 옅게 파문이 생기는데, 그 이유는 파문이 밝은 상과 어두운 상을 뒤섞는 부분이기 때문이다. 다음에 표면에 아무 움직임도 없는 듯한 잔잔한 호수를 보게 되면 어둡고 밝은 부분 사이의 선을 찾아보라. 그러면 아주 희미한 파문을 볼 수 있을 것이다.

어느 정도 직선으로 흘러가는 강줄기를 따라 걷고 있으면 강이 얼마나 넓은지를 한번 보라. 어떤 강도 그 너비의 열 배 이상의 길이만큼 직선으로 흐르지 못한다. 유체역학적으로 불가능하다. 꽤 긴 거리만큼 직선으로 흐르는 강도 있지만, 그것은 사람이 만들어놨다는 증거이다. 강의 너비는 또한 그 굴곡이 얼마나 급한지를 알려준다. 굴곡부의 반경이 일반적으로 너비의 두어 배 정도이기 때문이다. 다시 말해 강폭이 좁을수록 강의 굴곡이 더 급하다고 예상할 수 있다.

강은 플라스틱 병부터 나뭇잎, 잔가지에 이르기까지 온갖 것들을 실어 나른다. 이런 쓰레기가 멈춘 것을 보면 강의 흐름을 알 수 있다. 물이 느려져서 거의 멈춘 것 같은 곳에 이런 물건들이 모이기 때문이다. 강이 흘러가는 방향에서 오른쪽 기슭에 쓰레기가 모이는 경향이 있다고 말하는 사람도 있다. 이론상으로는 북반구에서 먼 거리를 흘러가는 모든 것들이 코리올리 효과Coriolis effect(회전하는 계에서 느껴지는 관성력으로, 기체나 액체 같은 유체이 흐름이 지구의 회전에 영향을 받는다는 것이다)에 의해 오른쪽으로 밀리기 때문이다. 하지만 이것은 날씨 체계에서는 맞는 이야기이지만, 강에서 쓰레기가 모이는 것에 대한 이유로는 조금 약하다.

강을 따라 카누나 카약을 타고 내려가며 급류를 읽고 싶다면, 식물들이 도움이 될 것이다. 식물들은 나무가 바람의 방향을 보여주는 것과 똑같은 방식으로 물의 흐름을 보여준다. 식물이 수평으로 자랄수록 물의 흐름은 평균적으로 더 빠르고, 상류로 가느냐 하류로 가느냐에 따라서 이것은 당신이 피하거나 따라가고 싶은 수맥을 알려줄 것이다.

강과 호수에서 가장 보편적으로 추측할 수 있는 것 중 하나는 세월이 흐를수록 강은 더 깊고 넓어지는 반면 호수는 점차 작아진다는 것이다. 시간이 흐르며 호수 가장자리는 침적되고 식물들이 번식하고 보강되면서 가장자리가 점차 매립될 것이다. 골풀이 가득해 걸을 수도 없고 수영도 할 수 없는 호수 가장자리를 보면 이 과정을 알 수 있을 것이다.

맑은 연못을 들여다보았는데 바닥까지 보인다면 광학 효과를 시험해보는 것도 재미있다. 매끈한 수련의 잎 가장자리가 호수 바닥에서는 전혀 달라 보일 것이다. 이파리는 가장자리를 살짝 들고 있고, 물 표면의 장력으로 렌즈 효과가 일어나 빛이 굴절되어 이파리 그림자가 들쭉날쭉하게 된다.

햇빛은 물과 만나면 굴절되고 반사된다. 화창한 날 얕은 물을 들여다보면 굴절된 빛이 호수 바닥에서 거미줄 같은 밝은 선을 그리고 있는 것을 볼 수 있고, 다리 아래서는 반사된 빛이 춤을 추고 있는 것을 볼 수 있을 것이다. 하얀 조약돌을 발견하면 연못의 깊고 맑은 부분에 던진 다음 한 걸음 물러나 멀리서 보라. 돌이 위쪽에 있을 때는 파랗게 보이다가 아래로 가면 빨갛게 보이는 것을 확인할 수 있다. 각 위치에서 빛이 당신의 눈까지 조금 다른 방식으로 반사되어 오기 때문이다.

물고기 물 가장자리에서 단서를 찾을 때 가장 많이 쓰이는 것은 물고기의 습성을 파악하는 것이다. 우리가 관심을 가질 만한 물고기는 두 종류가 있다. 민물고기와 바닷물고기다. 민물고기는 일반적으로 자기 영역이 있지만 바닷물고기는 좀 더 떠돌아다니는 스타일이어서 계속해서 먹이를 찾아 움직인다. 이 먹이는 해류를 따라 움직이기 때문에 바닷물고기는 조수의 흐름을 예민하게 의식한다. 조수가 들어올 때는 초반에 물고기가 더 많고, 나갈 때에는 후반에 물고기가 더 많다. 그래서 바다낚시는 조수 차가 클 때, 보름달이나 초승달일 때 가장 잘되는 것이다.

민물고기는 이야기가 다르다. 여기서 잔잔한 물 표면의 아주 작은 파문을 알아채는 것이 굉장히 중요해진다. 이것을 자취 찾기라고 생각해 보라. 각각의 물고기는 자신만의 방식으로 표면을 어지럽힌다. 수면의 파문은 황어 같은 작은 물고기가 표면에서 곤충을 잡아먹으며 생긴 것일 수도 있다. 물이 끓는 것처럼 보이면 이것은 잉어가 알을 낳기 위해 상류로 가는 것일 가능성이 높다. 첨벙 소리가 들리면 물에 퍼진 파문을 통해서 물고기가 튀어올랐다 떨어진 장소를 찾아보라. 연어와 송어 둘 다 이런 식으로 튀어오른다. 같은 자리를 계속 보고 있다가 그 자리에서 물고기가 또 튀어오른다면 그것은 아마 송어일 것이다. 물속에서 송어가 별로 움직이지 않는다면 녀석은 물이 어느 쪽으로 흐르고 있는지 당신에게 가르쳐주고 있는 것이다. 송어는 상류 쪽을 바라보며 먹이가 자신이 있는 쪽으로 쓸려 내려오기를 기다리기 때문이다.

황금의 자취 해변에서 보물을 찾는 사람을 거의 한 번씩들 봤을 것이다. 헤드폰을 쓰고 금속 탐지기를 이리저리 움직이며 해변을 말없이 돌아다니는 외로운 사람들 말이다. 이런 보물 사냥꾼들은 일반적으로 안 좋은 시선을 받곤 한다. 대부분의 사람들이 그들에게 호기심을 보이긴 하지만, 여기에도 예술적인 면이 있다는 사실은 알아채지 못하기 때문이다. 보물찾기에서 금속 탐지기 부분은 전체 과정에서 일부에 불과하다.

훌륭한 보물 사냥꾼은 많은 자연 전문가를 초보자로 보이게 할 만큼 해변의 특징을 세세하게 파악하고 있다. 해변은 파도가 한 번 올 때마다 바뀌고, 바람이 한 번 불 때마다 달라진다. 해변의 형태는 유동적이며, 이것을 알아야만 성공할 수 있다. 성공의 대가는 금이다. 잃어버린 보석들은 바닷가 아무 데나 떨어져 있는 것이 아니다. 패턴이 있고, 간단한 규칙을 가진 자연의 힘에 따라 움직인다. 그런 다음 수사를 거쳐 발견된다. 외딴 섬보다 고급 리조트 호텔 앞에 잃어버린 귀금속이 더 많이 있다는 것은 간단하고 확실한 실마리지만, 그다음에 일어나는 일이 훨씬 더 흥미진진하다.

전통적인 금 채굴자들은 금을 찾을 때 흙과 금가루를 한꺼번에 물이 담긴 그릇에 넣고서 그릇 바닥에 더 무거운 금이 가라앉기를 기다린다. 금반지처럼 작고 무거운 물체를 모래밭에서 잃어버리면 해변은 그것을 뒤섞기 시작한다. 파도가 모래를 흔들고 무거운 금은 더 가벼운 모래 아래로 가라앉는다. 계속해서 가라앉다가 장애물을 만나면 거기서 멈추게 되는데 이런 장벽은 대체로 단단한 돌이나 조개껍질 같은 것들이다.

금은 모래가 수직으로 움직이는 장소에 모인다. 이런 장소는 모래 표면을 보면 찾을 수 있다. 해변의 표면은 고르지 않고 어디를 보든 파도가 부서지는 선 근처에 모래가 움푹 가라앉은 부분이 있을 것이다. 거기가 바로 금이 모이는 장소이다. 모래 위의 이런 움푹 패인 구덩이는 해변을 수평으로 볼 때, 그리고 해가 낮게 떠 있을 때 더 쉽게 찾을 수 있다. 이것은 모든 추적자가 쓰는 기술이다. 구멍은 대부분 파도가 교차되는 지역에 생긴다. 아주 예민한 보물 사냥꾼은 이런 황금 구멍을 찾기 위한 기술을 더 완벽하게 다듬는다. 심지어는 이런 구멍을 더 잘 찾기 위해서 편광 선글라스를 끼기도 한다.

준비가 되었는가? 해안성 식물, 지의류, 동물과 조수에 대한 지식을 모두 합치면 당신은 자신의 추론 능력을 시험해볼 멋진 기회를 얻는 셈이다. 오후에 바닷가 카페에 앉아서 차 한 잔을 즐기고 있다면, 오늘밤이 야간 산책하기에 좋을지 어떨지 어떻게 알 수 있을까? 달빛이 어느 정도 비칠지(자세히 알고 싶으면 '달' 장을 보라) 알면 도움이 되겠지만, 하늘을 둘러봐도 달이 보이지 않는다. 그러면 어떻게 이 문제를 해결할 수 있을까?

우선은 바위에 붙은 지의류를 찾아서 그것이 검은색, 주황색, 회색 띠인지 확인한다. 그런 다음 해변에 검은머리물떼새가 있는지 보고, 만약 새들이 있다면 물이 만조에서 빠져나가는 중이라는 것을 알게 될 것이다. 하지만 이 물이 검은색 지의류를 간신히 적시고 주황색까지는 거의 닿지 않았다면, 이것은 분명히 소조일 것이다. 대조였으면 만조일 때 물이 더 높이까지 올라올 것이다. 소조라면 오늘밤 달은 초승달과 보름달의 중간일 거고, 즉 해보다 여섯 시간 일찍 뜨거나(하현달), 여섯 시간 늦게 뜰 것이다(하현달). 달이 남동쪽 하늘에 있다면 아마 상현달일 거고 초저녁에 달빛을 비출 것이다. 달이 보이지 않는다면 몇 시간 전에 졌다는 뜻이고, 즉 하현달일 것이다. 그러면 새벽이 올 때까지는 굉장히 어둡기 때문에 손전등이 있어야 산책을 할 수 있을 것이다.

한 번에 다 기억하기엔 너무 많다 싶어도 걱정할 필요는 없다. 하나씩 익혀갈 때마다 전체적인 기술과 추론 능력이 점점 더 나아질 것이다. 추론 능력은 연습을 하면 할수록 점점 쉬워지겠지만, 생각해야 할 것이 상당히 많이 있다. 나는 그저 당신에게 사람들이 가능할 거라고 생각하지 않는 주변의 사물, 바위와 지의류, 해초, 조수, 새와 달의 연관관계를 보는 것만으로도 산책 환경에 대해 여러 가지 추측을 할 수 있다는 걸 보여주고 싶었을 뿐이다.

눈과 모래

Snow and Sand

The Walker's Guide to Outdoor Clues and Signs

바람이 지난 길

눈밭이나 모래밭을 걷고 있다면 방향을 파악하는 것과 몹시 밀접하고 반드시 찾아봐야 하는 실마리들이 있다.

모래는 바람에 의해 계속해서 움직인다. 눈은 종종 수직으로 내리지만, 큰 눈은 대체로 강한 바람과 함께 올 때가 많다. 이것은 주변 환경에 수많은 실마리를 남긴다. 바람이 불어오는 쪽과 불어가는 쪽에 있는 장애물들은(식물 같은 자연적인 것을 포함해서) 각기 다른 눈이나 모래의 흔적을 갖기 때문이다. 바람이 불어오는 방향을 파악하면 이런 경향성을 통해 방향을 찾을 수 있다.

모래 거대한 사막이든 바닷가든 지구상에서 모래로 이루어진 지역이라면 어디서든 바람이 만드는 현상을 볼 수 있다.

사구는 언덕과 같은 방식으로 등성이가 있고, 이 등성이 양옆은 다르게 생겼다. 바람이 불어오는 쪽은 덜 가파르고 쉽게 걸을 수 있을 만큼 단단한 모래로 되어 있지만, 바람이 불어가는 방향은 가파르고 모래가 부드러워 걷기가 힘들다. 그래서 이쪽 면을 '미끄러운 면'이라고 부른다. 사막에서 사구를 지나야 할 때에는 바람이 자주 불어오는 방향에 대해 생각을 해두면 시간을 많이 절약할 수 있다. 하지만 이런 현상을 보기 위해 사막까지 갈 필요는 없다. 발목보다 낮은 높이의 모래언덕에서도 충분히 느낄 수 있기 때문이다.

사막에서 강의할 때 나는 사람들에게 조그만 사구 꼭대기에서 등성이 한쪽 옆에 서보게 한 다음 반대편에 서보라고 한다. 모든 사람들이

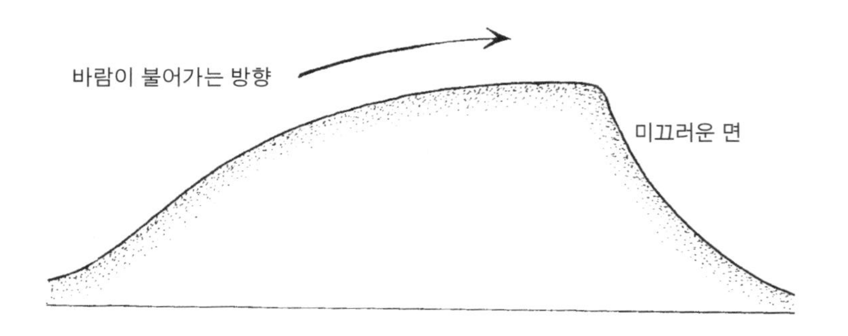

● 한 지역의 탁월풍을 이해하고 나면 사구를 통해서 방향을 알 수 있다. 2층 높이든 2센티미터 높이든 그런 것은 중요하지 않다. (저자가 사하라와 오만, 웨스트서식스에서 크고 작은 미끄러운 면들을 조사하고 있다.)

한쪽 면에서는 미끄러지는 것을 느끼지만 반대편에서는 느끼지 못한다. 그다음에는 사구 사이의 낮은 부분으로 내려가서 모두들 배를 깔고 엎드려서 서 있을 때는 아무도 몰랐던 조그만 사구를 바라보라고 시킨다. 그리고 사람들에게 이 소형 사구의 양쪽 옆을 가볍게 만져보라고 하면, 그 차이를 느끼고서 다들 깜짝 놀란다. 당신도 사구를 발견하면 크든 작든 가깝든 멀든 똑같이 해보기를 바란다.

큰 눈이 내린 다음에 나무의 한쪽 면에만 눈이 달라붙어 있는 것을 보라. 넓은 지역에서 이 방향은 모두 동일할 것이다.

모래는 대체로 장애물의 한쪽 면에 달라붙지 않지만, 한쪽에 계속 부딪쳐 독특한 침식 패턴을 남긴다. 사하라 사막에서 나는 한쪽 면이 '모래에 깎인' 바위를 수없이 보았고 이들을 믿음직스러운 나침반으로 이용할 수 있었다.

눈 장애물의 바람받이 방향에는 눈이 더 단단하고 촘촘하게 쌓이지만 내리받이 방향에는 더 부드러운 눈이 길게 쌓이는 경향을 보인다. 이유는 분명하다. 바람받이 방향의 입자들은 장애물 표면에 강하게 눌리는 반면 내리받이 방향의 입자들은 '바람이 닿지 않는' 부분에 살며시 떨어져서 부드럽고 긴 자취를 남기기 때문이다.

희소식은 눈을 나침반으로 사용하기 위해 눈의 패턴을 전부 파악하거나 심지어는 바람이 어떤 작용을 하는지 정확하게 알 필요가 없다는 것이다. 필요한 것은 관찰력뿐이고, 금방 일관된 패턴을 파악하게

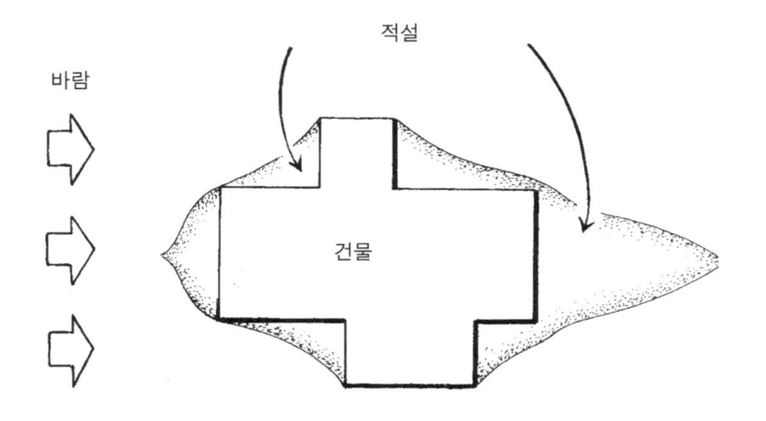

● 눈은 나무나 건물 같은 장애물의 바람받이 방향과 내리받이 방향 쪽에 각기 다른 패턴으로 쌓인다. 바람받이 방향의 눈이 더 단단하고, 내리받이 방향의 눈은 더 부드럽다.

될 것이다. 강한 바람이 불면 당신은 나무의 한쪽 면에만 길게 수직으로 눈이 묻어 있는 것을 발견할 수 있다. 대체로 북쪽과 동쪽의 중간이지만 어느 쪽이든 꽤 넓은 지역에서 동일한 방향일 것이다.

눈은 햇빛을 더 많이 받는 지역에서 더 빨리 녹게 마련이다. 진창이 길의 남쪽 면 그림자 속에서 더 오래 가는 것과 같은 방식으로 눈 역시 이런 곳에 훨씬 오래 남아 있다. 이런 경향성은 수풀의 북쪽 면이나 산 중턱에 드문드문 있는 하얀 자국을 통해서 확인할 수 있다.

그 외에 눈과 관련된 단서들 눈은 자취를 찾는 데 여러 가지 놀라운 단서를 제공한다. 아무리 작은 생물체라고 해도 눈 위에 자국을 남기지 않고서 사라지기는 어렵고, 사람들이 움직인 방향을 찾는 것은 대단히 쉽다. 모르면 헷갈리지만 알아두면 꽤 좋은, 눈과 관련된 추적 기술이 하나 있다. 직사광선은 눈을 승화시킨다. 고체를 곧장 기체로 만든다는 이야기다. 어떤 식으로든 압축된 눈은 그 주변의 부드러운 눈보다 훨씬 천천히 승화한다. 이는 눈이 얇게 덮여 있고 해가 나와 있으면 더 높은 곳에 있는 눈이나 흔적이 다 사라졌어도 눈 위의 발자국은 아직 남아 있을 수 있다는 뜻이다. 약간만 압축되어도 눈이 훨씬 느리게 승화하기 때문에 가끔은 커다란 하얀색 신발 끈처럼 설치류가 눈 속에 만들어놓은 터널도 발견할 수 있다.

떨어지는 눈송이가 점차 커지고 있다면 이것은 눈이 곧 녹을 거라는 징조이다. 차가운 공기 속에서는 작고 단단한 눈가루가 형성되지만, 기온이 올라가면 더 크고 섬세한 눈송이가 형성되기 시작한다. 가장 크고 아름다운 눈송이는 대체로 기온이 어는점 바로 밑일 때에 만들어진다. 이것은 뭔가 안 맞는 것 같지만, 과학적으로 증명된 사실이다.

하늘이 파랗고 골짜기가 고요하다고 해서 위로 올라가도 즐거운 산책이 될 거라는 보장은 없다. 산악지대로 갈 계획이라면 '설연snow banner'을 찾아보는 것이 현명한 행동이다. 이것은 산등성이와 꼭대기에서 피어오르는 하얀 눈의 자취로, 노출된 고지대에서 바람의 방향과 그 강도를 알려주는 유용한 단서이다.

매끄럽고 부챗살 모양이 나 있는 눈 표면은 강한 바람이 이 지역을 쓸고 갔다는 것을 알려주고, 노출된 장소에 있어서 상황이 악화될 수 있다는 표지이기도 하다. 수목선 아래에 있다면 나무에 쌓인 눈의 양과 나무의 높이, 형태가 그곳이 바람이 막힌 지역인지, 아니면 노출된 지역인지를 가르쳐준다.

눈사태 눈사태를 예측하는 것은 전문가의 영역이다. 자칫 실수했다가는 사람이 죽을 수도 있기 때문이다. 하지만 전문가들이 사용하는 보편적인 단서 몇 가지를 알아두는 것은 해가 되지 않을 것이다.

많은 사람들이 눈 덮인 풍경을 보면 여기나 저기나 똑같다고 생각하곤 하지만, 눈에는 나름의 특색과 이력이 있다. 각각의 선, 튀어나온 부분, 층이 독특한 형태의 단서가 되며, 그렇기 때문에 이것을 바탕으로 어떤 식으로 행동해야 할지 알 수 있다. 하지만 보편적인 경향은 동일하다.

기온이 낮은 눈 쌓인 들판은 기온이 높은 곳보다 산사태가 일어날 가능성이 더 크다. 왜냐하면 산사태를 일으키기에 알맞은 정도로 약하고 위험한 층이 있을 가능성이 높기 때문이다. 다음에 눈이 가득 쌓인 언덕의 절단면을 발견하거나 혹은 직접 조금 잘라보면, 각각의 층이 다른 것을 볼 수 있을 것이다. 이것은 각 층이 형성될 때의 조건과 기온이 달랐다는 증거이다. 바람이 불어가는 방향의 경사면 역시 산사태가 일어나가 훨씬 쉬운 조건이고, 이것이 바로 북쪽 사면이나 동쪽 사면이 산사태가 일어나기 쉬운 두 가지 이유이다. 세 번째 이유는 북쪽 사면이 겨울 스포츠를 좋아하는 사람들을 끌기 좋은 조건이라는 점이다.

사람들이 대체로 우리가 가장 우려하는 산사태를 유발하곤 한다.

이런 일반적인 패턴 속에서 좀 더 특정한 요인들이 있다. 눈 표면의 균열은 위험한 상태임을 알리는 징후이다. 균열의 길이가 10미터가 넘는다면 위험도는 아주 높아진다. 기온이 올라가면 가파른 경사에서 굴러떨어지는 조그만 눈덩어리들은 그 자체로는 큰 걱정거리가 아니지만, 크기가 커져서 큰 덩어리가 되어 굴러 내려오면 눈사태가 일어날 수 있다는 조기 경보로 볼 수 있다.

눈이나 모래 풍경은 언제나 여러 가지 패턴이나 굴곡, 사구 등을 통해서 방향에 대한 단서를 드러내게 마련이다. 오만에서 애비모어에 이르기까지 이런 풍경 속에는 수십 가지 단서가 가득하다. 종종 눈과 모래가 주는 실마리를 동시에 찾을 때도 있다.

몇 년 전 나는 아틀라스 산맥에 있는 투브칼Toubkal 산 정상의 마지막 코스를 오르다가 잠깐 풍경을 보기 위해 멈추었다. 내 발치에는 바위에서부터 바람이 불어가는 남서쪽으로 이어지는 흙과 모래 자국이 있었다. 해가 높이 떠 있는 한여름의 기온은 트레킹을 하기에는 혹독할 정도였다. 하지만 산 전역에 걸쳐 북쪽을 바라보는 균열 속에는 수십 개의 조그만 눈 나침반들이 아직 드문드문 남아 있었다.

다약 족과의 산책 2

A Walk with the Dayak

The Walker's Guide to Outdoor Clues and Signs

롱라유는 존재하지 않는다

연료비는 문명에서 멀어질수록 점점 올라간다. 결국 우리가 배에 넣기 위해 산 마지막 연료 가격은 해안에서 산 가격의 네 배였다. 우리는 트레킹 출발지인 아파우핑 마을의 헤엄치는 아이들 사이에 배를 정박했다. 해안에서 160킬로미터 넘게 떨어진 이 내륙까지 오는 데 배로 여드레가 걸렸고, 이제부터 일은 훨씬 천천히 진행될 것이다.

튀긴 카사바볼cassava ball(열대 지방에서 자라는 작물로 고구마처럼 생긴 덩이뿌리를 먹는다)을 앞에 놓고 이 지역 다약 족 장로들과 우리의 목표에 대해서 이야기를 나눴다. 계획은 비교적 단순했다. 나는 아파우핑 북쪽에 있는 다음 마을 롱라유Long Layu까지 트레킹을 하고 싶었다. 이것은 일 년에 한 번쯤 서양인이 와서 가보는 경로였고, 그럴 때마다 이 지역 마을의 경험 많은 다약 족 가이드가 동행했다. 어떤 면에서 보면 아주 간단하지만, 사실 이 여행길은 확립된 루트가 아니다. 이전에 출발했던 몇 번의 여행에서 모두 성공한 것도 아니었다. 이론상으로는 서양인이 엿새 만에 마칠 수 있는 여행이지만, 항상 계획대로 흘러간 건 아니었다.

나중에 다약 족 가이드와 함께 출발한 어느 원정대가 나흘 만에 길을 잃고 여드레째에 출발지점으로 돌아왔다는 이야기를 듣게 되었다. 또 다른 원정대는 잠깐 길을 잃었고 나흘 만에 자신들이 어디 있는지를 다시 알아냈다. 그들은 열흘째 되는 날에 롱라유에 도착했다. 그 원정대 이후로 다약 원주민들 사이에 재미있는 표현이 생겼다. '롱라유 티닥 아다Long Layu tidak ada(롱라유는 존재하지 않는다).' 앞으로 며칠 동안 우리는 그 표현을 수차례 되풀이하게 된다.

아파우핑에서 롱라유까지 가는 길은 내가 계획했던 조사에 완벽했다. 나를 데리고 한 번도 가본 적이 없는 길을 떠날 다약 가이드는 아마 찾을 수 없을 것이다. 그것은 그들이 길을 찾는 방식이 아니기 때문이다. 지도나 나침반, GPS가 없는 상황에서 여행 경로에 대한 지식은 혼자 길을 떠나서 찾아내는 것이 아니라 경험자들로부터 듣고 배우면서 쌓이게 된다. 하지만 이 경로는 아주 경험 많은 가이드에게도 힘든 도전이 될 것이다. 그런 힘든 시간 속에서 나는 다약 족이 A에서 B까지 가는 길을 찾는 방법과 그들의 의존하는 단서를 배우기를 바랐다.

끓인 생선 대가리와 쌀밥을 저녁으로 먹고 나는 마을 근처에서 나무의 몸통이 어떻게 달라지는지를 배웠다. 그것은 기온 규칙과 비슷했다. 풍경이 트여 있을수록 나무는 더 작고 두툼해진다. 공통된 규칙은 또 있었다. 정글에서 높은 곳으로 올라갈수록 나무의 키가 점점 작아진다는 것이었다. 순진한 나무 집의 주인은 마을이 근처에 있다는 확실한 징표는 강가에 갑자기 야자나무가 많이 나타나는 거라고 설명했고, 이것은 강을 타고 내려오는 동안 나도 알아챘다.

그날 밤 나는 인도네시아 군대가 마을에 기지를 두고 있고, 그 안에 발전기가 있어서 저녁에 두 시간 동안 핸드폰 기지국이 생긴다는 사실을 알게 되었다. 나는 방수 배낭 안에 있는 방수 가방 안에서 방수 케이스를 꺼내 두 주 만에 처음이자 마지막으로 핸드폰을 켜보았다. 원주민들과 젊은 군인들이 신호가 확실하게 잡히는 작은 구역 안에 옹기종기 서 있었고, 우리는 아주 작은 용량의 문자메시지를 전송하기 위해 경쟁을 벌였다.

이튿날 아침 우리는 가이드를 만났다. 우리를 이끌 사람은 티터스Titus였다. 이 사람을 묘사하려면 몇몇 사람에게는 동성애적으로 들릴 수도 있는 표현을 사용해야 할 것 같다. 사과는 하지 않겠다. 티터스는 정말로 근사한 외모의 남자였으니까. 온몸이 구릿빛 근육으로 울룩불룩해서 서양이었다면 보디빌더로 착각했을 것이다. 하지만 이곳에서 그의 몸은 나라면 등골이 휘었을 정도의 노동으로 다져진 것이었다.

티터스는 내가 수천 킬로미터를 날아와 작은 나무배를 타고 며칠씩 여기까지 오게 만든 장본인이었다. 또한 내가 이 다약 마을의 소소한 편안함까지 포기하고 며칠이나 기꺼이 도보여행을 떠나게 만드는 원인이기도 했다. 티터스는 다약 족 중에서도 페낭 다약 족이었다. 열대우림에서 방향 찾기에 관심이 있는 사람이라면, 페낭 족은 세계에서 가장 흥미로운 집단이다. 최근까지도 그들은 보르네오 섬 한가운데서 유목 생활을 하며 사냥을 하고 열매를 따먹고 살았다. 지금은 모두 정착했다고 여겨진다. 일부는 겨우 10년 전에야 정착했다. 하지만 이 지역 사람들에게 들은 소문에 따르면 아주 소수는 아직도 유목 생활의 전통을 따르고 있다고 한다.

티터스는 유목민은 분명 아니었지만 유목의 혈통이었고, 내가 보르네오에서 찾을 수 있는 그 어떤 사람보다 그런 생활과 밀접하게 관계가 있었다. 일주일 동안 함께 걸어본 뒤 나는 열대우림에서 길을 찾는 그의 기술이 그야말로 뛰어나다는 사실에 의심을 품지 않게 되었다.

티터스는 같은 마을 출신인 너스Nus를 조수로 데려왔다. 너스는 재주가 많았고 특히 사냥을 좋아했지만, 두 사람 중에서 누가 리더이고 전문가인지는 의심의 여지가 없었다. 그날 오후에 나는 샤디의 통역을 통해서 둘 중 누구라도 길을 잃어본 적이 있느냐고 물었고, 너스는 고개를 끄덕이며 수줍게 웃었다. 하지만 곧 그는 티터스를 보며 그는 한 번도 길을 잃어본 적이 없고 앞으로도 없을 거라고 말했다. 티터스가 길을 잃는다는 생각 자체가 말도 안 된다고 여기는 투였다.

강을 보고서는 방향을 찾기가 거의 불가능해졌고, 나는 티터스가 샤디와 나에게 배에서 내려 강기슭을 따라 걸어가야 한다고 말했을 때 안도했다. 너스는 마지막 급류를 향해 배를 몰았다. 이런 급류를 넘어 배를 몰고 상류로 가는 것은 전에는 가능할 거라고 생각조차 못해봤던 일이었다. 배는 이미 우리 넷이 타고 있는 상태로 대여섯 번이나 바위 사이에 살짝 끼었고, 이제는 바위가 훨씬 더 무시무시해져서 나는 티터스의 제안이 정말 훌륭하다고 생각했다.

돌 사이로 물이 빠르게 흘렀고, 배는 몇 차례나 앞으로 나아가지 못한 채 제자리를 맴돌았다. 여러 번 시도했지만 여전히 배는 앞으로 나아가지 못했다. 너스는 셔츠를 벗고 물에 뛰어들어 좁은 틈새로 최대한 배를 밀어 넣으려고 했다. 스크루가 계속해서 물 밖에서 푸르르 돌아가다가 바위에 부딪혀 무시무시한 소리를 냈다. 마침내 배가 틈새를 빠져나갔다. 우리는 배를 한쪽 옆으로 끌어냈고, 티터스가 긴 굴대 끝에 붙은 세 개의 여분 스크루 중 하나를 잡았다. 그리고 물가에서 주먹 크기의 돌을 집어 크고 넙적한 돌을 모루 삼아 망가진 스크루를 원래 모양으로 되돌리는 작업을 시작했다.

초반에 내가 놀란 것은 티터스와 너스가 대단히 실용적이라는 점이었다. 매일 일출부터 일몰까지 나는 그들의 손이 쉬고 있는 걸 본 적이 없었다. 최소한 담배를 피우거나 칼을 가는 일이라도 했고, 대체로는 숲에서 뭔가를 찾아오곤 했다.

모두들 짐을 다시 쌌고, 샤디와 나는 티터스가 3킬로그램의 하얀 설탕을 지고 있는 것을 보고 대단히 놀랐다. 그 뒤 우리는 언덕을 오르기 시작했다. 한참 동안이나 우리의 여행길이 되어주었던 지류를 내려다보고 있자니 거기서 떠나는 기분이 묘했다. 하지만 좋았다. 마침내 내 발로 걸을 수 있게 되었기 때문이다. 나는 공책에 재빨리 적었다.

"지류 색깔이 본류와 다름. 지류-투명하고 파랑, 본류-흙 섞인 불투명한 갈색."

다음 한 주의 도보여행 동안 나는 세 가지 목표로 바쁠 예정이었다. 첫째는 티터스가 어떤 식으로 환경을 읽고 방향을 찾는지 최대한 알아내고 싶었다. 둘째는 내가 계산한 방향과 거리가 제대로 된 게 맞는지 아닌지 계속해서 확인하며(이를 위해 나는 지도와 나침반, GPS를 챙겨왔다) 나 자신의 내비게이션 기술을 시험하고 싶었다. 셋째는 열대우림에서 내가 방위를 알 만한 단서를 찾을 수 있는지 확인해보고 싶었다. 우리가 적도에서 굉장히 가까이 있기 때문에 마지막 목표는 굉장히 어려웠다. 이미 바람이 별로 불지 않는데다 뒤죽박죽이라는 사실을 느꼈기 때문이다. 유럽 대부분의 지역이나 미국 같은 온대 지역에서는 모든 환경이 비대칭적으로 변화하기 때문에 연습만 하면 이런 단서를 쉽게 찾을 수 있다. 하지만 지금까지 내가 본 바로는 이 적도의 우림에서는 해나 바람이 딱히 쉬운 단서를 제공해주지 않았다. 그래도 좀 더 열심히 찾아보기 전까지는 알 수 없는 일이다.

내가 알아챈 첫 자연의 단서는 나무들이 거의 모두 단단한 버팀 뿌리를 뻗고 있다는 거였다. 열대지역의 토양은 대체로 축축해서 나무가 버티고 서 있기에는 굉장히 좋지 않다. 이 지역 나무들은 이 문제를 해결하는 방향으로 진화했다. 몸통을 잡아주는 장력에 의존하는 대신 지지대 역할을 하는 커다란 버팀 뿌리를 뻗은 것이다. 언덕을 올라가는 동안 나는 버팀 뿌리가 내리막 쪽에서 더 튼튼하고 길게 뻗어 있다는 사실을 알아챘다. 버팀 뿌리는 골짜기 아래쪽, 강이 있는 방향으로 향하고 있었다. 뿌리가 강을 향한다는 가설이 마음에 들었다. 경사 그 자체가 이미 명확한 단서를 주고 있기 때문에 실질적인 가치는 별로 없지만 말이다.

나는 사진을 찍기 위해 일행을 잠깐 세웠다. 대여섯 그루의 나무에서

버섯들이 눈에 띄게 남쪽 면을 선호하는 모습을 보였다. 경향성은 뚜렷했지만 이유는 알 수가 없었다. 적도에서 이렇게 가까우니 해는 6월이면 북쪽 하늘 높이 있을 거고, 12월에는 남쪽 하늘 높이, 3월과 9월에는 머리 위에 있을 것이다. 그런데 왜 이 버섯들은 비대칭적인 모양을 보이는 것일까? 이유는 모르겠지만 이렇게 금방 뭔가를 발견해서 마음이 들떴다. 이것을 적어놓은 다음 고개를 들어보니 티터스가 배낭 안쪽에서 식용유 병이 굴러다니고 있는 것 때문에 탐탁찮은 표정을 짓고 있었다. 그는 모든 다약 족이 쓰는 큰 칼 만다우를 휘둘러 어린 키다우 나무의 껍질을 베어낸 다음 순식간에 식용유 병을 제자리에 꽉 묶어놓았다. 티터스와 너스는 여러 가지 자연 재료를 바구니처럼 한데 엮어서 굉장히 쓰기 좋은 배낭을 만들어 메고 있었다. 가방의 한 부분이 불편하게 느껴지거나 비실용적이면 그들은 숲에 있는 재료로 그것을 알맞게 고치곤 했다.

수많은 지류 중 첫째를 건너자 내 가장 큰 과제 중 하나가 뭔지 금방 드러났다. 강가 바위 앞에서 신발에 관한 동서양의 철학이 맞부딪쳤고, 서양이 패배했다. 정글에서는 신발에 관한 결정을 내려야 한다. 항상 편한 정답이라는 게 없기 때문이다. 내가 따른 서구식 방법은 발목을 단단히 받쳐주고 하루가 시작할 때는 최소한 발을 건조하게 지켜줄 수 있는 튼튼한 부츠를 신는 거였다. (언젠가는 모든 게 젖을 수밖에 없지만, 최소한 저녁에 불가에서 말릴 수 있으니까.) 이 지역의 방식은 미끄러지지 않는 게 우선이었다. 티터스와 너스는 바닥에 작은 플라스틱 징이 박혀 있는 얇고 하얀 스니커즈를 신고 있었다. 그들의 발은 온종일 젖어 있겠지만, 거의 미끄러지지 않았다. 내 부츠는 등산 부츠치고는 안 미끄러지는 편이었지만, 문제는 유연하지가 않아서 발바닥으로 땅을 느낄 수가 없다는 거였다. 샤디는 가벼운 서양식 트레킹 슈즈를 신고 있어서 두 스타일의 중간쯤에 있었다.

티터스와 너스는 미끄러운 바위 위에서 발을 표면에 딱 붙이고서 걸어갔다. 내 부츠로는 그런 식으로 걸을 수가 없어서 나는 계속 바위에서 미끄러져 얕은 강물에 빠졌다. 이것은 한편으로는 재미있기도 했지만 대체로 창피하고 겁이 좀 나기도 했다. 이러다 팔다리가 부러지거나 바위에 머리를 부딪치는 게 아닐까 걱정이 되기 시작했다. 몇몇 강 건널목에는 굉장히 미끄러운 통나무들이 놓여 있고, 가끔은 거기서 3~6미터 정도 아래에 물이 흐르고 바위들이 솟아 있었다. 이런 통나무에서 미끄러졌다가는 엄청난 문제가 될 것이다. 이 트레킹 코스에서는 어떤 식으로든 의학적 처치를 받으려면 며칠을 가야만 하기 때문에 심각한 부상에 대해서는 별로 생각하고 싶지 않았다. 언제나 그렇듯이 해결책은 숲에 있었다. 티터스는 겨우 5분 만에 어린 키다우 나무를 잘라서 기다란 지팡이를 만들었다. 나라면 저런 아이디어를 생각해내지 못했을 것 같지만, 어쨌든 지팡이 덕택에 내 균형 감각이 크게 나아져서 강을 건너는 것이 그리 무섭지 않게 되었다.

가파른 오르막을 조금 올라가서 놀랍게도 우리는 우림을 빠져나와 풀 덮인 언덕에 도착했다. 우리는 언덕 꼭대기에서 잠시 전망을 즐겼다. 열대우림 지역에서 이런 전망을 볼 기회는 드물지만, 이런 희귀한 초원 덕에 주변 지역을 살펴볼 수 있었다. 우리 앞쪽으로 북쪽의 산악지대가 뚜렷하게 보였고, 나는 검은 구름으로 뒤덮인 정상을 바라보았다.

티터스가 우리 아래쪽의 협곡을 가리켰다.

"저기서 벌을 찾고 있는 중이에요."

샤디가 통역을 해주었다.

"왜죠?"

"소금기가 있는 샘을 찾을 때 벌을 이용하거든요. 소금 공급원에서 동물들을 발견할 수 있어요. 삼바사슴과 흰 소들이 소금을 핥아먹으러 오죠."

그때 세 마리의 삼바사슴이 산마루 뒤쪽에서 고개를 내밀고 타박타박 지나갔다. 나는 티터스가 말한 소들 때문에 바로 이런 초지가 생겼다고 생각했다. 풀을 먹는 짐승들은 숲이 넓어지는 것을 막는다. 풀은 뜯어 먹혀도 살아남지만 어린나무들은 죽기 때문이다.

우리는 다시 걸음을 옮겼다. 한 시간 후 우리는 잠깐 쉬면서 사방팔방에서 나타나는 것 같은 거머리들을 처리했다. 내 왼손에 한 마리, 양쪽 종아리에 한 마리씩, 복부에는 두 마리가 붙어 있었다. 갈색 거머리들은 땅바닥 근처에서 살고, 다리 여기저기로 올라오는 녀석들도 마찬가지였다. 녀석들은 아프지도 않고 해를 끼치지도 않지만, 어쨌든 다리에 피가 흘러 짜증스러웠다. 호랑이거머리는 땅에서 조금 높이 있는 이파리에 달라붙어 있다가 몸의 조금 윗부분으로 옮겨왔다. 녀석들이 '호랑이'라고 불리는 이유는 줄무늬 때문일 수도 있고, 무는 게 느껴지기 때문일 수도 있다. 어느 모로 보나 불쾌한 것들이지만 위험한 부류는 아니었다. 영국에 있는 몇몇 기생충이 더 위험하다. 영국에서 내가 산책을 다니는 여러 지역에 존재하는 진드기가 옮기는 라임병은 불쾌한 정도가 아니다. 만성인데다 몸까지 쇠약해진다.

호랑이거머리의 유일하게 심각한 문제는 녀석들이 항응고 작용을 한다는 거였다. 대부분의 흡혈동물과 마찬가지로 거머리들은 쉽게 피를 빨아먹기 위해 상처가 낫지 않도록 항응고제를 투입한다. 이유는 모르겠지만 이 항응고제들이 내 피에는 굉장히 효과적으로 작용했다. 아무리 닦고 소독하고 반창고를 붙여도 이 조그만 상처에서는 피가 멈출 생각을 하지 않았다. 내 셔츠는 금세 무시무시한 검붉은 색으로 물들었다.

우리는 멈춰서 첫날 야영지를 만들었고, 샤디는 사방의 정글에서 울려 퍼지는 시끄러운 매미 소리 때문에 녀석들이 '여섯 시의 해충'이라는 별명을 얻게 되었다고 이야기해주었다. 티터스와 너스는 만다우를 열심히 휘둘러 어린나무를 잘라내고, 커다란 방수천을 덮어 근사한 쉼터를 만들었다. 국수와 쌀밥으로 간단한 저녁을 먹으며 나는 샤디를 통해서 그들에게 이것저것 물어보았다.

"나는 강과 산의 형태를 읽어요. 방향을 잘 모르겠다 싶으면 가장 높은 곳으로 올라가서 내가 알아볼 수 있는 강이나 산꼭대기를 찾죠. 그런 걸 볼 수 있을 만큼 높지 않으면 더 높이 올라가요. 그래도 모자라면 나무 꼭대기로 올라가죠. 그런 다음에 머릿속으로 각 방향의 거리를 계산해요. 산등성이, 꼭대기, 강까지요. 이게 내가 사용하는 거예요."

티터스는 이렇게 설명했다.

우리는 식사를 마쳤고 나는 끓인 물을 식혀서 정수 알약을 넣어 마셨다. 이제 사방은 어두웠고 나는 야영지 아래쪽의 작은 강을 따라 날아오는 두 마리 반딧불이를 즐겁게 바라보았다. 그 후 티터스가 정글에서 방향을 찾는 방법을 세 단어로 요약해서 말했다.

"평평하면 어려운 거예요."

이후 며칠에 걸쳐서 그 말의 중요성이 내 가슴 깊이 박히게 되고, 나는 점차 티터스가 '평평하다'고 말한 게 무슨 뜻이었는지를 이해하게 되었다. 우리는 산악지대에 있었고 우리의 여행 경로는 대체로 가파른 산등성이로 이어졌다. 종종 티터스는 두어 시간 정도 평평한 곳을 걷게 될 거라고 말하곤 했다. 샤디와 나는 이게 피곤한 근육을 잠시 쉴 수 있는 지역이라고 생각했다.

하지만 이런 말 이후에 나타나는 지역은 평평한 것과는 거리가 멀었다. 영국식으로는 엄청나게 구릉이 많은 곳이라고 할 수 있었다. 이제는 티터스가 말하려던 게 확실한 산등성이와 골짜기로 나뉘지 않은 곳이라는 것임을 확신한다. 그는 경사가 완만하다는 의미로 평평하다고 말했던 게 아니다. 그가 하려던 말은 지대가 좀 트여 있고 가파른 골짜기가 없다는 거였다. 땅의 특징이 바뀌는 것이다. 이런 조건에서는 강과 지류가 멀리서 잘 안 보이고, 강이 지대를 확실하게 구분해주지 않기 때문에 티터스가 방향을 가늠하기가 더 어려웠던 거다.

강의 배치와 그 특징, 물이 흘러가는 방향이 다약 족에게, 그리고 장소와 여정, 내비게이션이라는 개념에 얼마나 중요한지는 아무리 말해도 지나치지 않을 것이다. 동서남북이라는 단어는 내가 이야기를 나누어본 다약 족 사람들에게는 별로 의미가 없었다. 그들은 GPS는 고사하고 나침반도 쓰지 않았다. 그럼에도 아주 쉽게 방향을 찾아냈다. 나는 스무 번도 넘게 티터스에게 우리의 목표 지점인 롱라유의 방향을 물어 보곤 했다(내가 혼자 찾아본 다음에). 그는 거의 항상 나보다 나았고, 내가 지도와 나침반의 도움으로 가늠한 방향의 10도 이내로, 대체로는 거의 정확하게 가리켰다. 그는 언덕 꼭대기와 골짜기 아래에서도 방향을 찾을 수 있었다. 날씨가 어떠하든, 우리의 시야가 종종 우거진 우림 때문에 몇 미터 이내로 줄어들었을 때도 마찬가지였다.

그가 방향을 알아내는 데는 두 가지 이유가 있었다. 첫째로 그는 이 땅의 배치를 알았다. 그가 모르는 지역에 있다면 그의 방법은 소용이 없을 것이다. 간단하게 말해서 이 강이 A에서 B로 흐른다는 걸 알고 있으면, A에서 시작해서 강을 따라가면 결국 확실하게 B에 도착할 것이다(제대로 된 방향으로 따라간다고 가정할 때!). 두 번째는 훨씬 고급 기술인데, 강이나 산등성이, 산꼭대기 같은 자연물 지표와 비교해서 자신의 위치가 어디인지를 계속해서 의식하고 있다는 것이다. 이것은 말로 듣는 것보다 훨씬 어렵고, 그가 어린 시절부터 갈고닦은 기술일 것이다.

나는 티터스에게 진흙 위에 막대기로 우리가 어디에 있는지를 그려 달라고 부탁했다. 그는 세 개의 강 망가우와 베라우, 바우하우를 그렸다. 그런 다음 그 사이로 지나가는 산등성이를 그리고 우리의 위치와 목적지를 표시했다. 티터스가 머릿속에 완벽한 지도를 넣고 있다는 사실은 더 이상 의심의 여지가 없었다.

티터스가 우림 속에서 계속 방위를 인지하는 것(너스도 어느 정도는 할 수 있었다)을 이해하기 위한 핵심은 내가 예상치 못했던 데서 나왔다. 그들이 사용하는 언어였다. 티터스든 너스든 누가 앞장을 서든 간에 그들은 관목을 베어내고 가는 데 대단히 능숙했다. 티터스가 그룹의 뒤에 있을 때는 앞에 있는 너스에게 종종 짧은 명령을 외치곤 했다. 이런 우호적인 명령이 없으면 너스는 한 시간에 최소한 몇 번 정도는 길을 잘못 들었을 것이다. 나는 이 외침이 주로 '왼쪽'이나 '오른쪽'일 거라고 생각했다. 그런데 아니었다. 이 단어들의 발음을 적어놓고 다음번 휴식 장소에서 샤디에게 물어보았다가 나는 깜짝 놀랐다. 티터스가 가끔 '왼쪽'이나 '오른쪽'이라는 단어를 쓰기도 하지만 그건 예외적인 거였다. 그가 가장 많이 쓰는 말은 '오르막' '내리막' '상류' '하류'였다. 그제야 내 머릿속에서 서양의 탐험가들과 다약 족이 같은 길을 어떻게 다르게 보는지가 훨씬 더 명확해졌다.

며칠 후 이 사실은 아주 근사한 방식으로 증명되었다. 강가에서 야영을 하고 있다가 내가 라이터를 잃어버렸다. 티터스가 멀리서 보고 있다가 샤디에게 어디에 있는지 말해주었다.

"땅바닥에, 음식 깡통의 상류 쪽에 있어요."

나는 서양인들이 야영장에서 라이터의 위치를 10미터 떨어진 강의 흐름과 비견해서 그런 식으로 본 적이 있을까 의문이다. 그것은 나에게는 깨달음의 순간이었다. 노스퀸즐랜드의 구구이미티르Guugu Yimithirr 족이 모든 것을 기본 방위에 비견해서 말하는 것처럼(예를 들어 실내에 있는 것도 그들에게는 북쪽이나 서쪽이다) 다약 족은 주변에서 물이 흘러가는 방향을 언제나 인식하고 있는 것이다. 몇 시간이나 보지 못했다고 해도 여전히 강을 기준으로 주변 방향을 가늠한다.

이제 사람들이 산악 우림지대로의 탐험을 준비하며 도움을 요청할 때 나는 다음과 같은 제안을 한다. 여럿이서 언덕이 있는 지역으로 하루짜리 도보여행을 가서 차례로 무리의 제일 뒤에 서서 방향 탐지를 해보는 것이다. 앞에 선 사람들을 인도할 때 쓸 수 있는 말은 오로지 오르막, 내리막, 상류, 하류뿐이다. 그렇게 하면 정말로 지형을 다른 방식으로 읽을 수 있게 된다. 설령 정글 하이킹을 할 계획이 전혀 없다고 해도 한두 시간쯤 해볼 만하다. 지형 읽는 능력과 인지력을 엄청나게 고양시켜줄 것이다.

아침에 일어나서 보니 검은잎원숭이가 위에 있는 나무에서 놀고 있었다. 벌들이 윙윙거리는 소리가 시끄럽게 울렸다. 마른 옷을 챙기고 나는 불가에 장대를 세우고 널어놓았던 연기와 피, 땀으로 뻿뻿해진 옷을 걷어 입었다. 아침이라 굳어 있던 근육은 첫 번째 가파른 오르막을 지나고 나니 풀렸다. 매일 아침과 오후를 가파른 언덕을 오르는 일로 시작하는 데 익숙해지기까지는 이틀 정도가 걸렸다. 그게 논리적인 일이긴 했다. 우리는 점심을 먹기 위해 평지를 찾고 밤에는 강가에서 야영을 하기 때문에 항상 골짜기에서 다시 위로 걸어 나와야 했다. 나는 아침식사와 점심식사 끝에 물을 더 마셔둬야 한다는 걸 금세 익혔다. 강은 우리가 걸어갈 때와 쉴 때의 리듬을 가르쳐주었다.

모래로 된 언덕 위에서 쉬는 동안 티터스는 그들 부족이 별을 보고 방향을 찾지는 않지만 별이 가득한 하늘은 건조한 기후를 예고하는 거라고 설명해주었다. 그는 방향을 찾을 때 동물은 전혀 이용하지 않지만 새들의 여러 울음소리가 각기 다른 의미라는 것도 이야기했다. 음식을 찾았다는 의미, 싸움을 알리는 신호, 근처에 사슴이 있다는 것을 티터스에게 알려주는 울음도 있었다. 이 마지막 말에 내가 흥미를 보이자 티터스는 다람쥐들이 내는 소리도 사슴이 근처에 있다는 것을 가르쳐준다고 말했다. 나는 사람들이 근처에 있을 때 내는 소리도 똑같은지 물었고 그는 새, 다람쥐, 긴팔원숭이, 검은잎원숭이 모두가 사람이 다가오는 것을 알리는 소리를 낸다고 말했다.

우리는 소금이 나는 샘을 지나갔고, 티터스는 벌과 원숭이 들이 엉망으로 만들어놓은 곳을 가리켰다. 여기서 잠깐 쉬는 동안 벌들이 주변에서 내내 윙윙거렸고 나는 엄청난 붉은 개미 떼가 바닥에서 일렁거리듯이 움직이는 모습을 주시했다. 다른 사람들은 여기에 전혀 당황하지 않은 것 같았지만 나는 일어서서 긴장한 채 연신 그쪽을 보며 염소맛이 나는 물을 마셨고, 티터스와 너스는 자신들의 설탕물을 마셨다. 근육이 굳어지기 전에 나는 근처를 탐험해보기로 했으나 호저가 내 앞으로 튀어나오는 바람에 얼어붙었다.

미끄러지지 않기 위한 끊임없는 싸움의 결과 나는 부츠 아래 진흙의 색깔과 질감, 앞으로 곧 종류가 바뀔 거라는 징조에 예민해졌다. 우림 대부분을 차지하고 있는 짙은 색 유기물 진흙은 대체로 미끄러웠지만, 빛이 좀 더 많이 드는 곳에서는 이런 흙이 종종 나무들이 좀 적어지고 그래서 좀 더 건조하고 모래가 많은 토양으로 바뀌는 첫 번째 징조라는 것을 알게 되었다. 이런 밝은 색깔의 토양은 훨씬 덜 미끄러웠다. 빛의 양과 진흙의 색깔, 가파른 기슭에서 바위투성이 계곡으로 내가 순식간에 미끄러질 가능성 사이의 이런 친밀한 관계는 출발하기 전까지는 짐작도 못했던 것들이었다.

이틀째 밤 야영지에서 티터스가 그의 아주 원시적인 단열 산탄총을 조립했다. 티터스와 너스 둘 다 사냥할 때 부는 대롱을 써본 경험이 있었고 너스는 대롱으로 새를 사냥하는 데 성공하기도 했지만, 대롱과 산탄총 중 어느 쪽이 나은지 물어보자 그들은 서로를 쳐다본 다음 샤디를, 그다음에 나를 보았다. 그것은 누군가가 손으로 접시를 씻는 것과 식기세척기를 사용하는 것 중 뭐가 나은지 물어봤을 때 짓는 표정과 비슷했다.

티터스는 배낭에서 작은 비닐봉투를 꺼냈다. 거기에는 열 개의 산탄총 탄약통이 들어 있었다. 그는 봉투에서 두 개를 꺼내 한 손에 들고 있다가 하나를 도로 넣었다. 그런 다음 다시 꺼냈다. 나는 그가 뭘 하는 건지 이해해보려고 노력했다. 그는 곧 마음을 결정한 듯 두 개의 탄약통을 꺼낸 다음 어두운 숲속으로 들어갔다. 30분 후 멀리 나무들 사이에서 나직하게 총소리가 들렸다. 그리고 20분 뒤에 티터스가 어깨에 꽤 큰 문착사슴을 짊어지고 얕은 강을 건너왔다. 그제야 나는 티터스가 사냥을 하는 데 탄약통이 두 개 필요한지 한 개 필요한지 고민했던 것임을 깨달았다. 대롱으로 사냥하는 것을 배운 후에 나는 산탄총으로 사냥감을 두 번째로 쏜다는 건 다약 족에게는 낭비로 여겨진다는 사실을 알게 되었다.

티터스는 불가에서 사슴을 갈라 내장을 제거했고, 너스는 헤드 랜턴을 켜고서 강 상류 쪽으로 사라졌다. 티터스는 먹을 수 없는 사슴의 일부를 강에 던졌고, 너스는 씩 웃으며 어깨에 뭔가 커다란 자루를 메고서 돌아왔다. 자루는 움직였다. 그가 자루에서 커다란 개구리를 한 마리씩 꺼내 강 가장자리에 있는 돌에 머리를 내리쳤다. 그래도 개구리가 죽지 않자 그는 다른 전략을 시도했다. 바위에 개구리를 내리치는 대신에 돌로 개구리를 내리친 것이다. 개구리는 마침내 죽었다.

개구리 풍년을 보고 티터스는 아무 말도 하지 않고 야영지 부근의 나뭇가지 중 날카로운 것을 골라 꼬치로 삼아 꿰기 시작했다. 개구리가 다시 한 번 살아나서 불 속에서 몸을 비틀고 움찔거리다가 지글지글 구워졌다.

이튿날 아침은 사슴 내장을 먹는 걸로 시작했다. 나는 콩팥의 맛과 질감, 냄새를 곧장 알아챘고 내가 알 수 없는 부위가 어디인지 물어보지 않았다. 힘을 내기 위해서는 어쨌든 다 먹어야 했고, 어느 부위인지 모르는 편이 먹기에는 더 나았다. 다약 족은 언제나 실용적이고 실제적으로 생각한다. 서양에서 우리는 최소한 아침 여섯 시에는 내장을 먹지 않을 것이다. 하지만 다약 족이 보기에는 내장을 가장 먼저 없애야 하기 때문에 가장 먼저 먹는다.

개구리와 사슴 고기는 밤새 불에 구웠다가 매달아놨고, 그 냄새나는 시커먼 덩어리들은 이제 티터스와 너스의 배낭으로 들어갔다. 두 시간 만에 그들은 우리가 사흘 동안 먹을 수 있는 식량을 확보한 것이다.

그날 첫 휴식 장소에서 티터스는 자신이 강을 읽는 방법에 대해서 자세히 설명해주었다. 그가 설명한 기술은 어떤 면에서는 많은 탐험가들이 '난간 따라가기handrailing'라고 부르는 기술과 아주 비슷했다. 이것은 자신이 가고 싶은 방향으로 길게 나 있는 자연물이 있다면 그것을 따라가면 거의 틀리지 않는다는 것이다. 그런 다음 그는 자신이 여러 강을 구분하는 방법을 이야기했다.

막대기로 그는 바닥에 두 개의 형체를 그렸다. 하나는 널찍한 U자 형태였고 다른 하나는 좀 더 좁고 작은 V자 형태였다. 그는 이런 식으로 땅의 형태와 경사도를 통해서 커다란 강의 비탈을 내려가고 있는지 작은 강의 비탈을 내려가고 있는지 파악할 수 있고, 대강의 크기를 알면 그게 어느 강이나 개울인지 떠올릴 수 있기 때문에 자신이 어디 있는지 안다는 거였다. 이것은 굉장히 간단한 이야기 같았지만, 매일 스무 개쯤 나오는 이 모든 오르막과 내리막이 나한테는 다 똑같아 보였기 때문에 실제로 하는 걸 보면 정말 감탄이 나왔다. 문외한의 눈에는 균일하게 보이는 곳에서 차이를 찾아내는 이런 능력이 이 마을 방향 찾기 전문가들의 특징 중 하나라는 건 이미 알고 있었다. 예리한 쇼핑 전문가들의 눈에는 옥스포드와 리젠트가 완전히 달라 보이지만 다약 족에게는 아마도 똑같이 보일 것처럼 말이다.

우림은 절대로 한결같지 않다. 굉장히 많은 것이 담겨 있다. 사람의 진을 빼고, 당황하게 만들고, 무섭게 으르기도 하지만 절대로 지루하다고는 말할 수 없다. 도보여행 닷새째, 이제 리듬이 완전히 자리를 잡았다. 야영지를 치고 걷고, 발을 움직이고 땀이 흐르고, 부츠, 모자, 배낭에다 거머리도 종종 나타났다 사라졌다. 하지만 이 리듬 속에서도 언제나 놀라운 것들이 나타나곤 했다. 너스는 종종 우리 뒤쪽에서 걸었는데, 그가 티터스의 반복되는 동물소리 같은 신호에 답을 하지 않자 티터스가 배낭을 바닥에 내려놓았고 샤디와 나 역시 똑같이 따라했다. 10분 후 비슷한 동물소리가 티터스의 신호에 답을 했다. 그리고 잠시 후 너스가 커다란 원숭이를 앞에 들고 나타났다. 커다랗게 부릅뜬 눈 때문에 나는 원숭이가 살아 있다고 생각했지만 너스의 팔에서 힘이 빠지자 원숭이의 몸이 늘어지는 게 보였다. 나는 처음에 너스가 원숭이를 죽인 게 아닐까 걱정했다. 이렇게 살이 많은 것들은 그들의 전통적인 사냥 목록에 무조건 올라 있으니까. 하지만 그가 원숭이의 머리를 뒤집자 두 개의 상처 자국이 보였다. 티터스와 너스는 원숭이가 싸우다가 죽은 거라고 이야기해주었다.

너스는 원숭이를 눕힌 다음 젖꼭지를 확인해보았다. 그리고 나에게 원숭이 고기를 먹고 싶으냐고 물었다. 나는 녀석의 부릅뜬 눈을 보며 내 DNA와 지나치게 가깝다는 생각이 들어서 고개를 흔들고 간신히 미소를 지으며 제안은 고맙다고 말했다. 너스의 손가락이 원숭이의 배를 문질러보고 다시 곤두선 두 개의 젖꼭지를 만졌다.

"임신했대요."

샤디가 통역해주었다. 너스의 손가락은 이제 눈에 띄게 튀어나온 원숭이의 배를 찔러보고 있었다. 나는 어쩐지 불편해져서 시선을 잠시 돌렸다. 몇 초 후 다시 쳐다보니 너스는 이미 그의 날카로운 칼 중 작은 쪽인 일랑ilang을 뽑아 원숭이의 배를 길게 가르고 있었다. 그는 재빨리, 능숙하게 원숭이의 내장을 제거했고 금세 원숭이가 임신하지는 않았지만 최근에 새끼를 낳았다는 사실을 알아냈다. 너스는 단단한 젖꼭지를 가리키며 아직 젖을 먹이고 있는 중일 거라고 설명했다. 어미에 대한 공격에서 살아남았다면 저기 어디 고아가 된 새끼가 있을 거라는 얘기였다.

원숭이의 내장은 여전히 따뜻한 몸 바로 옆에 놓여 있었고 너스의 칼이 위장을 갈랐다. 밝은 초록색 덩어리가 쏟아져 나왔고, 반쯤 소화된 그 초록색 물체가 악취를 풍겼다. 샤디와 나는 뒤로 물러났지만 너스는 몸을 기울이고 그 초록색 덩어리를 손가락으로 거르듯이 만졌다. 나는 샤디에게 왜 그러는 거냐고 물어보았다.

"뱃속에 있는 돌, 분탓buntat를 찾는 거예요. 많은 동물의 뱃속에 단단한 돌이 있는데, 이게 행운을 가져오고 힘을 부여한다고 여겨지죠."

우리는 다시 몇 시간 동안 걸었으나 바람이 너스 쪽에서 불어올 때마다 그의 손에서 여전히 냄새가 풍겼다.

티터스는 우붓ubut 잎을 오븐 장갑처럼 이용해서 불 위에서 쌀을 끓이던 냄비를 들어냈다. 다른 사람들이 검게 탄 문착사슴 갈빗살과 개구리 다리를 점심으로 맛있게 뜯는 동안 나는 엉겅퀴 같은 가시를 족집게로 손에서 뽑아내는 데 시간을 쏟았다. 지독하게 욱신거렸지만 나는 내 눈과 손 사이에 파리가 몇 마리 있는지에만 신경을 집중한 채 손이 보일 만큼 시선을 내리지는 않았다. 하지만 결국 족집게 질을 포기하고 짜증나는 가시를 밀어내는 능력은 내 몸이 더 좋을 거라고 믿기로 했다. 가만히 앉아 있으려니 파리가 너무 귀찮아서 나는 나뭇잎을 파리채로 사용하며 불가를 걸어다니면서 주변에서 단서를 찾기 위해 둘러보았다.

"불에서 올라오는 연기가 북쪽에서 남쪽으로 움직임. 드문 일임."

나는 공책에 이렇게 적었다. 바람의 방향이 바뀌는 것은 날씨가 바뀔 전조이지만 솔직히 말해서 나는 날씨의 변화에 대해서는 거의 생각하지 않고 있었다.

갑자기 비가 쏟아져 머리 위의 나뭇가지들을 두드렸다. 우림에서는 폭우가 쏟아지기 시작하는 시점과 지면에 떨어지는 시점이 조금 늦다. 나뭇가지가 무성해서 1, 2분쯤 물을 막고 있다가 중력의 힘이 더 커지면 가느다란 빗줄기와 두툼한 물방울을 지면으로 우르르 떨어뜨리는 것이다.

티터스는 땅 위에 있는 삼바사슴의 흔적을 가리켰다. 곧 숲이 좀 밝아지고 진흙 색깔이 옅어지고 좀 더 모래성으로 바뀌었다. 앞쪽에 강줄기가 굽이치는 부분으로 주변이 트여 있었고 그 기슭으로 삼바사슴 세 마리가 풀을 뜯는 모습이 보였다. 우리는 커다란 사슴이 있는 곳 50미터 이내까지 살금살금 다가갔지만 곧 녀석들이 우리 소리를 듣고 도망쳤다. 우리는 배낭을 근처에 내려놓고 강가의 모래 언덕에서 쉬었다. 모래 위로 또 다른 삼바사슴의 흔적과 좀 더 작은 문착사슴의 흔적을 발견할 수 있었다.

나는 머릿속으로 우리가 사슴에게 이만큼이나 가까이 올 수 있었던 이유를 고민했다. 우리가 딱히 조심스럽게 다가왔던 것도 아니었다. 우리는 사냥을 하거나 사슴의 뒤를 따라온 게 아니라 그냥 강가까지 걸어갔을 뿐이었으니까 사슴을 발견하기 전까지 상당히 시끄러웠을 것이다. 그러다가 점심을 먹으려고 피운 불을 보자 이유가 떠올랐다. 너무 당연한 거였는데, 우림 속 트레킹의 땀과 피로 속에서 여러 가지 당연한 것들을 잊어버렸던 것이다.

바람이 북쪽에서 불어오고 있었던 게 이유였다. 우리가 걸어오는 동안에는 대체로 북쪽에서 바람이 불어오지 않았다. 우리는 처음으로 바람을 마주보고 똑바로 걸어갔고, 그래서 사슴이 우리의 냄새를 맡지 못했던 거였다. 티터스는 그게 우리가 사슴에게 그 정도로 가까이 갈 수 있었던 이유라고 확인해주었고 이렇게 덧붙였다.

"삼바사슴과 문착사슴은 우리 냄새를 맡지만 마우스사슴은 못 맡아요."

그는 계속해서 바람의 방향을 설명했고 삼바나 문착사슴을 사냥할 때는 접근 방향이 아주 중요한데 마우스사슴의 경우에는 무시해도 된다고 이야기했다.

우리는 다시 한 시간 동안 강을 따라 걸어갔고, 곧 너스가 앞쪽에서 멈추고는 우리 주변의 나무들 사이에서 혼자 눈에 띄는 나무 쪽으로 자신의 만다우를 흔들며 씩 웃었다. 멜론 크기의 노랗고 동그란 열매가 가지에 달려 있고, 하나가 떨어져서 갈라진 두 개의 줄기 사이에서 반쯤 깨져 있었다. 능숙한 칼질 한 번에 열매가 반으로 갈라졌고 나는 달콤하면서도 새콤한 맛을 즐겼다. 멜론보다는 자몽 맛에 가까웠다. 굉장히 맛있어서 나는 샤디에게 왜 이제야 이런 과일을 발견한 건지, 이게 흔한 과일인지 물어보았다.

"아뇨, 이건 야생 과일이 아니에요."

"하지만 여긴 야생이 아닌가요?"

우리는 황무지 한가운데 있었고, 최소한 내가 아는 한은 아주 작은 마을이라고 해도 하루는 걸어가야 했다.

"과거에 여기에 마을이 있었을 거예요."

샤디는 그렇게 말하고 티터스에게 물어보았고, 티터스는 맞다고 확인해주었다. 이 과일나무가 한때 이 자리에 있던 마을이 남겨둔 흔적의 전부였고, 이 지역은 오래전에 숲으로 변한 것 같았다. 마을 위로 나무들이 차츰 늘어가면서도 자기들의 동무 하나는 남겨두는 것을 상상하니 어쩐지 재미있었다.

강이 넓어지는 곳에서 하늘이 훤하게 나타났다. 한참이나 나뭇가지에 가려 하늘을 못 보고 있다가 이런 장소로 나오니 해방되는 기분이었다. 우리는 캠프를 만들었다. 그날 밤 아까 전의 폭우가 남쪽으로 걷히고 깨끗한 밤하늘이 나타나며 도보여행을 시작한 이래 처음으로 별들이 가득하게 나타났다. 남은 사슴 고기를 다 먹은 다음 나는 샤디를 통해 티터스와 너스에게 별을 이용해서 롱라유 방향을 찾는 방법을 가르쳐주면 어떻겠는지 물어보았다. 티터스는 특히 관심을 보였다. 나는 방법을 신중하게 골랐다. 별이나 별자리를 알아보는 방법을 너무 복잡하게 이야기하면 통역이 제대로 안 될 것 같아서였다.

기본적으로 나는 그들에게 북쪽을 찾는 방법만 보여주면 됐다. 롱라유가 우리의 바로 북쪽에 있기 때문이었다. 내가 한 가지 아는 거라면 우리가 거의 적도에 있다는 거고 그 말은 북극성이 사실상 지평선에 걸려 있다는 거였다. 그러니 별 자체는 보이지 않을 것이다. 이것은 꽤 어려운 상황처럼 느껴지지만 사실은 어찌 보면 상황을 훨씬 간단하게 만든다. 내가 북극성 대신 마을을 사용할 수 있다는 뜻이기 때문이었다.

나는 강 양쪽의 나뭇가지들 사이로 북쪽 하늘에서 보이는 별들을 바라보았다. 확실한 후보자가 하나 눈에 들어왔다. 카펠라 삼각형이었다. 나는 길고 가느다란 삼각형이 땅을 가리키는 것을 보여주고 그것이 롱라유 방향을 가리킨다고 설명했다. 티터스는 고개를 끄덕였다. 그는 이미 지형을 인식해서 롱라유 방향을 알고 있었던 것이다.

나는 이 삼각형이 밤하늘에서 움직이기 때문에 항상 보이는 건 아니지만, 이걸 찾을 수 있다면 이게 언제나 아파우핑에서 롱라유 방향을 가리킨다고 설명했다. 티터스는 씩 웃었지만, 너스는 별로 감명 받은 것 같지 않았다. 그의 사냥꾼 본능이 이렇게 말하고 있는 것 같았다.

'그게 하얀 황소를 잡는 데 어떤 도움이 된다는 거지?'

이튿날 아침 나는 강에서 목욕을 했고, 그다음에 우리는 출발했다. 첫 번째 개울을 건너다가 강에서 떠내려오는 죽은 뱀을 보았고, 티터스는 나에게 탐반룽tamban lung 나무를 보여주었다. 그는 만다우로 나무를 한 덩어리 잘라내고서 이걸 물에 넣고 끓이면 뱀에 물려 아픈 것을 가라앉히는 약이 된다고 설명했다.

티터스와 너스는 계속해서 숲을 베어내며 앞으로 나아갔다. 우리가 갈 길을 내기 위해서 그런 것도 있지만, 자신들이 다음에 쓰기 위한 길을 표시하는 의미도 있었다. 1분 이상 쉴 때마다 그들은 나무껍질에 표시를 해두었다. 전날 밤 강에서 양말 한 짝을 잃어버리고 얇은 분홍색 팬티를 발에 감은 채 걸어오는 샤디를 기다리는 동안 너스는 껍질을 조금씩 깎아냈다. 그것은 감각에 과잉 입력이 되고 있는 나에게 또 하나의 초현실적인 장면이었다. 사방은 괴짜 곤충학자나 설명할 수 있을 것 같은 곤충들로 가득했다. 작은 벌레들이 꾸물거리고 기다란 갈색 거머리가 슬링키slinky 장난감(철사로 되어 걸어가는 것처럼 보이는 장난감)처럼 이쪽 이파리에서 저쪽으로 넘어갔다.

우리는 다시 출발했고, 나는 강 위의 통나무에서 미끄러졌다가 아슬아슬하게 균형을 되찾았다. 커다란 나무가 쓰러지는 소리가 숲을 울렸다. 그것은 내가 들어본 중에서 가장 섬뜩한 소리였다. 30분 후에 또 들렸다. 나의 지친 머리는 숲 전체가 우리의 머리 위로 쓰러지는 게 아닌가 하는 두려움을 느꼈다.

그러다가 우리는 길을 잃었다.

앞쪽에서 먼저 가고 있던 너스가 길을 잃고 티터스도 보이지 않는다는 것을 깨닫고 말 한마디 없이 숲으로 사라졌다. 그다음에는 샤디가 두 사람을 찾기 위해서 나를 거기 세워두고 혼자서 숲으로 들어갔다. 나는 그들이 내 옆에 자기들의 물건을 남겨놓고 갔다는 사실을 위안으로 삼았다. 모든 것이 우스꽝스러우면서도 약간 무섭기도 했다. 티터스와 너스가 지르는 소리가 종종 숲을 가로질러 들려왔다. 그들이 서로를 찾고 돌아오기까지 한 시간이 걸렸다. 그리고 우리의 자취를 되짚어서 우리가 길을 잘못 들었던 두 골짜기 사이 꼭대기까지 돌아가는 데 다시 한 시간이 걸렸다.

"롱라유 티닥 아다Long Layu tidak ada."

나는 샤디에게 말했고 우리는 긴장된 웃음을 터뜨렸다.

그날 오후에 티터스가 우리에게 머리 위의 나무에 벌집이 있다고 경고했다. 다시금 세세한 주변 환경에 대한 그의 기억력이 놀라웠다. 내 눈에는 그저 빽빽한 우림의 반점 하나로밖에는 보이지 않기 때문이었다. 하지만 샤디는 나무에 기어 올라갔다가 얼굴에 심하게 한 방 쏘임으로써 티터스의 말이 맞았음을 보여주었다. 나는 티터스에게 언제 마지막으로 이 길을 지나갔는지 물었고, 그는 일 년도 더 전인 2011년 12월이라고 대답했다. 그것은 그의 인생에서 겨우 네 번 해본 여행이었고, 갈 때마다 그는 우림에서 조금씩 다른 경로를 골라서 갔다.

전 세계적으로 장거리 도보여행의 특징 중 하나는 잘 모르는 사람이 길을 아는 사람에게 늘 이렇게 묻는다는 것이다. "아직 다 안 왔어?" 트레킹의 긴 하루가 끝날 무렵이 되면 배낭은 점점 더 무거워지고 내 다리와 발은 휴식을 갈망하며 욱신거렸다. 거의 매일 우리는 아침 8시부터 저녁 6시까지 걸었고, 하루가 아무리 길든 빛이 아무리 흐리든, 티터스는 야영하기 적당한 다음 강둑까지 도착하는 시간을 완벽하게 계산할 수 있었다. 그는 처음 닷새 동안 거의 정확하게 해냈다. 하지만 그 굉장하던 기술이 갑자기 증발해버린 것 같아서 걱정되기 시작했다.

마지막 하루 반 동안 티터스는 거리에 대한 그 명확한 감각을 잃어버린 것 같았다. 우리에게 다섯 시쯤 캠프를 하자고 말했지만, 우리는 일곱 시까지 계속 걷고 있었다. 티터스의 침묵은 걱정스러웠다. 하늘은 어두워졌고 우리는 헤드 랜턴을 켜고 힘든 지역을 지나갔다.

결국 우리는 강까지 간다는 희망을 포기하고 야영을 했다. 샤디는 티터스에게 화가 나 있었고 나도 그럴 뻔했지만, 길가에서 단서를 발견했다. 뭔가가 부자연스럽게 헤드 랜턴의 불빛을 반사하는 게 눈에 띄었다. 길 바깥쪽으로 나가 보니 비스킷 포장지가 떨어져 있었다. 문명에 가까워졌다는 증거였다. 티터스와 너스 역시 자신들이 새기지 않은 나무의 표지를 가리키며 그 사실을 확인해주었다.

이튿날 아침 우리는 6시 30분에 출발해서 가능한 한 빨리 움직였지만, 그래도 마을까지 마지막 몇 킬로미터를 데려다주기로 한 뱃사공과 만날 시간을 놓쳤다. 핸드폰이 작동하지 않는 세계에서는 약속을 새로 잡는 것 따위는 없다. 우리는 어려운 방법으로 해결해야 했다.

바닥에 주황색 가느다란 플라스틱 파이프가 튀어나와 있는 게 보였다. 이제 별로 멀지 않았을 것이다. 다시 세 시간이 지나자 강이 나타났고, 두 시간 후 우리는 롱라유로 이어지는 언덕으로 올라섰다. 롱라유가 존재하기는 했던 모양이다. 정말 기뻤다. 우리는 자신들의 마을까지 도보로 똑같은 길을 되밟아가야 하는 티터스와 너스에게 작별인사를 했다. 나는 그들에게 돌아가는 데 얼마나 걸릴지 물었다.

"우린 그냥 가요. 시간은 몰라요."

보르네오의 심장부에서 나오는 것은 들어가는 것만큼 힘들었다. 호저와 족제비가 담긴 접시 두 개로 이루어진 똑같은 식사를 사흘 동안 하고 나니 롱라유를 떠나고 싶어서 미칠 지경이 되었다. 집주인은 더할 나위 없이 친절했지만 나는 내 몸에서 풍기는 냄새에 질려버렸다. 찢어지고 피 묻은 옷은 흉측하기 짝이 없었다. 나가고 싶었지만 돌아가는 여행길도 위험하지 않은 건 아니었다.

다음 며칠 동안 나는 랜드로버로도 지나갈 수 없는 세계 최악의 길을 목격하게 되었다. 오토바이에서 세 번이나 굴러떨어졌고, 결국 오토바이도 망가졌다. 샤디와 나는 밤에 별들을 따라 걸어서 여행을 끝마쳤다. 나흘째 되는 날 나는 자신만만하게 활주로로 들어서서 아직 엔진이 켜져 있는 인도네시아 군용 수송기를 향해 걸어갔다. 조종사가 창문을 열고 나를 쳐다보고는 고개를 흔들었다. 장교들이 나를 활주로 밖으로 데리고 나갔다.

"외국인은 안 돼요."

샤디가 통역해주었다. 조종사가 내 모습이 마음에 안 든 모양이었다. 진흙과 피를 옷과 피부에서 씻어내려고 엄청나게 노력했건만 소용이 없었다.

이틀 후 나는 조그만 선교 비행기 조종석에 앉을 수 있었다. 기독교 선교 비행기는 가끔 보르네오 내부와 해안 마을을 연결해주는 마지막 지푸라기였다. 세스나의 낯익은 다이얼과 스크린을 보니 이보다 더 반가울 수가 없었다.

샤디에게 한참 동안 감사의 말을 전한 뒤 나는 손을 흔들었다. 그가 없었다면 이 모든 여행이 불가능했을 것이다.

그 후 다시 보트를 타고, 비행기를 한 번 더 타고, 마침내 발릭파판으로 돌아와서 세 주 만에 처음으로 침대에 누웠다. 피곤하고 멍도 들었지만 내가 찾으러온 다약 족의 지혜라는 보물을 얻어서 정말 기뻤다.

보르네오의 여행 이후로 언제나 도보여행을 갈 때면 나는 보이지 않고 무게도 안 나가는 나침반을 갖게 되었다. 거기에는 네 개의 지침이 있다. 오르막, 내리막, 상류, 하류. 다시는 산등성이나 골짜기를 옛날 같은 눈으로 보지 못할 것이다. 개울에서 물이 흘러가는 방향을 무심히 보아 넘기는 일도 없을 것이다.

하지만 개구리를 먹는 것만큼은 도저히 못 하겠다.

드물고 특별한 것들

Rare and Extraordinary

The Walker's Guide to Outdoor Clues and Signs

산책이 주는 작고 은밀한 즐거움

2009년 7월, 당시 일흔세 살이었던 콜롬비아의 '에메랄드의 제왕' 빅토르 카란차Victor Carranza가 탄 검은 창문의 사륜구동 호송차가 울퉁불퉁한 콜롬비아의 길을 따라가다가 습격을 당했다. 박격포와 총을 난사해서 경호원 두 명이 죽고 두 명이 부상을 입었다. 카란차는 수로에 몸을 던지고서 마구 총을 쐈다. 그는 살아남았다.

사생아에 지독히도 가난했던 빅토르는 어린 나이에 에메랄드 사업에 관한 지식을 익혔다. 그가 여덟 살 때 처음 발견한 조그만 초록색 돌 조각이 결국 그에게 제국을 일구고 경영하게 만들어준 것이다. 2013년 암으로 죽을 무렵 빅토르 카란차는 전 세계 에메랄드 광산의 4분의 1을 지배하고 있었다.

카란차와 가까웠던 사람들은 그가 무자비한 사업가였다는 걸 잘 알고 있었다(그는 열여덟 살 때 자신의 에메랄드를 훔치려 했던 사람을 죽였다). 그리고 그가 보석과 특별한 관계에 있다고 믿었다. 그에게는 '본능'과 '지나갈 때마다 에메랄드가 튀어나오게 만드는' 능력이 있었다. 하지만 진정한 비밀은 그가 다른 사람들은 모르는 방식으로 주변 환경을 읽는 법을 알았다는 것이다.

2005년 나는 영국에서 프랑스, 벨기에, 네덜란드, 덴마크를 지나 스웨덴까지 경비행기를 몰고 간 적이 있다. 친구와 함께한 이 간단한 계획은 가능한 한 북쪽으로 가서 북극권 내에서 하지의 백야를 보는 거였다. 계획은 성공적이었다. 우리는 지지 않는 태양을 보았다. 가는 동안 다른 것도 많이 보았다. 오로지 목표로 했던 것만을 보는 여행은 상상력이 조금이라도 있는 사람이라면 아마 전적인 성공이라고 여기지 않을 것이다.

4인석에 단발 엔진이 달린 파이퍼(파이퍼 항공사에서 제작한 경비행기)를 낮은 구름과 검은 숲 사이로 모는 동안 내 지친 눈은 기묘하고 무시무시한 검은 지형에 멎었다. 그날 아홉 시간이나 날았던 터라 내 집중력은 오로지 아드레날린으로만 버티고 있었고, 이 부자연스러운 산의 모습은 대단히 섬뜩했다. 전에는 광산 주변으로 날아본 적이 없어서 스웨덴 북부의 광산을 볼 기회라는 사실에 호기심이 솟아올랐다.

이 새로운 호기심은 기묘한 사실과 드문 기술로 나를 이끌었다. 스웨덴의 비스카리아Viscaria 구리 광산은 야생화 비스카리아알피나viscaria alpina에서 이름을 딴 것이다. 이 꽃은 중금속을 견딜 수 있기 때문에 시굴자들이 구리가 풍부하게 매장되어 있는 지역을 찾을 때 이용한다.

지질학적으로 비정상적인 곳에서는 생태계가 달라지고, 비싼 귀금속 종류도 식물들에 영향을 미친다. 표면 아래 잠재되어 있는 귀중한 보물에 관한 단서를 찾기 위해 식물을 이용하는 기술은 '지식물학적 탐사geobotanic prospecting'라고 하며 로마 시대부터 쓰였다.

탐사에 쓰이는 식물은 지표식물이다. 부드러운 골풀은 습지를 표시하기도 하고 종종 산책자들에게 굉장히 유용하다. 하지만 리드워트leadwort는 드물고 그 이름에 드러나듯 땅에 납lead이 있을지도 모른다는 지침이다. 야생팬지, 리드워트, 피레네 스커비그라스는 대부분의 식물을 죽이는 중금속을 견딜 수 있을 뿐 아니라 그런 곳에서 더 활발하게 자라는 것 같다. 알파인페니크레스Alpine pennycress가 자라는 위치를 조사해보면 영국에서 납 광산이 있는 위치와 정확하게 일치한다. 사실 이 식물은 중금속을 잘 흡수하기 때문에 가끔은 '식물정화작용Phytoremediation'에 사용된다. 이것은 환경을 정화하고 해독하기 위해서 특정 식물을 사용하는 방법이다.

지의류도 광물의 수치에 굉장히 예민하다. 지의류인 레시데아락테아*lecidea lactea*는 대체로 회색이지만 구리가 풍부한 바위에서 자라면 초록색으로 변한다. 이 지의류는 1826년 노르웨이 북부에서 처음 발견되었는데, 이 지역은 나중에 구리 광산이 되었다.

최근 금속 가격의 경향을 볼 때 도둑들이 교회 지붕에서 내려와 야생화와 지의류의 자취를 따라가게 될 날도 멀지 않은 것 같다. 그동안에는 이런 식물들을 놓치지 말자. 쇠뜨기는 금이 있는 곳을 표시하는 식물이고, 쿠션벅휘트cushion buckwheat는 은을 찾는 데 사용되며, 발로 지아칸디다*vallozia candida*는 다이아몬드가 있는 곳에서 자란다.

이미 이 장에서 내가 좀 더 은밀한 징표들에 대해서 이야기하려 한다는 것을 알아챘을 수도 있다. 이 장에서 찾게 될 단서들이 산책을 할 때 엄청나게 중요하다고 할 수는 없지만, 가끔씩 산책이 지루해지는 시기에 조금 즐거움을 더해줄 수 있을 것이다.

나는 예전부터 자연이 시간의 흐름에 반응하고, 그것을 측정하고 표현하는 방식에 매료되어왔다. 내가 가장 좋아하는 자연의 개념 중 하나는 1751년 린네가 처음 제안한 '꽃시계'이다. 하루 동안 봉우리를 열었다가 오므리는 꽃의 모양을 보고 시간을 읽는 것이다. 하지만 우리의 발아래, 별이 빛나는 하늘 위에는 그보다 더 특이한 것들이 많이 있다. 페르세우스자리에 있는 별 알골은 이틀 반마다 정확히 네 시간 반씩 밝기가 굉장히 어두워진다. 내가 본 중에서 가장 특이한 자연의 시계는 해저에 있지만, 물 위에서도 볼 수 있다.

버뮤다 파이어웜fireworm은 해안 근처의 진흙 아래 살다가 여름에 한 달에 한 번씩 빠져나와 빛의 쇼를 펼친다. 좀 더 자세하게 말하자면 보름달 사흘 후, 해가 지고 57분 후에 생물발광을 일으킨다. 시간상으로 정확한 이런 행동은 과학자들에게 이들이 해와 달, 그리고 조수의 리듬과 완벽하게 일치하고 있다는 사실을 알려주지만, 그 이유가 뭔지는 밝혀지지 않았다.

꽃양산조개는 버뮤다 파이어웜보다 훨씬 자주 볼 수 있는 생물이다. 이들은 해변을 지날 때 종종 발견된다. 하지만 시간과 조수, 빛과 이들의 기묘한 관계를 우연히 발견하기 위해서는 몇 번쯤 다시 태어나야 할지도 모른다. 연구에 따르면 꽃양산조개는 낮에는 조수가 들어오면 활동적이고, 밤에는 조수가 나가야 활동적이라고 한다.

세계에서 가장 은밀한 달력은 순록의 눈 색깔일 것이다. 순록의 눈은 계절에 따라 금색에서 파란색으로 변한다. 이것은 그들이 아주 긴 낮이나 아주 긴 밤에 적응하기 좋게 만들어준다고 한다.

꽃양산조개가 자는 시간, 사람들이 항해를 하는 시간, 우리가 부활절 달걀을 먹는 날, 무슬림들이 기도하는 방식, 검은머리물떼새가 도싯 만에 내려앉는 타이밍, 순록의 눈 색깔과 파이어웜이 카리브 해에서 빛을 내기 시작하는 정확한 순간이 모두 연결이 되어 있다는 사실을 생각하면 굉장히 놀랍다. 우리는 모두 이 거대한 시계의 일부이고, 둘러보기만 하면 시간의 징조를 어디서든 찾아볼 수 있다.

물에서의 기묘한 감각 앞에서 나는 물에서 발광하는 생물체에 대해서 살짝 언급했다. 가끔 열대 바다에서 헤엄칠 일이 있는 사람이라면 물에서 마치 수많은 조그만 것들이 깨무는 것 같지만 자국은 남지 않는 그런 따끔따끔한 감각을 경험해본 적이 있을 것이다. 나중에, 밤에 수영을 하러 가거나 배를 타고 나가면 물속에서 빛나는 범인들을 발견할 수 있다. 열대의 바다를 휘저었을 때 더 많은 발광체가 보이면 수영을 하러 가서 따끔거리는 감각을 느낄 가능성이 더 높아진다.

여행자의 나무 나는 콘월의 에덴프로젝트Eden Project를 비롯해서 여러 장소에서 운 좋게 야자나무인 부채파초를 본 적이 있고, 한번은 싱가포르에서 이 나무를 보고 방향을 찾기도 했다. '여행자의 나무'라고도 알려져 있는 부채파초는 그 커다란 잎을 동서로 뻗는다. 이 나무의 형태는 또 다른 방식으로 흥미롭다. 잎의 안쪽 부분이 컵 모양이라서 목마른 여행자들이 빗물을 받을 수 있다.

금빛 침엽수 많은 침엽수가 정원용으로 팔기 위해 재배된다. 그중에는 '금빛 침엽수'라고 하는 아종이 있다. 이 나무들은 이파리가 밝은 노란색이나 금빛을 띠고 있다. 흥미롭게도 이런 나무 중 다수에서 이 현상은 비대칭적으로 나타난다. 햇빛을 더 많이 받는 쪽, 다시 말해 북반구에서는 남쪽 면이 더 금빛을 띠는 것이다. 이런 현상을 보이는 또 다른 나무는 미국삼나무의 변종인 수자플리카타제브리나*thuja plicata zebrina*이다.

잎 색깔이 다양한 일부 식물에서도 비슷한 경향을 본 적이 있다. 내가 살고 있는 곳 아주 가까이에 잎 색깔이 섞여 있는 단풍나무가 있다. 남쪽 면의 모든 이파리는 여러 가지 밝은 색깔을 보이는 반면에 북쪽 면의 모든 잎은 평범한 초록색이다.

고슴도치선인장 고슴도치선인장은 방향에 관해 두

개의 정보를 준다. 꼭대기 부분은 적도 쪽을 향하고, 다른 많은 식물이 그렇듯 생육 환경의 북쪽 한계 지역의 남쪽 사면에서 많이 발견된다.

파도숲 고위도 지방의 산악 지역을 걷고 있으면 종종 '파도숲Wave Forest'이라고 부르는 특이한 현상을 맞닥뜨리게 된다. 산의 돌출부와 골짜기 아래쪽으로 바람이 부는 지역에서는 바람이 파도처럼 어떤 부분에서는 낮아졌다가 다시 높아지는 형태로 불 때가 있다. 흥미로운 것은 이런 파도가 규칙적인 편이라서, 지표에서는 바람이 일부 지역에서 정기적으로 거칠게 부는 반면에 조금만 지나오면 갑자기 별다른 이유 없이 잠잠해지는 것을 목격할 수 있다. 나무, 일반적으로 가문비나무와 전나무들이 생존 가능한 지역이 있는가 하면, 그리 멀지 않은 곳에 그들이 살 수 없는 지역이 있다. 이 요동치는 바람은 숲으로 된 섬처럼 파도숲을 만들어낸다. 이것은 그리 흔한 현상이 아니지만, 수목선 근처의 다른 숲에도 같은 원칙이 적용된다. 나무가 있으면 나무가 없는 곳보다 풍속이 조금 약해진다.

이런 숲의 섬은 그대로 남아 있지 않다. 바람을 정면으로 맞는 부분은 고사枯死하고 내리받이 부분은 번성하기 때문에 바람이 불어가는 방향으로 천천히 이동하게 된다. 매년 이 숲들은 바람이 불어가는 방향으로 평균 4센티미터씩 이동한다.

코코넛 나무 대부분의 나무는 바람의 반대편으로 휘어지고 예측 가능한 방식으로 모양이 변한다('나무' 장을 보라). 하지만 코코넛 나무는 그중에서 흥미로운 변종이다. 이 나무는 진화 과정에서 정반대의 전략을 취하게 되었다. 야자수가 줄지어 있는 해변을 지나가게 되면 이 나무들이 바다 쪽으로 휘어 있다는 사실에 주목하라. 그 이유는 해변 쪽의 지반이 약하기 때문일 수도 있고, 대부분의 해변이 바닷바람이 불어오는 방향이기 때문일 수도 있다. 어느 쪽이든 코코넛은 이를 십분 활용한다. 코코넛의 씨가 바다에 더 가까운 곳에 떨어지면 파도를 타고 새로운 땅까지 실려갈 가능성이 더 높아지기 때문이다.

돌과 나무의 굽은 부분 세계의 일부 지역, 예를 들어 미국 같은 곳에서는 눈이 많이 쌓여 표지판을 만들 수 없는 곳에 독특한 표지판을 만들어온 역사가 있다. 정기적으로 폭설이 오는 곳에 전통적인 표지판 방식은 쓸모가 없다. 1미터의 눈을 파헤치고 이정표를 찾을 수는 없는 노릇이기 때문이다. 미국 원주민 부족들은 아주 심각한 겨울 날씨 속에서도 길을 찾을 수 있는 징표로 나뭇가지가 갈라진 틈에 돌을 올려놓는 방법을 사용했다.

이 부족들은 또한 묘목을 구부려서 이정표로 사용하기도 했다. 그들은 나무의 이런 비정상적인 굽은 모양이 성체가 되었을 때 눈에 확 띌 거라는 사실을 잘 알았다. 이런 기묘한 모양의 나무들은 여전히 미국 전역에서 발견된다.

뽕나무버섯 밤에 산책을 하다가 나무가 희미하게 빛나는 것을 보게 되면 이것은 나무에 문제가 생겼다는 징표일 수 있다. 나무껍질 아래 긴 검은 줄처럼 생겨서 영어로는 신발끈버섯bootlace fungus이라고 부르는 뽕나무버섯은 어둠 속에서 빛을 내는 걸로 유명하다. 예를 들어 미국 오리건 주에는 800헥타르(2,000에이커)가 넘게 퍼져 있어서 지구상에서 가장 큰 단일 유기체로 여겨진다.

모래의 맛 인류학자인 내 친구 앤 베스트Anne Best 박사는 최근 말리의 팀북투Timbuktu 북쪽에서 투아레그Tuareg 족과 함께 지낸 이야기를 해주었다. 그녀가 투아레그 족에게 길을 어떻게 찾는지 물어보자 투아레그 족이 말해준 방법 중 하나는 모래를 맛보는 거였다고 한다. 여기는 소금이 많은 지역으로, 오늘날까지도 금과 소금을 교환한다. 모래 속에 든 소금과 철분의 농도가 다양해서 투아레그 족은 모래의 맛을 보고 어느 지역인지 판단할 수 있다.

강가의 해초 해변에서 강 하구를 향해 걷고 있다면 민물이 바닷물과 섞이기 시작하는 순간을 아마 알 수 있을 것이다. 푸쿠스세라노이데스*fucus ceranoides*는 강 하구에서 자라는 갈조류로 민물이 씻어주는 곳에서만 자란다.

아마 앞에서 본 것처럼 직사광선을 좋아하는 식물은 많고, 이들은 남쪽을 찾는 데 도움이 된다. 또한 그림자를 좋아하고 북쪽 면을 더 선호하는 식물도 몇 있다. 아마는 독특하다. 북쪽보다 남쪽을 바라보는 면을 좋아하긴 하지만, 이 식물은 오후의 햇살을 좋아해서 서쪽을 바라보는 비탈에 굉장히 많이 자란다.

하일리겐샤인 '하일리겐샤인Heiligenschein'이라는 단어는 '성스러운 빛'이라는 뜻으로, 특이한 빛의 현상을 이야기할 때 사용된다.

화창한 아침에 잠에서 깨어나면 이슬이 맺힌 잔디밭에 가서 자신의 긴 그림자 쪽을 쳐다보라. 그리고 그림자 머리 주변의 잔디밭과 더 멀리 있는 잔디밭의 밝기를 비교해보라. 이제 옆으로 몸을 흔들거나 몇 걸음 걸어갔다가 돌아와보라. 머리 그림자 주변의 후광처럼 밝은 부분이 당신을 따라다니는 것을 볼 수 있을 것이다.

이 현상은 당신이 보고 있는 방향의 잔디에서 잔디 자체의 그림자가 감추어져서 그 부분이 더 밝게 보이는 것이다. 이슬은 햇살의 반사 효과를 강화시킨다(가끔은 마른 잔디밭에서도 볼 수 있지만, 훨씬 효과가 약하다).

이것은 딱히 무슨 단서나 징표는 아니지만, 해의 방향과 그 반대편, 즉 대일점이 우리가 항상 유념하고 있어야 하는 것임을 상기시켜주기 때문에 여기에 포함시켰다.

종퇴석 빙하는 대체로 많은 양의 물질을 이쪽에서 저쪽으로 밀어간다. 가장 먼 지점에 빙하가 가져온 바위들이 남게 되는데, 이 언덕을 '종퇴석terminal moraine'이라고 한다.

당신이 있는 골짜기의 형태와 발밑의 바위, 두 가지를 계속 파악하고 있으면 주변 환경의 변화를 예측하기가 훨씬 쉬워진다. 종퇴석을 인지하면 앞에 있는 융기가 주변과는 다른 종류의 바위와 토양으로 이루어진 것이라고 확실하게 추측할 수 있다. 이 언덕으로 올라가면 나무와 야생화, 동물들, 발밑의 것들이 달라질 거라고 생각할 수 있을 것이다.

노퍽Norfolk(영국 잉글랜드 동쪽 끝에 있는 주)은 고지로 유명한 곳은 아니지만 실은 드물게 크로머리지Cromer ridge라는 종퇴석이 있다. 이 융기 위로 올라가면 주변의 시골 지역과는 눈에 띄게 다른 숲이 나온다.

동물을 통한 위도 추측 위도에 따라서 기후와 환경은 점진적으로 변하고, 우리가 볼 수 있는 종도 마찬가지로 변한다. 이것은 누구나 아는 것이지만 그만큼 많이 알려져 있지 않은 것도 있다. 바로 종 안에서도 변화가 일어난다는 사실이다. 반점숲나비는 북쪽에서는 짙은 갈색에 하얀 반점이 있지만 남쪽에서는 짙은 갈색에 주황색 반점이 있다.

2012년 겨울, 스코틀랜드에서 북극해를 향해 북쪽으로 배를 타고 가면서 나는 앞에 보이는 수많은 바다오리들에 변화가 있는지를 살폈다. 이 새들은 서식지 남쪽 한계선에서는 갈색이지만 북쪽으로 갈수록 점차 더 짙은 색으로 변한다. 솔직히 말하면 차이를 알아보기가 좀 힘들었지만, 찾아보는 건 재미있었다.

베르크만의 법칙Bergmann's rule은 동물의 크기와 기후 사이의 흥미로운 관계를 알아낸 독일 생물학자의 이름을 딴 것이다. 추운 지역일수록 체온을 보존하는 일이 훨씬 중요해진다. 추위 속에서는 키가 작고 뚱뚱한 생물이 마른 생물보다 부피당 표면적 비율이 감소해서 열을 덜 잃기 때문에 더 추운 기후와 높은 위도에서는 작고 뚱뚱한 생물이 더 잘 살아남는다.

위도가 높아질수록 동물의 덩치가 더 커진다는 이 법칙은 새와 포유류, 심지어 인간의 경우에도 대체로 사실로 밝혀졌다. 아프리카에는 키가 크고 마른 사람이 많지만 에스키모 중에는 키가 크고 마른 사람이 별로 없다.

니에베스페니텐테스와 분홍색 눈 건조한 공기, 높은 위도, 화창한 날씨라는 조건에서 남쪽 사면에서 형성되는 니에베스페니텐테스Nieves Penitentes라는 특이한 눈 구조물이 있다. 이 조건에서는 긴 칼 같은 단단한 눈 구조물이 태양 방향으로 뻗어 있는 모양으로 형성된다. 키는 몇 센티미터에서 몇 미터까지도 이른다.

'분홍색 눈' 또는 '수박색 눈'은 클라마이도모나스니발리스*chlamydomonas nivalis*라는 강인한 조류가 살고 있는 눈의 별명이다. 이 조류는 일산화탄소를 흡수하면 초록색에서 빨간색으로 변해서 눈을 분홍빛으로 만든다. 이것이 강력한 태양 복사열로부터 이들을 보호한다고 여겨지기 때문에 이 현상은 북반구에서 남쪽 사면을 찾는 단서가 된다.

폭풍과 지진 어린 시절 어머니는 매년 여름방학마다 나와 여동생을 데리고 와이트Wight 섬에 가곤 하셨다. 어느 해에 섬에 천둥번개를 동반한 폭풍이 불었고, 밤사이에 폭풍은 더 심해졌다. 나는 그 긴장감을 선명하게 기억한다. 아래층 침대에 누워서 나는 빛이 번쩍거리는 뒷문의 얼어붙은 유리창을 응시했다.

그다음으로 기억나는 건 갑자기 뭔가가 격하게 나를 흔들어 잠에서 깨운 거였고, 나는 마치 늑대 같은 것을 상대로 목숨을 걸고 싸워야 했다. 주먹을 날리고 소리를 지르고 몸을 뒤흔든 끝에 그 동물은 물러나서 사라졌다. 머리부터 발끝까지 떨면서 나는 간신히 전등 스위치를 켰다. 위층 침대에서 자고 있던 여동생은 내 침대를 보고서 비명을 질렀다. 침대 이불은 피투성이에 엉망진창이었다. 사방이 피였다. 내 몸에도, 벽에까지도. 현기증이 나고 속이 울렁거렸다. 바람에 뒷문이 거세게 흔들렸고 폭풍은 계속되고 있었다. 마치 공포영화의 한 장면 같았다. 잠시 후 어머니가 다른 침실에서 오셨고 우리는 어떻게 된 일인지 알아내려고 했다. 해답은 욕실에 있었다.

아주 커다랗게 흠뻑 젖은 검은 개가 욕조 안에 엎드려 떨고 있었다. 개가 조금 진정한 후에 우리는 그 불쌍한 녀석이 폭풍에 겁을 먹고 어디선가 도망쳐 오다가 심하게 다쳤을 거라고 추측했다. 개는 어찌어찌 우리 방갈로 뒷문을 여는 법을 알아냈고, 복도를 지나 내 머리 위로 뛰어들면 모든 게 나아질 거라고 생각했던 모양이었다.

내가 이렇게 길게 이야기를 늘어놓은 이유는 동물들이 폭풍 같은 커다란 자연현상에 어떻게 반응하는지 내가 오래전부터 관심을 갖고 있었다는 사실을 설명하기 위해서다. 개들은 폭풍이 치면 종종 도망을 치지만, 몇몇 사람들이 주장하는 것처럼 폭풍이 치기 전에 도망가는 경우는 없다.

이런 호기심 때문에 나는 앞에서 보았던 동물과 날씨 민담이라는 분야에서 동물과 지진이라는 훨씬 기묘한 분야로 넘어가게 되었다. 요약하자면 동물들이 지진을 예측한다는 소문은 꽤 많지만, 과학적인 증거는 하나도 없다. 젖소는 극단적으로 둔감한 동물이기 때문에 지진을 예측할 수 없을 뿐 아니라 지진이 일어나도 쓰러져서 언덕을 굴러갈 정도가 아니라면 거의 반응을 보이지 않는다.

좀 더 가능성이 있어 보이는 것은 1975년 중국 북부 하이청海城에서 대규모 지진이 일어나기 한 달 전에 뱀과 개구리가 겨울잠에서 깨어나 나왔다는 것이다. 이것은 과학자들을 미치게 만드는 일이다. 추운 겨울 날씨에 겨울잠을 자야 하는데, 무슨 이유에서인지 자지 않고 나온 이런 비정상적인 뱀들이 목격되었다는 제보가 100건이 넘었다. 하지만 과학자들은 이후의 지진과 연결할 만한 증거 혹은 관계가 없다는 증거를 아무것도 찾지 못했다. 화학 교수 헬무트 트리부쉬Helmut Tributsch는 자신의 책 《뱀들이 깨어났을 때》에서 전자기적으로 이 둘을 연결시켜 설명해보려고 하기도 했다. 더 큰 지진이 일어날 거라는 조그만 전조인

초기 미동을 뱀의 대단히 섬세한 감각이 인지한다는 또 다른 설명도 있지만 아직은 정확하게 밝혀지지 않았다.

똑같이 흥미로운 것은 최소한 기원전 4세기부터 대규모 지진이 일어나기 전에 하늘에 이상한 빛이 보였다는 제보가 있다는 것이다. 심지어 1966년에 이 빛을 찍어놓은 사진 자료도 있고, 유튜브에 동영상도 올라오기 시작했다. 이런 일이 일어나는 이유에 대한 가설도 나오고 있지만 설득력 있는 과학적 설명은 아직 없다.

어쨌든 아무리 회의적이라고 해도 기묘한 겨울 무지개 아래에서 뱀들이 기어나오는 것을 목격했다면 지진의 전조라고 생각하는 것이 좋을 것이다.

달그림자와 잠이 오지 않는 밤 수년간 과학자들이 달에 산맥이 있다고 말을 하긴 했지만, 우리가 직접 추론을 할 수 있으면 더 만족스러울 것이다. 혹시 달의 절반은 밝고 절반은 어두운 것을 보게 되면(상현달이나 하현달) 그 어둡고 밝은 경계선 부분을 자세히 바라보라. 그 명암 경계선을 따라서 햇빛이 갑자기 달 표면에 미치지 못하게 되어 달이 어두워진다. 만약 달 표면이 완벽하게 매끄럽다면 이 선이 완벽한 직선이어야 하지만, 사실은 그렇지 않다.

해가 지는 것을 볼 때를 떠올려보라. 주위로 땅 위에서 햇빛이 사라지지만 위쪽에 있는 언덕은 여전히 마지막 햇살을 받고 있을 것이다. 달에서도 똑같은 일이 훨씬 더 느리게 일어난다. 명암 경계선을 따라서 주변은 어두운데 혼자만 밝은 조그만 반점 같은 것이 종종 보일 것이다. 이것이 마지막 남은 햇살을 붙들고 있는 달의 높은 산들이다.

우리가 볼 수 있는 가장 큰 달그림자는 각기 다르다. 달이 우리가 지구에 서 있는 지점과 해 사이를 가로막고 지나가면 일식이 일어난다. 대부분의 시간 동안 달은 초승달인 상태로 이 선 근처를 지나가지만 완전히 가로막고 있을 때는 아니다. 월식은 그 반대이고 훨씬 덜 극적이다. 월식은 지구가 달 위로 그림자를 드리울 때 일어난다. 일식이나 월식 소식을 들었다면 쉽게 한 가지를 추측할 수 있다. 하나가 일어나면 두 주 후에 다른 하나가 일어난다. 생각해보면 논리적인 이야기이다. 달이 지구와 태양 사이에 정확히 있었다면 두 주 후에는 반대 지점에 오게 되고, 각각의 상황에서 지구가 달에 그림자를 드리우거나 그 반대가 되거나 할 것이다.

우연히도 이 장을 쓰고 있던 중에 《현대 생물학Current Biology》이라는 과학 저널에 실린 놀라운 논문 이야기를 듣게 되었다. 최근 연구에 따르면 보름달이 다가올수록 우리는 20분씩 잠을 덜 자게 되고, 잠드는 시간이 5분씩 더 걸리게 된다고 한다. 또한 숙면 상태에서는 뇌의 활동이 30퍼센트 감소한다고 한다. 우리가 완벽하게 어두운 방에서 잠을 자서 달을 보지 못할 때도 마찬가지이다. 이것은 무시무시한 이야기 같지만 과학 연구를 통해서 밝혀진 사실이다. 한 가지 가설은 달이 우리의 자연적인 시간 감각에 한 축을 담당하고 있으며, 특히 생식을 목적으로 우리 몸이 동조하는 것을 돕는다는 것이다. 어쩌면 잠이 오지 않는 그 모든 밤이 이유가 있었던 건지도 모르겠다.

나가는 글

지금까지 우리는 산책을 하는 동안 추측할 수 있는 자연 속의 수많은 단서와 신호 들을 살펴보았다. 매번 우리는 자연계의 커다란 네트워크의 부분을 둘러보았다. 동물, 식물, 바위, 토양, 물, 빛, 하늘과 사람까지 이 모든 것들이 연관되어 있다. 진흙 위에 남은 동물의 자취는 당신이 주위의 변수를 아주 조금이라도 바꾼다면 사라질 수 있다. 조금 큰 구름이 나비의 행방을 바꾸고, 그래서 새의 움직임이 바뀌고, 결국에 고양이를 다른 곳으로 이끌게 될 수도 있다.

이 책의 내용 대부분은 찾아봐야 하는 것들과 각각의 단서가 의미하는 것들에 대한 설명, 즉 추론하는 방법에 관한 것이었다. 하지만 이런 기술을 익힌다는 것은 결국 당신이 직접 그 연결 고리를 깨닫게 될 것이라는 뜻이다. 이것이 바로 흥분되는 단계이다. 수 년 동안 산책과 강의를 해본 끝에 나는 사람들이 이런 종류의 추론 기술을 사용할 때 즐거워하는 단계가 두 가지 있다는 것을 알게 되었다. 첫째는 그들이 눈앞에서 새로운 연결 관계를 찾았을 때이다. 처음으로 알게 되었지만 앞으로 혼자서도 얼마든지 사용할 수 있다는 것을 깨달았을 때 사람들은 즐거워한다.

겨우 사흘 전에 나는 사람들을 이끌고 산책을 했다. 참가한 사람들이 나보다 훨씬 더 잘 아는 지역에서였다. 하지만 아무도 머릿속에서 나무로 이 지역의 지도를 그릴 수는 없는 것 같았다. 나는 너도밤나무 숲이 곧장 물푸레나무 숲으로 변하는 것을 보여주고 개울 근처의 버드나무들이 전부 다 바람에 따라 모양이 잡혀 있다는 것, 그래서 방향과 주변 환경에 대해 수많은 단서를 준다는 것을 알려주었다. 참여한 사람들은 우리가 야생화를 보기 위해 주 산책로에서 벗어날 때마다 굴뚝새가 반응한다는 것을 전혀 알아채지 못했다. 나는 이런 것을 처음으로 깨달으면서 그들이 즐거워하는 것을 볼 수 있었다.

사람들이 다음 단계에 들어섰다는 걸 알게 되는 건 대체로 이메일이나 편지를 통해서이다. 한동안 이런 기술을 써보고 나면, 이제 혼자서도 알아낼 수 있을 것 같다는 생각이 드는 때가 온다. 이것은 걷는 법을 배운 다음 자기가 원하는 방향으로 달려가는 것과 비슷하다.

자연에서 단서를 찾는 방법을 알고 나면 전에는 머릿속에서 연관 짓지 못한 두 개 이상의 단서를 어떻게 합쳐야 하는지 금세 파악할 수 있다. 예를 들어 달은 바다가 뭘 하고 있는지를 알려주고, 이를 통해 해변의 지의류, 물고기, 새들의 행동과 연결시킬 수 있지만, 산책길에 발견한 나무에 대해서는 별로 유용한 이야기를 해주지 않는다. 식물은 당신에게 바위와 토양, 물, 광물, 그 밖의 많은 것들에 대해 알려줄 수 있지만 도심에서 사람들의 흐름에 대해 좀 더 깊이 가르쳐주지는 못한다. 하지만 다행스럽게도 겹치는 것이 많아서 한 지역에서 관찰하고 추측한 내용을 다른 지역에서 징검다리식 접근법으로 사용할 수 있다. 달이 당신에게 바로 앞에 있는 나무에 대해서는 별다른 이야기를 해주지 못한다 해도 어느 쪽이 남쪽인지는 알려주고, 이것은 나무의 비밀을 밝히는 데 도움이 될 수 있다.

나는 이제 세계 곳곳에서 날아온 이메일을 받으며 즐거움을 누리고 있다. 남아프리카에서 새 둥지를 이용해 방향을 찾는 사람들부터 텍사스의 흙길에 남은 흔적에서 비밀을 읽어내는 사람들, 런던의 길 이름을 통해 여러 가지를 추측하는 사람들에 이르기까지 서로를 놀래고 즐겁게 할 것을 발견하고 추측하는 사람들 덕분이다.

나는 아무리 사소하다 해도 새로운 기술을 개발하는 것을 행운으로 여긴다. 이것은 대체로 기묘하고 모호한 패턴을 발견하고 거기서 의미를 찾는 것으로 시작된다.

내가 말하고자 하는 것은 이 책이 당신만의 발견을 시작하기 위한 출발점이 된다는 것이다. 당신의 놀라운 발견을 막을 수 있는 것은 아무것도 없고, 경제학적으로도 엄청난 가치가 있다. 야외의 지식에는 여전히 수많은 틈새가 존재하고, 사람들이 아직 관심을 돌리지 않은 분야가 많다. 정부와 산업계에서는 마이크로칩, 자동차, 신약, 접이식 가구 등에 집중해 머리 좋은 사람들과 수억 달러를 투자하고 있다. 이런 집단들이 자연에서 단서를 찾는 일에 투자하는 비용은 밖에 나가 제대로 된 곳에서 하룻밤 잘 수 있을 만한 돈도 안 된다. 그래서 이런 것들을 찾는 데는 각자의 힘이 필요한 것이고, 이 책을 선택한 독자라면 이미 자질이 있는 것이다. 얼마 지나지 않아 독자 여러분이 자신만의 돌파구를 찾아내는 기쁨을 맛보고 나에게도 알려주기를 진심으로 바란다.

부록 1 거리, 높이, 각도 계산하기

강을 건너지 않고서 강의 너비를 재는 방법

관찰과 추론을 가르는 한 걸음은 바로 측정이다. 어떤 수치를 알고 싶을 때, 우리에게는 그것을 측정할 기술이 필요하다. 여기서는 거리와 높이, 각도를 도구 없이 가늠하는 여러 가지 방법을 이야기할 것이다.

시력에 문제만 없다면, 34미터 거리에서 1센티미터 크기의 사각형과 1센티미터 크기의 원을 구분할 수 있다. 이러한 테스트도 좋지만, 내가 선호하는 방법은 가장자리가 톱니처럼 삐죽삐죽한 나뭇잎과 매끄러운 나뭇잎 두 개를 골라서 놔둔 다음 스물다섯 걸음 떨어진 곳으로 걸어가서 두 개의 모양이 얼마나 비슷해 보이는지 보는 것이다. 당신에게 가장 중요한 도구인 눈이 멀쩡하게 제 역할을 잘하고 있다는 사실을 확인하면—렌즈나 안경을 끼든 상관없이—이 도구를 좀 더 효율적으로 활용하는 방법을 알아보자.

사물과의 거리가 30미터 이내라면 그것이 얼마나 멀리 있는지 알아보기 위해서 양안시를 사용하는 것이 좋다. 검지를 최대한 멀리 뻗은 다음 두 눈으로 손끝을 바라보다가 아주 천천히 손을 얼굴 가까이로 가져오라. 그러면 당신의 뇌가 자동적으로 흥미로운 숫자를 계산해낼 것이다. 당신의 뇌는 눈과 손가락이 만들어내는 각도를 인지하고 있다. 눈이 차츰 사시가 될수록 손가락이 더 가까이 다가오고 있는 것임을 안다는 것이다.

이번에는 똑같은 행동을 반복하되 눈을 감고 해보라. 그래도 당신의 뇌는 손가락이 어디에 있는지 거의 정확하게 안다. 뇌는 또 다른 중요한 감각, '고유감각'을 사용하기 때문이다. 이것은 보지 않고서도 우리 몸 각각의 부분이 어디에 있는지를 아는 능력이다. 우리는 이 감각을 온종일, 매일 사용한다. 이는 사람이 지닌 감각 중에서 가장 중요하나 가장 인정을 받지 못한다. 시각, 후각, 미각, 촉각에 대한 이야기는 수없이 다루어지지만 고유감각에 대한 이야기는 거의 나오지 않는다.

산책자들에게 이 감각은 우리가 아래를 내려다보지 않고서 발걸음을 내딛을 때마다 작용한다. 그래서 이 감각의 실용적인 부분을 이해해야 하는 것이다. 앞으로 가는 것이 힘들 경우 발밑에서 더 많은 단서를 찾을 수 있고, 가는 것이 쉬우면 별로 찾지 못한다. 가파르거나 미끄럽거나 바위가 많거나 어떤 식으로든 힘든 길에서는 종종 멈춰서 주위를 둘러봐야 한다. 안 그러면 지질의 상태밖에는 알아내지 못하기 때문이다. 평평하고 넓고 쉬운 길에서는 주변을 자주 둘러볼 수 있겠지만 발밑에 있는 단서는 놓치기 쉽다.

양안시로 돌아가보자. 이 책을 한 손으로 팔 길이만큼 멀리 들어올리고서 눈과 책 사이 중간쯤 되는 거리에 손가락을 세워보라. 이제 한쪽 눈을 감고 책과 손가락을 흔들리지 않게 든 채 손가락 양옆으로 어떤 단어가 보이는지 확인하라. 이제 손을 움직이지 않은 채 뜨고 있던 눈을 감고, 감고 있던 눈을 떠라. 그리고 들고 있던 손가락이 문장 사이에서 위치가 바뀐 것을 확인하라. 이런 현상을 '시차parallax'라고 하는데, 여행자들에게는 굉장히 도움이 된다. 이것은 당신의 눈이 같은 곳에 있지 않기 때문에 생기는 현상이고, 그렇기 때문에 눈을 번갈아 뜨면 움직이지 않고서도 같은 사물을 두 군데서 보는 셈이 된다.

대부분의 사람들의 눈 간격은 눈부터 손가락 끝까지의 거리의 10분의 1 정도이기 때문에 우리의 몸이 아주 기본적인 각도와 거리를 측정하는 도구가 될 수 있다. 이것이 어떻게 작용하는지 보는 가장 좋은 방법은 자와 어느 정도의 공간이 필요한 연습이다.

1) 자를 당신 앞에 있는 벽에 붙여놓는다.
2) 이제 벽에 아주 가까이 서서 왼쪽 눈을 감고 오른쪽 눈으로만 보며 손가락을 자의 왼쪽 끝에 있는 0cm 지점으로 들어올린다.
3) 고개나 손가락을 움직이지 않은 채 오른쪽 눈을 감고 왼쪽 눈을 뜬다. 당신의 손가락 위치가 자 위에서 옮겨간 것을 보라.
4) 이제 뒤로 약간 물러나서 실험을 다시 한 번 해보자.
5) 뒤로 한 걸음 더 물러나서 실험을 다시 해보자.
6) 공간이 허락하는 한 계속 뒤로 가며 실험을 반복한다. 눈을 번갈

아 떴을 때 당신의 손가락이 0cm에서 30cm까지 옮겨가는 걸 확인할 수 있을 때까지 하면 가장 좋다.

7) 이제 손가락이 30cm 지점으로 옮겨갔을 때의 위치에 표시를 한 다음 자에서 얼마나 멀리 있는지를 확인한다. 이 책은 추측하는 법에 관한 책이니 나는 대략 3미터 정도라고 추측하겠다.

8) 짧은 거리에서는 눈이 아니라 손가락 끝으로 거리를 가늠한다는 사실을 잊어서는 안 된다.

이 실험을 통해 두 가지 사실을 확실하게 알 수 있다. 첫째, 사물에서 멀리 떨어져 있을수록 눈을 번갈아 감았을 때 손가락이 이동하는 거리가 넓다. 둘째, 이 거리는 예측 가능하다. 이것은 문제의 사물과 우리의 거리의 10분의 1 정도이다.

이 기술은 굉장히 유용하다. 이것은 굉장히 기본적인 기하학을 기반으로 하고 있는데, 우리가 삼각형의 한쪽 길이를 알면 다른 한쪽의 길이를 계산할 수 있다는 것이다. 좀 더 실용적으로 설명하자면, 떨어져 있는 두 개의 사물과 자신의 거리를 알고 있으면 두 개 사물 사이의 거리를 계산할 수 있다는 것이다. 또는 두 사물 사이의 거리를 알면 자신과 그 사물의 거리를 알 수 있다.

예를 들어보면 다음과 같다.

a) 언덕을 걷고 있다가 앞에 교회가 보였다. 이 교회가 호수 가장자리에서 1킬로미터 정도 떨어져 있다는 사실을 안다면, 그리고 눈을

번갈아 감았을 때 손가락이 교회에서 호수까지 움직였다면, 당신은 거기서 대략 10킬로미터쯤 떨어져 있는 것이다.

b) 마을에서 5킬로미터 떨어져 있는데 마을의 높은 건물 두 개가 보인다면, 그리고 당신의 손가락이 두 건물 사이에서 움직였다면 건물은 서로 500미터 떨어져 있는 것이다.

현실에서는 당신의 손가락이 두 개의 사물 사이를 완벽하게 맞춰 움직이는 경우가 드물기 때문에 위의 실험이 도움이 되는 것이다. 멀리 있을수록 손가락이 움직이는 거리가 더 넓다는 것을 기억해야 하기 때문이다. a의 사례에서, 손가락이 교회와 호수의 거리의 1.5배만큼 움직였다면 교회까지의 거리는 15킬로미터일 것이다. b의 사례에서 손가락이 건물 사이의 거리의 0.5배만큼 움직였다면 둘 사이의 거리는 겨우 250미터일 것이다.

이 기술이 재미있다면 이것이 수평뿐 아니라 수직으로도 작용한다는 걸 알아두면 좋을 것이다. 고개를 기울이기만 하면 된다. 예를 들어 성당에서 1킬로미터 떨어져 있다는 걸 알고 있는데 눈을 번갈아 감았을 때 손가락이 성당 바닥에서 첨탑 꼭대기까지 움직였다면 그 높이는 100미터일 것이다. 산의 높이가 해발 1100미터라는 걸 알고 있고 눈을 번갈아 감았을 때 손가락이 해수면에서 산꼭대기까지 움직였다면, 당신은 11킬로미터 떨어져 있는 것이다.

이 기술을 좀 더 정확하게 다듬고 싶다면 철저하게 야외에서 연습을 해야 한다. 정확히 10미터 길이의 선을 표시해두고, 눈을 번갈아 감았을 때 당신의 손가락이 그 한쪽 끝에서 반대편 끝까지 움직였을 때의 거리를 측정한다. 그러면 이제 앞으로의 측정에 필요한 정확한 수치를 갖게 된 것이다.

거리 대신 각도를 측정할 때도 똑같은 방법을 적용할 수 있다. 우리의 눈과 뻗은 손까지의 거리가 일정하고 손과 손가락이 큰 사람들은 팔도 길게 마련이기 때문에 우리 모두가 비슷한 방식을 사용할 수 있다.

팔을 뻗고 손가락 한 마디를 세우면 1도가 된다. (낮게 걸린 달이 실제로는 크지 않다는 것을 증명할 때 유용하다. '달' 장을 보라.)

팔을 뻗고 주먹에서 엄지를 세우면 약 10도가 된다.

팔을 뻗고 주먹을 쥔 채 엄지와 새끼손가락만 펴서 그 길에서 끝까지가 20도이다.

실내에서도 아주 쉽게 이 방법을 확인해볼 수 있다. 팔을 정면으로 쭉 편 상태에서 꼭대기까지 주먹 아홉 개면 지평선에서 정수리 위까지 도달하게 된다. 이것이 90도이다. 방을 한 바퀴 빙 도는 데 손바닥이 열여덟 개면 바로 360도가 된다.

이런 '인간 육분의' 방법은 지평선 위의 북극성의 각도를 잴 때 아주 유용하고, 덕분에 자신의 위도를 가늠하거나('별' 장을 보라) 해가 뜰 때까지 얼마나 있어야 하는지를 알 수 있다('해' 장을 보라). 사실 굉장히 유용한 방법이라서 북반구의 모든 문화권에서는 이 방법을 발전시켜왔다. 유럽과 태평양 연안, 중국, 북극해 연안과 아랍에서는 이처럼 손으로

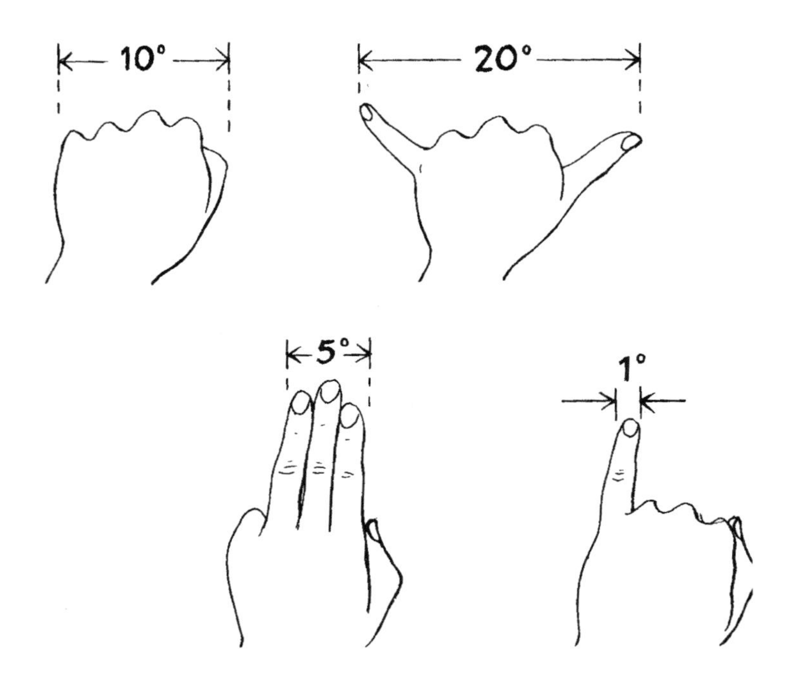

● 손으로 각도를 측정하는 방법

각도 측정하는 방법을 부르는 이름도 따로 있다.

몸을 이용해서 높이와 거리를 측정하는 방법은 가끔 굉장히 중요하다. 대부분의 사람들이 먼 거리를 과소평가하고 높이는 과대평가하는 경향이 있기 때문이다. 다음번에 밤중에 길게 뻗은 길을 따라서 가로등이 쭉 서 있는 것을 보게 되면 가까운 것부터 그다음 것, 그다음 것으로 차례차례 길이를 가늠해보라. 아마 170미터 정도부터는 전부 다 똑같은 거리로 보일 것이다.

왜냐하면 이것은 우리 감각에 굉장히 어려운 분야이기 때문에 즉석에서 쓸 수 있는 측정 기준을 알아두면 편하다.

100미터 사람 개개인을 명확하게 볼 수 있다. 사람의 눈이 점으로 보인다.

200미터 피부 색깔, 옷차림, 배낭은 구분할 수 있지만 얼굴은 구분할 수 없다.

300미터 사람의 형체만 구분 가능하고 그 이상은 보이지 않는다.

500미터 사람이 희미하게, 윗부분이 더 가늘게 보인다. 소나 양처럼 큰 동물은 구분할 수 있지만 작은 것은 구분할 수 없다.

1킬로미터 커다란 나무의 몸통은 볼 수 있지만 사람은 알아보기가 힘들다.

2킬로미터 굴뚝과 창문은 보이지만 나무 몸통이나 사람, 동물은 보이지 않는다.

5킬로미터 풍차, 커다란 집이나 독특한 건물만 알아볼 수 있다.

10킬로미터 교회의 첨탑, 라디오 송신탑, 다른 높은 구조물들이 쉽게 알아볼 수 있는 유일한 지형물이다.

어떤 사람이 손가락 크기 정도로 보이면 대략 100미터 떨어져 있는 것이다. 손가락 크기의 절반 정도라면 200미터 떨어져 있는 것이고, 4분의 1이라면 400미터 떨어져 있는 것이다.

거리를 가늠하는 우리의 능력에 영향을 주는 요소가 몇 가지 있는

데 이것은 알아두는 것이 좋다. 멀리 있는 사물은 색이 밝고 빛이 등 뒤에서 올 때 더 가까워 보이고, 보고 있는 사물이 주변의 것보다 상대적으로 클 때도 역시 가까워 보인다. 그 반대도 마찬가지이다.

위에서 말한 거리를 가늠하는 방법은 훌륭한 도구지만 하나의 거리를 알고 있거나 여러 사물을 기억해야만 사용할 수 있다. 운 좋게도, 이런 정보가 없다고 해도 다른 도구나 지식 없이도 훌륭하게 사용할 수 있는 다른 방법이 있다.

그중 첫째는 걸음으로 세는 법이다. 나는 알렉산더 대왕의 군대에 있었던 걸음 수를 세는 병사 '비마티스트bematist' 이래로 가장 많은 걸음 수를 세어본 사람이라고 자부한다. 걸음 수를 세는 것은 간단하면서도 아주 효율적이다. 신중하게 사용하면 정말로 쓸모가 있다. 알렉산더 대왕의 비마티스트들은 먼 거리에서도 거의 98퍼센트의 정확도를 유지했다. 하지만 이것이 엄청나게 재미있다거나 지적 자극이 된다고 과대광고를 하지는 않겠다. 그나마 가장 장점이라고 볼 수 있는 건 계속해서 생각을 해야 하는 행위에 집중함으로써 일종의 명상이 된다는 정도이다. 또한 자연에서도 발견할 수 있는 굉장히 자연적인 과정이기도 하다. 카타클리피스cataglyphis 개미는 자신이 걷는 걸음 수를 세서 거리를 가늠한다고 한다. 또한 고대 그리스뿐만 아니라 로마와 이집트에서도 사용되었다고 확인된 유서 깊은 기술이기도 하다.

나는 힘든 자연 내비게이션 연습을 하면서 수천 걸음을 세어봤고, 여러 경우 이 걸음 수에 내 안전을 의존했지만 걸음 수를 정확하게 세려고 노력하느라 동료 여행자와 흥미로운 이야기를 나누지는 못했다.

허허벌판에서 자신과 말 한 마디 나누지 않는 일행 때문에 화가 난 기자들에게 나는 이 사실을 꼭 설명해야만 했다.

그러면 아주 간단하고 아름다운 걸음 수 세기 방법을 설명하겠다. 100미터를 가는 데 몇 걸음을 걸어야 하는지를 안다면 약간 계산만 하면 어떤 거리든 측정할 수 있다. 당신만의 자를 만들기 위해서는(거리를 걸어갈 때 드는 당신의 걸음 수) 얼마인지 아는 거리를 걸으며 걸음 수를 세어야 한다. 이것은 내가 하는 몇 가지 작업에서 굉장히 중요하기 때문에 나는 오르막과 내리막의 길이를 파악하기 위해 양쪽으로 약간 경사가 있는 500미터 거리로 했다. 하지만 사실 평평한 곳 100미터를 걷는 걸로도 대부분의 목적은 충족된다. 내가 당신에게 줄 수 있는, 노력을 절약할 수 있는 가장 좋은 조언은 한쪽 발만 세라는 것이다. 걸음 수를 중간에 잊어버렸다면 조그만 돌이나 동전, 솔방울 같은 것을 모아서 한쪽 주머니에 넣어뒀다가 백 걸음마다 다른 주머니로 옮겨라. 이것은 크리켓 경기 심판이 가끔 사용하는 방법이기도 하다.

유념해야 하는 몇 가지 요소가 있다. 100미터를 걸을 때의 걸음 수는 경사에 따라서, 장애물에 따라서, 배낭의 무게에 따라서 그리고 속도와 방향, 기온, 혼자 있는지 동행이 있는지, 대열 앞인지 뒤인지 아니면 나란히 가는지, 이야기를 하거나 음료를 마시거나 간식을 먹고 있는지, 육체적·정신적 상태는 어떤지, 신발은 무엇인지, 중국의 쌀 가격은 어떤지 등등에 따라서 달라진다. 간단히 말해서 수많은 요소에 영향을 받을 수 있다는 것이다. 다행히 이 요소 중에서 가장 결정적인 것은 그날의 상태에 따라서 여행을 시작하기 전에 간단한 계산으로 '변경'

할 수 있다. 나머지 요소들은 아주 약간 영향을 미칠 뿐이다.

걸음 수 세기는 각도 측정법과 합쳐서 여러 가지 실제적인 문제를 해결하는 데 사용할 수 있다. 당신이 강에 도달해서 이 강이 얼마나 넓은지를 알아내야 한다고 해보자. 그래야 당신이 가진 50미터 길이의 로프로 안전하게 건널 수 있는지를 알 수 있기 때문이다. 그러면 방법은 다음과 같다. 각도를 알기 위해서는 이 책에 나왔던 별, 해, 다른 수십 가지 방법을 사용하거나 정 안 되면 나침반을 사용하라. 가장 간단한 방법은 위에서 설명했던 것처럼 주먹을 내밀어 측정하는 것이다.

우선 맞은편 강둑에 있는 눈에 띄는 나무 같은 지형지물을 하나 골라라. 이것을 A 지점이라고 부르자. 이제 이 나무의 바로 맞은편으로 자리를 옮기고 물가에 가장 가까운 곳까지 다가가서 바닥에 막대기를 하나 꽂아라. 이것을 B 지점이라고 한다. 그다음에는 A 지점과 B 지점의 각도가 45도가 되는 지점으로 걸어간다. 여기에 막대기를 하나 더 꽂고 C 지점이라고 하자. 이제 돌아서서 반대편으로 걸어가서 첫 번째 막대를 지나 A의 나무와 B의 막대기가 다시 45도가 되는 지점으로 가서 막대기를 또 다시 꽂는다. 이것이 D 지점이다.

이것은 아주 간단한 방법이다. 설명하는 것보다 실제로 해보면 더 쉽다. 그림을 보면 삼각형의 수치와 알고 있는 각도를 잘 써넣을 수 있을 것이다. 이제 당신에게 필요한 것은 D 지점에서 C 지점까지 걸음 수를 센 다음 이것을 미터로 환산하는 것이다. 강의 너비는 이 수치의 절반이다. (시간이 없다면 C나 D의 막대기 한 개만으로도 할 수 있다. 그러면 수치를 반으로 나눌 필요가 없지만, 이것은 좀 부정확하다.)

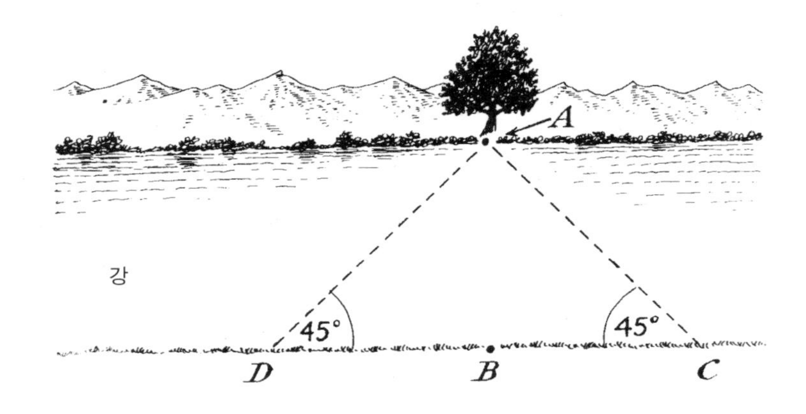

위의 예에서 D 지점에서 C 지점까지 걷는 데 80걸음이 걸렸고, 100미터를 걷는 데 100걸음이 걸린다는 것을 알고 있다면 D 지점에서 C 지점까지의 거리는 80미터일 것이다. 강의 너비는 그 거리의 절반이니까 40미터이다. 그러면 당신이 가진 로프로 안전하게 건널 수 있을까?

당신의 로프는 50미터지만, 물이 차갑고 빠르게 흐르고 있기 때문에 이런 사실들에 기반해서 건너지 말아야겠다는 합리적인 결정을 내릴 수 있다. 강을 경계로 B, C, D 지점과 같은 쪽에 술집이 있기 때문에 그런 결정을 내린 것은 결코 아니다.

거리를 측정하는 또 다른 인기 있는 도구는 시간을 이용하는 것이다. 이것은 걷거나 다른 이동수단을 사용할 때 정확도는 조금 차이가 나지만 모든 사람들이 써온 기술이다. 아내가 나에게 집까지 30분쯤 걸린다고 하면 나는 아내가 30분쯤 걸리는 거리에 있다고 믿는다는 사실을 추측할 수 있고, 이 단서와 나의 광범위한 경험을 이용해서 언제 아내가 도착할지 계산해낼 수 있다.

같은 원리를 적용해서 시간을 이용해 걸음 수를 계산할 수도 있다. 그저 당신이 특정 거리를 걸어가는 데 얼마나 시간이 걸리는지만 알면 된다. 경사도와 바람 같은 모든 동일한 요소들 역시 적용된다. 자신의 속도를 모른다면 대략적으로 계산할 수 있는 보편적인 규칙이 있다. 이것은 이 방법을 고안한 스코틀랜드 등산가의 이름을 따서 네이스미스의 규칙Naismith's rule이라고 하는데, 방법은 다음과 같다. 평지에서 5킬로미터를 가는 데 한 시간이 걸린다고 생각하고, 높이 300미터가 추가될 경우에는 이에 30분을 더한다. 이 규칙에 따르면 평지에서 10킬로미터를 가는 데는 2시간이 걸린다. 반대로 한 시간 반을 걸었고 높이 300미터만큼 올라왔다면 당신이 걸은 길은 약 5킬로미터일 것이다.

이 규칙은 사실 건강한 여행자가 자기 발로 걸을 때, 무거운 짐을 지지 않고 주변의 세계에 병적일 정도로 흥미가 없을 때만 적용할 수 있다. 그래도 없는 것보다는 낫긴 하지만, 개인적으로 나는 당신의 주변에 열정적으로 관심을 갖고 이 규칙을 비웃을 만큼 느릿느릿 걸어간다는 사실에 커다란 자부심을 느끼기를 바란다.

지평선까지의 거리

'해' 장에서 해변에서 펄쩍 뛰어서 지구가 평평하지 않다는 걸 증명했던 게 기억나는가? 지구의 표면은 균일한 비율로 휘어져 있고, 이 사실을 이용해서 우리가 지평선에서 얼마나 떨어져 있는지를 계산할 수 있다. 시점이 높으면 높을수록 더 멀리 볼 수 있고, 시야가 탁 트여 있고 땅이나 건물, 나무 등이 중간에 불쑥 솟아 가리고 있지만 않다면 거의 정확하게 계산할 수 있다. 이것은 고원지대에서 거의 완벽하게 바다를 내려다볼 수 있을 때 굉장히 유용하다. 지평선이 X 마일 떨어져 있다고 하자. X는 해수면에서 당신의 키(피트)에 1.5를 곱한 값의 제곱근이다.

$$\text{지평선까지의 거리}_{(\text{마일})} = \sqrt{(1.5 \times \text{높이}_{(\text{피트})})}$$

예를 들어 해변에 서 있는 6피트(180센티미터)인 사람이 이런 식으로 지평선까지의 거리를 계산한다고 해보자.

$$1.5 \times 6 = 9$$
$$\sqrt{9} = 3$$

지평선까지의 거리는 3마일(약 4.8킬로미터)이다. 같은 사람이 나무 위로 올라가서 다시 바다를 바라본다고 해보자. 높이가 24피트(7.2미터)이면 지평선까지의 거리는

$$1.5 \times 24 = 36$$
$$\sqrt{36} = 6$$

답은 6마일(약 9.6킬로미터)이다.

산꼭대기에서도 똑같은 원칙을 이용할 수 있다. 에베레스트 산은 높이가 약 2만 9,000피트(8,848미터)이고 완벽한 조건에서 이론적으로는 정상에서 200마일(약 320킬로미터)까지 볼 수 있다. 브리튼 제도에서 가장 높은 산인 벤네비스Ben Nevis는 4,409피트(1,322미터)이다.

$$1.5 \times 4409 = 6,614$$
$$\sqrt{6614} = 81$$

벤네비스에서 시야가 완벽하게 확보될 때 당신은 81마일(130킬로미터) 떨어진 해수면 높이의 지평선을 볼 수 있을 것이다. 하지만 우리가 산꼭대기에 서 있을 때는 근처에 다른 산이 있을 가능성이 높고, 그래서 두 개의 거리를 더할 수 있다. 벤네비스 꼭대기에 있는 사람은 80마일 떨어져 있는 배를 볼 수 있겠지만, 훨씬 더 멀리 있는 고지를 볼 수도 있을 것이다. 그래서 몇몇 사람들이 벤 네비스 꼭대기에서 80마일보다 훨씬 더 떨어져 있는 노던아일랜드를 봤다고 보고하는 것이다. 노던아일랜드에는 2,500피트(750미터) 높이의 지대가 있다.

과학자들은 대기가 색깔의 대비를 감소시키는 효과 때문에(예를 들어 사물은 거리가 멀어지면 더 옅게 보인다) 이론적으로 우리가 볼 수 있는 최대 거리는 330킬로미터라고 추정하지만, 이건 이론일 뿐이고 실제로 가능한 것은 아니다. 만약 우리가 놀랄 만한 결과를 달성했다면 그것은 대기 효과에 변동이 있기 때문일 것이다. 일반적인 조건에서 대기 중에서 빛의 굴절 작용은 시야 범위를 8퍼센트 증가시켜주지만, 기온이 급변할 때는 온갖 광학 현상이 일어난다. 많은 사람들이 1987년 8월 5일에 헤이스팅스Hastings(영국 남동부 이스트서식스 주의 도시)에서 프랑스를 보았다고 제보했으며, 바이킹들이 이 현상으로 잠깐 동안 페로 제도Faroe Islands(노르웨이와 아이슬란드 중간에 있는 덴마크령 섬)에서 아이슬란드를 목격한 덕에 아이슬란드를 발견하게 되었다는 추측도 있다. 1939년 7월 17일에 이러한 기록이 남아 있다.

존 바틀렛John Bartlett 선장은 배의 위치에서 북동쪽으로 500킬로미터 이상 떨어져 있는 아이슬란드 서부 해안에 위치한 1,430미터 높이의 산 스나이펠스외쿨Snaefells Jokull의 형체를 분명하게 보고 정체를 확인하기까지 했다.

거리와 높이, 각도를 측정하는 이 방법들은 책 전반에 나와 있는 다른 기술들과 함께 사용하면 산책하며 발견할 여러 가지 퍼즐을 푸는 데 큰 도움이 될 것이다.

부록 2 별이나 달을 이용하여 남쪽을 찾는 방법

북반구에서 남쪽을 찾으려고 별이나 달을 사용할 한다면, 이는 사실 '천구남극'을 가리키는 것이다. 이것은 우주에서 남극을 바로 지나가는 점이다. 북반구에서는 이 점이 보이지 않는다. 천구북극(즉 북극성)이 남반구에서는 보이지 않는 것과 마찬가지로 지하에 있기 때문이다.

북반구에서 남쪽을 가리키는 이 방법이 지평선에서 천구남극을 지나가는 지점을 가리키는 유일한 경우는 이것이 수직일 때이다. 이런 경우 방법은 아주 간단해진다. 추가적인 과정도 필요 없다. 왜냐하면 선이 별자리나 달부터 지평선 위, 당신의 남쪽에 있는 점을 지나 천구남극까지 쭉 이어지기 때문이다.

하지만 남쪽을 가리키는 이 방법은 이들이 수직을 형성하지 않는 다른 때도 사용할 수 있다. 선을 지하까지 쭉 연장해서 천구남극까지 이으면 되는 것이다. 천구남극은 당신의 북위와 똑같은 지하 위도를 가

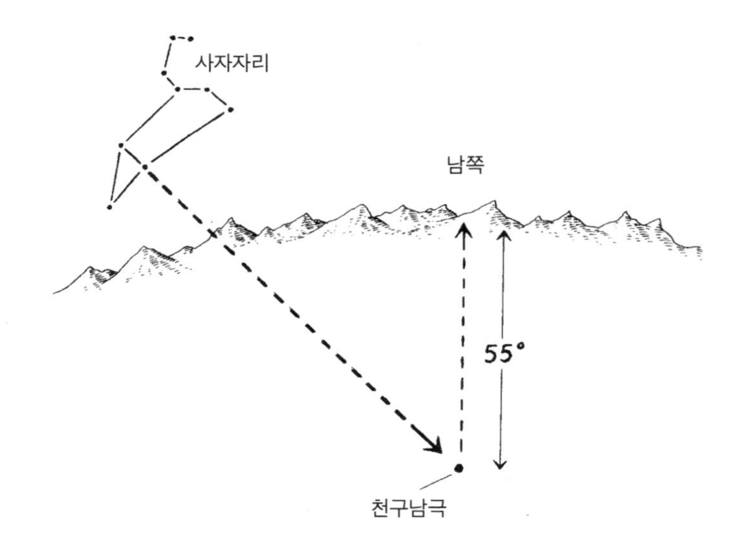

● 천구남극을 찾은 다음 북위 55도에 있는 별을 이용해서 남쪽을 찾아라. 위도가 높을수록 천구남극을 찾기 위해 선의 더 아래쪽까지 내려가야 한다.

질 것이다.

필요한 깊이만큼 지하로 선을 잇고 난 다음에 선을 수직으로 위쪽으로 따라오면 지평선에서 남쪽을 가리키는 점을 찾을 수 있다. 말로 설명하면 무척 어렵게 들리겠지만, 위의 그림을 보고 연습을 조금 하면 쉽게 사용할 수 있게 될 것이다. 완벽하게 찾는 것은 쉽지 않다. 지하로 선을 따라 내려가서 땅에서 몇 주먹 길이쯤 아래로 내려간 곳에 있는 상상의 점을 찾아야 하기 때문이다.

Adam, John A., *A Mathematical Nature Walk*, Princeton: Princeton University Press, 2009

Aveni, Antony., *People and the Sky*, London: Thames & Hudson, 2008

Bagnold, R. A., *The Physics of Blown Sand and Desert Dunes*, London: Methuen and Co., 2005

Baker, John, *Elementary Lessons in Botanical Geography*, Milton Keynes: Lightning Source, 2012

Barkham, Patrick, *The Butterfly Isles*, London: Granta, 2011

Barnes, Brian, *Coast and Shore*, Marlborough: The Crowood Press, 1989

Baron, George, *Understanding Lichens*, Slough: The Richmond Publishing Co., 1999

Binney, Ruth, *The Gardener's Wise Words and Country Ways*, Cincinatti: David and Charles Ltd., 2007

Binney, Ruth, *Wise Words and Country Ways Weather Lore*, Cincinatti: David and Charles Ltd., 2010

Binney, Ruth, *Amazing and Extraordinary Facts The English Countryside*, Cincinatti: David and Charles Ltd., 2011

Birkhead, Tim, *Bird Sense*, London: Bloomsbury, 2012

Black's Nature Guides, *Trees of Britain and Europe*, London: A&C Black,

2008

Brightman, F. H. and Nicholson, B. E., *The Oxford Book of Flowerless Plants*, Oxford: OUP, 1974

Brouwer, Jim, *Gold Beneath the Waves*, Marston Gate: Good Storm Publishing, 2011

Brown, Tom, *Tom Browns Field Guide to Nature Observation and Tracking*, New York: Berkley Books, 1983

Brown, Tom, *The Science and Art of Tracking*, New York: Berkley Books, 1999

Burton, Antony and May, John, *Landscape Detective*, London: Allen & Unwin, 1986

Caro, Tim, *Conservation by Proxy*, London: Island Press, 2010

Caro, Tim, *Antipredator Defenses in Birds and Mammals*, Chicago: University of Chicago Press, 2005

Coutts, M. P. and Grace, J., *Wind and Trees*, Cambridge: Cambridge University Press, 1995

Davis, Wade, *The Wayfinders*, Toronto: House of Anansi Press Inc., 2009

Dobson, Frank, *Lichens*, Richmond: The Richmond Publishing Co., 1981

Dodge, Richard, *Our Wild Indians*, New York: Archer House Inc., 1959

Eash, Green, Razni and Bennett, *Soil Science Simplified*, Iowa: Blackwell, 2008

Falkus, Hugh, *Nature Detective*, London: Penguin, 1980

Fewins, Clive, *The Church Explorer's Handbook*, Norwich: Canterbury Press, 2012

Gatty, Harold, *Finding Your Way Without Map or Compass*, Mineola: Dover, 1999

Gooley, Tristan, *The Natural Navigator*, London: Virgin, 2010

Gooley, Tristan, *The Natural Explorer*, London: Sceptre, 2012

Gould, J. and Gould, C., *Nature's Compass,* Oxford: Princeton University Press, 2012

Greenberg, Gary, *A Grain of Sand*, Minneapolis: Voyageur Press, 2008

Hall, P., *Sussex Plant Atlas*, Brighton: Borough of Brighton, 1980

Hart, J. W., *Plant Tropisms and Other Growth Movements*, London: Unwin Hyman Ltd, 1990

Heath, Pollard & Thomas, *Atlas of Butterflies in Britain and Ireland*, London: Viking, 1984

Heuer, Kenneth, *Rainbows, Halos, and Other Wonders*, New York: Dodd, Mead & Co., 1978

Holmes, Richard, *Falling Upwards*, London: William Collins, 2013

Hough, Susan, *Predicting the Unpredictable*, Woodstock: Princeton University Press, 2010

Ingram, Vince-Prue & Gregory, *Science and the Garden*, Oxford: Blackwell, 2008

Kearney, Jack, *Tracking: A Blueprint for Learning How*, El Cajon: Pathways

Press, 2009

Knight, Maxwell, *Be a Nature Detective*, London: Frederick Warne & Co Ltd., 1968

Koller, Dov, *The Restless Plant*, London: Harvard University Press, 2011

LaChapelle, Edward, *Secrets of the Snow*, Seattle: University of Washington Press, 2001

Gilbert, Oliver, *Lichens*, Redgorton: 2004, Scottish Natural Heritage, 2004

Laundon, Jack, *Lichens*, Princes Risborough: Shire Publications, 2001

Laws, Bill, *Fields*, London: Harper Collins, 2010

Lord, W. and Baines, T., *Shifts and Expedients of Camp Life*, Uckfield: Rediscovery Books Ltd., 2006

Lynch, Mike, *Minnesota Weatherwatch*, St Paul: Voyageur Press, 2007

Marler, P. and Slabbekoorn, H., *Nature's Music*, San Diego: Elsevier, 2004

Mattheck, Claus, *Stupsi Explains the Tree: Forschungszentrum Karlsruhe GMBH*, 1999

Mattheck, Claus and Breloer, Helge, *The Body Language of Trees*, Norwich: The Stationery Office, 2010

Maxwell, Donald, *A Detective in Sussex*, London: The Bodley Head, 1932

McCully, James Greig, *Beyond the Moon*, London: World Scientific Publishing Ltd., 2006

Minnaert, M., *Light and Colour in the Open Air*, New York: Dover Publications, 1954

Mitchell, Chris, *Quirky Nature Notes*, Isle of Skye: Christopher Mitchell, 2010

Mitchell, Chris, *Quirky Nature Notes Book Two*, Isle of Skye: Christopher Mitchell, 2011

Mitchell, Chris, *Lake District Natural History Walks*, Wilmslow: Sigma Leisure, Date NK.

Mitchell, Chris, *Peak District Natural History Walks*, Ammanford: Sigma Leisure, 2005

Mitchell, Chris, *Isle of Skye Natural History Walks*, Wilmslow: Sigma Leisure, 2010

Moore, John, *The Boys' Country Book*, London: Collins, 1955

Morris, Desmond, *Manwatching*, London: Collins, 1982

Morris, Desmond, *Dogwatching*, London: Jonathan Cape, 1986

Muir, Richard, *Landscape Detective*, Macclesfield: Windgather Press, 2001

Muir, Richard, *Be Your Own Landscape Detective*, Stroud: Sutton Publishing, 2007

Muir, Richard, *How to Read a Village*, London: Ebury, 2007

Niall, Ian, *The Poacher's Handbook*, Ludlow: Merlin Unwin, 2010

Naylor, John, *Out of the Blue*, Cambridge: Cambridge University Press, 2002

Page, Robin, *Weather Forecasting The Country Way*, London: Penguin, 1981

Papadimitriou, Nick, *Scarp*, London: Sceptre, 2012

Parker, Eric, *The Countryman's Week-End Book*, London: Seeley Service, 1946

Prag, Peter, *Understanding the British Countryside*, London: Estates Gazette, 2001

Purvis, William, *Lichens*, London: Natural History Museum, 2000

Rackham, Oliver, *Woodlands*, London: Collins, 2010

Ryder, Alfred Ryder Sir, *Methods of Ascertaining the Distance From Ships at Sea*: 1845

Reader's Digest, *The Countryside Detective*, London: Reader's Digest, 2000

Reader's Digest, *Secrets of the Seashore*, London: Reader's Digest, 1984

Renner, Jeff, *Lightning Strikes*, Seattle: The Mountaineers Books, 2002

Royal Geographical Society, *Hints to Travellers Volume Two*, London: Royal Geographical Society, 1938

Rubin, Louis D. & Duncan, Jim, *The Weather Wizard's Cloud Book*, New York: Algonquin Books, 1989

Sadler, Doug, *Reading Nature's Clues*, Peterborough, Canada: Broadview Press, 1987

Schaaf, Fred, *A Year of the Stars*, New York: Prometheus Books, 2003

Schaaf, Fred, *The Starry Room*, Mineola: Dover, 2002

Sloane, Eric, *Weather Almanac*, Stillwater: Voyageur Press, 2005

Sterry, Paul and Hughes, Barry, *Collins Complete Guide to British Mushrooms & Toadstools*, London: Collins, 2009

Taylor, Richard, *How to Read a Church*, London: Rider, 2003

Thomas, Peter, *Trees: Their Natural History*, Cambridge: Cambridge University Press, 2000

Underhill, Paco, *Why We Buy*, London: Texere Publishing, 2000

Watson, John, *Confessions of a Poacher*, Moretonhampstead: Old House Books, 2006

Watts, Alan, *Instant Weather Forecasting*, London: Adlard Coles, 1968

Welland, Michael, *Sand*, Oxford: Oxford University Press, 2009

Wessels, Tom, *Reading the Forested Landscape*, Woodstock: The Countryman Press, 1997

Wessels, Tom, *Forest Forensics*, Woodstock: The Countryman Press, 2010

Woolfson, Esther, *Corvus*, London: Granta 2008

Young, Jon, *What the Robin Knows*, New York: Houghton Mifflin, 2012

찾아보기

ㄱ

가게 337, 344, 352, 354~357, 376, 379, 381
가래 109, 136
가문비나무 68, 78, 88, 89, 91, 195, 201, 453
가스 누출 308
가시금작화 61, 132, 318
가시상추 130
가지치기 86
각다귀 314
각도 측정 473, 477
갈매기 204, 383, 397
강아지 320
개 꼬리 흔들기 320
개 오른발/왼발잡이 320
개구리 289, 301, 306, 323, 333, 432, 433, 460
개암나무 68, 74, 85, 152
개화 시기 137
갯개미자리 113
갯메꽃 387
거머리 425, 426, 434, 440
거머리말 392, 393
거문고자리 224, 235
거미 367
걸음 수 세기 476, 477
검댕 339
검은딱새 324
검은머리물떼새 397, 403, 451
겨우살이 106
겨자 121
경단고둥 323, 340
경사면 착시 현상 277
곁눈 85
계곡 431
계피 347
고래자리 230
고사리 104, 105, 116, 132, 158
고속도로 362, 364, 365
고슴도치선인장 452
고양이 눈 366
고유감각 468
고적운 177
곤충 97, 101, 119, 290, 314~316, 335, 338, 401, 440
골풀 134, 136, 156, 158, 400, 449
공기의 질 73, 147~149
공원 118, 136, 367, 371, 380
공작나비 312, 313
과일 121, 268, 338, 439
과잉무지개 173, 174
광대버섯 144
괭이밥 159
괴혈병 132
구구이미티르 족 429
구능린자니 산 43
구리 광산 448, 449
굴광성 79, 124, 125, 130
굴뚝 368, 474
굴뚝새 300, 305, 316, 317, 464
굴절 16, 175, 250, 251, 278, 328, 400, 482
굽은 길 114
궁수자리 229
권운 176, 186
권적운 177
권층운 175, 186, 380
귀뚜라미 315

균류 106
그루터기 85, 87, 89, 98, 102, 290, 340
그리스 389, 390, 475
그림자 18, 61, 98, 99, 124, 169, 177, 241, 247~249, 253~255, 268~272, 278, 284, 332, 369, 374, 277, 380, 383, 388, 398, 400, 456, 462
글자이끼 151
금빛 침엽수 452
금성 122, 211, 240, 241
금속 탐지기 402
금잔화 138
기름 유출 391
기상전선 184
기생충 425
기압 178, 194, 198, 204, 205, 284, 352, 395
기온 역전 17, 251
깃발 83, 377, 383
깃발형 나무 83
까마귀 297, 307~310, 337, 397
까치 293, 299, 308, 310, 378, 383
까치수염 133
껍질 95, 96, 143, 198, 322, 339, 402, 423
꽃시계 450
꿩의비름 156

ㄴ

나무껍질 94~97, 105, 148~150, 347, 440, 455
나비 290, 294, 311~314, 324, 463
나이테 95, 96, 101
나침반 19, 25, 32, 37, 38, 94, 114, 118, 121, 123, 130, 135, 150, 158, 160, 243, 245, 246, 353, 373, 375, 376, 381, 409, 410, 413, 418, 422, 427, 428, 444, 477
나팔꽃 138
낙엽송 68, 74, 76, 95, 99
낙엽수 69, 70, 87, 148, 158, 279, 284
난간 따라가기 433
날씨 바람 181, 183
납 375, 449
냄새 15, 17, 18, 48, 53, 111, 195, 199, 205, 206, 284, 294, 308, 316, 347, 367, 390, 395, 433, 436, 438, 443
너도밤나무 68, 74, 76, 78, 90, 95, 102, 104, 106, 133, 195, 277, 284, 303, 464
네발나비 312, 313
네이스미스의 규칙 479
노랑나비 313
노르웨이 449, 482
녹색부전나비
녹섬광 17, 251
농장 24, 59, 63, 205, 283, 284, 320~321, 336, 346
눈(snow) 45, 46, 49, 58, 67, 159, 160, 191, 198, 228, 278, 281, 302, 303, 315, 353, 405~413, 454
눈덩이 191, 413
눈사태 413, 414
눈송이 411
뉴포레스트 105
뉴잉글랜드 88
느릅나무 77, 85, 94, 95
니에베스페니텐테스 458

ㄷ

다람쥐 316, 317, 431
다약 족 325~347, 415~444

다이아몬드 330, 450
다트무어 32, 67, 135
단풍나무 68, 73, 74, 77, 95, 100, 145, 452
달 115, 165, 175, 177, 179, 180, 187, 201~203, 218, 236, 237, 251~253, 259~274, 277~284, 331
달의 위상 263, 265~267, 331, 340
달그림자 270, 281, 283, 461, 462
달무지개 172
달빛 172, 266, 270, 271, 274, 279~281, 283, 285, 403, 404
달팽이 116, 323, 339, 340
담자리꽃나무 138
담쟁이덩굴 89, 113, 124~130, 279, 314
당아욱 117
대리석 177, 389, 390
대일점 169, 170, 174, 254, 456
대조 383, 396, 404
더스티 로즈 192
덩굴월귤 160
덩굴해란초 130
데네브 215, 224
데이지 115, 118, 119, 138, 201, 380
덴마크양고추냉이 113, 114
델로스 섬 389, 390
도로 표지판 362
독수리 308, 322, 343
독수리자리 219, 221, 224, 227
독일 307, 358
동굴 37, 147, 334~336
동지 179, 246~248
돼지 322, 323
되새 306, 307
두꺼비 50, 323, 390
뒤스부르크-에센 대학 317
들쥐 318
등고선 30
디기탈리스 112, 120
딱새 299, 324
딱총나무 95, 111, 324
딸기 57, 121, 138, 306
떼까마귀 308
똥(동물의 배설물) 53, 145, 150, 158, 355

ㄹ

라 팔마 123, 152
라벤더 121
라일락밀크캡 144
라임 268
라임병 426
란사로테 60
런던 7, 17, 148, 247, 328, 339, 355, 364, 365, 371, 465
레스토랑 292
레이크디스트릭트 38, 62, 157
레일리 산란 26
로마 시대 길 62
로스토프트 398
로즈메리 121
롬바르디포플러 94
롱알랑고 344
롱라유 417, 418, 428, 439, 440, 441, 443
루나리아 131
리밍턴 393
리비아 42, 314
리처드 어빙 도지 대령 35
린옥웬 155

ㅁ

마가목 95, 99
마그네슘 132
마도요 397
마요르카 79
마조람 121
말꼬리구름 187
말똥가리 301
말리 227, 455
말벌 97, 316
망종화 122, 137
매 알람 울음 306
맹금류 48, 299, 301, 304
머리카락과 습도 200
먹물버섯 145
멋쟁이나비 313
메카 376
명금류 49, 300, 306
모기 335. 338, 341
모래 39, 43. 45~48, 52, 57, 77, 93, 122, 168, 204 389, 390, 397, 402, 403, 405~409, 413, 430, 431, 437, 455
모래 언덕 408, 437
모래사장 389, 390
모래성 토양 39
모래의 맛 455
모스크 375
목성 211, 241, 277, 284
목표물 확장 54
묘지 373, 374, 381
무리해 175~177
무슬림 331, 338, 376, 451
무지개 163, 168~176, 196, 197, 461
문착사슴 432, 436~438
물고기 323, 346, 394, 401, 464
물고기자리 225
물망초 118, 119
물병자리 230, 234
물푸레나무 74~77, 89, 90, 95, 99, 102, 104, 152, 195, 279, 380, 464
미국삼나무 452
미나리아재비 120, 137
민들레 201
민타카 219, 281, 283
밀 121
밀렵꾼 274, 293
밀주업자 301

ㅂ

바나나 길 284
바다 표면 393
바다낚시 401
바다오리 457
바다질경이 113
바다표범 58, 227
바닷바람 60, 181, 185, 454
바람 27, 31, 39, 48, 54, 60, 61, 69~73, 77, 78, 80~89, 91~97, 101, 113, 115, 116, 132, 135, 136, 159, 163, 171, 179~190, 197, 199, 202, 278~281, 294~296, 306, 310, 314, 316, 317, 329, 340, 352, 353, 369, 377, 383, 388, 390, 393, 394, 398, 400, 402, 405, 407~413, 436, 438, 453, 454, 464, 479
바람 터널 효과 81
바람교차법 185, 197, 189
바위 6, 19, 25, 32, 33, 37, 130, 148, 151, 153~161, 181, 195, 318, 334~336, 341~343, 383, 391~393, 397, 403, 404,

409, 431, 449, 457, 463, 465, 468
바이킹 482
박쥐 205, 335, 336, 338
박하 121
반사 41, 79, 166, 171, 173~175, 254, 266, 268, 273, 280, 284, 328, 351, 352, 366, 369, 400, 442, 456
반암부 255
반점숲나비 457
발리크로이 국립공원 117
발자국 39, 42, 47~52, 58, 156
밥 그랜트 192
배설물 53, 106, 145, 149
배수로 117
백조자리 214, 215, 224
뱀 42, 277, 322, 323, 336, 378, 440, 460, 461
버드나무 68, 74, 75, 95, 133, 464
버섯 139~141, 143~147, 230, 423, 455
버팀 뿌리 93, 94, 422
번개 193~195, 459
번스필드 유류저장소 206
벌 119, 203, 204, 228, 290, 316, 425, 430, 431
벌레잡이제비꽃 159
벌목 97, 328, 341
범람원 41, 73, 133, 158
범의귀 138, 161
베가 224, 235, 278, 283
베루카리아 지의류 391
베텔게우스 220, 223, 236
벤 네비스 481
별 54, 94, 177, 178, 181, 203, 207~242, 254, 264~266, 278~285, 430, 439, 440, 450, 477, 483, 484
별 달력 224, 225
별 시계 231, 232
별똥별 233, 234, 242
별봄맞이꽃 201
별빛 241, 266, 270
별자리 213~215, 219, 222, 224~227, 230, 233, 234, 236, 241, 242, 439, 483
병아리 307
보드민 황야 132
보르네오 24, 328, 330, 341, 342, 345~347, 419, 420, 443, 444
보름달 261, 262, 266~269, 273, 274, 396, 401, 404, 450, 462
보리 121
보물 사냥꾼 402, 403
보샴 395
보이지 않는 뱀 378
보행자 352, 358, 366
부엉이 205, 277~381, 297, 298
부전나비 294, 313, 314, 324
부채파초 452
북극 54, 210, 211, 213, 216~218, 227, 250, 448
북극성 210~218, 220, 226, 231, 232, 279, 283, 439, 472, 483
북두칠성 211~213, 214, 231, 232, 234, 235, 282, 285
북십자성 214, 215
분홍색 눈 458
분화구 272
붉은까불나비 312
브레콘비콘스 29
브르타뉴 5, 249
브리스톨 387, 398
〈블랙애더〉 34
블루벨 119, 138

비 6, 34, 38, 51, 56, 100, 168, 171, 175, 176, 179, 184, 185, 187~189, 197, 200, 201, 203, 204, 338, 340, 357, 437
비대칭 28, 84, 96, 118, 123, 157, 318, 379, 422, 423, 452
비둘기 291~293, 295, 296, 300, 302, 305, 306, 346
비스카리아 구리 광산 448
비스카리아알피나 448
비옥도 77
비타민 C 132
비행기 189, 190, 216, 217, 279, 282, 306, 353, 393
빅토르 카란차 447
빙하 27, 31, 32, 37, 70, 151, 158, 160, 381, 457
빛과 원근 25
뽕나무버섯 455

ㅅ

사구 34, 315, 390, 408, 409, 412, 413
사슴 49, 58, 75, 285, 296, 316~318, 321, 322, 345, 346, 425, 430~433, 437~439
사우스다운스 191
사우스캐롤라이나 394
사이프 220, 223
사자자리 222, 223, 242, 484
사초 134, 157
사하라 사막 33, 42, 93, 314, 408, 409
산네발나비 313
산도 76, 95
산란 26, 165, 166, 171
산사나무 61, 81, 95, 101, 104, 195
산사태 412, 413
산울타리 131, 132
살무사 323
살인 56
삼각점 24
삼림지대 63, 87
상록수 77, 82, 102
상어 292, 394
새 둥지 465
새 비행 패턴 346
새 울음소리 297, 298, 300, 301, 303~307
새의 얼굴 인식 309
생물발광 149, 450
서리 116, 200, 228
서어나무 76
서쪽 찾기 218
석회석 63, 74, 375
선갈퀴 113, 123
설연 411
설치류 317, 411
세인트 엘모의 불 195
세인트이베스 150
소 199, 317, 320, 321, 460
소금 39, 74, 113, 114, 122, 167, 318, 342, 343, 387, 425, 431, 455
소금바람 그림자 효과 388
소나기구름 186, 188, 192
소나무 68, 70, 76, 77, 85, 91, 95, 100, 102, 148, 195
소매치기 359
소음 그림자 380
소작농 139, 146
손톱버섯 145
송어 401
수국 133
수달 366

수련 136, 137, 400
수목한계선 27, 69, 70
수박색 눈 458
수분 38, 39, 74, 106, 122, 142, 143, 147, 148, 167, 179, 180, 189, 200, 280, 380
수성 240, 241
순록 138, 161, 451
스모그 17
스웨덴 448
스코틀랜드 146, 217, 312, 364, 376, 377, 381, 389, 392, 393, 398, 457, 479
스코틀랜드소나무 76, 85, 91
스코틀랜드 아르고스 나비 290, 313
스타시아 바켄스토 309
스튜어트 산 192
습도 73, 100, 116, 143, 151, 200, 201
승화 411
시력 검사 236, 272
시리우스 211, 227, 238
시차 469
식물 107~138
신기루 16
신발 42, 411, 423
신출 226, 227
'싯' 울음 299
싱가포르 452
쌍둥이자리 234, 278, 282
쌍안시 379-82
쐐기풀 110, 111, 136, 158, 312
쐐기풀나비 312, 314
쐐기 효과 71, 72

ㅇ

아네모네 137
아룸마쿨라툼 113
아마 456
아마 꽃 138
아스포델 134, 159
아이슬란드 310, 482
아이작 뉴턴 52, 177
아일랜드 84, 117, 310, 354, 481
아퀼라 220
아크투루스 227
아틀라스 산맥 413
아파우 핑 329, 417, 418, 440
아프로디시아의 알렉산드로스 173
안개 17, 30, 54, 67, 106, 135, 152, 172, 190, 191, 200
안타레스 221, 222
알골 450
알데바란 277
알람 울음 298~300, 302, 304~306, 316, 317, 378
알렉산더 대와 475
알렉산더의 검은 띠 173
알칼리성 토양 59, 76, 132, 133
알타이르 220, 224, 227
애덤 스미스 377, 378
앤 베스트 박사 455
앨버트 먼셀 38
앰벌리브룩스 41
앵초 137, 228
야간 산책 19, 266, 275~285, 403
야간 시력 237, 242, 284
야생 결상버섯 144
야생완두 294
야자나무 419, 452
양 158, 283, 305, 318
양군암 31

양배암 157
양치식물 122, 155
어샘 숲 278
어치 293, 297, 308
언덕 7, 8, 19, 23, 25~27, 30, 32, 34, 35, 41, 45, 52, 62, 63, 69, 70, 100, 105, 111, 114, 158, 160, 166, 181, 182, 213, 257, 271, 282, 289, 315, 316, 352, 373, 408, 412, 422, 457, 461
얼룩말 316
얼음 31, 157, 175, 177, 188, 211
엉겅퀴 112, 113, 115, 436
에덴프로젝트 452
에든버러 247, 377, 376, 379, 381, 382
에메랄드 447, 448
에베레스트 산 481
에스더 울프선 310
에이본 협곡 387
에티오피아 227
엘 케이존 국경 순찰대 56
여름의 대삼각형 224
여우 62, 296, 366
여우 사냥지 62
여행자의 나무 452
역전층 굴절 16
연기 15, 17, 24, 167, 191, 206, 339, 353, 377, 430, 436
연못 109, 137, 143, 205, 229, 295, 323, 398, 400
연어 401
열대우림 34, 44, 328, 419, 420, 422, 424
예루살렘 376
오리나무 74, 75, 95, 106, 144
오리온자리 219, 220, 223, 224, 225, 236, 281, 332
오만 57, 408, 412, 413
오색나비 245
오소리 97
오스트레일리아의 원주민 56, 227
옥스퍼드 개쑥갓 114, 122
옥신 79~80
온도계 117, 315
와이트 섬 322, 459
완충지대 61
요하네스 헤벨리우스 174, 175
울새 49, 230, 299, 300, 304
원근 25~27
원숭이 337, 341, 430, 431, 435, 436
월마트 359
월식 462
웨이드 데이비스 55
웨일스 25, 29, 37, 59, 151, 155, 160, 364, 371,
위도 78, 160, 216~218, 221, 222, 242, 246, 247, 250, 268, 457, 458, 472, 483, 484
위성 안테나 329, 368, 376, 383
위스트맨 숲 67
윌드앤다운랜드 박물관 120
유대교 회당 376
유성우 234
유채 121
육분의 209, 247, 248, 472
은색전나무 91
은색네발나비 313
음지식물 315
의사소통 292~294, 308
이끼 6, 67, 122, 139~152, 155, 159, 368
이누이트 54, 161, 227
이로쿼이 족 94
이산화황 74, 145
이스터 석상 151

이슬 199, 200, 456
이안 니알 274
이질풀 138
이집트 227, 475
이탈리아 5, 361
이파리 48, 61, 75, 79, 82~84, 98~100, 105, 106, 112, 113, 117, 125, 128~130, 132, 136, 230, 279, 336, 400, 425, 441, 452
인간 육분의 472
인도네시아 43, 53, 328, 330, 389
인동덩굴 124, 312
인산염 110, 111
일곱 자매 280
일몰 26, 170, 198, 246, 249~251, 254
일본할미꽃 138
일식 237, 462
일출 137, 170, 245, 246, 249, 250, 421
잉어 401

ㅈ

자연 달력 227
자외선 차단제 95
자작나무 68, 76, 90, 95, 96, 104, 144, 378
자전거 흔적 34
자취 28, 42~58, 75, 323, 387, 390, 393, 401, 402, 409~411
잔디 112, 116, 136, 256, 257, 285, 456
잔디밭의 줄무늬 256, 257
잔토리아 150, 375, 381, 391
잠자리 296, 202, 314
잡초 114, 122
적도 217, 222, 247, 329, 368, 422, 423, 439, 453
적란운 186, 193
적운 186, 188
전갈자리 221, 222, 224, 225, 229
전나무 91, 453
점토성 토양 39
점판암 37, 389
정글 346, 418, 423, 426, 427
정오 79, 137, 152, 231, 232, 238, 245~248, 266, 332
제2차 세계대전 43, 314, 354
제레미와 제프 부시 36
제비 204
제비꽃 120, 138, 159
제임스 브룩 346
제초제 115
조개껍질 389, 402
조개삿갓 392
조류 95, 141~143, 146~148, 336, 377, 458
조수 6, 33, 204, 274, 339, 340, 383, 390~398, 401, 403, 420, 450, 451
조수 차 339, 395~398, 401
조수의 흐름 397, 401
조스마 222, 223
조제프-프랑수아 라피토 신부 94
족제비쑥 111, 112
존 바틀렛 선장 482
존 영 306
종퇴석 457
주극성 213, 226
주목 68, 76, 78, 81, 82, 279, 284, 303
줄꼬마팔랑나비 311
줄무늬 256, 257, 381, 383, 425
중국 460, 472
중의무릇 110
지구 반사광 203, 273
지도 23, 25, 30, 34, 35, 41, 44, 53, 62, 63,

121, 123, 135, 151, 158, 210, 306, 359, 361, 393, 395, 418, 422, 428, 464
지도이끼 151, 159
지붕 149, 150, 292, 368~370, 375, 449
지식물학적 탐사 449
지역풍 181~183, 185, 393
지의류 67, 95, 122, 141, 146~152, 159~161, 334, 368, 374~377, 391, 403, 449, 464
지중해 77, 181, 397
지진 151, 459~461
지질학 36, 37, 449
지평선 7, 27, 166, 167, 178, 213, 217, 218, 220~224, 241, 245~255, 267, 269, 270, 282, 394, 439, 472, 478
지하철 354, 358, 360
지형지물 24, 25, 33~35, 40, 477
진드기 97, 426
진창 60, 143, 278, 280, 284, 351, 352, 410
진흙 38, 39, 45~47, 156, 205, 277, 383, 393, 431, 437, 463
질경이 112
질소 106, 132
짐 랭리 155, 158
쪽풀 123

ㅊ

착시 현상 16, 27, 251~253
찬킬로 246
참나무 67, 68, 71, 73, 76, 78, 84, 91, 94, 95, 97, 99, 102, 145, 148, 195, 196, 313
참무당버섯 145
창문 233, 355, 369, 373, 375, 447, 474
처녀자리 229
천구남극 483, 484
천구북극 210, 483
천문학 234~236, 261, 271, 289
천정 176, 210
천칭자리 225, 229
철 99
철도역 353
철쭉 76, 117
체르탄 222, 223
초승달 203, 262, 265, 267, 269~271, 277, 331, 396, 401, 462
충격파 16
층류 182
침식 31, 37, 38, 157, 379, 409
침엽수 69, 70, 84, 85, 87, 100, 102~104, 117, 158, 282, 284, 452

ㅋ

카나리아 제도 60, 123, 152
카를 폰 린네 146
카리브 해 451
카미유 플라마리옹 261, 289
카스토르 278
카시오페이아 211, 213, 214, 280
카페 349, 357, 376, 379, 403
카펠라 215, 216, 279, 439
칼라하리 55
칼로파카 지의류 391
칼륨 32
칼리만탄 328, 330
캘리포니아 유니언 오일 308
켈빈파 397
코로나 177
코리올리 효과 399
콜럼버스 217

콜롬비아 447
콩 138
쿰이드월 158, 159
큐 가든 148
크로머 리지 457
크로커스 117
크리스토퍼 미첼 116
큰개자리 227
클레머티스 124, 132, 133
클로버 112, 115, 383

ㅌ

타르스폿 버섯 144, 145
타이어 자국 42, 51
탄산칼슘 323
태양 137, 170, 175, 181, 226, 232, 233, 237, 238, 240, 245, 246, 247, 254, 332, 368, 383, 448, 458, 459, 462
태양의 높이 247
태평양 136, 393
탱크 자국 3
터키 콘도르 308
테러리즘 354
텐트 고정용 줄 92
텔레비전 위성 안테나 329, 368, 376, 377, 383
토끼 48, 49, 53, 57, 58, 296, 317~319, 323, 324
토머스 맥그래스 58
토성 241
토양 21~64, 68, 73, 74, 76~78, 86, 93, 100, 103, 106, 110, 115, 132, 133, 145, 157, 159, 311, 313, 366, 422, 431, 457, 463, 465
토양의 pH값 76
투브칼 산 413
투아레그 족 33, 42, 314, 455
튤립 17
트렌테포리아 143, 152
틱 효과 80

ㅍ

파도 5, 39, 54, 116, 136, 389, 393, 394, 397, 402, 403, 453, 454
파도숲 453
파란 달 273
파리 314, 315, 436
파슬리 121
파이어웜 450, 451
파충류 323
파타 모르가나 16
팔랑나비 311, 312
페로 제도 482
페르세우스 234, 450
펜이판 29, 30
포도밭 121
포식자 292, 293, 295, 298, 299, 304, 306, 316, 317, 394
포유동물 316~322
포인세티아 138
포츠머스 396
포플러 100, 106
폭발 16, 44, 354, 206, 273
폭탄 354
폭풍 86~90, 192, 195, 203, 205, 229, 394, 459~460
폴 브리코프 192, 193
폴룩스 278
푸르키네 효과 237, 238

푸른부전나비 314, 324
푸쿠스세라노이데스 455
풀 61, 107, 110, 111, 112, 114, 115, 122, 123, 134~136, 138, 156, 158, 160, 294, 307, 311, 312, 314, 315, 316, 392, 400, 410, 424, 425, 437, 449
풍향계 374, 377
프랑스 289, 448, 482
프로테아 꽃 123
플레이아데스 280, 333
피커링 271
피뢰침 375
피터 깁스 206

ㅎ

하늘 163~206, 231, 239, 241, 245, 251, 274, 277, 279, 282, 423, 463
하이드파크 81
하이청 지진 460
하일리겐샤인 456
하지 179
한겨울 246, 269, 303
한여름 70, 137, 218, 221, 245, 269, 413
항적운 189
해 6, 16, 26, 74, 78, 101, 143, 166, 169, 170, 172, 174, 181, 182, 190, 195, 201, 202, 243~257, 262, 277, 332, 395, 397, 423
해변 48, 58, 82, 84, 150, 152, 217, 229, 254, 292, 361, 389, 390, 394, 402, 403, 450, 454, 455, 464, 479, 480
해변로켓풀 392
해시계 248, 374
해초 201, 391, 392, 455
햇빛 27, 61, 68, 77~79, 84, 95, 96, 104, 114, 118~124, 127~129, 142, 147, 149, 152, 156, 158, 165, 171, 174, 249~253, 254~257, 267, 270, 273, 315, 328, 356, 380, 400, 410, 452, 461
행성 177, 178, 180, 218, 224, 236, 238, 240~242
헤라클레스 235, 237
헤이스팅스 482
헬무트 트리부쉬 460
〈현대 생물학(Current Biology)〉 462
호두나무 91, 95
호랑가시나무 75, 95, 198
호랑나비 312
호수 46, 137, 174, 294, 385~404
홍수 41, 99
화강암 33, 132, 389
화산 43, 53, 59, 273, 381, 389
화석 389
화성 241
황금 339, 402, 403
황소 320, 321, 440
황소자리 230, 277, 282, 285
황어 401
황조롱이 296
후광 456
흰 무지개 172
히드라 228
히말라야발삼 133
히스 116, 118, 156, 158, 216
히코리나무 91
힌두교 사원 376

산책자를 위한 자연수업

초판 1쇄 | 2017년 9월 7일
초판 5쇄 | 2020년 8월 13일

지은이 | **트리스탄 굴리** 옮긴이 | **김지원**
펴낸이 | **정미화** 기획편집 | **정미화 정일웅** 디자인 | **김현철**
펴낸곳 | **이케이북(주)** 출판등록 | **제2013-000020호**
주소 | **서울시 관악구 신원로 35, 913호**
전화 | **02-2038-3419** 팩스 | **0505-320-1010**
홈페이지 | **ekbook.co.kr** 전자우편 | **ekbooks@naver.com**

ISBN 979-11-86222-15-7 03400
ISBN 979-11-86222-29-4 (세트)

* 이 도서의 국립중앙도서관 출판예정도서목록(CIP)은 서지정보유통지원시스템 홈페이지(http://seoji.nl.go.kr)와 국가자료공동목록시스템(http://www.nl.go.kr/kolisnet)에서 이용하실 수 있습니다.(CIP제어번호: CIP2017020700)

이 책은 한국출판문화산업진흥원의 출판콘텐츠 창작자금을 지원받아 제작되었습니다.